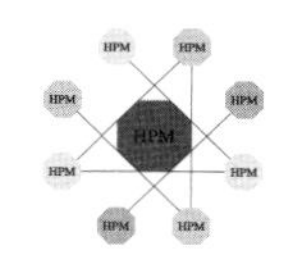

美英早期几何教科书研究

汪晓勤 等　著

A STUDY OF EARLY AMERICAN AND BRITISH GEOMETRY TEXTBOOKS

华东师范大学出版社
·上海·

图书在版编目(CIP)数据

美英早期几何教科书研究/汪晓勤等著. —上海：华东师范大学出版社，2022
ISBN 978-7-5760-2722-8

Ⅰ. ①美… Ⅱ. ①汪… Ⅲ. ①几何—教材—研究—美国②几何—教材—研究—英国 Ⅳ. ①O18

中国版本图书馆 CIP 数据核字(2022)第 043622 号

美英早期几何教科书研究
MEIYING ZAOQI JIHE JIAOKESHU YANJIU

著　　者　汪晓勤 等
责任编辑　平　萍
责任校对　郑海兰
装帧设计　刘怡霖

出版发行　华东师范大学出版社
社　　址　上海市中山北路 3663 号　邮编 200062
网　　址　www.ecnupress.com.cn
电　　话　021-60821666　行政传真 021-62572105
客服电话　021-62865537　门市(邮购)电话 021-62869887
地　　址　上海市中山北路 3663 号华东师范大学校内先锋路口
网　　店　http://hdsdcbs.tmall.com

印 刷 者　上海中华商务联合印刷有限公司
开　　本　787×1092　16 开
印　　张　25
字　　数　442 千字
版　　次　2022 年 7 月第 1 版
印　　次　2022 年 7 月第 1 次
书　　号　ISBN 978-7-5760-2722-8
定　　价　98.00 元

出 版 人　王　焰

(如发现本版图书有印订质量问题，请寄回本社客服中心调换或电话 021-62865537 联系)

序　言

近年来，HPM 视角* 下的数学教学因其在落实立德树人方面的有效性而受到人们的普遍关注。HPM 教学理念逐渐深入人心，HPM 专业学习共同体悄然诞生，越来越多的教师开始尝试将数学史融入数学教学设计之中。就像具有特定风味的一道好菜离不开优质的食材一样，HPM 视角下的一节好课离不开恰当的数学史材料，因而数学史素材的缺失是开展 HPM 课例研究的主要障碍。

在某一个数学主题上，要获得足够的数学史素材，就需要开展教育取向的历史研究，而教育取向的历史研究往往又有两条路径，其一是一般发展史，其二是教育史。以三角形内角和定理为例，从泰勒斯的发现，到毕达哥拉斯学派和欧几里得的证明，到普罗克拉斯避开平行线的尝试，到克莱罗的发生式设计，最终到提波特避开平行线的证明，构成了定理的一般发展历史，而该定理在 18—20 世纪几何教科书中的呈现，则属于它的教育史。当然，在很多情况下，一般发展史和教育史也并非泾渭分明，而是多有重叠和交叉。本套书采取后一条路径，对 20 世纪中叶以前出版的美英教科书（本套书称之为“美英早期教科书”）进行系统地研究。

本套书的研究对象并非某一年出版的某一种或几种教科书，而是一个世纪、一个半世纪，甚至两个世纪间出版的几十种、上百种，甚至两百余种教科书。研究者并不关心教科书的外在形式（如栏目、插图、篇幅等），而是聚焦于教科书中的数学内容，具体从两个方向展开研究：一是对概念的不同定义、定理和公式的不同证明或推导方法、法则的不同解释、定理的不同应用以及数学史料的呈现方式、教育价值观等进行分类统计；二是在研究对象所在的整个时间段内，分析不同定义、方法、应用等的演变规律。

对于我的研究生来说，研究早期教科书时会遇到三点困难。

一是文献数量庞大。尚未接受过文献研究系统训练的研究生，初次面对数以百计的文献，对其分析、总结、提炼能力提出很大的挑战。实际上，教科书研究还不能仅仅局限于教科书，正如读者将要看到的那样，某些主题还涉及出版时间更早的拉丁文和

---

* HPM 原指“数学史与数学教学关系国际研究小组”（The International Study Group on the Relations between the History and Pedagogy of Mathematics），现也泛指“数学史与数学教学之关系”这一研究领域。所谓“HPM 视角”，是指融入数学史以优化教学目标、促进数学学习、改善教学效果的视角。

法文文献。

二是书籍版本复杂。同一作者的同一本书，其中部分内容往往随着时间的推移而有变化，如勒让德的《几何基础》先后有28个版本，后来的版本往往会对某些主题进行修订，比如，关于命题“在同圆或等圆中，相等的圆心角所对的弧相等”的证明，1861年及以前诸版本采用了叠合法，1863年及以后诸版本则抛弃了叠合法而采用弧弦关系（等弦对等弧）法。又如，关于线面垂直判定定理，普莱费尔《几何基础》的第1版（1795）完全沿用了欧几里得的证明，而1814年、1819年和1822年诸版本则改用勒让德的证明，1829年的美国版本又采用了新的等腰三角形证法。

三是历史知识缺失。教科书中所呈现的概念定义、定理证明、公式推导，有些属于编者的首创，有些却只是复制了更早时期数学家的定义、证明或推导方法。如果研究者对于一个主题的宏观历史缺乏了解，就会陷入“只见树木，不见森林”的境地，从而难以对教科书作出客观的评价。

尽管如此，早期教科书研究对于促进作为研究者的职前教师的专业发展却具有十分重要的意义。

首先，聚焦某个主题、带着特定问题去研究早期系列教科书，研究者需要祛除心中的浮气，练好坐冷板凳的功夫。忽略一种教科书，或浮光掠影、一目十行，都可能意味着与一种独特的定义、巧妙的方法或精彩的问题失之交臂，唯有潜下心来一本一本地细读，才能获得客观全面的结果。

其次，文献研究是任何一项学术研究的第一步，早期教科书研究为文献研究提供了良好的机会，可以提升研究者的文献驾驭能力和分析、总结、归纳、提炼能力，为未来的数学教育研究打下坚实的基础。

再次，尽管研究者受过大学数学教育，但由于大学和中学数学教育的脱节，他们对中学数学的认识往往停留在中学时代用过的数学教科书中，而中学时代以应试为目标的数学教学往往重程序性理解而轻关系性理解。超越刷题应试这个目标来研究一系列教科书，走进另一个时代、另一种文化中的编者的心灵之中，研究者必将能够跨越大学和中学数学知识之间的鸿沟，更加深刻地理解有关知识。

最后，只有走进历史的长河中，教师才能感悟自己所熟悉的某种数学教科书，和历史上任何一种教科书一样，都不可能是教科书的顶点和终点，都只不过是匆匆过客，随着时间的推移，旧教科书会被新教科书取代，而新教科书很快又会成为被取代的旧教科书。对早期教科书的系统研究，将增强研究者的历史感，开阔他们的视野，培育他们的远见卓识。

早期教科书研究，让未来教师更优秀！

本套书所呈现的研究结果，对数学教学有着丰富的参考价值。

其一，从一个世纪或两个世纪的漫长时间里，我们可以很清晰地看到教科书所呈现的数学概念从不完善到完善的演进过程。例如，无理数概念从“开不尽的根”到“无限不循环小数”，再到戴德金分割的发展；函数概念从“解析式”到“变量依赖关系”，到“变量对应关系”，再到“集合对应法则”的进化；棱柱概念从欧氏定义到改进的欧氏定义、从基于棱柱面的定义到基于棱柱空间的定义的演变；圆锥曲线从截线定义到几何性质定义、从焦半径定义到焦点—准线定义的更替；三角函数概念从锐角到钝角，再到任意角的扩充，这些正是人们认识概念曲折漫长过程的缩影，这种过程为今日教师预测学生认知、设计探究活动提供了重要参照。

其二，对于一个公式、定理或法则，不同时间出版的不同教科书往往给出不同的推导或证明，如几何中的圆面积和球体积公式的证明、代数中的一元二次方程和等差或等比数列前 n 项和的求解、解析几何中的点到直线的距离公式和椭圆标准方程的推导、平面三角中的正弦和余弦定理的证明等，通过对早期教科书的考察，可以对不同方法进行归类，并对方法的演变规律加以分析，为公式或命题的探究式教学提供参照，也为“古今对照”的评价方式提供依据。

其三，不同的教科书都有自己的逻辑体系，从整体上对其加以了解，可以帮助教师理解古今教科书的差异，从而更好地分析和把握现行教科书，进而提升教学水平。例如，关于“等腰三角形底角相等”这一定理，不同教科书的证明方法互有不同，有的采用作顶角平分线的方法，有的采用作底边上的高线的方法，有的则采用作底边上的中线的方法，不同方法的背后是不同的逻辑体系。

其四，对于早期教科书的研究，有助于教师建立不同知识点之间的联系，如几何中的三角形中位线定理与平行线分线段成比例定理、平行线等分线段定理、三角形一边平行线定理及其逆定理之间的联系，解析几何中的三种圆锥曲线的统一性，平面三角中的正弦定理、余弦定理、和角公式和射影公式之间的联系，等等。

其五，早期教科书（特别是 20 世纪 10 年代之后出版的教科书）留下了丰富多彩的数学文化素材，如数学价值观、数学的应用、数学的历史等，这些素材是今日教学的有益资源，也有助于教师树立正确的数学观。

华东师范大学出版社的副总编辑李文革先生对本套书的出版给予了鼎力支持和

重要指导，平萍、郑海兰、时东明等多位编辑就本书中的有关行文、图片、数据等问题提出了宝贵的意见或建议，美编刘怡霖为本书的版式和封面作了精心设计。在此一并致谢。

2021年12月1日

目　录

▫ 概 念 篇 ▫

▫ 公 式 篇 ▫

▫ 定 理 篇 ▫

文 化 篇

概 念 篇

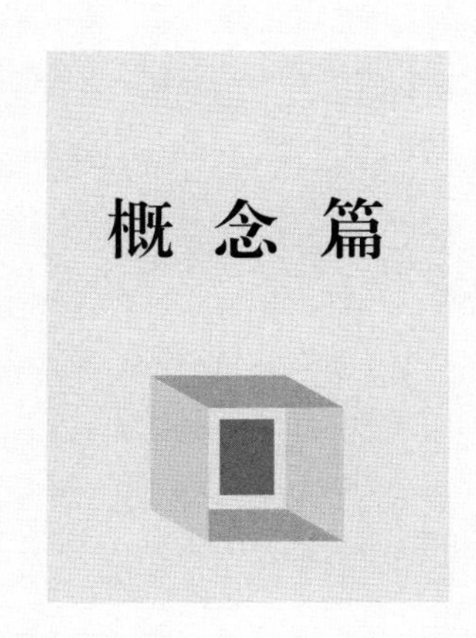

1 平面的概念与公理

沈中宇*

平面的概念与公理是高中立体几何的起始内容，是连结平面几何与立体几何的纽带，也是学生学习后续立体几何知识的基础。现行人教版和沪教版高中数学教科书都是从现实情境出发，抽象出平面概念，然后基于生活经验给出三个公理，其中人教版教科书中给出的三个公理如下：

公理 1 过不在一条直线上的三点，有且只有一个平面；

公理 2 如果一条直线上的两点在同一个平面内，那么这条直线在这个平面内；

公理 3 如果两个不重合的平面有一个公共点，那么它们有且只有一条过该点的公共直线。

为何将平面作为不加定义的原始概念？平面的三个公理从何而来？公理与公理之间有何联系？对于这些问题，教科书没有作出任何交待。从历史上看，自希尔伯特(D. Hilbert, 1862—1943)将点、直线和平面视为几何公理体系中不加定义的原始概念之后，人们在接受希尔伯特公理体系的同时，也往往误将点、直线和平面视为易于理解的简单概念。然而，教学实践表明，平面概念及其相关公理因为其抽象性而成了学生的学习难点。

有关研究表明，学生对平面概念的理解具有历史相似性(Zormbala & Tzanakis, 2004)。那么，如何在教学中让学生更好地理解平面概念的本质及其相关公理，从而顺利跨越他们的认知障碍？我们希望从 HPM 视角来实施教学，以实现上述目的。为此，需要从前人的教科书中汲取思想的养料。另一方面，也需要对西方早期教科书进行研究，以便为今日教科书的编写提供有用的素材。

本章就平面概念这一主题，对 20 世纪中叶之前的 77 种西方立体几何教科书进

* 苏州大学数学科学学院博士后。

行考察，试图勾勒出平面概念与公理的历史发展脉络，为教学和教科书的编写提供参考。

1.1 古希腊时期的平面定义

早在公元前5世纪，古希腊哲学家巴门尼德(Parmenides，约前515—约前445)对平面概念已作过刻画。根据普罗克拉斯(Proclus，412—485)的记载，巴门尼德将几何对象(一维、二维和三维)分成“直的”“曲的”和“混合的”三类。如果一个二维对象是直的表面，那么它就是一个平面，直线可在任意方向与之相合。这里，巴门尼德将“直”作为平面的本质特征。

欧几里得(Euclid，约前325—约前265)并未沿用巴门尼德的定义，他将平面定义为“与其上直线一样平放着的面”(Heath，1908，p. 171)，该定义中出现了若干模糊的词语，如“一样”“平放”。关于平面，《几何原本》第11卷给出了三个命题。

命题Ⅺ.1 一条直线不可能一部分在平面内，而另一部分在平面外。

如图1-1，设直线 ABC 的一部分 AB 在一个平面内，而另一部分 BC 在该平面外，则在该平面内就有一条直线 BD 与 AB 在同一直线上。于是，AB 是两条直线 ABC 和 ABD 的公共部分。这是不可能的。所以假设不成立，命题得证。

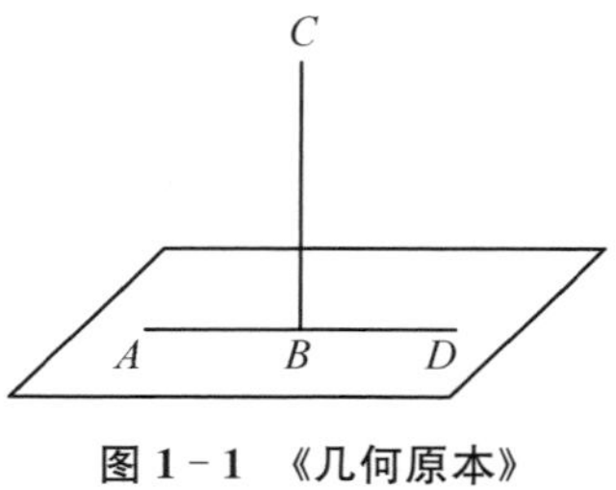

图1-1 《几何原本》第11卷命题Ⅺ.1

命题Ⅺ.2 若两条直线相交，则它们在同一平面内，并且每个三角形也都位于同一平面内。

如图1-2，设直线 AB 和 CD 交于点 E，在 EC 和 EB 上分别取点 F、G，连结 CB、FG，引 FH、GK。首先证明 $\triangle ECB$ 在同一平面内。假设它的一部分 FHC 或 GBK 在同一个平面内，而余下部分在另一个平面内，则直线 EC 或 EB 的一部分在同一个平面内，余下部分在另一平面内。这是不可能的。于是可证其余部分也都在同一个平面内，因此 $\triangle ECB$ 在同一平面内。而 $\triangle ECB$ 所在平面也是直线 EC 和 EB 所在平面，又因为直线 EC 和 EB 所在平面也是直线 AB 和 CD 所在平面，所以命题得证。

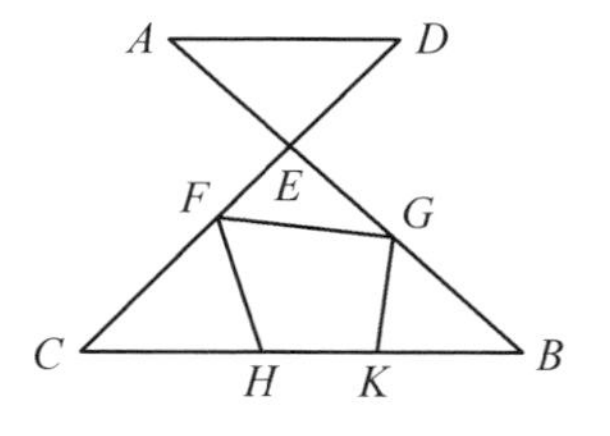

图1-2 《几何原本》第11卷命题Ⅺ.2

命题Ⅺ.3　若两平面相交，则它们的交线是一条直线。

如图1-3，设平面α和β相交，AB是其交线。若AB不是直线，设A和B在平面α内的连线为a，在平面β内的连线为b。因为连线a和b有相同端点，所以它们围成一个面片。这是不可能的。因此假设不成立，命题得证。

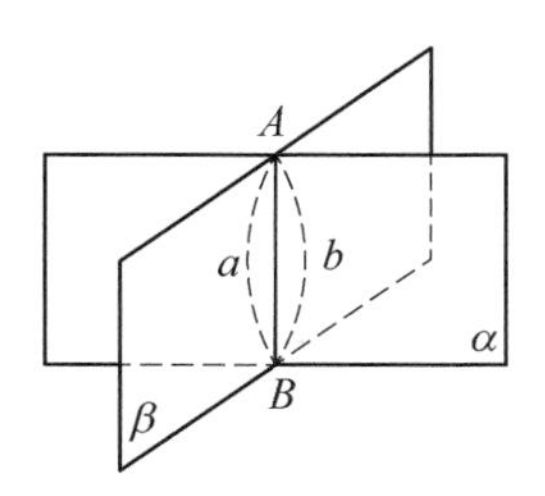

图1-3　《几何原本》第11卷命题Ⅺ.3

可见，人教版教科书中的平面三公理在《几何原本》中是以命题形式出现的，其中命题Ⅺ.1的形式与人教版教科书中的公理2有较大的不同，命题Ⅺ.1中不是取直线上两点，而是取直线的一部分。欧几里得在证明上述三个命题时，并未用到平面的定义。针对欧几里得平面定义的问题，古希腊数学家海伦(Heron，约公元1世纪)给出了平面的新定义："平面是具有以下性质的面：它向四周无限延伸，平面上的直线都与之相合，且若一条直线上有两点与之相合，则整条直线在任意位置与之相合。"这实际上就是人教版教科书中的公理2。

1.2　构造性定义阶段

18世纪，英国数学家辛松(R. Simson, 1687—1768)给出了平面的新定义："平面是具有下列性质的面：通过其内任意两点的直线完全包含于该面中。"辛松的定义实际上与海伦的定义等价。德国数学家高斯(C. F. Gauss, 1777—1855)认为，其中包含了平面的非必要特征。德国数学家克雷尔(A. L. Crelle, 1780—1855)给出了平面的另一个定义："平面是包含所有通过空间中一个定点，并与另一条直线垂直的直线的面。"但他自己也承认从这一定义推不出一些必要的性质(Heath, 1908, pp. 173—174)。

克雷尔认为，一个好的定义必须简洁且可用于推理，因此，一个合适的定义是很难找的。在以上这些定义中，不管是简单的，还是复杂的，都包含了一些多余的假定。以辛松的定义为例，如图1-4，假设一个平面内有$\triangle ABC$，D和E分别是BC和AC上的任意点，连结AD和BE，根据辛松的定义，AD和BE都在平面内，则AD和BE必定相交于点F，否则在问题中就存在两个平面，而不是一个，但实际上，没有任何证据说明AD和BE一定相交。克雷尔的定义也有类似的问题。

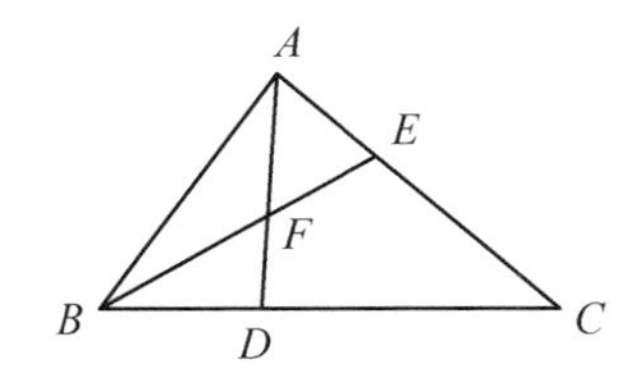

图1-4　辛松定义的局限性

法国数学家傅里叶(J. Fourier, 1768—1830)给出了下列关于平面的构造性定义:“平面由经过直线上一点且与直线垂直的所有直线构成。”(Heath, 1908, p. 173)傅里叶定义的优势在于通过这一定义,利用全等三角形可以推出辛松定义中的平面的性质。但傅里叶的定义采用了“垂直”这一概念,“垂直”先于平面给出,受到人们的质疑。为了避免使用“垂直”,德国数学家迪纳(F. Deahna, 1815—1844)给出了平面的另一种构造方法:“将一个球绕着它的直径旋转,球面上所有的点旋转成一条封闭的曲线,即圆,其中一条封闭的曲线将球面分成全等的两半,连结球心与圆上所有点的直线形成平面。”(Heath, 1908, p. 174)之后,德国数学家贝克尔(J. K. Becker)在其《几何基础》(1877)中提出,直角绕其一条边旋转形成圆锥面,当圆锥面与对顶圆锥面重合时,就形成了平面。

19世纪著名数学家,如高斯、W·波尔约(W. Bolyai, 1775—1856)与其儿子J·波尔约(J. Bolyai, 1802—1860)也相继给出了平面的构造性定义。W·波尔约将平面定义为“一条直线绕着另一条与之垂直的直线旋转而成的面”。高斯将平面定义为“过一个定点,且垂直于一条直线的所有直线构成的面”,与W·波尔约的定义相似。J·波尔约也利用运动来构造平面。如图1-5,已知不共线三点A、B和C,点D分别绕AB、AC和BC旋转,所形成的三个圆相交于点E,J·波尔约将平面定义为点D和点E在其中重合的面,即三点A、B和C所确定的平面。这些定义都与傅里叶的思路相同。(Heath, 1908, pp. 174—175)

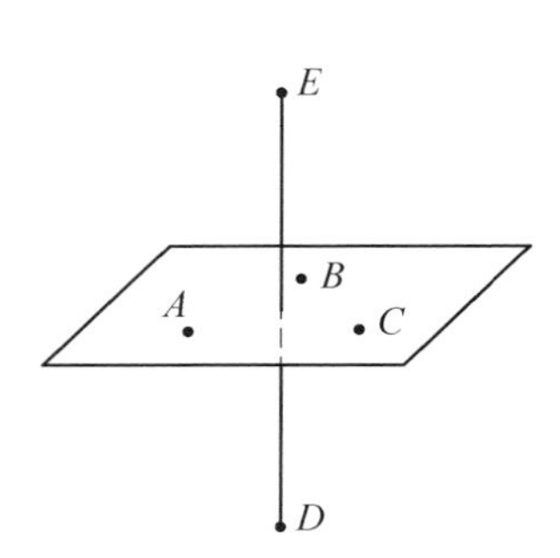

图1-5 J·波尔约的构造性定义

德国数学家莱布尼茨(G. W. Leibniz, 1646—1716)也曾试图弥补欧几里得平面定义中的逻辑缺陷。他给出了平面的一个构造性定义:“平面是与两点等距离的点的集合。”W·波尔约和罗巴切夫斯基(N. I. Lobachevsky, 1792—1856)沿袭莱布尼茨的思路构造平面如下:“以空间中两点为球心,半径相同且不断增长,则两个球的交线(即圆)形成平面。”(Zormbala & Tzanakis, 2004)利用此定义以及全等三角形即可得出辛松定义中平面的性质。

因此,在此阶段,针对辛松和克雷尔定义的不足,数学家给出了很多构造性定义,这些定义大致可以分成两类:一类是傅里叶的传统,即利用相互垂直的两条直线中的一条直线的旋转来构造平面;一类是莱布尼茨的传统,即利用两点的对称来构造平面。

1.3　包含式定义阶段

虽然出现了一些构造性定义，但辛松的定义还是被18—19世纪的绝大多数几何教科书所采用，由于其中突出了直线包含在平面内的特征，我们称之为“包含式定义”。在此阶段，人教版教科书中的公理2被用作平面的定义，其余两个公理皆以定理的形式由此定义推出，至此，平面的定义开始真正用于平面有关性质的证明。接下来，我们对此阶段几何教科书中的平面定义与有关命题进行考察。

1.3.1　1800—1850：平面定义开始应用于相关定理

从这一时期开始，平面的定义被真正用于相关命题的证明。18世纪，法国数学家勒让德（A. M. Legendre，1752—1833）在其《几何基础》（初版于1794年）中给出了与辛松相同的定义：“平面是这样一个面，即若其内两点的连线完全位于这个面内，则称其为平面。”（Legendre，1800，p. 2）利用该定义，勒让德证明了关于平面的三个定理（分别对应于欧几里得的命题Ⅺ．1、Ⅺ．2和Ⅺ．3）。

定理1　一条直线不可能一部分在一个平面内，而另一部分不在该平面内。

根据平面的定义，当一条直线有两个点在平面内时，则它全部在平面内，因此命题成立。同时说明了，想要检验一个面是否平面，可以观察一条直线是否在不同方向上与面完全相合。

定理2　两条相交直线位于同一平面内，且确定平面的位置。

如图1-6，两条直线AB和AC相交于点A，与AB相合的平面绕AB旋转，直到通过点C，根据定义，AC全部在平面上。因此，平面位置由直线AB和AC所确定。

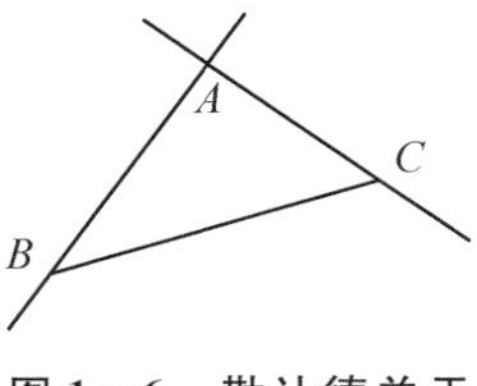

图1-6　勒让德关于“两条相交直线确定一个平面”的证明

勒让德给出了定理2的两个推论：

推论1　不共线的三点确定一个平面。

推论2　两条平行直线确定一个平面。

定理3　如果两个平面相交，则它们的交线是一条直线。

假设有除直线之外的点同时在两个平面内，则有三个点不在同一直线上，根据定理2的推论1，三点确定一个平面，所以假设不成立。

在定理3的证明中，勒让德没有说明为什么两个平面的交线为直线，因此存在缺陷。苏格兰数学家普莱费尔(J. Playfair, 1748—1819)在《几何基础》中说明,设有两点为它们的公共点,根据平面的定义,这两点的连线也是公共的(Playfair, 1829, pp. 148—149),从而让证明变得更加完整,后世的很多教科书中都采用了该方法。

以上可见,定理1可以直接用定义来证明;定理2先用旋转的方式,然后又用到了平面的定义;定理3先用了定理2,再用了平面的定义。Hayward(1829)先证明定理3,再证明定理2,此种顺序导致定理3的证明只能说明交线是一条直线,但未能说明为什么直线之外没有其他公共部分。可是也有教科书虽然沿用勒让德的顺序,却缺少了交线之外没有其他公共部分的证明,如Davies(1841)。有些教科书对这一模式进行了一定的微调,如Peirce(1837)直接证明“不共线的三点确定一个平面”,而不是将其作为定理2的推论。很多教科书,如Walker(1829),并未将定理1作为单独的定理列出,这也成为后世教科书的普遍做法。

1.3.2 1850—1880:定理2证明的不断改进

勒让德利用旋转来确保定理2中平面的唯一性,显得不够严谨。因此,这一时期的一些教科书开始采用不同的方式来解决该问题。

Tappan(1864)采用传统几何的方式来证明平面的唯一性。如图1-7,假设不共线的三点A、B、C在两个平面α和β内,根据平面的定义,AB、AC、BC都在平面α和β内。在平面α内任取一点D,过点D作直线交AC于点E,因为点D和点E都在平面α内,所以直线ED在平面α内,从而必与AB或BC相交。不妨设ED与AB交于点F,因为点F和点E都在平面β内,所以直线FD也在平面β内,从而点D也在平面β内。因此,三点A、B、C确定唯一的平面。

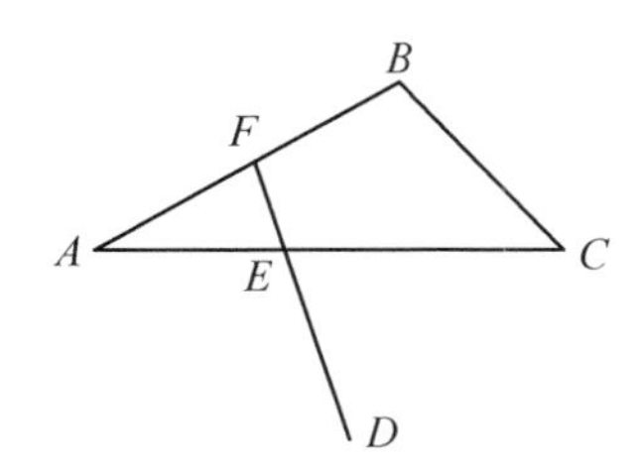

图1-7 Tappan(1864)的证明

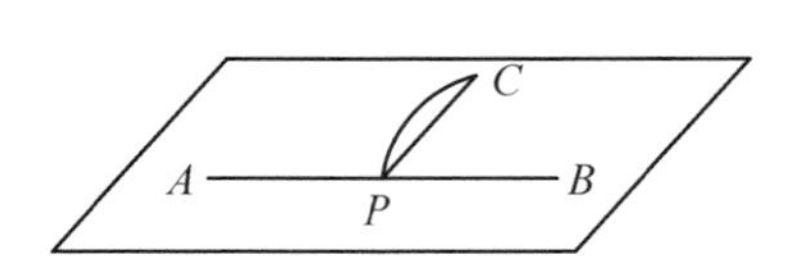

图1-8 Wilson(1880)的证明

Schuyler(1876)采用了另一种方式,首先证明:经过一条直线有无数个平面。事实上,在一个平面内作一条直线,以它为轴,平面可以旋转到任何位置。

Wilson(1880)利用旋转确定平面的存在性,然后用反证法证明平面的唯一性。如图 1-8,若有两个平面经过点 A、B、C,则对于直线 AB 上的任一点 P,从点 C 可以作两条直线 CP,每个面内各一条,这是不可能的,从而证明了唯一性。

但上述方法似乎也不能完全让人满意,数学家还需要寻找更好的方法来处理这一问题。

1.4 从定理到公理的转变阶段

19 世纪末,希尔伯特在其《几何基础》中建立了完全公理化的欧氏几何。在这之前,意大利数学家皮亚诺(G. Peano, 1858—1932)创立了数学学派,对算术和几何的公理化作出了巨大贡献。学派里的一名重要成员——意大利数学家皮埃里(M. Pieri, 1860—1913)利用点、线段和运动对几何进行公理化。他将平面定义为:“给定不共线的三点 A、B 和 C,则面 ABC 可以由连结点 A 与 BC 上各点、点 B 与 CA 上各点、点 C 与 AB 上各点的直线全部填满。”另一方面,希尔伯特可能受数学抽象化和公理化趋势的影响,并没有定义平面,而是将其作为一个基本的概念。像点和直线一样,公理决定了基本概念之间的联系,概念的意义只有在公理中得到体现,因此,公理就起到了定义的作用。希尔伯特的公理被大部分数学家所接受,同时也被数学教育界所接受,从而影响了大多数教科书。在这一阶段,开始出现将平面概念作为原始概念,将平面的有关命题作为公理的趋势,平面“包含式定义”和“勒让德的定理 2”变成了公理,今日人教版教科书中列出的公理 1 和公理 2 开始出现。

Newcomb(1884)不再定义平面,转而直接给出以下公理:

公理 1 如果直线上有两点在平面内,则整条直线在平面内。

公理 2 经过一条直线有无数个平面,且平面可以直线为轴旋转。

公理 3 只有一个平面可以经过一条直线和直线外一点。

接下来,利用上述公理证明:“两条相交直线确定一个平面。”如图 1-9,直线 AB 和 CD 相交于点 O。让任意平面经过直线 AB,将平面绕 AB 旋转直到经过点 C(公理 2),因为点 C 和点 O 在直线 CD 上,所以直线 CD 也在同一平面内(公理 1)。由公理 3 可知,这个平面是唯一的。Newcomb(1884)又证明:“两平面的交线为直线。”其证法

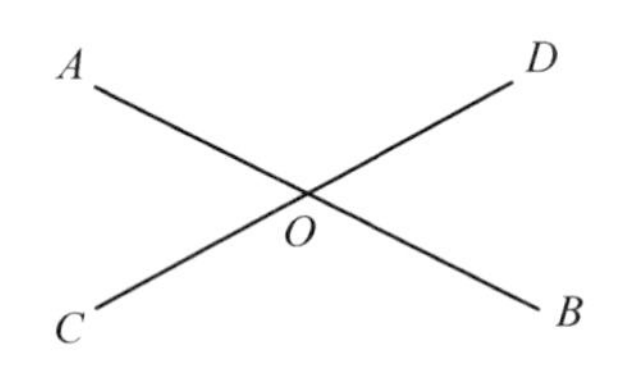

图 1-9 Newcomb(1884)的证明

与普莱费尔等的相同。

Halsted(1885)给出了与克雷尔类似的定义：如图1－10，一个平面是由经过定点与定直线上的点的直线运动而形成的。

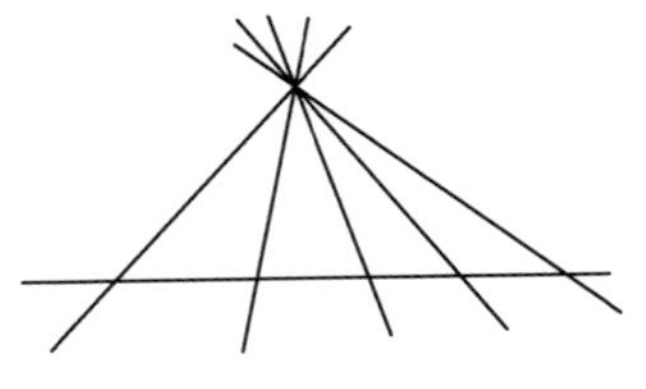

图1－10　Halsted(1885)的平面定义

需要指出的是，人教版教科书中的公理1和公理2在这一时期的大部分教科书中仍未以公理形式出现。Bartol(1893)仍采用平面的包含式定义，先证明定理"过一条直线有无数个平面"，由此推出勒让德的定理2和定理3。Thompson(1896)仍采用与Tappan(1864)类似的方法证明平面的唯一性。

不同教科书采用的公理也互有不同。Keigwin(1897)将"不共线的三点确定一个平面"作为公理。Hart & Feldman(1912)将"直线与平面最多交于一点"作为公理。Richardson(1914)将"若两平面有一个公共点，则它们有第二个公共点"作为公理。此外，Durell(1904)将公理称为平面在空间中的基本性质或立体几何的公设。

1.5　三大公理的最终形成阶段

1920—1960年间，不加定义的平面概念与公理已经普遍出现于几何教科书中。值得注意的是，这一时期，在勒让德定理3的证明中，"为什么两个平面相交有两个交点"这一问题开始出现，因此，该定理逐渐被当作公理。Hawkes, Luby & Touton(1922)首先将"若两平面有一个公共点，则它们有第二个公共点"作为公设，然后再证明定理3。Cowley(1934)将"两平面相交，交线为直线"作为公理。至此，《几何原本》中关于平面的三个命题终于都成了公理。

可以看出，希尔伯特的公理化方法对这一时期平面概念的呈现方式产生了深刻的影响，且人教版教科书中平面的三个公理在这一时期的教科书中有了基本的雏形。

1.6　结论与启示

从以上考察可见，平面的概念与公理有着漫长的历史发展过程。初步发展时期，巴门尼德和欧几里得等对平面的认识接近于我们的直观感知，定义中有很多模糊的词语，因此不能将定义用于命题的推理中。到了平面的构造性阶段，辛松、克雷尔、傅里叶等基于定义的简洁性与可推理的特征给出了平面的一些构造性定义，最后辛松的定义被之后的大部分教科书认可，并被用于平面有关命题的证明，但其中仍然具有一些逻辑上的问题。因此，不少数学家在辛松定义的基础上尝试各种办法对其加以改善，但总是不能完全解决疑问。最后，希尔伯特的公理化方法登上历史舞台，定义与逻辑的问题最终得到解决，平面的定义与公理也终于出现了现代的雏形。

今日教科书中的平面三公理也经历了漫长的发展过程，其雏形首先在《几何原本》中以命题形式出现。接着，人教版教科书中的公理 2 以定义形式出现，其余两个公理由该定义推出。之后，包含式定义和勒让德的定理 2 率先以公理形式出现，即人教版教科书中的公理 1 和公理 2。最后，勒让德的定理 3 成了今天的公理 3。

平面概念与公理的历史有着重要的教育价值。今日教科书将平面视为原始概念，并不是因为它是一个易于理解的简单概念，实际上它是漫长历史演进的结果。在教学中，让学生经历这一过程有利于他们对平面概念本质的理解。历史表明，平面三公理与平面概念是互相促进、共同发展的，可以说，正是由于平面三公理出现的各种问题促进了平面概念的不断完善，在教学中可以有效地利用这一点促进学生对平面概念的理解。同时，在历史上，这三个公理作为定理出现时，它们之间存在一定的逻辑关系。作为公理之后，逻辑关系似乎消失了，让学生了解这一点，可以更深刻地认识三个公理之间的联系。

参考文献

Bartol, W. C. (1893). *The Elements of Solid Geometry*. Boston: Leach, Shewell & Sanborn.

Cowley, E. B. (1934). *Solid Geometry*. New York: Silver, Burdett & Company.

Davies, C. (1841). *Elements of Geometry*. Philadelphia: A. S. Barnes & Company.

Durell, F. (1904). *Solid Geometry*. New York: C. E. Merrill Company.

Halsted, G. B. (1885). *The Elements of Geometry*. New York: John Wiley & Sons.

Hart, C. A. & Feldman, D. D. (1912). *Plane and Solid Geometry*. New York: American Book Company.

Hawkes, H. E., Luby, W. A. & Touton, F. C. (1922). *Solid Geometry*. Boston: Ginn & Company.

Hayward, J. (1829). *Elements of Geometry*. Cambridge: Hilliard & Brown.

Heath, T. L. (1908). *The Thirteen Books of Euclid's Elements*. Cambridge: The University

Press.

Keigwin, H. W. (1897). *The Elements of Geometry*. New York: Henry Holt & Company.

Legendre, A. M. (1800). *Éléments de Géometrie*. Paris: Firmin Didot.

Newcomb, S. (1884). *Elements of Geometry*. New York: Henry Holt & Company.

Peirce, B. (1837). *An Elementary Treatise on Plane and Solid Geometry*. Boston: James Munroe & Company.

Playfair, J. (1829). *Elements of Geometry*. Philadelphia: A. Walker.

Richardson, S. F. (1914). *Solid Geometry*. Boston: Ginn & Company.

Schuyler, A. (1876). *Elements of Geometry*. Cincinnati: Wilson, Hinkle & Company.

Tappan, E. T. (1864). *Treatise on Plane and Solid Geometry*. Cincinnati: Sargent, Wilson & Hinkle.

Thompson, H. D. (1896). *Elementary Solid Geometry and Mensuration*. New York: The Macmillan Company.

Walker, T. (1829). *Elements of Geometry*. Boston: Richardson & Lord.

Wilson, J. M. (1880). *Solid Geometry and Conic Sections*. London: Macmillan & Company.

Zormbala, K. & Tzanakis, C. (2004). The concept of the plane in geometry: elements of the historical evolution inherent in modern views. *Mediterranean Journal for Research in Mathematics Education*, 3(1-2): 37-61.

2 长方体直观图的画法

汪晓勤*

近年来，HPM专业学习共同体开发了许多HPM课例。课例的成功与否取决于很多因素，其中很重要的因素之一是教师对相关主题的历史素材的掌握程度。实际上，倘若教师对所教主题的历史不甚了了，或拥有很少的历史素材，则很难开发出理想的HPM课例。

HPM工作室在讨论“斜二测画法”的教学设计时，就遇到了史料缺失的困境。教师希望了解：斜二测画法是何时产生，如何产生的？为了回答上述问题，我们对16—20世纪的若干几何书籍作一考察，从中获得关于立体图形（尤其是长方体和正方体）直观图画法的历史素材，并为今日教学提供思想启迪。

2.1 保持位置和大小关系

在16世纪的几何书籍中，人们已经普遍采用平行四边形来表示长方体直观图的上、下、左、右各面了。在1509年出版的《几何原本》拉丁文版中，正方体和长方体直观图的画法如图2-1所示（Euclid, 1509, pp. 105—110）。

由这些图形可见，当时直观图的画法与我们今天熟悉的斜二测画法相似，都是将正方体或长方体的前、后两面画成正方形或长方形，其他各面均画成平行四边形，平行四边形的一个内角近似画成45°或135°。但在正方体直观图中，表示上、下底面的平行四边形水平边与其邻边的长度并不满足2∶1，而是保持相等，即上、下、左、右四个平行四边形均为菱形。

同一书中，四棱柱、五棱柱、三棱锥、五棱锥的画法如图2-2所示（Euclid, 1509,

* 华东师范大学教师教育学院教授、博士生导师。

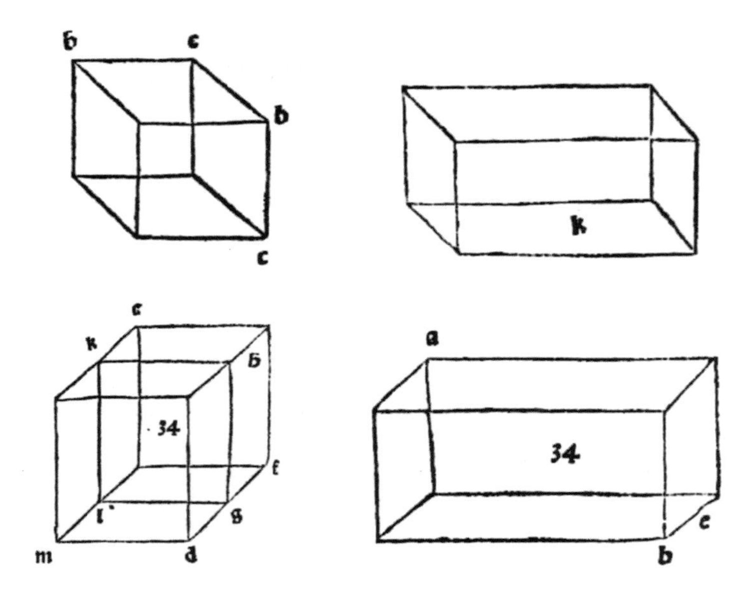

图 2－1　《几何原本》拉丁文版中的正方体和长方体直观图

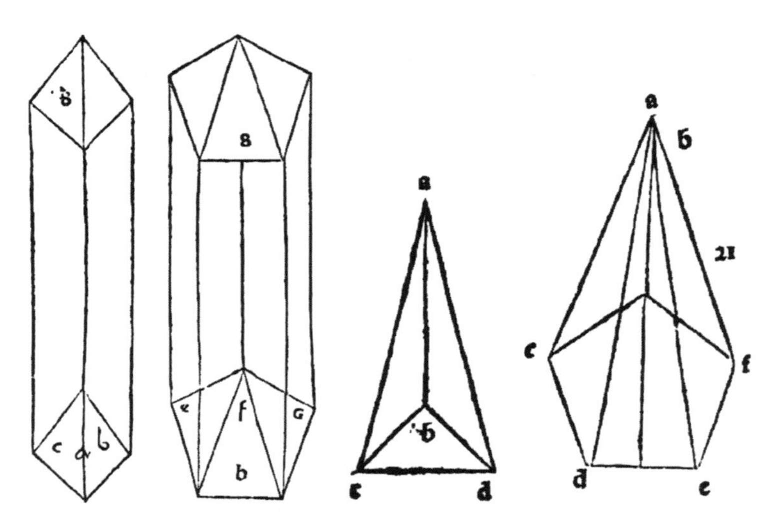

图 2－2　《几何原本》拉丁文版中的棱柱和棱锥直观图

p. 116)，这些图形的底面都保持平面图形的“原貌”，可见当时的编者并未掌握斜二轴测投影。

令人惊讶的是，书中还出现了一些错误的长方体直观图，如图 2－3 所示(Euclid, 1509, pp. 107—110)。

1532 年，法国数学家费奈乌斯(O. Finaeus, 1494—1555)出版了《数学之源》，书中讨论了许多立体图形的度量。与《几何原本》的编者类似，作者将正方体的上、下、左、右四个面都画成了菱形，如图 2－4 所示(Finaeus, 1532, p. 91)。

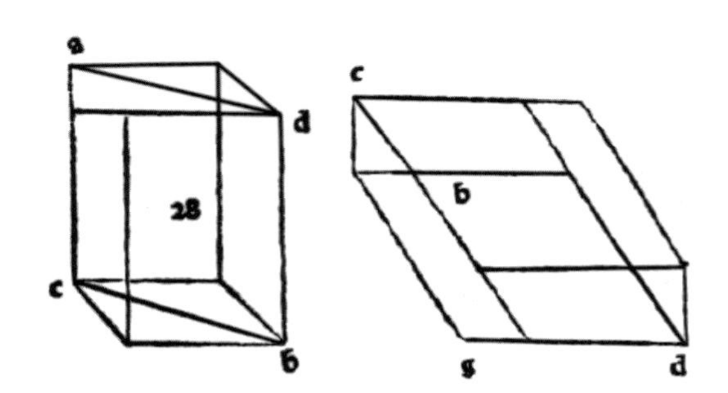

图 2－3 《几何原本》拉丁文版中错误的长方体直观图

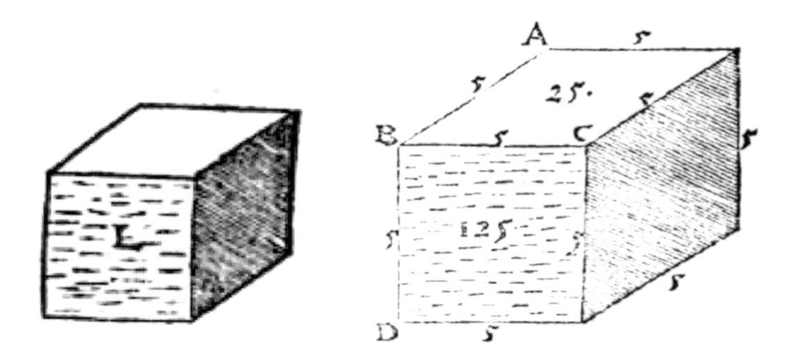

图 2－4 《数学之源》中的正方体直观图

费奈乌斯在绘制棱柱、棱台、圆柱和圆锥的直观图时，原原本本保持了底面的原形，如图 2－5 和图 2－6 所示(Finaeus, 1532, pp. 92—94)。

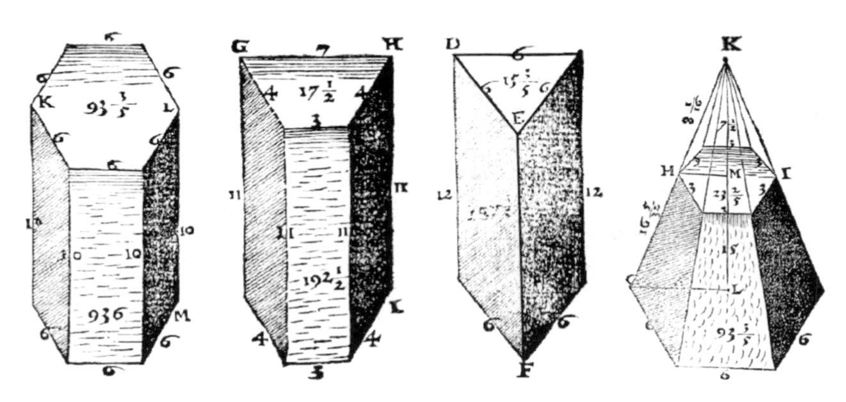

图 2－5 《数学之源》中的棱柱和棱台直观图

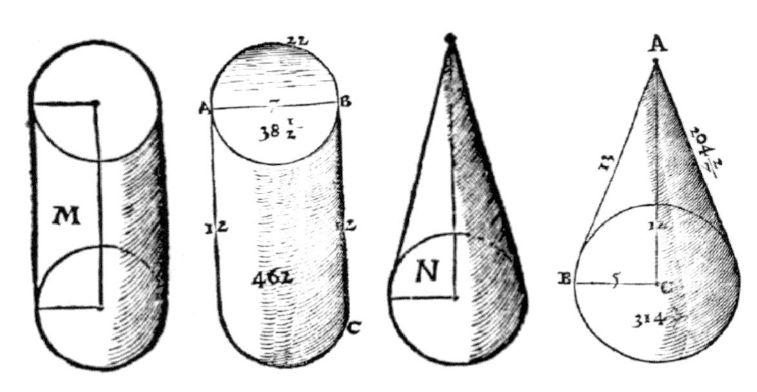

图 2-6 《数学之源》中的圆柱和圆锥直观图

1564 年，意大利数学家巴托利(C. Bartoli，1503—1572)出版了《测量之术》，其绘制立体图形直观图的方法并没有任何改进，如图 2-7—图 2-9 所示(Bartoli，1564，pp. 71—79)。

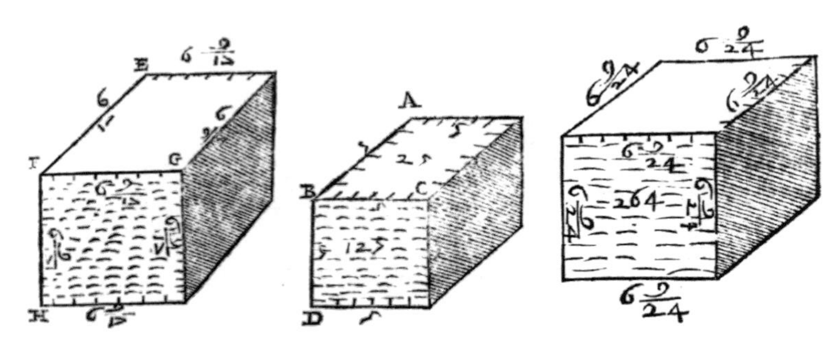

图 2-7 《测量之术》中的正方体直观图

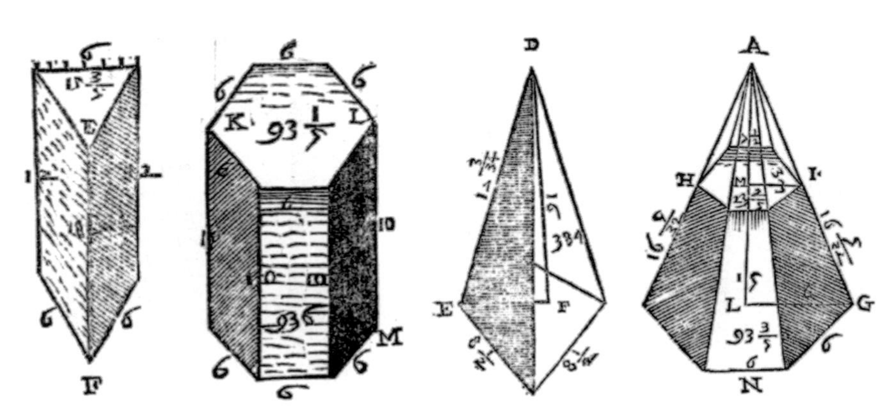

图 2-8 《测量之术》中的棱柱、棱锥和棱台直观图

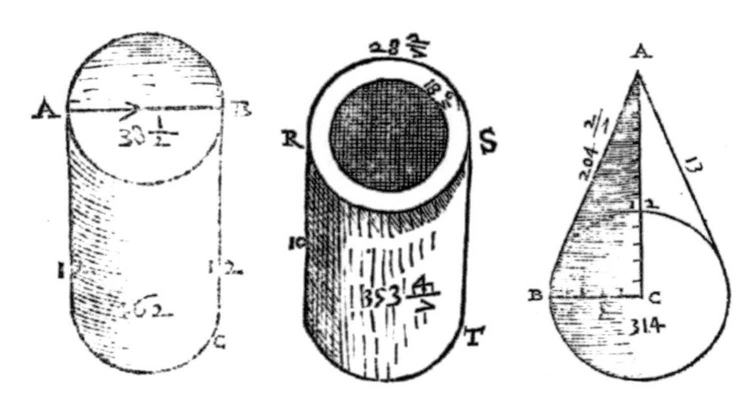

图 2-9　《测量之术》中的圆柱和圆锥直观图

17 世纪，一些数学家沿用了 16 世纪数学家的画法，如法国数学家奥泽南(J. Ozanam，1640—1717)在《实用几何》和《数学教程》中所呈现的正方体和长方体直观图都保持了上、下、左、右四面边长的实际大小关系，如图 2-10(Ozanam，1684，pp. 247—248)和图 2-11(Ozanam，1693，pp. 356—357)所示。

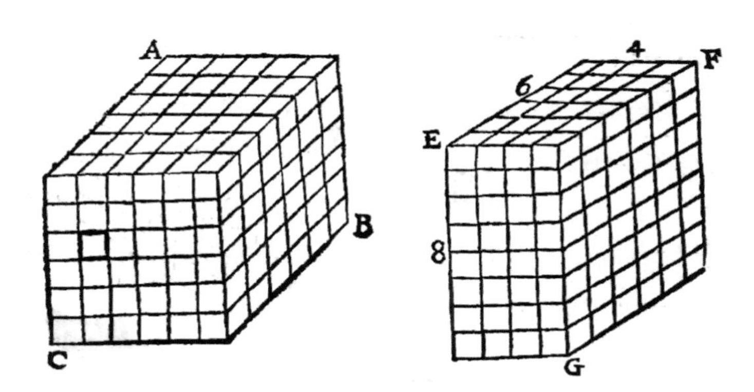

图 2-10　奥泽南《实用几何》中的正方体和长方体直观图

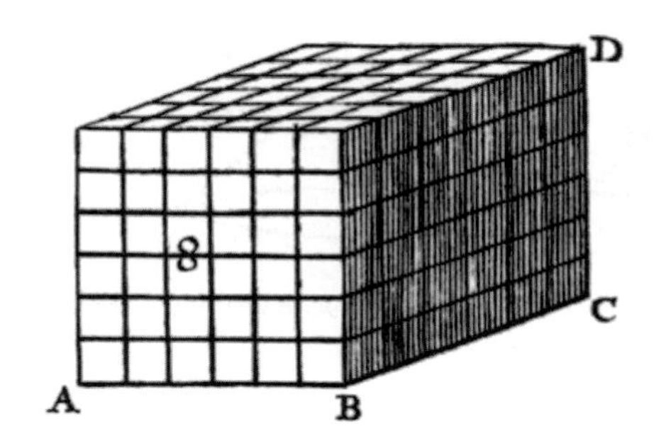

图 2-11　奥泽南《数学教程》中的正方体直观图

即使到了19世纪和20世纪，仍有几何教科书采用同样的画法，如Tappan(1864)、Sykes & Comstock(1922)等，如图2－12和图2－13所示。

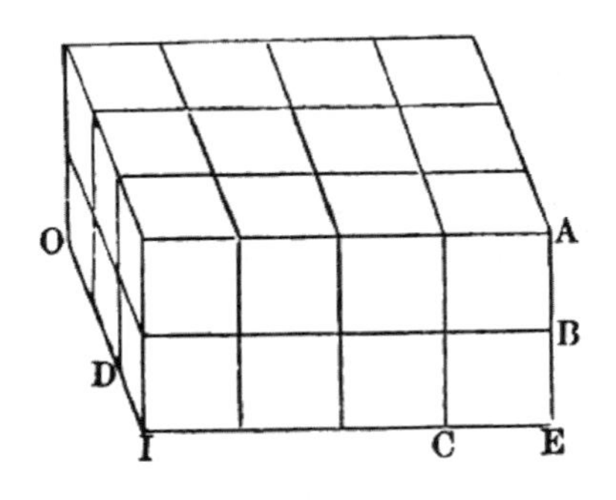

图2－12　Tappan(1864)中的长方体直观图

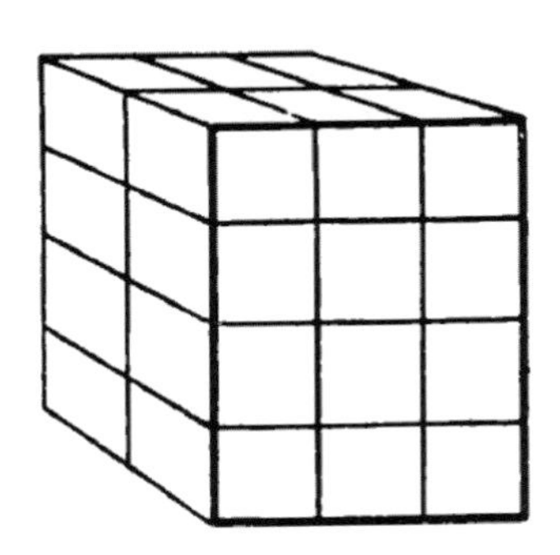

图2－13　Sykes & Comstock(1922)中的长方体直观图

2.2　大小关系的改变

16世纪意大利数学家毛罗利科(F. Maurolico，1494—1575)在1575年出版的《数学文集》中，对立体图形直观图的绘制方法有所改进。毛罗利科在绘制正方体直观图时，不再保留上、下、左、右四面边长的实际大小关系，而是缩短了水平边的邻边；在绘制圆锥直观图时，将底面画成了椭圆，如图2－14所示(Maurolico，1575，p. 116,263)。不过，在正方体直观图中，水平边和邻边并未按照2∶1来画。

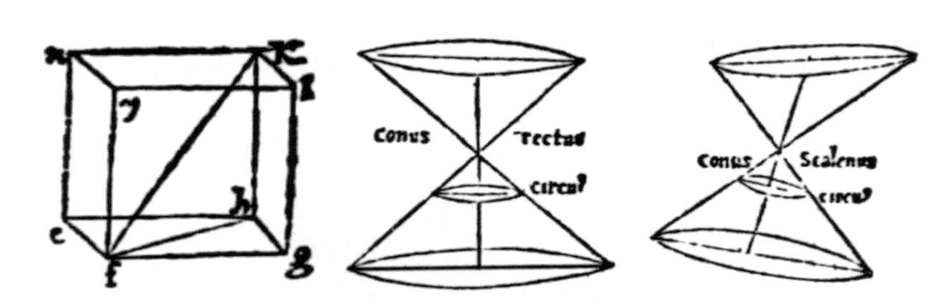

图2－14　毛罗利科《数学文集》中的立体图形直观图

16世纪后期，一些作者对立体图形直观图的画法作了改进。如意大利数学家博莫多罗(Pomodoro)在《实用几何》(1599)中呈现了如图2－15所示的正方体直观图

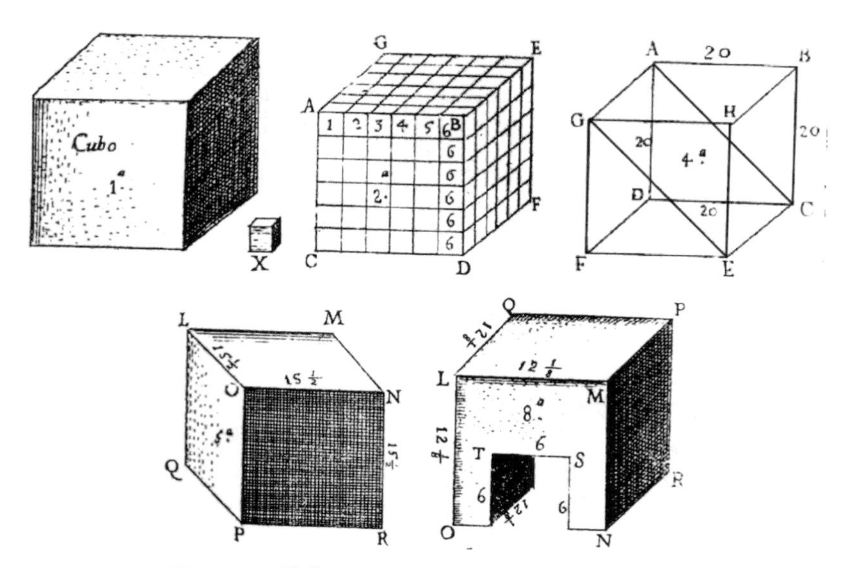

图 2-15　博莫多罗《实用几何》中的正方体直观图

(Pomodoro，1624，插图 30)，从中可见，上、下、左、右四面不再保持边长的实际相等关系，而是缩短了水平边的邻边，但并没有严格取水平边的一半。

17 世纪，荷兰数学家塔凯(A. Tacquet，1612—1660)在《平面与立体几何基础》中所呈现的各种立体图形直观图画法基本上与 Pomodoro(1624)中的一致，如图 2-16(Tacquet，1654，插图)所示。

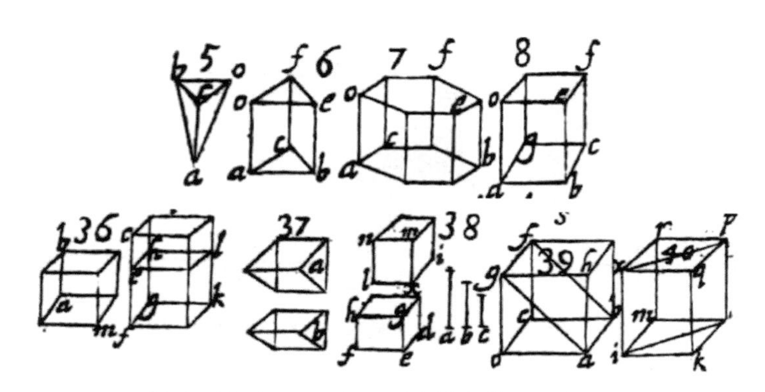

图 2-16　Tacquet(1654)中的立体图形直观图

17 世纪之后的漫长岁月里，人们不仅没有统一按照某个特定比例来缩短水平边的邻边，也没有将平行四边形的锐角局限于 45°。这种随意性在 19—20 世纪的几何教科书中依然屡见不鲜，如图 2-17—图 2-19 所示。

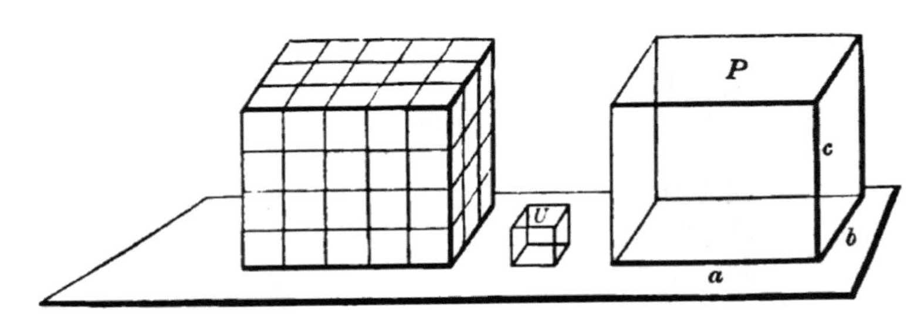

图 2－17 Wentworth(1880)中的长方体直观图

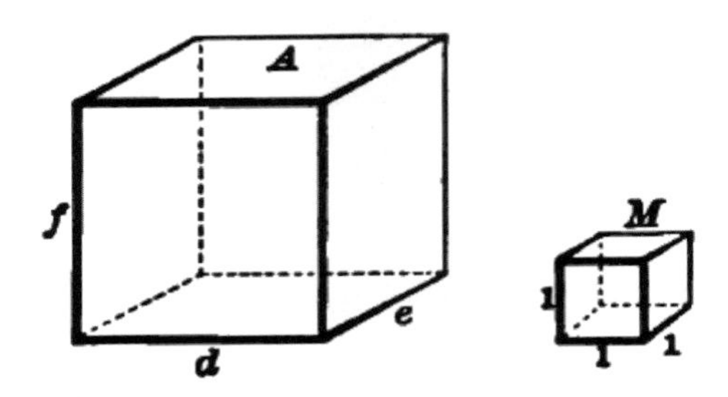

图 2－18 Milne(1899)中的正方体直观图

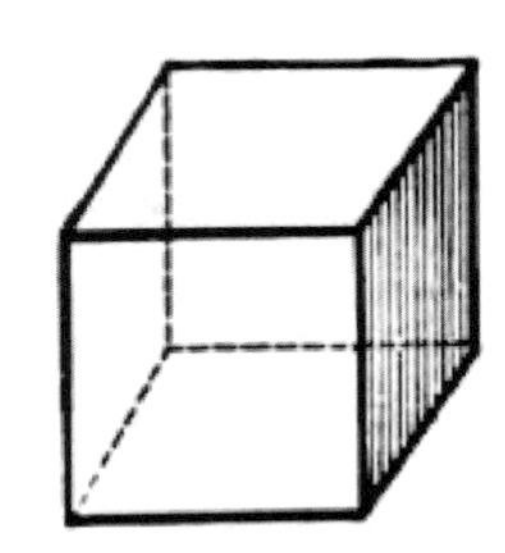

图 2－19 Slaught & Lennes(1919)中的长方体直观图

17 世纪末，数学家开始使用虚线来表示立体图形中实际看不见的棱。如奥泽南在出版于 1693 年的《数学教程》中，呈现了如图 2－20 所示的长方体直观图。

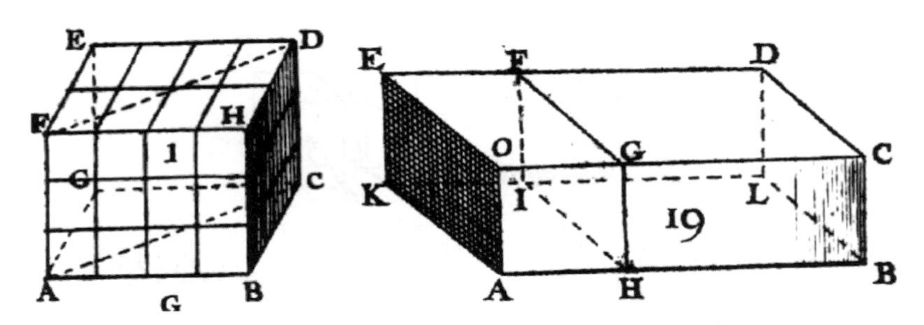

图 2－20 奥泽南《数学教程》中的长方体直观图

2.3 斜二轴测投影的运用

美国数学家贝茨(W. Betz，1879—?)和韦布(H. E. Webb，1876—?)在 1916 年出

版的《立体几何》中给出了斜二轴测投影的作图法：如图2－21，作正方形 $BCGF$ 与实际正方体的一个面全等，作 $\angle FGH=\angle BCD=45^{\circ}$，作平行线段 BA、CD、GH、FE 各等于 BC 的一半，依次连结 AD、DH、HE 和 EA，即得正方体的斜二轴测投影。作者称这种投影是一种"令人满意的投影方式"(Betz & Webb, 1916, p. 328)。

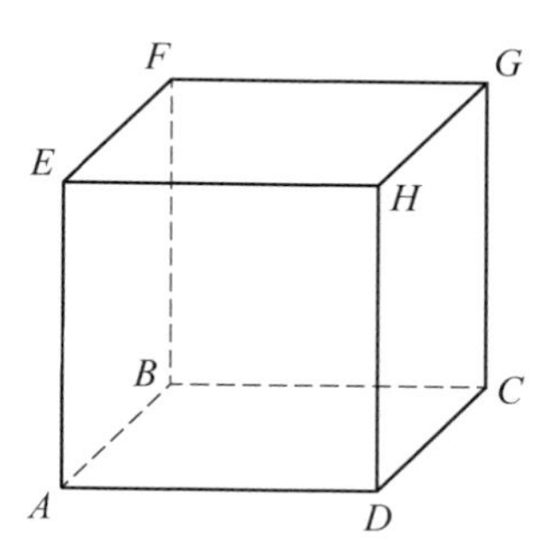

图 2－21　正方体的斜二轴测投影画法

该书中还给出了与水平面垂直的平面上的正多边形和圆在水平面上的投影的画法(Betz & Webb, 1916, p. 350)，如图 2－22，实际上给出了相应的正棱柱和圆柱底面的斜二轴测投影画法。

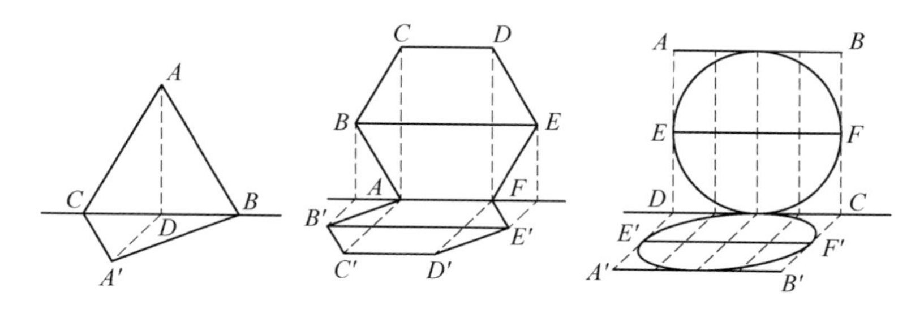

图 2－22　平面图形在水平面上的投影画法

有了斜二轴测投影画法，教科书中的图形开始变得准确而美观。

2.4　结语

以上我们看到，长方体和正方体直观图的画法经历了从 16 世纪保留各面边的大小关系和位置关系，到 17 世纪非标准缩小水平边邻边的长度，再到 20 世纪斜二轴测投影的过程，而前两种画法各经历了漫长的时间。新画法的诞生并不意味着旧画法的消失，相反，不同画法在某个时期往往是并行不悖的。斜二轴测投影画法因兼具准确和美观的特点而登上历史舞台，最终受到人们的青睐。

历史告诉我们，斜二轴测投影画法是人们长期探索的结果，因此，教师可采用探究式教学：首先，让学生自己绘制正方体或长方体的直观图；其次，让学生对各种不同的画法进行比较，得出既美观又再现三维空间真实立体的画法；然后，引导学生探讨这类画法中上、下底面各边的位置关系和大小关系以及内角的大小；最后，播放微视频，追溯正方体和长方体直观图画法的历史，展示历史上数学家的各种画法（包括错误画法），揭示学生画法的历史相似性。

参考文献

Bartoli, C. (1564). *Del Modo di Misvrare*. Venetia: Per Francesco Franceschi Sanese.

Betz, W. & Webb, H. E. (1916). *Plane and Solid Geometry*. Boston: Ginn & Company.

Euclid(1509). *Euclidis Megarensis*. Venezia: A. Paganius Paganinus.

Finaeus, O. (1532). *Protomathesis*. Parisiis: Impensis Gerardi Morrhij & Ioannis Petri.

Maurolico, F. (1575). *Opuscula Mathematica*. Venetijs: Francescum Francescium Senensem.

Milne, W. J. (1899). *Plane and Solid Geometry*. New York: American Book Company.

Ozanam, J. (1684). *La Geometrie Pratique*. A Paris: chez l'Auteur.

Ozanam, J. (1693). *Cours de Mathematique*. A Paris: chez Jean Jombert.

Pomodoro, G. (1624). *La Geometria Prattica*. Roma: Angelo Ruffinelli.

Slaught, H. E. & Lennes, N. J. (1919). *Solid Geometry*. Boston: Allyn & Bacon.

Sykes, M. & Comstock, C. E. (1922). *Solid Geometry*. Chicago: Rank Mcnally & Company.

Tacquet, A. (1654). *Elementa Geometriae Planae ac Solidae*. Antuerpiae: apud Iacobum Meursium.

Tappan, E. T. (1864). *Treatise on Plane and Solid Geometry*. Cincinnati: Sargent, Wilson & Hinkle.

Wentworth, G. A. (1880). *Elements of Plane and Solid Geometry*. Boston: Ginn & Heath.

3 棱柱的概念

汪晓勤*

棱柱是高中立体几何的重要概念之一，现行各版高中数学教科书中所给出的棱柱定义互有不同。人教版A版、沪教版、北师大版和湘教版都给出了静态定义，除了两个底面平行、全等外，还关注棱柱侧面的属性；苏教版则给出了动态定义，关注棱柱的形成过程。

教学实践表明，现行教科书的表述很容易让学生形成“两个底面平行，侧面都是平行四边形的多面体叫做棱柱”这一错误认识。那么，棱柱定义在历史上经历了怎样的演变过程？学生的错误认识是否具有历史相似性？棱柱定义的历史对我们今日教学有何启示？在“双新”(新课程，新教材)背景之下，我们希望对上述问题作出回答。为此，特选取1829—1929年间出版的70种美国几何教科书进行考察。对于同一作者再版的教科书，若内容无变化，则选取最早的版本；若内容有变化，则将其视为不同教科书。**

3.1 1829年以前的棱柱定义

在历史上，最早给出棱柱定义的是古希腊数学家欧几里得。他在《几何原本》第11卷中定义棱柱如下：“棱柱是由一些平面构成的立体图形，其中有两个面是相对的、全等的、相似的且平行的，其余各面均为平行四边形。”(Heath, 1908, p. 261)虽然这个静态定义比较直观，但存在缺陷，因为存在满足定义条件但并非棱柱的多面体。

18世纪，法国数学家瓦里尼翁(P. Varignon, 1654—1722)在其《数学基础》中摒

---

* 华东师范大学教师教育学院教授、博士生导师。

** 以下各章对再版教科书的处理与此相同，不再赘述。

弃了欧几里得的定义而采用了新的动态定义："若平面直线形(如 ABF)按照平行于自身的方向从点 A 移动到点 C，则该直线形画出一个界于两个相似且全等的图形 ECD 和 ABF 以及所有以图形 ABF 的边为一边的平行四边形之间的立体 CB，则该立体称为棱柱。"(Varignon, 1734, p. 83)如图 3-1 所示。

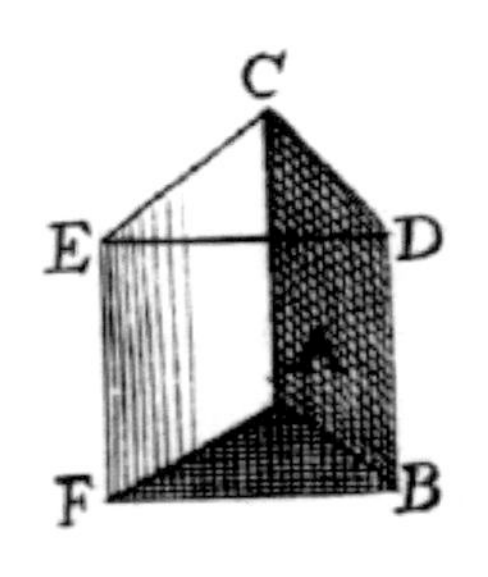

图 3-1 Varignon (1734)中的棱柱动态定义

之后，法国数学家克莱罗(A. Clairaut, 1713—1765)在其《几何基础》中又回到欧几里得的定义上来："棱柱是两个底面为全等多边形，其余各面均为平行四边形的立体。"(Clairaut, 1741, pp. 162—163)而勒让德在《几何基础》* 中则对欧几里得的定义稍加改动："棱柱是一个由若干平行四边形所围成、两端为全等且平行的多边形的立体。"(Legendre, 1800, p. 180)1829 年，英国数学家普莱费尔的《几何原本》英文版的删节本在美国出版，书中完全照搬了欧几里得的定义(Playfair, 1829, p. 157)。

在棱柱定义上，除了瓦里尼翁的教科书外，1829 年以前欧洲的绝大多数几何教科书都打上了《几何原本》的烙印，该书对美国早期几何教科书也产生了深刻的影响。

3.2 美国早期几何教科书中的棱柱定义

所考察的 70 种美国几何教科书共计给出了 71 个棱柱定义，其中 Baker(1893)给出了两个定义。根据详尽的统计和分析，这些定义可分成"欧氏定义""改进的欧氏定义""基于棱锥的定义""基于棱的定义""基于棱柱面的定义"和"基于棱柱空间的定义"6 类。没有出现瓦里尼翁的动态定义。

3.2.1 欧氏定义

我们将用底面和侧面来描述的不完善的棱柱静态定义归为"欧氏定义"，这类定义

---

* 《几何基础》法文第一版于 1794 年出版，1819 年由哈佛大学数学教授法拉(J. Farrar, 1779—1853)译成英文，并成为当时的美国大学几何教科书(在美国，直到 1821 年才出现今天意义上的中学)。1821 年秋，苏格兰文学家卡莱尔(T. Carlyle, 1795—1881)受著名物理学家布鲁斯特(D. Brewster, 1781—1868)的委托，再次将其译成英文，于翌年出版。卡莱尔的译本影响更大，1828 年开始传入美国，1834 年经戴维斯(C. Davies, 1798—1876)修订后开始成为美国的几何教科书，先后共有 28 个版本。本书大多参考 1834 年以后的版本。

实质上与《几何原本》中的定义并无二致，其中，侧面只有“平行四边形”一个属性，而底面的属性互有不同，见表 3-1。

表 3-1 不同形式的欧氏定义所涉及的底面属性

类型	底面属性	教科书
1	相对、全等、相似、平行	Perkins(1850)；Sharpless(1879)
2	相对、全等、平行	Hayward(1829)；Robbins(1907)；Robbins(1916)
3	全等、平行、对应角相等	Robinson(1850)
4	全等、平行、对应边平行	Robinson(1868)；Wells(1886)；Milne(1899)；Wells(1908)
5	全等、平行	Walker(1829)；Peirce(1837)；Loomis(1849)；Perkins(1855)；Greenleaf(1859)；Evans(1862)；Tappan(1864)；Wentworth(1880)；Wentworth(1881)；Newcomb(1884)；Bayma(1885)；Halsted(1885)；Tappan(1885)；Newcomb(1889)；Bowser(1890)；Van Velzer & Shutts(1894)；Hull(1897)；Gore(1899)；Wentworth(1899)；Shutts(1905)；Failor(1906)；Schultze & Sevenoak(1908)；Keller(1908)；Wentworth & Smith(1911)；Ford & Ammerman(1913)；Bruce & Cody(1914)；Williams & Williams(1916)；Newell & Harper(1918)
6	全等、对应边平行	Macnie(1895)
7	对应边相等且平行	Stewart(1891)
8	全等	Davies(1841)
9	平行	Bush & Clarke(1905)

70 种教科书中，只有两种照搬了欧几里得原定义中的四个属性，见类型 1；其他 68 种都摒弃了“相似”这一多余属性。在这 68 种教科书中，只有 3 种明确保留了“相对”这一属性，见类型 2；其他教科书都默认“相对”这一属性而不再提及，见类型 3—9。

在“侧面为平行四边形且具有平行公共边”的条件下，对于底面属性的 9 个类型的不同刻画本质上都是一致的。但在“侧面均为平行四边形”的条件下，无论哪种刻画，都未能排除满足条件的反例。

3.2.2 改进的欧氏定义

“改进的欧氏定义”在欧氏定义的基础上，增加了平行四边形侧面的其他属性。所增加的属性有两类，一类是平行四边形侧面有一组对边为两个底面的对应边。

Schuyler(1876)最早给出这类定义:"棱柱是一个多面体,它有两个面为全等、平行的多边形且对应边平行,其余各面均为以全等多边形对应边为底的平行四边形。"

之后,Dodd & Chace(1898)、Sanders(1903)和 Stone & Millis(1916)也相继给出了改进的欧氏定义。其中,Stone & Millis(1916)的定义是:"棱柱是这样的多面体,即它的两个面为平行平面上的全等多边形,其余各面均为平行四边形,且有一组对边分别为这两个全等多边形的对应边。"书中首次给出了欧氏定义的反例,如图 3-2 所示。

图 3-2　Stone & Millis(1916)中的欧氏定义反例

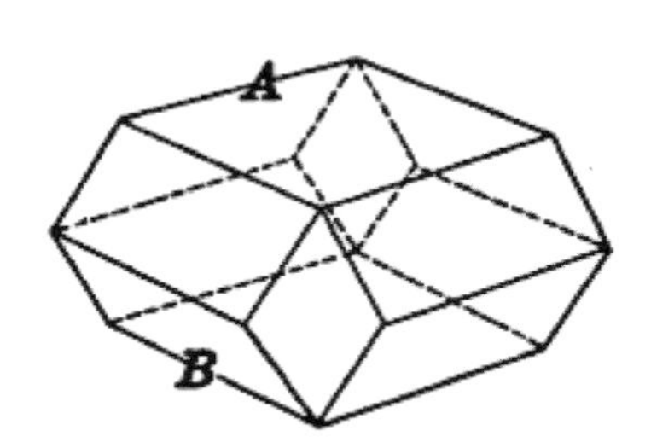

图 3-3　Hawkes, Luby & Touton (1922)中的欧氏定义反例

改进的欧氏定义所增加的第二类侧面属性是"交线平行",如 Baker(1893)给出的定义是:"有两个相对的面为平行多边形、其余各面相交于平行线的多面体称为棱柱。"Hawkes, Luby & Touton(1922)的定义是:"棱柱是一个多面体,它有两个面位于两个平行平面上,其余各面均为平行四边形,且其交线平行。"这个定义与现行人教版和北师大版高中数学教科书中的定义一致。书中也给出了欧氏定义的反例,如图 3-3 所示。

Thompson(1896)、Wells & Hart(1916)和 Nyberg(1929)也给出了同类定义。

3.2.3　基于棱锥的定义

70 种教科书中,只有两种将棱柱视为特殊的棱锥。Dupuis(1893)给出的定义是:"当棱锥顶点沿垂直于底面的方向移动到无限远处,侧棱变成平行线,所得图形的平截体成了具有全等底面的封闭图形,称为棱柱。"Baker(1893)给出的另一个定义是:"棱柱是一种特殊的棱锥,其顶点位于无限远处,侧棱相互平行。"

虽然将棱柱视为特殊的棱锥,不易为中学生所接受,但将两类几何体统一起来,对启发学生的思维、揭示不同数学对象之间的联系却是十分有意义的。这与将抛物线视为特殊的椭圆(有一个顶点或焦点位于无限远处)是类似的。

3.2.4　基于棱的定义

Bartol(1893)仅根据棱的特点来定义棱柱:“除了两个平行面截其余各面所得的棱以外,其他各棱都互相平行的多面体称为棱柱。”这个定义是正确的,且有所创新。但根据欧拉公式“棱数等于面数与顶点数之和减去 2”,一个多面体的棱数一般比面数和顶点数多,故仅从棱的角度来看一个多面体,似乎增加了理解的难度。

3.2.5　基于棱柱面的定义

改进的欧氏定义需要罗列底面和侧面的各种属性,表述起来并不简洁。因此,一些教科书编者开始探讨新的更简洁的定义,于是,“基于棱柱面的定义”应运而生。这类定义又可分成四种情形。

第一种情形是采用一般棱柱面来定义棱柱。例如,Keigwin(1897)给出的定义是:“棱柱是由棱柱面与两个平行截面所围成的多面体。”这是最早的“基于棱柱面的定义”。编者将棱柱面定义为“由相交于平行线的平面所构成的图形”,并没有考虑棱柱面的封闭性,而用两个平行平面去截不封闭的棱柱面,并不能得到棱柱,因而相应的棱柱定义不够严谨。Phillips & Fisher(1898)和 Hart & Feldman(1912)也采用了类似的定义,前者将棱柱面定义为“由依次过一组平行线中的两条平行线的平面构成的面”,后者将棱柱面定义为“始终与一条固定折线相交,且保持与一条固定直线(与折线不共面)平行的动直线所形成的面”,两者都没有考虑棱柱面的封闭性。我们看到,棱柱面的定义也经历了从静态到动态的过程。

第二种情形是不定义棱柱面,而直接用“相交于平行线的一组平面”来代替棱柱面。如 Durell(1909)、Shutts(1912)和 Durell & Arnold(1917)都将棱柱定义为“由两个平行平面和一组相交于平行线的平面所围成的多面体”。这种定义与第一种情形等价。

第三种情形是采用封闭棱柱面来定义棱柱。Slaught & Lennes(1911)先定义封闭棱柱面:“给定一个凸多边形和一条与该多边形不共面的直线。若直线沿多边形运动一周的过程中,始终与自身平行且与多边形的边界相交,则称直线所生成的面为封闭棱柱面。”再定义棱柱:“封闭棱柱面界于两个平行横截面之间的部分,连同两个横截面,称为棱柱。”这个定义关注棱柱的表面,无法定义棱柱的体积,因而并不合理。事实上，该教科书的修订版（Slaught & Lennes，1919）对棱柱定义进行了明显的改进："由棱柱面和两个与所有母线都相交的平行横截面所围成的多面体称为棱柱。"

Betz & Webb（1916）、Palmer & Taylor（1918）和 Sykes & Comstock（1922）都给出了类似的定义："一个封闭棱柱面被两个平行平面所截，所形成的立体称为棱柱。"

第四种情形是缩小棱柱面概念的外延，将其等同于封闭棱柱面。Schultze & Sevenoak（1922）将棱柱面定义为："始终与给定多边形的边界相交，且平行于不在多边形所在平面上的固定直线的一条动直线所形成的面称为棱柱面。"相应地，将棱柱定义为"由棱柱面与两个平行平面所围成的多面体"。

引入"封闭棱柱面"概念，或将棱柱面概念特殊化（准线为多边形），都完善了基于一般棱柱面的棱柱定义。

3.2.6 基于棱柱空间的定义

Edwards（1895）最早将棱柱定义为"任意多个相交于平行线的平面与两个平行平面所围的部分空间"，但并没有给出"棱柱空间"概念。

Beman & Smith（1900）最早给出棱柱空间的定义。他们先定义棱柱面："由相交于平行线的部分平面所构成的面称为棱柱面。"再定义棱柱空间："若从棱柱面的某一平面开始，每一个平面与下一个平面相交，最后一个平面与第一个平面相交，则称棱柱面围成一个棱柱空间。"最后再定义棱柱："棱柱空间界于两个平行横截面之间的部分称为棱柱。"Smith（1913）和 Richardson（1914）沿用了这个定义，但后者对棱柱面和棱柱空间给出了更清晰的数学表述："n 个平面 m_1，m_2，…，m_n（其中任何三个不共线）依次相交于平行线，则这 n 个平面位于平行线之间的各部分构成棱柱面。若最后一个平面 m_n 又与第一个平面 m_1 相交，则称棱柱面围成了一个棱柱空间。"

3.3 棱柱定义的演变

我们可以用时间轴来表示棱柱定义的历史发展进程，如图 3-4 所示。从图中可见，从欧几里得到舒伊勒（A. Schuyler，1828—1913），棱柱的静态定义从不完善到完善，走过了 2100 多年的漫长岁月；而从改进的欧氏定义的诞生，到欧氏定义的反例的出现，匆匆又过了 40 年！由于《几何原本》的影响、欧几里得的权威性以及欧氏定义的直观性，后世教科书的编者采取了全盘照搬的方式，丝毫不曾怀疑棱柱定义存在缺陷，因而使得该定义谬种流传，甚至在出版于1948年的几何教科书中，我们仍能看到欧氏定义。在基于一般棱柱面的定义和基于封闭棱柱面的定义之间，也间隔了整整14年。

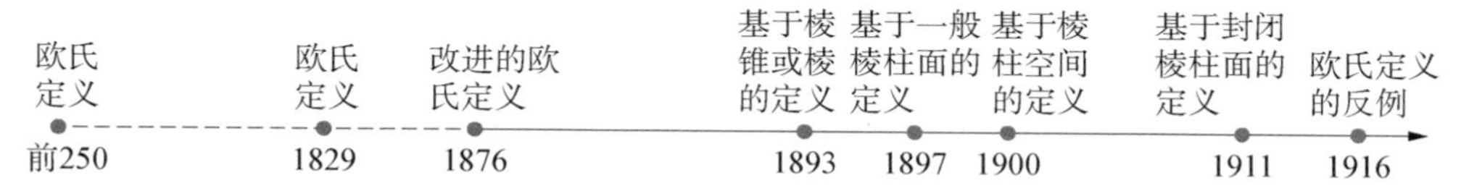

图3－4　棱柱定义的演进

图3－5给出了6类定义的频数分布情况，从图中可见，欧氏定义出现的频数遥遥领先，而基于棱柱面的定义位居第二。

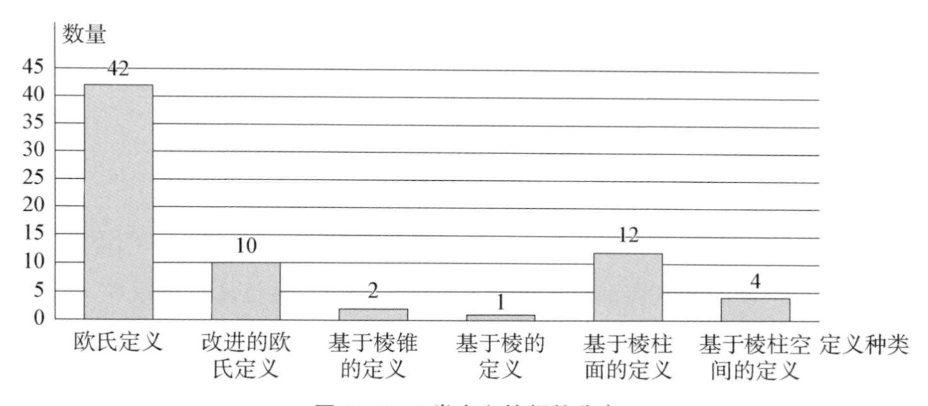

图3－5　6类定义的频数分布

我们将100年时间分成5段，6类定义在不同时间段的分布情况如图3－6所示。从图中可见，前60年，欧氏定义一统天下。到了后40年，才出现多元化的局面。直到最后20年，欧氏定义一枝独秀的局面才发生了彻底改变。

改进的欧氏定义于1876年诞生之后，完善的定义与不完善的定义依然交替出现。这一方面说明，由于舒伊勒没有给出欧氏定义的反例，导致后来的教科书编者未能意识到欧氏定义与改进的欧氏定义之间的区别；另一方面也说明，要动摇欧氏定义的权威、改变人们心中根深蒂固的概念意象是多么地艰难。无疑，在棱柱定义的完善过程中，能否找到欧氏定义的反例至关重要。Stone & Millis(1916)给出反例之后，欧氏定义的权威性被彻底颠覆，于是，我们才看到了基于棱柱面的定义后来居上的局面。随着棱柱面定义的出现，棱柱的正确定义在数量和形式上都呈现逐步上升的态势。

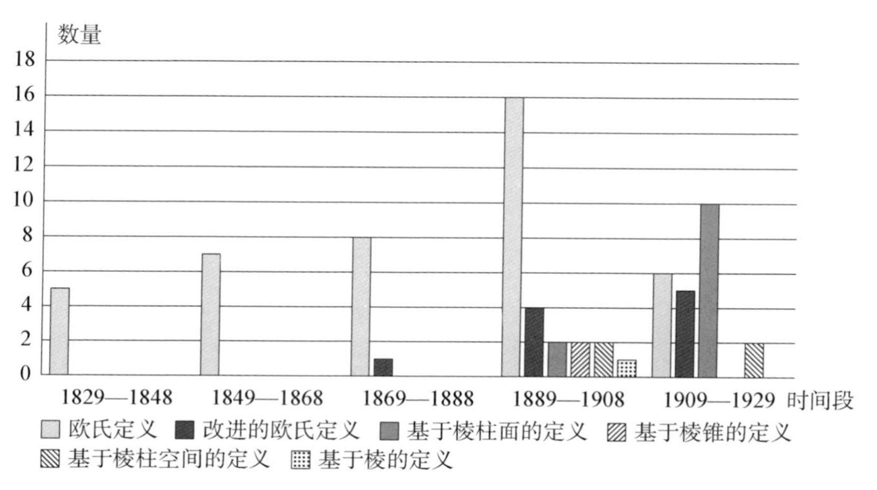

图 3-6　6 类定义在不同时间段的分布

3.4　结论与启示

跨越一个世纪的 70 种美国早期几何教科书清晰地展现了棱柱定义的历史发展脉络。在半个多世纪里，不完善的欧氏定义占有绝对的统治地位，《几何原本》的权威性以及人的直觉导致新定义姗姗来迟。而在改进的欧氏定义诞生之初，并没有伴随欧氏定义的反例的出现，人们因此忽视新、旧定义之间的差异，使得欧氏定义在相当长的时间内依然扮演主角。当反例出现之后，人们才逐渐摒弃欧氏定义，棱柱定义趋于多元化，最终，基于棱柱面的定义占据上风。而基于棱柱面的定义又经历了从基于一般棱柱面到基于封闭棱柱面的过程，最终才臻于完善。此外，从基于棱柱面的定义又衍生出基于棱柱空间的定义，这类定义同样经历了从不完善到完善的过程。

棱柱定义的历史为今日教科书编写和课堂教学带来了诸多启示。

（1）对教科书编写的启示

18 世纪，瓦里尼翁已经给出了正确的动态定义。但由于瓦里尼翁的《数学基础》没有传入美国，因而在我们所考察的教科书中，没有一种教科书采用这种定义，棱柱的错误定义不断被重复。因此，教科书编写者首先需要具有国际视野，广泛阅读、深入研究国外同类教科书，扬长避短，为自己的教科书编写服务。其次，教科书编写者需要有批判精神，不能盲目地迷信权威、全盘照搬。再次，教科书编写者需要有历史感。棱柱定义的历史表明,静态定义绵延不绝,而动态定义则无人问津,基于棱柱面的定义后来居上,而基于棱或棱锥的定义则昙花一现。据此可以做出最佳选择。

(2) 对课堂教学的启示

首先,可以借鉴棱柱定义从不完善到完善的演变过程,运用重构式来设计棱柱概念的教学。让学生从实物中归纳棱柱的共同特征,在此基础上给棱柱下定义;通过反例来修正、完善定义,让学生经历棱柱概念的形成过程,加深学生对棱柱概念的理解。同时,运用附加式,在课堂上向学生介绍欧氏定义,让学生了解历史上的数学家也犯过错误,从而正确认识数学活动的本质,树立数学学习的信心。

其次,可以将棱柱的历史加工为教学素材。在教学中,可以通过复制式或顺应式,将改进的欧氏定义或其他定义在历史上的不同表述形式呈现给学生,让学生运用立体几何知识来辨析正误、论证异同,加速知识点的完备化进程。

参考文献

Baker, A. L. (1893). *Elements of Solid Geometry*. Boston: Ginn & Company.

Bartol, W. C. (1893). *The Elements of Solid Geometry*. Boston: Leach, Shewell, & Sanborn.

Bayma, J. (1855). *Elements of Geometry*. San Francisco: A. Waldteufel.

Beman, W. W. & Smith, D. E. (1900). *New Plane and Solid Geometry*. Boston: Ginn & Company.

Betz, W. & Webb, H. E. (1916). *Plane and Solid Geometry*. Boston: Ginn & Company.

Bowser, E. A. (1890). *The Elements of Plane and Solid Geometry*. New York: D. van Nostrand Company.

Bruce, W. H. & Cody, C. C. (1914). *Elements of Solid Geometry*. Dallas: The Southern Publishing Company.

Bush, W. N. & Clarke, J. B. (1905). *The Elements of Geometry*. New York: Silver, Burdett & Company.

Clairaut, A. (1741). *Elemens de Geometrie*. Paris: Durand.

Davies, C. (1841). *Elements of Geometry*. Philadelphia: A. S. Barnes & Company.

Dodd, A. A. & Chace, B. T. (1898). *Plane and Solid Geometry*. Kansas City: Hudson-Kimberly Publishing Company.

Dupuis, N. F. (1893). *Elements of Synthetic Solid Geometry*. New York: Macmillan &

Company.

Durell, F. (1909). *Plane and Solid Geometry*. New York: Charles E. Merrill Company.

Durell, F. & Arnold, E. E. (1917). *Solid Geometry*. New York: Charles E. Merrill Company.

Edwards, G. C. (1895). *Elements of Geometry*. New York: Macmillan & Company.

Evans, E. W. (1862). *Primary Elements of Plane and Solid Geometry*. Cincinnati: Wilson, Hinkle & Company.

Failor, I. N. (1906). *Plane and Solid Geometry*. New York: The Century Company.

Ford, W. B. & Ammerman, C. (1913). *Solid Geometry*. New York: The Macmillan Company.

Gore, J. H. (1899). *Plane and Solid Geometry*. New York: Longmans, Green & Company.

Greenleaf, B. (1859). *Elements of Geometry*. Boston: Robert S. Davis & Company.

Halsted, G. B. (1885). *The Elements of Geometry*. New York: John Wiley & Sons.

Hart, C. A. & Feldman, D. D. (1912). *Plane and Solid Geometry*. New York: American Book Company.

Hawkes, H. E., Luby, W. A. & Touton, F. C. (1922). *Solid Geometry*. Boston: Ginn & Company.

Hayward, J. (1829). *Elements of Geometry*. Cambridge: Hilliard & Brown.

Heath, T. L. (1908). *The Thirteen Books of Euclid's Elements*. Cambridge: The University Press.

Hull, G. W. (1897). *Elements of Geometry*. Philadelphia: Butler, Sheldon & Company.

Keigwin, H. W. (1897). *The Elements of Geometry*. New York: Henry Holt & Company.

Keller, S. S. (1908). *Plane and Solid Geometry*. New York: D. Van Nostrand Company.

Legendre, A. M. (1800). *Éléments de Géométrie*. Paris: Firmin Didot.

Loomis, E. (1849). *Elements of Geometry and Conic Sections*. New York: Harper & Brothers.

Macnie, J. (1895). *Elements of Geometry*. New York: American Book Company.

Milne, W. J. (1899). *Plane and Solid Geometry*. New York: American Book Company.

Newcomb, S. (1884). *Elements of Geometry*. New York: Henry Holt & Company.

Newcomb, S. (1889). *Elements of Geometry*. New York: Henry Holt & Company.

Newell, M. J. & Harper, G. A. (1918). *Plane and Solid Geometry*. Chicago: Row, Peterson & Company.

Nyberg, J. A. (1929). *Solid Geometry*. New York: American Book Company.

Palmer, C. I. & Taylor, D. P. (1918). *Solid Geometry*. Chicago: Scott, Forsman & Company.

Peirce, B. (1837). *An Elementary Treatise on Plane and Solid Geometry*. Boston: James Munroe & Company.

Perkins, G. R. (1850). *Elements of Geometry*. New York: D. Appleton & Company.

Perkins, G. R. (1855). *Plane and Solid Geometry*. New York: D. Appleton & Company.

Phillips, A. W. & Fisher, I. (1898). *Elements of Geometry*. New York: American Book Company.

Playfair, J. (1829). *Elements of Geometry*. Philadelphia: A. Walker.

Richardson, S. F. (1914). *Solid Geometry*. Boston: Ginn & Company.

Robbins, E. R. (1907). *Plane and Solid Geometry*. New York: American Book Company.

Robbins. E. R. (1916). *New Solid Geometry*. New York: American Book Company.

Robinson, H. N. (1850). *Elements of Geometry, Plane and Spherical Trignometry, and Conic Sections*. Cincinnati: Jacob Ernst.

Robinson, H. N. (1868). *Elements of Geometry, Plane and Spherical*. New York: Ivison, Blakeman, Taylor & Company.

Sanders, A. (1903). *Elements of Plane and Solid Geometry*. New York: American Book Company.

Schultze, A. & Sevenoak, F. L. (1908). *Plane and Solid Geometry*. New York: The Macmillan Company.

Schultze, A. & Sevenoak, F. L. (1922). *Plane and Solid Geometry*. New York: The Macmillan Company.

Schuyler, A. (1876). *Elements of Geometry*. Cincinnati: Wilson, Hinkle & Company.

Sharpless, I. (1879). *The Elements of Plane and Solid Geometry*. Philadelphia: Porter & Coates, 1879.

Shutts, G. C. (1905). *Plane and Solid Geometry*. Chicago: Atkinson, Mentzer & Grover.

Shutts, G. C. (1912). *Plane and Solid Geometry*. Boston: Atkinson, Mentzer & Company.

Slaught, H. E. & Lennes, N. J. (1911). *Solid Geometry*. Boston: Allyn & Bacon.

Slaught, H. E. & Lennes, N. J. (1919). *Solid Geometry*. Boston: Allyn & Bacon.

Smith, E. R. (1918). *Solid Geometry*. New York: American Book Company.

Stewart, S. T. (1891). *Plane and Solid Geometry*. New York: American Book Company.

Stone, J. C. & Millis, J. F. (1916). *Solid Geometry*. Chicago: B. H. Sanborn & Company.

Stone, J. C. & Millis, J. F. (1925). *Solid Geometry*. Chicago: B. H. Sanborn & Company.

Sykes, M. & Comstock, C. E. (1922). *Solid Geometry*. Chicago: Rank Mcnally & Company.

Tappan, E. T. (1864). *Treatise on Plane and Solid Geometry*. Cincinnati: Sargent, Wilson & Hinkle.

Tappan, E. T. (1885). *Elements of Geometry*. New York: D. Appleton & Company.

Thompson, H. D. (1896). *Elementary Solid Geometry and Mensuration*. New York: The Macmillan Company.

Varignon, P. (1734). *Elémens de Mathématique*. Amsterdam: Francois Changuion.

Van Velzer, C. A. & Shutts, G. C. (1894). *Plane and Solid Geometry*. Chicago: Atkinson, Mentzer & Grover.

Walker, T. (1829). *Elements of Geometry*. Boston: Richardson & Lord.

Wells, W. (1886). *The Elements of Geometry*. Boston: Leach, Shewell & Sanborn.

Wells, W. (1908). *New Solid Geometry*. Boston: D. C. Heath & Company.

Wells, W. & Hart, W. W. (1916). *Plane and Solid Geometry*. Boston: D. C. Heath & Company.

Wentworth, G. A. (1880). *Elements of Plane and Solid Geometry*. Boston: Ginn & Heath.

Wentworth, G. A. (1881). *Elements of Geometry*. Boston: Ginn & Heath.

Wentworth, G. A. (1899). *Solid Geometry*. Boston: Ginn & Company.

Wentworth, G. A. & Smith, D. E. (1911). *Plane and Solid Geometry*. Boston: Ginn & Company.

Williams, J. H. & Williams, K. P. (1916). *Solid Geometry*. Chicago: Lyons & Carnahan.

4 旋转体的概念

沈中宇[*]　汪晓勤[**]

4.1 引言

旋转体是立体几何中的一类重要和基本的几何体。《普通高中数学课程标准(2017年版2020年修订)》要求"利用实物、计算机软件等观察空间图形,认识柱、锥、台、球及简单组合体的结构特征,能运用这些特征描述现实生活中简单物体的结构。"(中华人民共和国教育部,2020)在现行人教版、沪教版和苏教版教科书中,所研究的旋转体有圆柱、圆锥和球,其定义分别为矩形、三角形和半圆绕着某条直线旋转一周所形成的几何体。在教学实践中,教师往往采用直观演示或生活观察的方式直接引出各旋转体的概念(王志明,1959;李多,2018)。但是,学生往往未能通过简单的演示和观察深入理解旋转体的概念,同时,如何在旋转体概念的教学中培养学生的数学核心素养、落实数学学科德育,是教师关注的重要课题。

在历史上,欧几里得在《几何原本》第11卷中分别给出了圆柱、圆锥和球的旋转定义(Heath, 1908, pp. 269—271),古希腊数学家海伦给出了球的静态定义(Heath, 1908, p. 269),古希腊数学家阿波罗尼奥斯(Apollonius,约前263—前190)给出了圆锥的另一个定义(Heath, 1908, p. 270)。由此可见,旋转体的概念有着悠久的历史,且不同的数学家给出了各旋转体的多个定义。

鉴于此,本章聚焦圆柱、圆锥和球的定义,对美英早期几何教科书进行考察,以试图回答以下问题:美英早期几何教科书中呈现的圆柱、圆锥和球的定义有哪些?这些定义是否随着时间推移而发生变化?

---

* 苏州大学数学科学学院博士后。
** 华东师范大学教师教育学院教授、博士生导师。

4.2 研究方法

本章采用的研究方法主要为质性文本分析法(Kuckartz, 2014)。

4.2.1 文本选取

选取 19 世纪 10 年代到 20 世纪 60 年代约 160 年间出版的 78 种美英几何教科书作为研究对象,其中 73 种为美国教科书,5 种为英国教科书。若以 20 年为一个时间段进行统计,这些教科书的出版时间分布情况如图 4－1 所示。

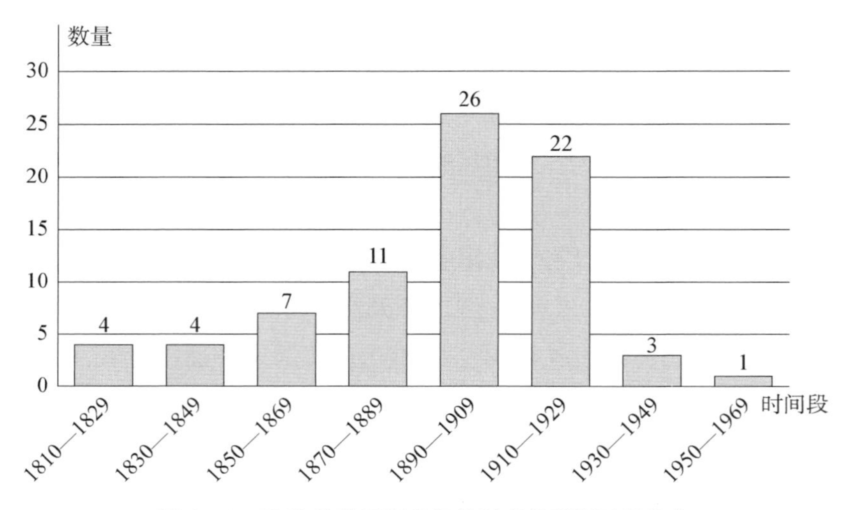

图 4－1　78 种美英早期几何教科书的出版时间分布

本章聚焦美英早期几何教科书中圆柱、圆锥和球的定义,为此,分别选取圆柱定义、圆锥定义和球定义作为记录单元,其相关论述主要出现于"圆体"(round bodies)"三种圆体"(the three round bodies)"圆柱""圆锥"和"球"等章中。

4.2.2 文本编码

对选取的 78 种美英早期几何教科书中圆柱、圆锥和球的定义进行编码,确定主题类目。接着,根据主题类目分别得到圆柱定义、圆锥定义和球定义的分类,将 78 种教科书中的圆柱定义、圆锥定义和球定义分别归于恰当的类目。

4.2.3 文本分析

在文本编码完成之后，开始文本分析。根据研究问题，首先呈现主题类目及其子类目的分类结果，即分别呈现美英早期几何教科书中圆柱、圆锥和球的定义，分析其不同的类别，从而回答第一个研究问题。其次，根据时间顺序对不同定义类别在不同时期的分布情况进行统计和分析，从而回答第二个研究问题。

4.3 圆柱的概念

通过文本编码，可以将圆柱的定义分为矩形旋转定义、直线旋转定义、圆平移定义、底与侧面定义、基于棱柱的定义、基于圆柱面的定义和基于圆柱空间的定义7类。

统计发现，在所考察的78种教科书中涉及圆柱定义的编码共120条，其分布如图4-2所示。由此可见，早期教科书中呈现最多的圆柱定义分别是基于圆柱面的定义和矩形旋转定义，其次为直线旋转定义、基于圆柱空间的定义和基于棱柱的定义，而圆平移定义和底与侧面定义较少。

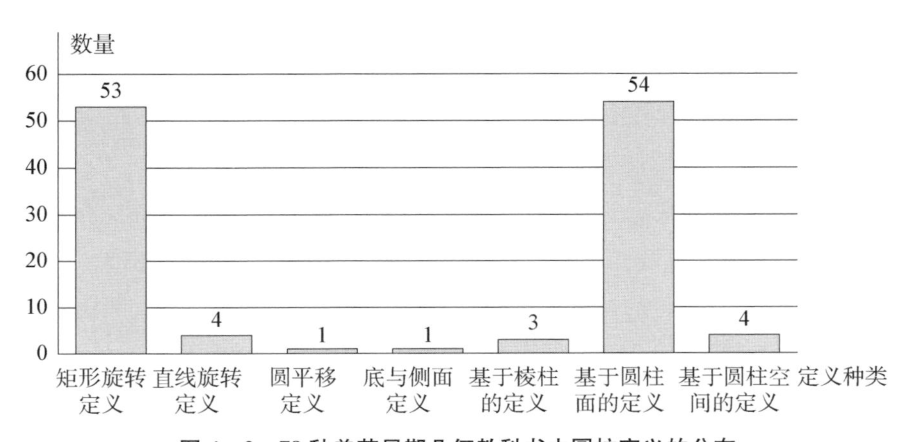

图4-2 78种美英早期几何教科书中圆柱定义的分布

下面对圆柱的以上7类定义作具体分析。

4.3.1 矩形旋转定义

矩形旋转定义源于欧几里得《几何原本》第11卷中的圆柱定义："固定矩形的一

边,绕此边旋转矩形到起始位置,所形成的图形称为圆柱。”(Heath, 1908, pp. 269—271)许多教科书沿用了上述定义。

勒让德在其《几何基础》中将圆柱定义为:“矩形 $ABCD$ 绕着固定边 AB 旋转而形成的立体称为圆柱。”(Legendre, 1800, p. 269)

其后,不同的教科书给出了矩形旋转定义的多种表述(表 4-1),尽管表述略有不同,但均源于欧几里得的定义。

表 4-1 部分教科书中的矩形旋转定义

年份	作者	教科书	圆柱的定义
1829	普莱费尔	《几何基础》	矩形绕着它的一条边旋转生成的立体图形称为圆柱。
1841	戴维斯	《几何基础》	矩形绕着一条固定边旋转而形成的立体图形称为圆柱。
1849	罗密士(E. Loomis, 1811—1889)	《几何基础与圆锥曲线》	矩形绕着它的一条边(保持固定)旋转而形成的立体图形称为圆柱。
1864	塔潘(E. T. Tappan, 1824—1888)	《平面与立体几何》	圆柱是矩形以它的一条边为轴旋转而形成的立体图形。

4.3.2 直线旋转定义

Robinson(1850)将圆柱定义为:“一条直线沿着两个全等且平行的圆周以平行于轴的方式旋转形成的圆形柱体称为圆柱。”

Dupuis(1893)将圆柱定义为:“在一对平行线中,有一条为固定的轴,另一条以固定的距离绕它旋转,形成圆柱。”编者指出,这样定义的圆柱并非封闭图形。这样的圆柱被两个平行平面所截得的封闭图形才是立体几何中所说的圆柱,有直圆柱和斜圆柱之分。

4.3.3 圆平移定义

Hayward(1829)除了沿用矩形旋转定义,还给出了圆柱面的两种生成方式:直线沿着不在同一平面上的圆以平行于自身的方式运动;圆沿着不在同一平面上的直线以平行于自身的方向运动。若直线与圆所在平面垂直,则圆从直线上的一点运动到另一点所形成的立体为直圆柱。据此,我们可以得到圆柱的一种动态定义。

4.3.4 底与侧面定义

Grund(1832)给出了圆柱的静态定义:"圆柱是由两个全等且平行的圆和一个曲的侧面所围成的立体,两圆称为圆柱的底,曲侧面称为圆柱的凸表面。"编者接着对凸表面作了进一步的解释:"从下底圆周上每一点出发向上底圆周作直线,则直线完全位于凸表面上。"

易见,上述定义是通过类比棱柱的静态定义得到的。

4.3.5 基于棱柱的定义

Peirce(1837)最早将圆柱定义为:"底面为正无穷边形(即圆)的棱柱称为圆柱。"

这类定义与18世纪数学家将圆视为正无穷边形是一脉相承的。

4.3.6 基于圆柱面的定义

Schuyler(1876)先定义圆柱面为"一条直线沿着一条给定曲线,以始终平行于不在曲线平面内的一条给定直线的方式运动所形成的表面",再将圆柱定义为"一个由圆柱面和两个平行平面所围成的立体"。

Newcomb(1881)将圆柱面定义为"一条直线沿着一条给定的曲线以始终保持与初始位置平行的方式运动所形成的表面",接着用圆柱面来定义圆柱。

Halsted(1885)将圆柱面定义为"一条直线以任意两个位置都保持平行的方式运动所形成的表面",接着用圆柱面来定义圆柱。圆柱面的定义未涉及准线。

Van Velzer & Shutts(1894)将圆柱面定义为"一条始终保持与自身平行且始终与一条给定曲线接触的直线运动所形成的表面",接着用圆柱面来定义圆柱。

上述圆柱面定义均未考虑封闭性,因而相应的圆柱定义都不够严谨。

4.3.7 基于圆柱空间的定义

基于圆柱空间的定义最早由Beman & Smith(1899)给出。编者先定义圆柱面为"一条直线始终经过一条给定曲线且以保持与初始位置平行的方式运动所形成的表面",再定义圆柱空间为"准线为封闭曲线的圆柱面所包含的无限长的空间",最后将圆柱定义为"圆柱空间包含在两个平行横截面之间的部分"。

Sykes & Comstock(1922)将圆柱空间定义为"无限且封闭的圆柱面所围成的空间",再利用圆柱空间来定义圆柱。

4.3.8 圆柱概念的演变

以 20 年为一个时间段进行统计，得到 1810—1969 年间 7 类圆柱定义的时间分布情况，如图 4-3 所示。

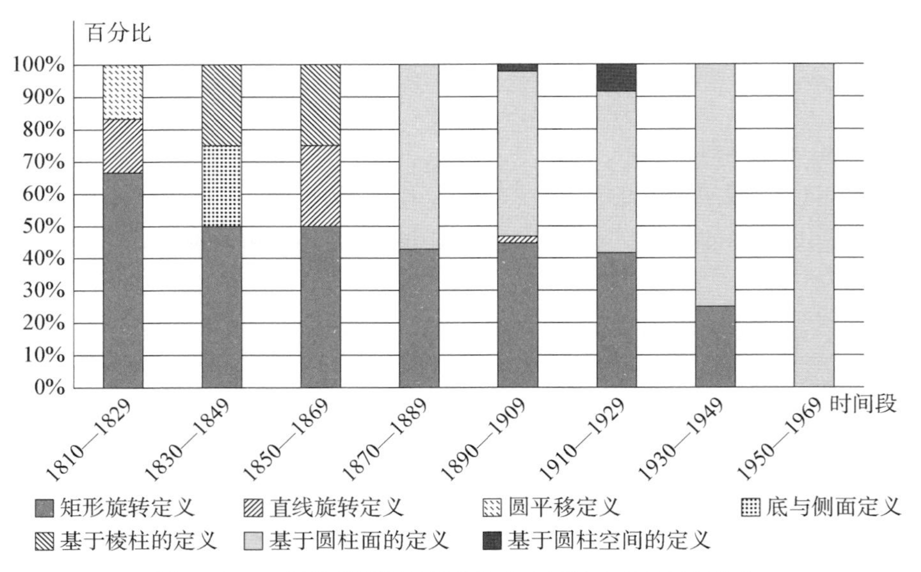

图 4-3　78 种美英早期几何教科书中圆柱定义的时间分布

从图中可见，矩形旋转定义从 19 世纪 10 年代开始出现并占据主流，其后逐渐减少，直到 20 世纪 50 年代开始销声匿迹。直线旋转定义出现于 19 世纪 10 年代，在 19 世纪 50 年代到 60 年代之间较为活跃，在 19 世纪末到 20 世纪初昙花一现，其后再没有出现过。圆平移定义只出现在 19 世纪初期，其后被人遗忘。底与侧面定义只在 19 世纪 30 年代到 40 年代出现过。基于棱柱的定义集中出现于 19 世纪 30 年代到 60 年代。基于圆柱面的定义从 19 世纪 70 年代开始兴起，其后逐渐占据主流。基于圆柱空间的定义出现较晚，主要出现于 19 世纪末到 20 世纪初。

从年代上看，从 19 世纪 10 年代到 60 年代之间，矩形旋转定义占据主流，而直线旋转定义、圆平移定义、底与侧面定义和基于棱柱的定义则交替出现。从 19 世纪 70 年代到 20 世纪 20 年代，矩形旋转定义和基于圆柱面的定义平分秋色，直线旋转定义和基于圆柱空间的定义偶有出现。从 20 世纪 30 年代开始，矩形旋转定义逐渐减少，基于圆柱面的定义一统天下。

4.4　圆锥的概念

通过文本编码，可以将圆锥的定义分为直角三角形旋转定义、直线旋转定义、底与侧面定义、基于棱锥的定义、基于圆锥面的定义和基于圆锥空间的定义 6 类。

统计发现，在所考察的 78 种教科书中涉及圆柱定义的编码共 119 条，其分布如图 4－4 所示。由此可见，早期教科书中呈现最多的圆锥定义分别是基于圆锥面的定义和直角三角形旋转定义，其次为直线旋转定义、基于棱锥的定义和基于圆锥空间的定义，而底与侧面定义较少。

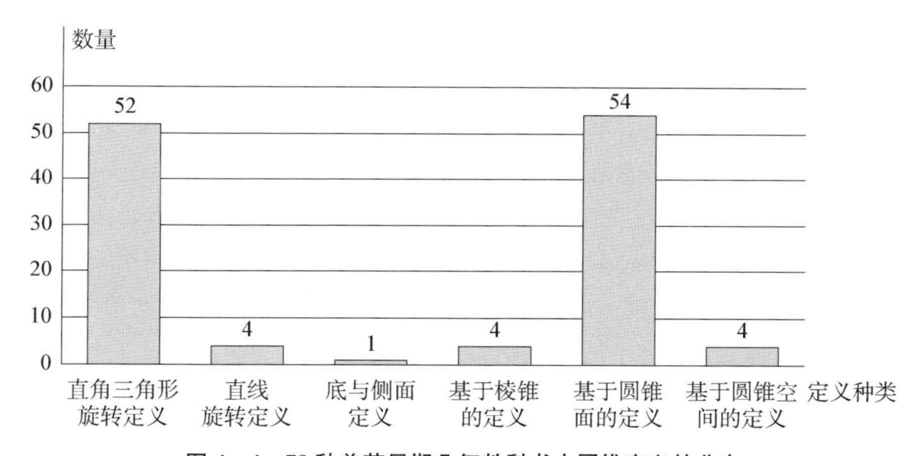

图 4－4　78 种美英早期几何教科书中圆锥定义的分布

下面对圆锥的以上 6 类定义作具体分析。

4.4.1　直角三角形旋转定义

直角三角形旋转定义源于欧几里得《几何原本》第 11 卷中的圆锥定义："固定直角三角形的一条直角边，旋转直角三角形到起始位置所形成的图形称为圆锥。"（Heath，1908，pp. 269—271）这一定义对早期几何教科书中的圆锥定义有着重要的影响。

勒让德将圆锥定义为"直角三角形 SAB 绕着它的固定（直角）边 SA 旋转而形成的立体"。（Legendre，1800，p. 269）其后，不同的教科书给出了直角三角形旋转定义的多种表述（如表 4－2），尽管表述略有不同，但均源于欧几里得的定义。

表 4-2 部分教科书中的直角三角形旋转定义

年份	作者	教科书	圆锥的定义
1829	海沃德(J. Hayward, 1786—1866)	《几何基础》	圆锥由直角三角形绕着它的一条直角边旋转而成。
1841	戴维斯	《几何基础》	圆锥可由直角三角形绕着其中一条边旋转而成。
1850	帕金斯(G. R. Perkins, 1812—1876)	《几何基础》	圆锥是由直角三角形绕着一条固定边旋转而成的立体图形。
1859	格林利夫(B. Greenleaf, 1786—1864)	《几何基础》	圆锥是直角三角形绕着它的一条固定直角边旋转而成的立体图形。

4.4.2 直线旋转定义

直线旋转定义源于古希腊数学家阿波罗尼奥斯给出的圆锥面定义，即圆锥面是“一条无限长的直线通过一个定点，并且绕着一个与定点不在同一平面上的圆周旋转，这条经过圆周上每一点的动直线形成的表面”。(Apollonius, 1896, p. 1)

Playfair(1829)将圆锥定义为“一条直线过圆所在平面上方一点，沿着圆旋转而成的立体图形”。类似地，Robinson(1850)将圆柱定义为“一条直线经过一个圆所在平面上方一点，且沿该圆旋转所形成的凸锥体”。Robinson(1868)进一步将圆锥定义为“由一个圆和一条直线运动所产生的表面所围成的立体，这条直线始终经过过圆心且垂直于圆所在平面的直线上的一点和圆周上的不同点”。

4.4.3 底与侧面定义

类似于圆柱的情形，Grund(1832)将圆锥定义为：“圆锥是由圆和一个终于一点的曲侧面所围成的立体，圆称为圆锥的底，曲侧面的终点称为圆锥的顶点，曲侧面称为圆锥的凸表面。”编者对凸表面作了进一步的解释：“从底面圆周上每一点向顶点作线段，则线段完全位于凸表面上。”

4.4.4 基于棱锥的定义

Peirce(1837)最早将圆锥定义为：“底面为正无穷边形(即圆)的棱锥称为圆锥。”Gore(1898)提到，由于圆锥可以看作底边为正无穷边形的棱锥，因此可以将很多棱锥的性质类比到圆锥中。

4.4.5 基于圆锥面的定义

基于圆锥面的定义最早出现于 Schuyler(1876)中,该书先将圆锥面定义为"一条直线沿着一条给定曲线,并且过不在曲线平面内的一个定点运动所形成的面"。接着,进一步定义圆锥为"一个由圆锥面和一个平面所围成的立体"。

Halsted(1885)进一步将圆锥面定义为"空间中一条直线绕一定点运动所形成的表面"。接着,用圆锥面来定义圆锥。

Olney(1886)给出了圆锥面的另一种表述:"圆锥面是由一条直线运动所形成的表面,这条直线经过一个固定点,而直线上的其他点则描出一条曲线。"接着,采用圆锥面来定义圆锥。

4.4.6 基于圆锥空间的定义

基于圆锥空间的定义最早出现于 Beman & Smith(1899)中。编者先定义圆锥面:"一条直线始终经过一条给定曲线且包含一个定点,则该直线运动所形成的表面称为圆锥面。"接着,定义圆锥空间为"准线为封闭曲线时圆锥面所围的顶点两侧的空间"。最后,定义圆锥为"圆锥空间在顶点和横截面之间的部分"。

Sykes & Comstock(1922)将圆锥空间定义为"封闭的圆锥面所围成的空间",其后,利用圆锥空间来定义圆锥。

4.4.7 圆锥概念的演变

以 20 年为一个时间段进行统计,得到 1810—1969 年间 6 类圆锥定义的时间分布情况,如图 4-5 所示。

从图中可见,直角三角形旋转定义从 19 世纪 10 年代开始出现并占据了主流,随后逐渐减少。直线旋转定义同样出现于 19 世纪 10 年代,随后在 19 世纪 50 年代到 60 年代和 19 世纪末到 20 世纪初零星出现。底与侧面定义只出现于 19 世纪 30 年代到 40 年代间。基于棱锥的定义出现于 19 世纪 20 年代到 60 年代之间。基于圆锥面的定义从 19 世纪 70 年代开始出现,随后逐渐增多,到 19 世纪中叶开始一统天下。基于圆锥空间的定义则偶尔出现于 19 世纪 90 年代到 20 世纪 30 年代。

从年代上看,从 19 世纪 10 年代到 60 年代之间,主要是直角三角形旋转定义占据主流,直线旋转定义、底与侧面定义和基于棱锥的定义则偶有出现。从 19 世纪 70 年代到 20 世纪 20 年代,直角三角形旋转定义和基于圆锥面的定义基本平分秋色,基于

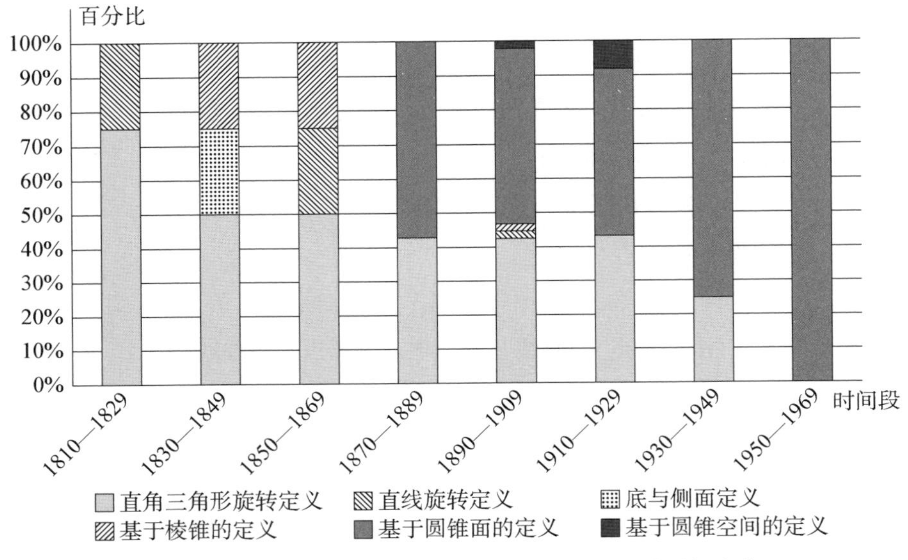

图 4－5　78 种美英早期几何教科书中圆锥定义的时间分布

圆锥空间的定义开始出现。从 20 世纪 30 年代开始，基于圆锥面的定义开始占据主流。

4.5　球的概念

通过文本编码，可以将球的定义分为半圆旋转定义、距离定义和基于球面的定义 3 类。

统计发现，在所考察的 78 种教科书中涉及球定义的编码共 112 条，其分布如图 4－6 所示。由此可见，早期教科书中呈现最多的球定义是距离定义，其次为半圆旋转定义，而基于球面的定义较少。

下面对球的以上 3 类定义作具体分析。

4.5.1　半圆旋转定义

半圆旋转定义源于欧几里得《几何原本》第 11 卷中的球定义："固定一个半圆的直径，旋转半圆到起始位置，所形成的图形称为球。"(Heath, 1908, pp. 269—271)这一定义对美英早期几何教科书有着重要的影响。

78 种教科书中，半圆旋转定义最早出现于 Playfair(1829)中，作者将球定义为"半

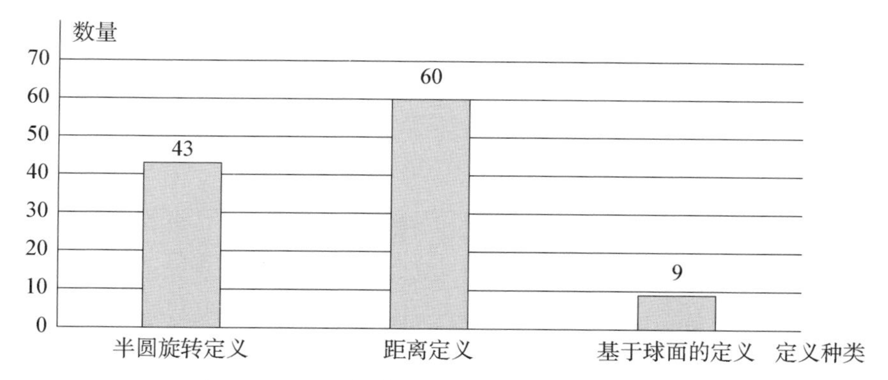

图 4－6　78 种美英几何教科书中球定义的分布

圆绕着固定的直径旋转而成的立体图形”。

Dupuis(1893)进一步采用轨迹给出球的半圆旋转定义，将球定义为“半圆以其直径所在直线为轴旋转而形成的轨迹”。

4.5.2　距离定义

距离定义源于古希腊数学家海伦(Heath, 1908, p. 269)，海伦将球定义为“一个由表面所围成的立体图形，所有从其内部一点出发到表面的线段都相等”。这一定义被较多美英早期几何教科书所采用。

勒让德将球定义为：“球是由一张曲面所围成的立体，曲面上任意一点到内部一点的距离都相等，这一点称为球心。”(Legendre, 1800, p. 226) Robinson(1850)进一步将球定义为：“球是只有一个表面的立体，表面上的每一个部分都同样凸，并且表面上的每一点都与内部的某一点(球心)的距离相等。”Slaught & Lennes(1911)利用轨迹来定义球面：“空间中所有到一个定点距离相等的点的轨迹叫做球面，这个不动点称为球心。”

4.5.3　基于球面的定义

78 种教科书中，基于球面的定义最早出现于 Newcomb(1884)中。编者先定义球面为“其上任意一点到其中某个点的距离相等的表面”，接着，将球定义为“由球面所围成的立体”。Phillips & Fisher(1896)进一步强调了球面是一张闭合的曲面。

4.5.4 球概念的演变

以 20 年为一个时间段进行统计，得到 1810—1969 年间 3 类球定义的时间分布情况，如图 4－7 所示。

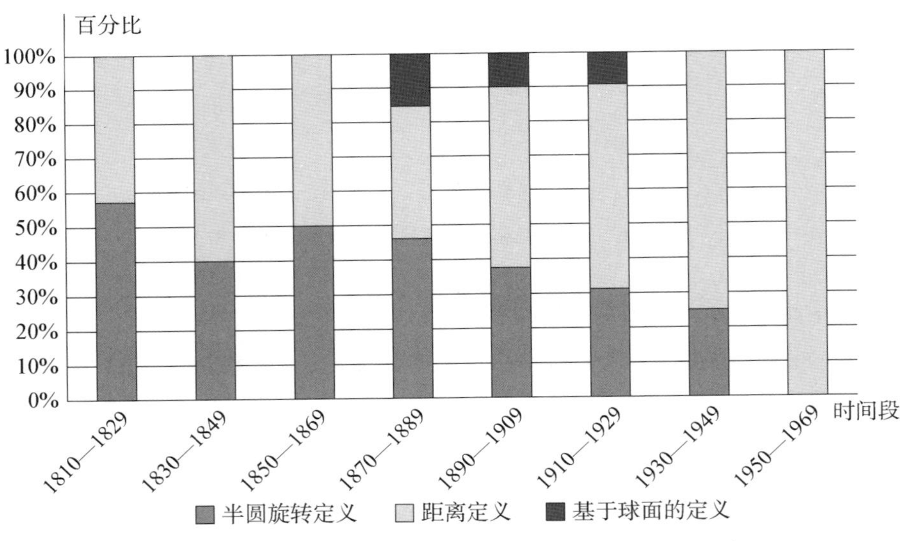

图 4－7　78 种美英早期几何教科书中球定义的时间分布

从图中可见，半圆旋转定义从 19 世纪 10 年代开始出现，其后呈现下降趋势。距离定义同样出现于 19 世纪 10 年代，随后呈现上升趋势。基于球面的定义出现于 19 世纪 70 年代到 20 世纪 20 年代之间，占比均较少。

从年代上看，从 19 世纪 10 年代到 80 年代之间，半圆旋转定义和距离定义基本平分秋色。从 20 世纪 90 年代开始，距离定义占比逐渐上升。

4.6　结论与启示

综上所述，美英早期几何教科书中所呈现的圆柱定义有矩形旋转定义、直线旋转定义、圆平移定义、底与侧面定义、基于棱柱的定义、基于圆柱面的定义和基于圆柱空间的定义 7 类，圆锥定义有直角三角形旋转定义、直线旋转定义、底与侧面定义、基于棱锥的定义、基于圆锥面的定义和基于圆锥空间的定义 6 类，球的定义有半圆旋转定义、距离定义和基于球面的定义 3 类。其中，圆柱定义经历了从矩形旋转定义占据主流，到矩形旋转定义和基于圆柱面的定义平分秋色，再到基于圆柱面的定义一统天下的过程。圆锥定义经历了从直角三角形旋转定义占据主流，到直角三角形旋转定义和基于圆锥面的定义基本平分秋色，再到基于圆锥面的定义占据主流的过程。球定义经历了从半圆旋转定义和距离定义基本平分秋色，到距离定义占比逐渐上升的过程。基于以上分析，可以得到如下启示。

4.6.1 基于多种定义，深入理解概念

从以上分析中可以发现，美英早期几何教科书中呈现了多种圆柱定义、圆锥定义和球定义。这些定义由浅入深，体现了数学家对不同旋转体概念认识的不断深入。以圆柱定义为例，从简单的矩形旋转定义到稍为复杂的基于圆柱空间的定义，体现了数学家对圆柱概念的认识过程。在教学中，可以让学生探究不同旋转体的多种定义，从而促进学生对旋转体概念的深入理解。

另一方面，美英早期几何教科书中不同旋转体定义之间存在一定联系。这些联系隐藏于不同的定义中，体现了数学家对不同几何体之间联系的深刻认识。如圆柱的基于棱柱的定义和圆锥的基于棱锥的定义，体现了圆柱与棱柱、圆锥与棱锥之间的密切联系。在教学中利用不同定义渗透这些联系，有助于学生进一步理解旋转体与其他几何体之间的关系。

4.6.2 重视实验操作，培养核心素养

进一步分析美英早期几何教科书中所呈现的不同旋转体的定义可以发现，这些定义与不同几何图形的运动息息相关。数学家在不同旋转体定义中采用了多种几何图形的运动元素。如在圆柱定义中，分别采用了矩形的旋转、直线的旋转和圆的平移等方式来建构定义，这说明数学家对于不同旋转体定义的动态特征较为关注。在教学中，可以采用多种教具，让学生通过实验操作感知不同旋转体的建构方式，从中进一步获得不同旋转体的定义。

此外，美英早期几何教科书中的不同旋转体定义为培养数学核心素养提供了多种途径。例如，从圆柱的矩形旋转定义到基于圆柱空间的定义，定义变得更加抽象，有助于培养数学抽象素养；从圆柱的基于圆柱面的定义到基于圆柱空间的定义，定义的方式变得更加严谨，有助于培养逻辑推理素养；圆柱的矩形旋转定义、直线旋转定义和圆平移定义等动态定义有助于培养直观想象素养。在教学中，可以合理利用不同旋转体

的多种定义，适当培养学生的多种核心素养。

4.6.3 联系数学人文，落实学科德育

在美英早期几何教科书中的不同旋转体的多种定义中，可以发现数学背后的人文元素。这些不同的定义显示了历史上的数学家对于旋转体的不断探索和思考，体现了数学背后的人文性。在教学中，可以采用微视频或小型演讲的方式再现这段持续了两千多年的历史，让学生形成动态的数学观，并体会数学背后的人文精神。

进一步地，美英早期几何教科书中的不同旋转体定义为落实数学学科德育提供了丰富的素材。首先，数学家对于不同旋转体定义精益求精的探索有助于培养学生坚持真理、追求创新的理性精神。其次，不同定义背后的人文元素让数学变得更加亲切，有助于激发学生对数学学习的兴趣。再次，不同旋转体定义的演进有助于揭示数学的动态特征，让学生体会到数学的人性化与社会化。最后，数学家对于不同旋转体定义的多元认识，让学生感受到倾听、尊重和包容的重要性，可培养学生良好的意志品质。

参考文献

李多(2018). 信息技术在数学课堂中的应用——以北师大版第一章“简单几何体和简单旋转体”为例. 中学数学教学参考，(21)：1 - 2.

王志明(1959). 谈立体几何第三章“旋转体”的教学. 数学教学，(08)：15 - 17.

中华人民共和国教育部(2020). 普通高中数学课程标准(2017 年版 2020 年修订). 北京：人民教育出版社.

Apollonius. (1896). *Treatise on Conic Sections*. Cambridge: Cambridge University Press.

Beman, W. W. & Smith, D. E. (1899). *New Plane and Solid Geometry*. Boston: Ginn & Company.

Davies, C. (1841). *Elements of Geometry*. Philadelphia: A. S. Barnes & Company.

Dupuis, N. F. (1893). *Elements of Synthetic Solid Geometry*. New York: Macmillan & Company.

Gore, J. H. (1898). *Plane and Solid Geometry*. New York: Longmans, Green, & Company.

Greenleaf, B. (1859). *Elements of Geometry*. Boston: Robert S. Davis & Company.

Grund, F. J. (1832). *Elementary Treatise on Geometry (Part II)*. Boston: Carter, Hendee & Company.

Halsted, G. B. (1885). *Elements of Geometry*. New York: John Wiley & Sons.

Hayward, J. (1829). *Elements of Geometry*. Cambridge: Hilliard & Brown.

Heath, T. L. (1908). *The Thirteen Books of Euclid's Elements* (Vol. III). Cambridge: The University Press.

Legendre, A. M. (1800). *Éléments de Géometrie*. Paris: Firmin Didot.

Loomis, E. (1849). *Elements of Geometry and Conic Sections*. New York: Harper & Brothers.

Newcomb, S. (1881). *Elements of Geometry*. New York: Henry Holt & Company.

Olney, E. (1886). *Elementary Geometry*. New York: Sheldon & Company.

Peirce, B. (1837). *An Elementary Treatise on Plane and Solid Geometry*. Boston: James Munroe & Company.

Perkins, G. R. (1850). *Elements of Geometry*. New York: D. Appleton & Company.

Phillips, A. W. & Fisher, I. (1896). *Elements of Geometry*. New York: American Book Company.

Playfair, J. (1829). *Elements of Geometry*. Philadelphia: A. Walker.

Robinson, H. N. (1850). *Elements of Geometry, Plane and Spherical Trignometry, and Conic Sections*. Cincinnati: Jacob Ernst.

Robinson, H. N. (1868). *Elements of Geometry, Plane and Spherical*. New York: Ivison, Blakeman, Taylor & Company.

Schuyler, A. (1876). *Elements of Geometry*. Cincinnati: Wilson, Hinkle & Company.

Slaught, H. E. & Lennes, N. J. (1911). *Solid Geometry*. Boston: Allyn & Bacon.

Sykes, M. & Comstock, C. E. (1922). *Solid Geometry*. Chicago: Rank Mcnally & Company.

Tappan, E. T. (1864). *Treatise on Plane and Solid Geometry*. Cincinnati: Sargent, Wilson & Hinkle.

Van Velzer, C. A. & Shutts, G. C. (1894). *Plane and Solid Geometry*. Chicago: Atkinson, Mentzer & Grover.

5 二面角的概念

刘梦哲 *

5.1 引言

由点到线，由线到面，由面到体，点、直线、平面作为构成几何体的基本元素，其中所蕴含的线线关系、线面关系以及面面关系架起了平面几何和立体几何之间的桥梁。《普通高中数学课程标准(2017 年版 2020 年修订)》指出："帮助学生以长方体为载体，认识和理解空间点、直线、平面的位置关系。"(中华人民共和国教育部，2020)作为立体几何的基础知识，点、直线、平面的位置关系对于培养学生的数学抽象、直观想象及逻辑推理等素养有着十分重要的价值。

二面角既是立体几何中的重要知识之一，也是提高学生整体数学素养的几何素材。HPM 视角下的数学教学可以让学生站在古人的角度，跟随古人的足迹探索知识的发生和发展过程，从而为学生创造学习动机，激发学习兴趣。教师有必要了解二面角及其平面角背后更广阔的历史背景，为融入数学文化的课堂积累数学史材料。早在公元前 3 世纪，古希腊数学家欧几里得在《几何原本》第 11 卷中就定义了线面角和面面角，但此时还没有二面角的概念，只是提出"从两个相交平面的交线上同一点，分别在两平面内各作交线的垂线，这两条垂线所夹的锐角叫做这两个平面的倾角"(Heath, 1908, p. 260)。到了 18 世纪末，法国数学家勒让德从面面平行到面面相交，将两平面之间的倾角定义为它们彼此分开的量，并用在两平面上与交线垂直于同一点的直线的夹角来度量这个角(Legendre, 1834, p. 126)。

关于二面角及其平面角的内容，现行人教版、沪教版和苏教版教科书分别从大坝外侧与水平面、门与门框和卫星轨道平面与赤道平面、笔记本电脑开合的现实情境引

* 华东师范大学教师教育学院硕士研究生。

入二面角的定义。人教版和苏教版教科书将二面角定义为一条直线和由这条直线出发的两个半平面所组成的图形；沪教版教科书则是设两平面的交线将两平面各分割成两个半平面，于是交线和两个半平面所组成的空间图形叫做二面角。与此同时，三种教科书均把二面角的平面角定义为：从二面角棱上任意一点在两平面上作垂直于棱的射线，两射线所成的角叫做二面角的平面角。

数学史告诉我们，任何数学概念、公式、定理、思想都不是天上掉下来的，都有其自然发生发展的过程，但迄今我们对此知之甚少（汪晓勤，沈中宇，2020，p. 20）。鉴于此，本章将对 19—20 世纪美英几何教科书中所呈现的二面角及其平面角的定义进行考察，以试图回答以下问题：早期教科书是如何定义二面角及其平面角的？定义是如何演变的？早期教科书又是如何说明二面角的平面角定义之合理性的？

5.2 早期教科书的选取

选取 1819—1958 年间出版的 85 种美英几何教科书作为研究对象，以 20 年为一个时间段进行统计，其出版时间分布情况如图 5-1 所示。

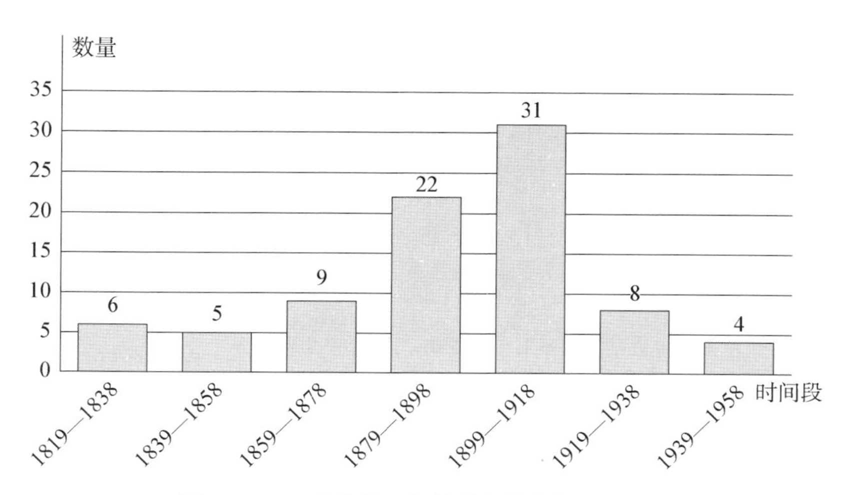

图 5-1 85 种美英几何教科书的出版时间分布

二面角及其平面角的定义主要出现在“空间中的直线和平面”“直线和平面”“平面和多面角”“空间中的直线、平面和角度”“平面和立体角”等章中，此部分内容又大多归于“二面角”一节中。此外二面角及其平面角的定义通常处在立体几何部分靠前的位置，由此可见，掌握点、直线、平面的基本概念及三者之间的位置关系是进一步学习柱、锥、台等基本立体图形的重要一环。

5.3 二面角的引入

在 85 种美英几何教科书中，有 23 种直接给出了二面角的定义，在其余 62 种教科书中，二面角的引入方式可以分为现实情境、动态法和线面及面面关系 3 类。表 5-1 给出了二面角引入方式的分类情况。其中，有 6 种教科书联系学生的学习、生活实际，用到门的开关以及书本的开合；有 35 种教科书考虑二面角产生的动态过程，用到平面旋转；有 22 种教科书类比直线、平面之间的关系，从线面角或面面平行入手。

表 5-1 二面角引入方式的分类

类别	描　述	代表性教科书
现实情境	二面角就好比一扇门在转动，门的每个位置都会垂直于地板和天花板。当门转动时，门和墙的夹角则会改变，二面角等于门的上边缘和门框上边缘的夹角。	Tappan(1864)
	以折叠的纸、门、书的封面或盒子的盖子为例。	Stewart(1891)
	几何中有许多角度，如两相交直线在交点处形成一个角，房间的墙和地板提供了一个由两个相交平面形成的角度的例子，这样的角称为二面角。墙和地板及其交线代表二面角的面和棱。	Cowley(1934)
	书中两张纸的夹角、房间两面墙的夹角、屋顶两个平面的夹角、桌面被抬起或门被打开时的各种夹角等。	Smith & Metzler(1913)
动态法	假设有两个重合平面及平面上一直线，让一个平面绕这条直线旋转，于是会形成一个二面角。	Schuyler(1876)
线面及面面关系	类比线面相交会形成线面角，于是面面相交会形成二面角。	Playfair(1829)
	由两个平面平行到两个平面相交形成二面角。	Davies(1841)

图 5-2 为二面角引入方式的时间分布情况。由图可见，19 世纪下半叶以来，采用线面及面面关系的教科书逐渐减少，而采用动态法和现实情境引入二面角定义的教科书逐步增多，这主要源于 19 世纪末的数学教育近代化运动。当时，社会生产力和科学技术的迅猛发展推动着数学教育近代化运动如火如荼地开展。1901 年，英国数学家

培利(J. Perry, 1850—1920)坚定地指出,数学应面向大众,数学教育必须重视应用。1905 年,德国数学家 F·克莱因(F. Klein, 1849—1925)又提出数学教科书应顺应学生的心理发展水平,关注实用方面,因而,实践性和应用性随之成为数学教育的两大关键词。

虽然线面关系及面面关系的引入方式中蕴藏着类比的思维方式,能够让学生理解为什么要继续研究二面角,但这样引入较为直接,并不能让学生感受到二面角的来龙去脉。相反,动态法和现实情境可以很好地弥补这一缺陷,借助于两个平面的运动,既对培养学生的空间想象能力有着不可忽视的作用,又帮助学生从动态的角度来理解二面角的产生过程,这种为定义套上实际生活外衣的方式,真正让学生体会到数学知识来源于生活、服务于生活的道理。

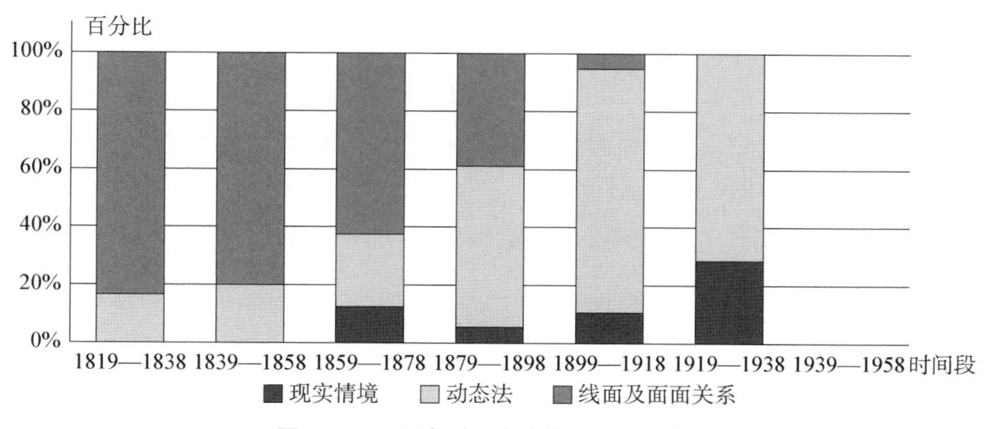

图 5-2 二面角引入方式的时间分布情况

5.4 二面角的定义

85 种教科书中,只有 76 种明确给出了二面角的定义,定义方式可以分为静态和动态两类。其中,只有 Schultze & Sevenoak(1922)采用了动态定义,具体表述为:"一个平面绕其上一条直线旋转到另一位置,那么这个旋转量就是二面角。"

根据几何教科书中定义的关键词,静态定义可以分为开口(opening)定义、夹角(intersecting planes)定义、倾角(inclination)定义、差异(difference/divergence)定义、平面束(pencil of planes)定义和半平面(half-plane)定义 6 类。表 5-2 给出了二面角静态定义的分类情况。

表 5-2　二面角静态定义的分类

类别	描　述	代表性教科书
开口定义	两个相交平面所形成的开口。	Walker(1829)
夹角定义	两个相交平面所成的角。	Tappan(1864)
倾角定义	两个相交平面之间的倾角。	Perkins(1855)
差异定义	两个相交平面在角度上的差异。	Schuyler(1876)
平面束定义	任意两个平面的平面束形成一个二面角。	Beman & Smith(1900)
半平面定义	相交于同一直线的两个半平面所成的角。	Cowley(1934)

图 5-3 为二面角静态定义及其图示方式的时间分布情况。从柱状图中可以看出，定义方法呈现出从单一走向多元，最终又回归单一的趋势，其中，夹角定义和半平面定义分别为 20 世纪前后教科书中的主流定义方法。从折线图中可以看出，除去 1839—1858 年教科书样本数量较少的这一个时间段，19 世纪中叶以后采用两个平面直接相交形成二面角的全平面图示逐步减少，而采用半平面相交的半平面图示逐渐增多。

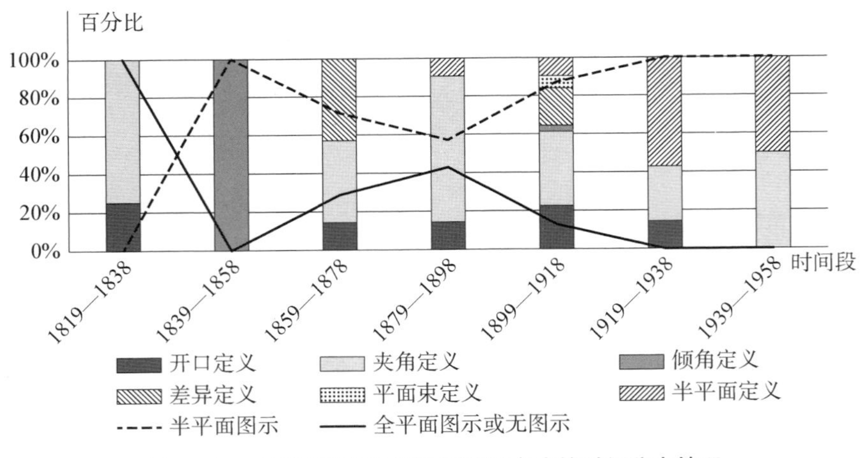

图 5-3　二面角静态定义及其图示方式的时间分布情况

夹角定义作为教科书中的主流定义，虽然表述较为简洁，但是平面是可以无限延伸的，仅看定义，学生会将其理解成两平面形成四个二面角的图形，因此，为确保二面角定义的准确性，越来越多的教科书还会画出两个半平面相交形成一个二面角的图形，半平面图示随之成为教科书中的主流。除半平面定义，其余几种定义只是在单词的选取上有所不同，但本质上所要表达的含义均与夹角定义类似。因此，19 世纪下半叶，夹角定义及其相关定义的出现频次逐渐减少，而表述更加完善的半平面定义在教科书中逐渐增多，并在 20 世纪的几何教科书中占据主流。

图 5－4 为二面角的定义及其表示方法的时间分布情况。从折线图中可以看出，总体上涉及二面角定义的教科书逐步增多，而未涉及二面角定义的教科书越来越少。事实上，19 世纪中叶前的多数教科书中并没有出现“二面角”这一名词，因此也就没有出现二面角的定义，即使给出了二面角的定义，Walker(1829)和 Peirce(1837)也只是将二面角称为“平面角”(plane angle)，这种二面角的命名方式并不准确，容易与“二面角的平面角”一词混为一谈。因而，20 世纪以来，随着教科书内容的不断完善，“二面角”(dihedral angle)一词逐渐被广泛采用。

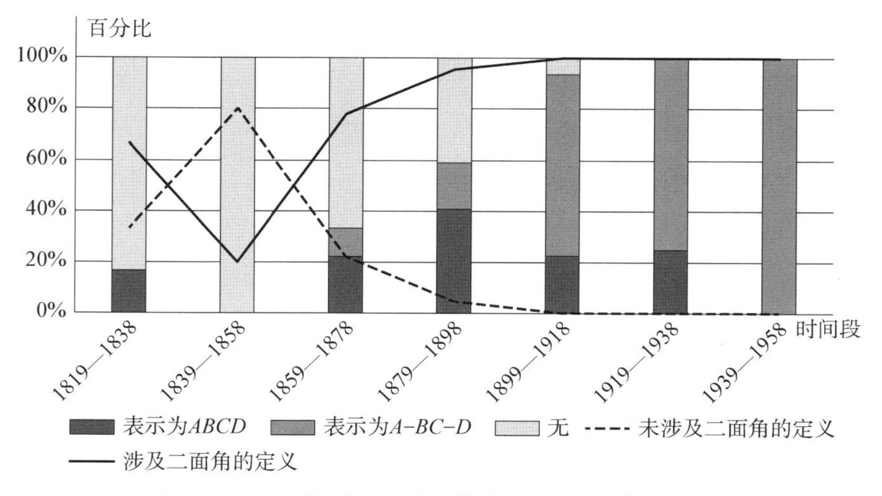

图 5－4　二面角的定义及其表示方法的时间分布情况

在二面角的表示方法上，对于两个相交面 ABC、BCD 所组成的二面角可以用 4 个字母表示，其中首尾两个字母分别来自两个平面，中间两个字母来自二面角的棱。从图 5－4 的柱状图中可以看出，20 世纪以前，超过半数的几何教科书并没有给出二面角的表示方法或是将二面角表示为 $ABCD$，但此后随着二面角表示方法的不断改进，越来越多的教科书将二面角表示为 $A-BC-D$，从而有效地避免了与四边形表示方法相同的问题。新的表示方法与现行教科书中的表示方法一致。

5.5 二面角的平面角

为了得到二面角的大小，教科书引入了二面角的平面角的定义，这些定义可以分为线线角定义、截面角定义和法线定义 3 类。表 5-3 给出了二面角的平面角定义的分类情况，有 81 种教科书从与交线垂直的直线出发采用线线角定义，13 种教科书从与交线垂直的平面出发采用截面角定义，4 种教科书从二面角内一点向两平面引法线出发采用法线定义，其中，有 13 种教科书涉及 2 种定义方法。

表 5-3 二面角的平面角定义的分类

类别	描　　述	代表性教科书
线线角定义	二面角的平面角是两直线的夹角，其中这两条直线分别位于两个平面上，且在这两个平面交线上的同一点处同时与这条交线垂直。	Stewart(1891)
	在两平面交线上任取一点，过此点在两平面上分别作与交线垂直的直线，这两条直线所构成的夹角是二面角的平面角。	Playfair(1829)
	两条分别在两个平面中且垂直于两个平面交线的直线所成的角。	Tappan(1864)
截面角定义	过两个平面交线上一点作与交线垂直的平面，此平面与二面角的两个平面相交形成两条直线，这两条直线的夹角是二面角的平面角。	Shutts(1905)
法线定义	从二面角内任意一点向两个平面作法线，两条法线的夹角（或其补角）等于二面角的平面角。	Robbins(1907)

关于线线角定义，有 62 种教科书的表述为“过同一点的两直线所成的角”，16 种教科书的表述为“过任意一点的两直线所成的角”。虽然采用后一种表述方式的教科书较少，但是这种表述却隐含着“二面角的平面角的大小不会随顶点位置的改变而改变”的本质，现行教科书中也采用了这种表述方式。

图 5-5 是“二面角的平面角”(the plane angle of the dihedral angle)一词及其定义的时间分布情况。从折线图中看出，使用“二面角的平面角”这一名称的教科书逐渐增多，而没有给出该名称的教科书逐渐减少，并最终趋向于零。20 世纪以前，教科书多

用到“measured by”一词，即“两平面的夹角用……来测量”，此后，“二面角的平面角”一词逐渐登上历史舞台。

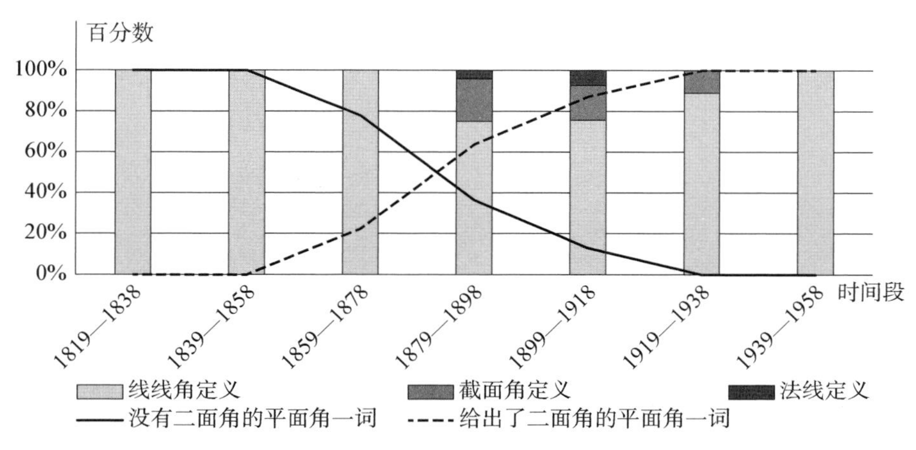

图 5－5 “二面角的平面角”一词及其定义的时间分布情况

由图 5－5 可见，线线角定义一直是早期教科书中的主流定义方法，因为教科书编者通常将角定义为具有公共端点的两条射线组成的图形，于是采用线线角定义显得水到渠成。与此同时，截面对于学生认识几何图形起到了非常重要的作用，例如，从圆柱的斜截面中发现椭圆，从圆锥的截面中发现双曲线，自然也可以用截面来定义二面角的平面角。

5.6 二面角的平面角的合理性

二面角的平面角的出现让二面角的大小得以测量，而以线线角定义或截面角定义的方式，不仅使二面角的平面角的作图更易于操作、计算更加简洁，即具有便利性，也使得二面角的平面角具有唯一性、确定性和最值性的特点。

5.6.1 唯一性

所谓唯一性，即过二面角棱上任意一点在两平面内作垂线或垂面，所形成的二面角的平面角的大小与点的位置无关。有 44 种教科书证明了二面角的平面角具有唯一性。Wells(1886)分别过 F 和 I 两点在两平面 AC 和 CD 中作垂直于棱 BC 的射线 FE、IH、FG、IJ，取 $FE=IH$ 及 $FG=IJ$［图 5－6(a)］。由 $FE\perp BC$、$IH\perp BC$ 且 FE、IH 在同一平面内，得 $FE /\!/ IH$，同理可得 $FG /\!/ IJ$。因为 $FE=IH$、$FG=IJ$，

所以四边形 $FIHE$ 和 $FIJG$ 是平行四边形。又因为 $EH \mathrel{\underline{\mathbin{/\!/}}} GJ$，所以四边形 $EHJG$ 是平行四边形，所以 $EG=HJ$。由全等三角形判定定理可知 $\triangle EFG \cong \triangle HIJ$，于是 $\angle EFG=\angle HIJ$。若采用截面角定义，垂面上下移动同样不会改变所得二面角的平面角的大小。

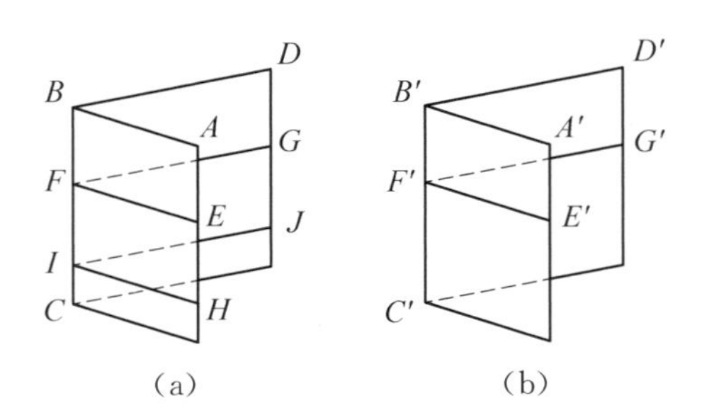

图 5-6　二面角与其平面角之间的关系

5.6.2　确定性

所谓确定性包含两层含义：第一，二面角是由其平面角的大小所确定；第二，二面角及其平面角的大小是由平面的位置所确定，在 85 种教科书中，有 43 种教科书证明了命题“若两个二面角的平面角相等，则二面角对应相等”，有 22 种教科书不仅证明了这一命题，还证明了其逆命题。在图 5-6 中，Bowser(1890) 令 $\angle EFG$ 的顶点和 $\angle E'F'G'$ 的顶点重合，于是面 EFG 和面 $E'F'G'$ 重合。因为直线 $BC \perp$ 面 EFG，$B'C' \perp$ 面 $E'F'G'$，所以直线 BC 与 $B'C'$ 重合，又因为射线 FG 与 $F'G'$ 重合，射线 FE 与 $F'E'$ 重合，所以面 AC 与 $A'C'$ 重合，面 CD 与 $C'D'$ 重合，则二面角 $A-BC-D$ 和 $A'-B'C'-D'$ 重合，于是二面角对应相等。以此类推，同样运用叠合法可以完成其逆命题的证明。

有 36 种教科书证明了两个二面角的大小之比等于其对应的平面角的大小之比。例如，Wentworth(1899)将两个二面角的平面角分成可公度和不可公度两种情形进行讨论。在图 5-7 中，令 $\angle ABD$ 和 $\angle A'B'D'$ 分别是二面角 $A-BC-D$(以下简记为 $A-BC-D$)和二面角 $A'-B'C'-D'$(以下简记为 $A'-B'C'-D'$)的平面角。

假设 $\angle ABD$ 和 $\angle A'B'D'$ 可公度[图 5-7(a)(b)]，$\angle ABD=m\alpha$，$\angle A'B'D'=n\alpha$，其中 m、$n \in \mathbf{N}^*$。分别过两个二面角的平面角的顶点 B 和 B' 作射线，将 $\angle ABD$ 和 $\angle A'B'D'$ m 等分和 n 等分。过 $A-BC-D$ 中的射线和棱 BC 作平面，将 $A-BC-D$ m 等分；过 $A'-B'C'-D'$ 中的射线和棱 $B'C'$ 作平面，将 $A'-B'C'-D'$ n 等分，于是有

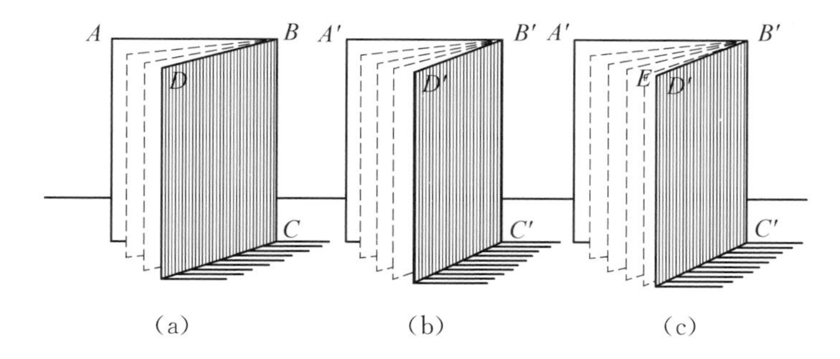

图 5－7　二面角的平面角之比

$\frac{A-BC-D}{A'-B'C'-D'}=\frac{\angle ABD}{\angle A'B'D'}=\frac{m}{n}$。

假设$\angle ABD$和$\angle A'B'D'$不可公度[图 5－7(a)(c)]。将$\angle ABD$等分成m份，并取n份放入$\angle A'B'D'$中得到$\angle A'B'E$，使得余下的$\angle EB'D'<\frac{1}{m}\angle ABD$，此时$A-BC-D$和$A'-B'C'-E$的平面角可公度，所以$\frac{A-BC-D}{A'-B'C'-E}=\frac{\angle ABD}{\angle A'B'E}=\frac{m}{n}$。将$\angle ABD$无限等分，则射线$B'E$无限趋向于$B'D'$，于是$\frac{A-BC-D}{A'-B'C'-E}\rightarrow\frac{A-BC-D}{A'-B'C'-D'}$，且$\frac{\angle ABD}{\angle A'B'E}\rightarrow\frac{\angle ABD}{\angle A'B'D'}$，所以$\frac{A-BC-D}{A'-B'C'-D'}=\frac{\angle ABD}{\angle A'B'D'}$。

从以上 3 个命题，进而可以得到推论"平面角可以作为二面角的度量"，即二面角的大小由它的平面角的大小所确定。

Walker(1829)从二面角的动态产生过程入手，说明半平面旋转形成的圆弧所对圆心角的大小等于二面角的大小。有 5 种教科书对此进行了详细说明。半平面AC从半平面CD的位置出发绕棱BC旋转，形成二面角$A-BC-D$(图 5－8)。假设直线FG位于半平面CD上，且$FG\perp BC$，随着半平面AC绕棱BC旋转，点G所形成的轨迹是以F为圆心、FG为半径的$\overset{\frown}{GE}$。$\overset{\frown}{GE}$随二面角开口的增大而增大，因此可以用$\overset{\frown}{GE}$所对圆心角大小测量二面角的大小，即$\angle EFG$的大小等于二面角$A-BC-D$的大小。由此可以推出，二面角的大小由两平面的位置所确定，这一结论也直接出现在 Tappan(1864)等 15 种教科书中。

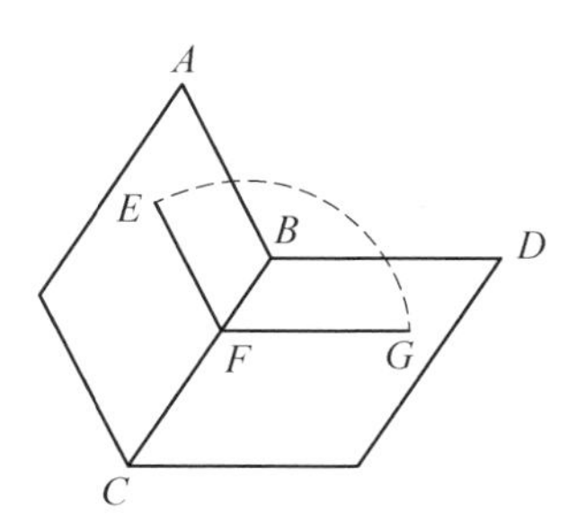

图 5－8　二面角的动态产生过程

5.6.3 最值性

Olney(1886)提出“铁丝弯曲”问题：在图 5－9(a)中，直线 EG、EF 分别垂直于长方体的棱 BC，HK、HJ 位于 BC 在点 H 处的垂面同侧，而 IM、IL 位于 BC 在点 I 处的垂面异侧，则 $\angle KHJ$ 和 $\angle MIL$ 的大小为多少？由这一问题出发，不难发现 $\angle FEG$ 具有最值性，即二面角的平面角具有最值性。(陶兴模，曾昌涛，2006；谢林，王跃辉，2013)

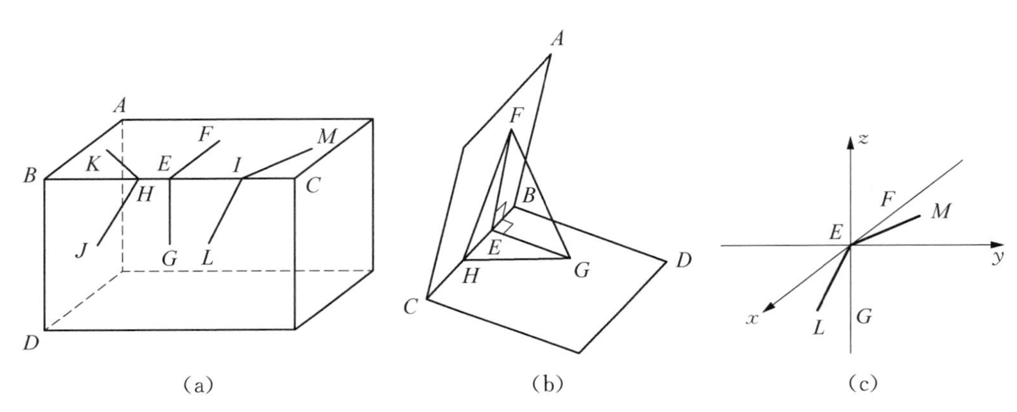

图 5－9　二面角的平面角的最值性

若 HK、HJ 位于垂面的同侧，将 HK 和 HJ 平移，使得点 K 和点 F 重合，点 J 和点 G 重合[图 5－9(b)]。设 $EF=a$，$EG=b$，$\angle FHE=\beta_1$，$\angle EHG=\beta_2$，β_1、$\beta_2\in\left(0,\ \frac{\pi}{2}\right)$，于是，$FH=\frac{a}{\sin\beta_1}$，$HG=\frac{b}{\sin\beta_2}$。由余弦定理，在 $\triangle FEG$ 中，$FG^2=a^2+b^2-2ab\cdot\cos\angle FEG$。在 $\triangle FHG$ 中，有

$$\cos\angle FHG=\frac{\left(\frac{a}{\sin\beta_1}\right)^2+\left(\frac{b}{\sin\beta_2}\right)^2-(a^2+b^2-2ab\cos\angle FEG)}{2\cdot\frac{a}{\sin\beta_1}\cdot\frac{b}{\sin\beta_2}}$$

$$=\frac{a^2\sin^2\beta_2+b^2\sin^2\beta_1-a^2\sin^2\beta_1\sin^2\beta_2-b^2\sin^2\beta_1\sin^2\beta_2}{2ab\sin\beta_1\sin\beta_2}$$

$$+\sin\beta_1\sin\beta_2\cos\angle FEG$$

$$=\frac{a^2\cos^2\beta_1\sin^2\beta_2+b^2\sin^2\beta_1\cos^2\beta_2}{2ab\sin\beta_1\sin\beta_2}+\sin\beta_1\sin\beta_2\cos\angle FEG。$$

因为 $HE=a\cot\beta_1=b\cot\beta_2$，即 $a\cos\beta_1\sin\beta_2=b\cos\beta_2\sin\beta_1$，所以

$$\begin{aligned}\cos\angle FHG &= \frac{2a^2\cos^2\beta_1\sin^2\beta_2}{2ab\sin\beta_1\sin\beta_2}+\sin\beta_1\sin\beta_2\cos\angle FEG\\ &= \frac{a}{b}\cdot\frac{\cos^2\beta_1\sin\beta_2}{\sin\beta_1}+\sin\beta_1\sin\beta_2\cos\angle FEG\\ &= \frac{\cos\beta_2\sin\beta_1}{\cos\beta_1\sin\beta_2}\cdot\frac{\cos^2\beta_1\sin\beta_2}{\sin\beta_1}+\sin\beta_1\sin\beta_2\cos\angle FEG\\ &= \cos\beta_1\cos\beta_2+\sin\beta_1\sin\beta_2\cos\angle FEG。\end{aligned}$$

又因为面 $AC\perp$ 面 CD，所以 $\angle FEG=\frac{\pi}{2}$，于是 $\cos\angle FHG=\cos\beta_1\cos\beta_2$，故 $\cos\angle FHG>0=\cos\angle FEG$，则 $\angle FHG<\angle FEG=\frac{\pi}{2}$。

若 IM、IL 位于垂面的异侧，则将$\angle FEG$ 的顶点和$\angle MIL$ 的顶点重合，并以 FE 为 x 轴、BC 为 y 轴、GE 为 z 轴建立空间直角坐标系[图 5-9(c)]。设 $EM=c$，$EL=d$，$\angle FEM=\theta_1$，$\angle LEG=\theta_2$，θ_1、$\theta_2\in\left(0,\frac{\pi}{2}\right)$，于是点 M 和点 L 的坐标分别为 $M(-c\cos\theta_1,c\sin\theta_1,0)$、$L(0,-d\sin\theta_2,-d\cos\theta_2)$，由夹角公式可知

$$\cos\angle LEM=\frac{\overrightarrow{EM}\cdot\overrightarrow{EL}}{|\overrightarrow{EM}||\overrightarrow{EL}|}=-\sin\theta_1\sin\theta_2<0,$$

此时 $\cos\angle LEM<0=\cos\angle FEG$，则 $\angle LEM>\angle FEG=\frac{\pi}{2}$。同理，当二面角为锐角或钝角时，也可以得到上述结果。因此，二面角的平面角的大小是一个最值，其值等于两边同时垂直于棱的平面角 $\angle FEG$ 的大小，取该最值作为二面角的平面角的大小，符合数学定义的一般规定。

5.7 教学启示

综上所述，历史上二面角生动的引入方式、二面角及其平面角多样的定义方式，为今日二面角及其平面角定义的教学提供了如下启示。

其一，任何新知识的产生都应该符合学生的认知发展规律。数学来源于生活，又为生活服务，现实生活中所产生的诸多问题及现象都与数学有着千丝万缕的关系。数学是一门问题驱动型的学科，不同的问题为学生创造了学习动机，学生在解决问题的

过程中又可以加深对知识的理解。因此，教师可以充分利用现实情境中的实例，特别是课堂中唾手可得的情境，例如静态的墙壁与天花板、地板的夹角，动态的门窗、书本、笔记本电脑、粉笔盒盖的开合所形成的夹角来引入新知，从而激发学生探究二面角知识的欲望。与此同时，教师通过证明二面角的平面角具有唯一性、确定性和最值性，从而让学生明白其合理性，拨开学生心中的疑云，有助于构建知识之谐。

其二，任何数学概念都是在历史的长河中不断完善的。数学是不断发展的学科，数学概念则在数学发展中不断趋于完善。历史上从古希腊时期没有二面角一词，到18世纪用全平面相交定义二面角，再到今日用半平面相交定义二面角，教师可以引导学生像数学家一样“创造”数学概念，在二面角定义不断完善的过程中，给予学生探究定义的机会，师生或生生之间通过多次探索和讨论，每个学生不仅可以经历思考的过程，还可以体会到成功带来的喜悦，提高数学学习的兴趣，有助于营造探究之乐。

其三，数学概念中蕴含着极为丰富的数学思想及数学文化。从圆锥曲线的产生类比二面角的平面角的产生，体会类比思想；从二面角的形到二面角的平面角的数，体会数形结合的思想；从二面角的三维到二面角的平面角的二维，体会化归思想。教师在引导学生完善二面角及其平面角定义的过程中，学生会经历数学概念不断抽象的过程，从而培养学生的数学学科核心素养。与此同时，教师还可以借助于微视频，介绍不同时空的数学家对二面角及其平面角定义的贡献，反映数学文化的多元性，有助于实现能力之助，展示文化之魅。

其四，数学概念的演进过程充满着数学家的理性精神。通过对历史上不完善的二面角定义的辨析，鼓励学生不盲从权威、敢于质疑、勇于追寻真理，可以加深学生对数学概念的理解和记忆，更重要的是可以培养学生的理性精神。二面角及其平面角定义缓慢而艰辛的产生及发展过程，还有助于让学生树立动态的数学观，最终达成德育之效。

参考文献

陶兴模，曾昌涛(2006). 二面角教学中值得探讨的一个问题. 上海中学数学，(11)：10－11.

谢林，王跃辉(2013). 对二面角的平面角定义合理性的探究. 上海中学数学，(Z2)：89－90.

汪晓勤，沈中宇(2020). 数学史与高中数学教学：理论、实践与案例. 上海：华东师范大学出版社.

中华人民共和国教育部(2020). 普通高中数学课程标准(2017 年版 2020 年修订). 北京：人民教育出版社.

Beman, W. W. & Smith, D. E. (1900). *New Plane and Solid Geometry*. Boston: Ginn & Company.

Bowser, E. A. (1890). *The Elements of Plane and Solid Geometry*. New York: D. Van Nostrand Company.

Cowley, E. B. (1934). *Solid Geometry*. New York: Silver, Burdett & Company.

Davies, C. (1841). *Elements of Geometry*. Philadelphia: A. S. Barnes & Company.

Heath, T. L. (1908). *The Thirteen Books of Euclid's Elements*. Cambridge: The University Press.

Legendre, A. M. (1834). *Elements of Geometry and Trigonometry*. Philadelphia: A. S. Barnes & Company.

Olney, E. (1886). *Elementary Geometry*. New York: Sheldon & Company.

Peirce, B. (1837). *An Elementary Treatise on Plane and Solid Geometry*. Boston: James Munroe & Company.

Perkins, G. R. (1855). *Plane and Solid Geometry*. New York: D. Appleton & Company.

Playfair, J. (1829). *Elements of Geometry*. Philadelphia: A. Walker, 1829.

Robbins, E. R. (1907). *Plane and Solid Geometry*. New York: American Book Company.

Schultze, A. & Sevenoak, F. L. (1922). *Plane and Solid Geometry*. New York: The Macmillan Company.

Schuyler, A. (1876). *Elements of Geometry*. Cincinnati: Wilson, Hinkle & Company.

Shutts, G. C. (1905). *Plane and Solid Geometry*. Chicago: Atkinson, Mentzer & Grover.

Smith, E. R. & Metzler, W. H. (1913). *Solid Geometry*. New York: American Book Company.

Stewart, S. T. (1891). *Plane and Solid Geometry*. New York: American Book Company.

Tappan, E. T. (1864). *Treatise on Plane and Solid Geometry*. Cincinnati: Sargent, Wilson & Hinkle.

Walker, T. (1829). *Elements of Geometry*. Boston: Richardson & Lord.

Wells, W. (1886). *The Elements of Geometry*. Boston: Leach, Shewell & Sanborn.

Wentworth, G. A. (1899). *Solid Geometry*. Boston: Ginn & Company.

公式篇

6 圆的面积

狄　迈* 汪晓勤**

6.1 引言

圆的面积是历史最悠久的数学课题之一，在古代东西方不同文明的数学文献中都有记载。公元前3世纪，古希腊数学家欧几里得用穷竭法证明了圆面积之比等于直径平方之比；阿基米德（Archimedes，前287—前212）则利用穷竭法证明了圆面积等于直角边长分别等于圆周长和半径的直角三角形的面积。公元3世纪，中国数学家刘徽利用割圆术证明了圆面积等于半周与半径之积。17世纪，德国数学家开普勒（J. Kepler，1571—1630）利用无穷小方法，将圆转化为直角边长分别等于圆周长和半径的直角三角形。微积分诞生后，人们采用极限的方法来求圆面积。

《义务教育数学课程标准（2011年版）》要求学生通过操作，探索并掌握圆面积公式，并能解决简单的实际问题。现行六年级数学教科书中，人教版与沪教版教科书将圆分割成小扇形，通过等积变形拼成近似平行四边形来推导圆面积公式；北师大版教科书除了平行四边形的拼图，还介绍了多边形逼近、同心圆堆积等方法。但考虑到学生的认知基础，教科书无法采用严谨的极限方法，学生往往会误以为圆面积公式只是个近似公式，而在大学微积分教学中，教师往往又因为简单而忽略了该公式。如何在“近似”与“精确”之间架设一座桥梁，是今日教学的难点。

鉴于此，本章聚焦圆面积公式的推导与证明，对西方早期几何教科书进行考察，以期为今日教学提供思想启迪。

---

* 华东师范大学教师教育学院硕士研究生。

** 华东师范大学教师教育学院教授、博士生导师。

6.2　早期教科书的选取

从有关数据库中选取120种西方早期几何教科书作为研究对象，其出版时间分布情况如图6－1所示。

在120种几何教科书中，圆面积主要位于“正多边形”“正多边形与圆”“圆”“面积”“度量”等章中。其中出现最多的是“正多边形与圆”一章，可见早期教科书多利用正多边形去研究圆。

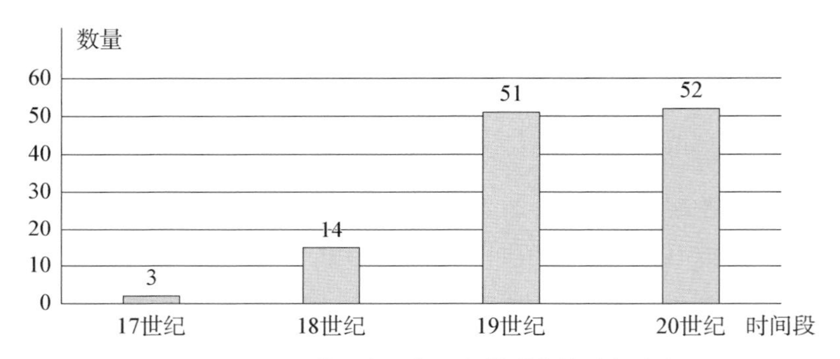

图6－1　120种西方早期几何教科书的时间分布

6.3　圆面积公式的证明

在120种几何教科书中，关于圆面积公式的推导或证明方法可分为穷竭法、类比法、等积变形法、极限法4类。

6.3.1　穷竭法

有9种教科书采用了古希腊的穷竭法。17世纪法国数学家巴蒂（I. G. Pardies，1636—1673）在其《几何基础》中首先证明正多边形面积等于直角边长分别为正多边形周长和边心距的直角三角形面积，然后用穷竭法证明圆面积等于直角边长分别为圆周长和半径的直角三角形的面积（Pardies，1673，pp. 42—49）。

苏格兰数学家普莱费尔在《几何基础》中利用穷竭法证明（Playfair，1795，pp. 254—256）

定理1　给定一个圆，可以找到相似的内接和外切正多边形，使其面积之差小于任意给定的面积。

然后证明：

推论1　给定一个圆，可以找到相似的内接和外切正多边形，使其面积与圆面积之差小于任意给定的面积。

推论2　若图形 B 的面积大于圆 A 的任一内接正多边形的面积，并且小于圆 A 的任一外切正多边形的面积，则 B 的面积等于圆 A 的面积。

最后证明：

定理2　圆的面积等于以圆周长为底、半径为高的直角三角形的面积。

如图 6－2，$\overset{\frown}{ABC}$ 是圆心为 D 的半圆，AC 为直径。延长 AC 至点 H，使 AH 等于圆的半周长，即 $\overset{\frown}{ABC}$ 的长度，则需证明：$\odot D$ 的面积等于 $AD \cdot AH$。

在 AC 延长线上取点 K 和 L，使 AK 与 AL 分别等于以弦 AB 和切线段 EF 为边的内接、外切正多边形的半周长，$AK < AH < AL$。易知 $S_{\triangle EDF} = EG \cdot DG$，因此，整个外切正多边形的面积等于 $AD \cdot AL$。因为 $AL > AH$，所以 $AD \cdot AH < AD \cdot AL$，因此 $AD \cdot AH$ 小于所有外切正多边形的面积。同理，$AD \cdot AH$ 大于所有内接正多边形的面积。由推论2知，$AD \cdot AH$ 等于圆面积，即圆面积等于圆半径与半周长的乘积。John(1822)等沿用了上述证明。

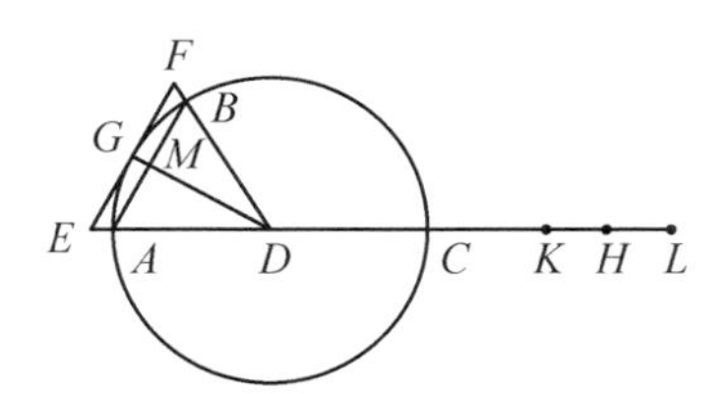

图 6－2　普莱费尔对圆面积公式的证明

也有教科书，如 Morton(1830)，采用了类似于阿基米德的双归谬法，但利用了以下定理："任意给定一圆，可以找到相似的内接和外切正多边形，使其周长之差小于任意给定的差。"如图 6－3，Rt$\triangle ABC$ 的短直角边 AC 为$\odot C$ 的半径，长直角边 AB 等于圆周长。假设$\odot C$ 的面积 $S > S_{\triangle ABC}$，则 $S = \frac{1}{2}CA \cdot AD$，$AD > AB$。由上述定理，必有相似的圆外切和内接正 n 边形，其周长 P_n 和 p_n 之差小于 $AD - AB$。于是，$P_n - AB < P_n - p_n < AD - AB$，故得 $P_n < AD$，从而得外切正 n 边形的面积 $S_n = \frac{1}{2}P_nR < \frac{1}{2}AD \cdot$

$CA = S$,矛盾。同理,假设 $S < S_{\triangle ABC}$,也会得出矛盾结论。因此,$S = S_{\triangle ABC}$。

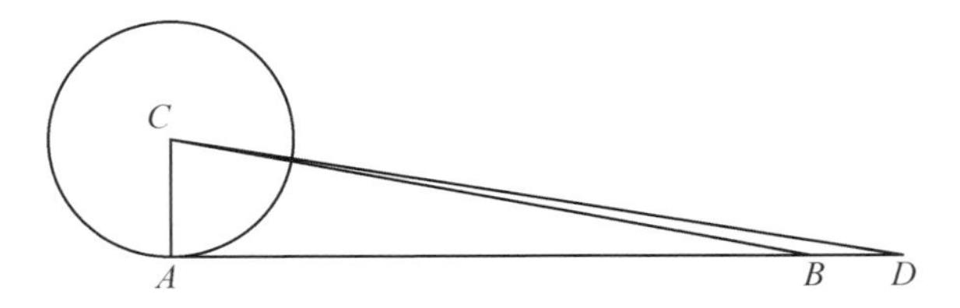

图 6-3　Morton(1830)对圆面积公式的证明

古希腊数学家不接受实无穷而采用繁琐的穷竭法,但该方法始终是一个有限的过程,与今天所说的极限还有一定的距离,依靠该方法也难以发现新的结论。

6.3.2　类比法

所谓类比法,就是先证明正多边形的面积等于周长与边心距的乘积之半,然后将圆视为"正无穷边形",从而得到圆面积等于其周长与半径的乘积之半。在所考察的教科书中,有 19 种采用了该方法。例如,17 世纪法国数学家奥泽南在《实用几何学》中通过将正多边形转化为三角形(图 6-4),证明其面积等于底边长等于周长、高等于边心距的三角形面积,然后将圆看作"正无穷边形",直接得出圆面积公式(Ozanam, 1684, pp. 191—192)。

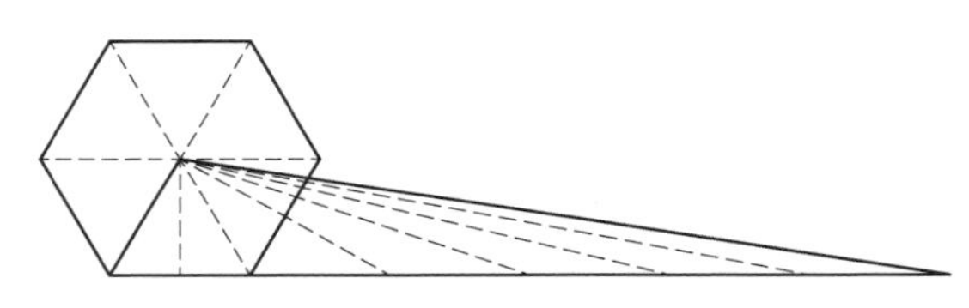

图 6-4　正多边形的等积变形

17—18 世纪,Lamy(1685)、Varignon(1734)、De Bourgogne(1735)、Clairaut(1741)、Muller(1773)等数学著作都采用了这种方法。

"正无穷边形"一说源于微积分发明者之一莱布尼茨的切线定义。18 世纪,微积分尚未严密化,极限概念还不清晰,这种说法为数学家所普遍采用。

6.3.3　极限法

有 79 种教科书利用"极限"工具来推导圆面积公式。有些教科书证明"当圆内接或外切正多边形边数 n 趋向无穷时，其周长（分别用 p_n 和 P_n 表示）和面积（分别用 s_n 和 S_n 表示）的极限分别是圆周长 C 和圆面积 S"，有些教科书则不加证明地直接利用了上述结论。不同教科书推导或证明圆面积公式的方法有以下几种。

（1）利用圆外切正 n 边形（Thomas, 1946, pp. 143—144）。因为边心距为圆半径 R，所以圆外切正 n 边形的面积为 $S_n=\frac{1}{2}P_nR$，于是有

$$S=\lim_{n\to\infty}S_n=\lim_{n\to\infty}\frac{1}{2}P_nR=\frac{1}{2}CR。$$

（2）利用圆内接正 n 边形（Emerson, 1794, pp. 70—71）。设边心距为 r_n，则圆内接正 n 边形的面积为 $s_n=\frac{1}{2}p_nr_n$，因此有

$$S=\lim_{n\to\infty}s_n=\lim_{n\to\infty}\frac{1}{2}p_nr_n=\frac{1}{2}CR。$$

（3）同时利用圆内接和外切正 n 边形（Rivard, 1739, pp. 103—104）。作圆内接和外切正 n 边形，设其边心距分别为 r_n 和 R，则有 $\frac{1}{2}p_nr_n<S<\frac{1}{2}P_nR$，因为

$$\lim_{n\to\infty}\frac{1}{2}p_nr_n=\lim_{n\to\infty}\frac{1}{2}P_nR=\frac{1}{2}CR,$$

所以由数列极限的夹逼定理得 $S=\frac{1}{2}CR$。

有 65.8%的教科书采用了极限方法。该方法比穷竭法简单，又比类比法更严谨。但是，没有一种教科书采用刘徽的方法，即对 $s_{2n}=\frac{1}{2}p_nR$ 取极限得出圆面积。

6.3.4 等积变形法

（一）三角形法

有 2 种教科书采用了开普勒的方法（Struik, 1986）。如 Emerson（1794）将圆分割成无数底和高分别等于弧长和半径的等腰三角形（图 6－5），分别将这些小三角形进行等积变形，组合成一个直角三角形，于是得 $S=\frac{1}{2}CR$。

De Bourgogne（1735）除了将圆视为"正无穷边形"外，还将圆视为"由无穷多个同

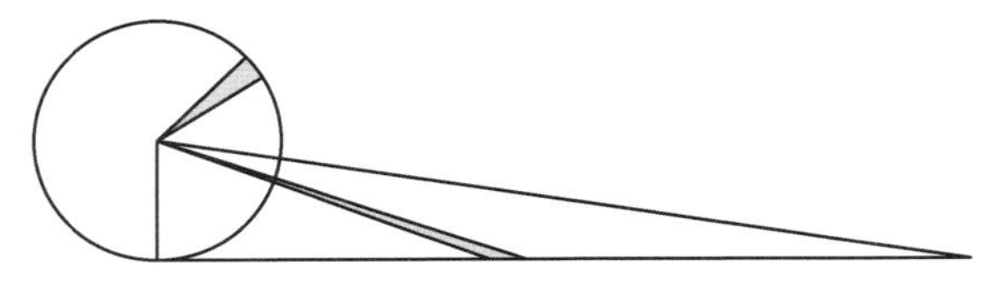

图 6-5　开普勒对圆面积公式的推导

心圆构成的图形”，把每一个圆周“拉直”，圆就转化成了直角边长分别等于圆周长和圆半径的直角三角形。这种方法源于 17 世纪意大利数学家卡瓦列里（B. Cavalieri, 1598—1647）的“不可分量法”，其基本思想是：线由点构成，面由线构成，体由面构成。如图 6-6，过半径 OA 的端点 A 作圆的切线，在切线上取点 B，使 AB 的长度等于圆周长，连结 OB。过 OA 上任意一点 C 作 OA 的垂线，交 OB 于点 D。易证：CD 等于以 OC 为半径的圆的周长。因此，$\odot O$ 的面积等于 Rt$\triangle OAB$ 的面积。Rivard（1752）也采用了同样的方法。

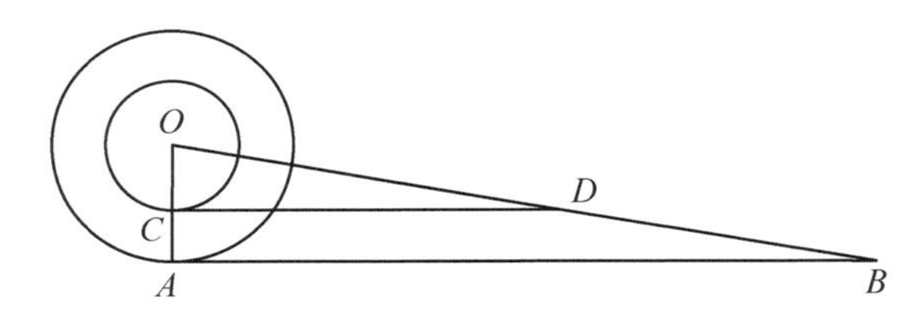

图 6-6　同心圆方法

Slaught & Lennes（1911）则不通过等积变形，而直接将无穷多个小三角形的面积相加得到圆面积公式，如图 6-7 所示。

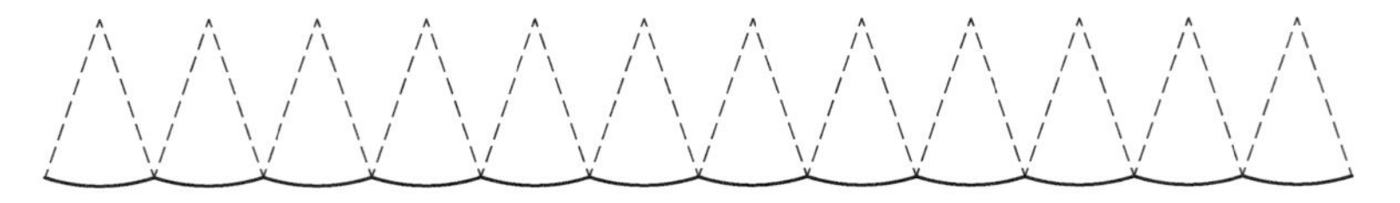

图 6-7　Slaught & Lennes（1911）对圆面积公式的推导

（二）平行四边形法

Lardner（1840）等 3 种教科书采用了平行四边形法。如图 6-8，取半径相同的两个圆，将其等分成同样多个小扇形，再将这些扇形拼成一个近似的平行四边形。当圆分割得越来越细（即小扇形的个数越来越多）时，所拼成的图形越来越接近真实的矩形，其长等于圆周长，宽等于圆半径。每个圆的面积等于该矩形面积之半。

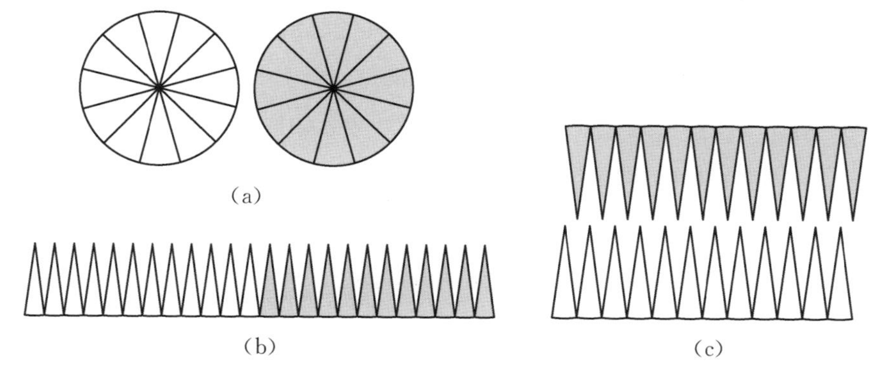

图 6－8　Lardner(1840)中的平行四边形拼接

Schoch(1904)将圆内接正 n 边形中的 n 个等腰三角形移到同一直线上，且相邻两个三角形有一个公共顶点，将图形补成一个矩形，如图 6－9 所示，易见，圆内接正 n 边形的面积等于矩形面积之半，即正 n 边形周长与边心距乘积之半。

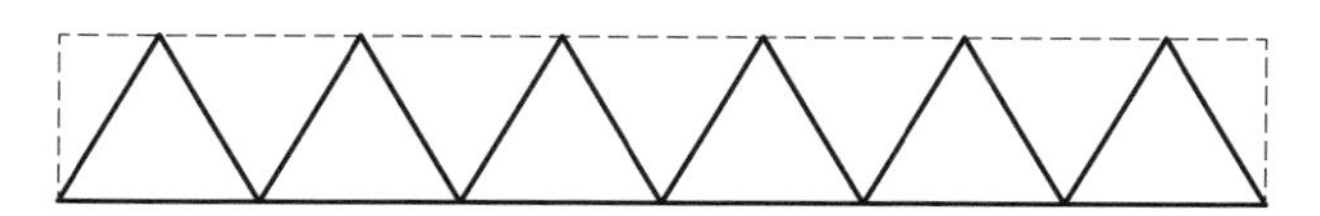

图 6－9　圆内接正 n 边形的面积

类似地，如图 6－10，将圆分割成许多小扇形，将小扇形排成一排，其中相邻两个扇形有一个公共点；将其补成一个近似的长方形，得到圆面积等于其周长与半径乘积之半。

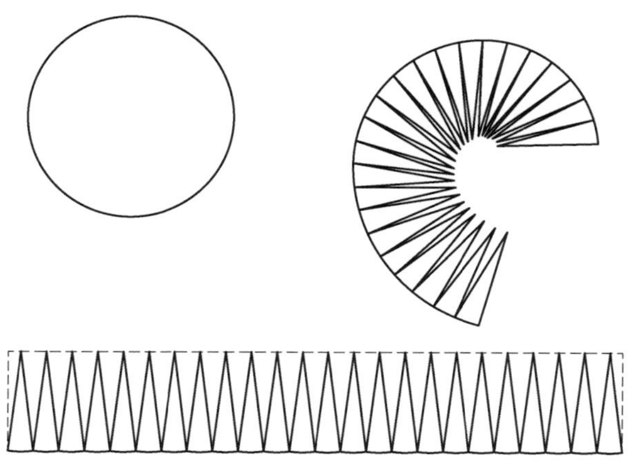

图 6－10　Schoch(1904)中的圆面积求法

Willis(1922)则将圆等分成许多小扇形，然后将它们拼成近似平行四边形[图 6－11(b)]。编者设问：需要将圆分成几部分才能拼成图 6－11(c)所示的矩形？该矩形的底与高各是多少？由此可得圆面积吗？显然，矩形的底是圆的半周长，矩形的高是圆的半径。因此，当分割的份数无限大时，圆面积等于矩形面积。

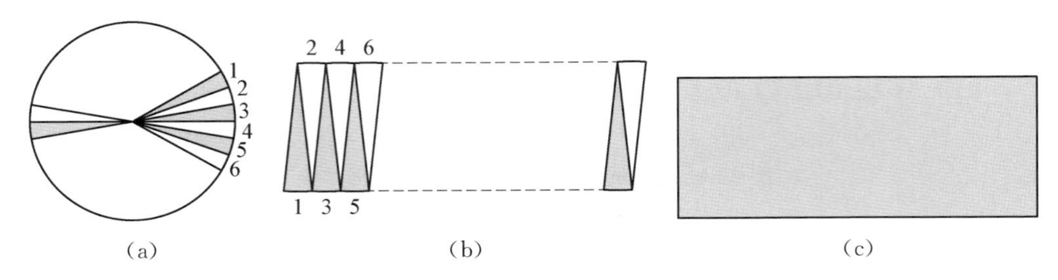

图 6－11　Willis(1922)中关于圆面积公式的证明

该方法比之前的研究仅仅将圆分割成三角形来算更加直观，比起“极限法”来说更便于理解，也是当今教科书采用较多的方法。但是这种方法在早期几何教科书中出现较晚且次数寥寥，究其原因，其一，早期人们在证明方式与思想上受阿基米德的影响，运用正多边形逼近圆并追求严谨的证明过程；其二，20 世纪初，培利运动促使数学教育注重几何直观，主张学生更多地自主探求数学中的规律，而非在教师引导下进行空洞的逻辑推理，此时教科书才开始将学生的认知基础作为知识的发生点，运用直观的等积变形进行几何知识的教授。

6.4　证明方式的演变

以世纪为单位，图 6－12 给出了 4 类证明方法的时间分布。

圆面积推导方法的演变呈现出由单一走向多元，最终回归单一的趋势。

穷竭法源于古希腊，是当时数学家在“患”上“无穷恐惧症”、不接受实无穷的情况下所设计的方法。受古希腊数学的深刻影响，穷竭法在 17—19 世纪不绝如缕，少数教科书运用它以避开“无穷”概念。随着微积分的创立与发展，人们逐渐接受“无穷”概念，穷竭法逐渐被抛弃，类比法和等积变形法登上了历史舞台，而随着 19 世纪微积分的严密化和极限概念的完善，极限法后来居上，最终成为主流方法。

18—20 世纪，直观性较强的“等积变形法”一直有一席之地，它是最符合低学段学

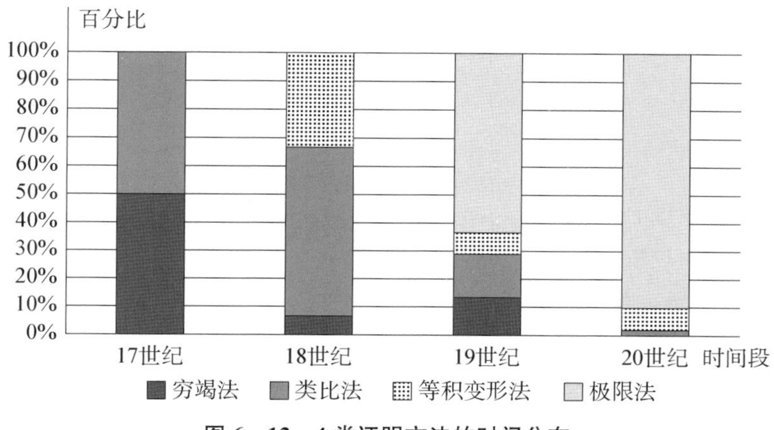

图 6－12　4 类证明方法的时间分布

生的方法，并且体现了数学研究“数形结合”的特点。

6.5　教学启示

以上我们看到，圆面积公式大致经历了从穷竭法到类比法，再到等积变形法，最终到极限法的历史发展过程，体现了极限概念从无到有、从不完善到完善的演进过程。圆面积公式的历史为我们提供了若干教学启示。

(1) 运用类比，发现结论。首先让学生观察正多边形随着边数越来越多，形状越来越像圆；接着，通过等积变形，将圆内接正多边形转化为三角形（图 6－4），得到正多边形面积公式；最后，通过类比，猜想圆可以转化为三角形（图 6－5），进而得到圆面积公式。或者，首先让学生观察：两组同样的三角形（每一组含 1 个、2 个、3 个、4 个，等等）可拼成平行四边形；接着，将同样两个圆的内接正多边形中的各个等腰三角形剪下来，拼成平行四边形；最后，通过类比，猜想得到两个圆可以转化为一个平行四边形，进而得到一个圆的面积。

(2) 通过技术，实现转化。同心圆方法源于 17 世纪卡瓦列里的“不可分量法”，在今天看来并不严密，通过技术（如利用 Geogebra 软件），可以让无穷小方法可视化：将圆分割成一系列同心圆环，依次将这些圆环“拉直”，拼成近似三角形，然后让诸圆环不断变细，从而得到的相应图形越来越接近真实的三角形。

(3) 关注方法，联系古今。历史上出现了圆面积公式的许多推导或证明方法，教师可以设计探究活动，让学生分享自己的方法，并通过“古今联系”的策略进行评价，让学生穿越时空与数学家对话，成为课堂的主人。

参考文献

Clairaut, A. (1741). *Elemens de Geometrie*. Paris: Durand.

De Bourgogne, L. (1735). *Elemens de Geometrie*. Paris: Veuve Ganeau.

Emerson, W. (1794). *Elements of Geometry*. London: F. Wingrave.

Heath. T. L. (1987). *The Works of Archimedes*. Cambridge: The University Press.

John, P. (1822). *Elements of Geometry*. Edinburgh: Bell & Bradfute.

Lamy, B. (1685). *Les Elemens de Geometrie*. Paris: Andre's Pralard.

Lardner, D. (1830). *A Treatise on Geometry*. London: Longman, Orme, Brown, Green,

Morton, P. G. (1830). *Geometry: Plane, Solid, and Spherical*. London: Baldwin & Cradock.

Muller. J. (1773). *New Elements of Mathematics*. London: T. Cadell.

Ozanam, J. (1684). *La Geometrie Pratique*. Paris: Estienne Michallet.

Pardies, I. G. (1673). *Elemens de Geometrie*. Paris: Sebastien Mabre-Cramoisy.

Playfair, J. (1795). *Elements of Geometry*. Edinburgh: Bell & Bradfute.

Rivard, F. (1739). *Élémens de Geometrie*. Paris: Clousier, Boedelet, Savoye.

Rivard, F. (1752). *Élémens de Mathematiques*. Paris: J. Besaint & C. Saillant.

Sanders, A, (1903). *Elements of Plane and Solid Geometry*. New York: American Book Company.

Schoch, W. (1904). *Introduction to Geometry: A Manual of Exercises for Beginning*. Boston: Allyn & Bacon.

Slaught, H. E. & Lennes, N. J. (1911). *Plane and Solid Geometry*. Boston: Allyn & Bacon.

Struik, D. J. (1986). *A Source Book in Mathematics: 1200 – 1800*. Princeton: Princeton University Press.

Thomas, M, G. (1946). *Plane Geometry*. Exeter: Edwards Brothers.

Varignon, P. (1734). *Elemens de Mathematique*. Amsterdam: François Changuion.

Wells, W. (1916). *Plane and Solid Geometry*. Boston: D. C. Heath.

Willis, C, A. (1922). *Plane Geometry*. Philadelphia: B. Blakiston's Son & Company.

7 扇形的面积

杨舒捷* 汪晓勤**

7.1 引言

扇形与扇形面积是数学中的重要课题。扇形面积公式既蕴含了扇形与圆之间的部分与整体的关系，又承载着以直代曲、转化等重要的数学思想。

现行人教版、沪教版和苏科版教科书先求出圆心角是1°的特殊扇形的面积，进而得出圆心角为$n°$的扇形面积公式，最后结合弧长公式给出扇形面积的另一公式；北师大版教科书则是通过现实情境设置相关问题，引导学生自己得出扇形的两个面积公式。不同教科书的处理方式互有不同，但大多是利用扇形与圆之间的部分与整体关系，通过比例推理得到扇形面积公式，并借助弧长公式进行变形得到新公式。

打开历史的画卷，我们会发现：数学家在推导扇形面积公式时既运用了比例推理，也充分运用了类比推理，使圆面积公式和扇形面积公式一脉相承，体现了数学思想方法的连贯性。为了从 HPM 视角开展扇形面积公式的教学，有必要对该主题进行深入的历史研究。

鉴于此，本章对1734—1922年间出版的西方早期几何教科书进行考察，探索其中的扇形面积公式的推导方法，分析推导方法的演变过程，以期为今日教学提供参考。

7.2 早期教科书的选取

从有关数据库中选取20世纪30年代之前出版的55种西方几何教科书作为研究

* 华东师范大学教师教育学院硕士研究生。
** 华东师范大学教师教育学院教授、博士生导师。

对象，其中，41种出版于美国，14种出版于法国；5种出版于18世纪，36种出版于19世纪，14种出版于20世纪。

扇形面积所在的章主要有“正多边形与圆”“圆的度量”“圆的面积”和“圆”等，其中，“圆的度量”章的占比最高，其次是“多边形与圆”章。

本章采用的统计方法如下：首先，按照年份查找并摘录出研究对象中有关扇形面积公式的推导部分；然后，参考相关知识确定初步分类框架，并结合早期教科书中的具体情况进行适当调整，形成最终的分类框架；最后，依据此框架对研究对象进行分类与统计。

7.3 扇形面积公式

考察发现，55种西方早期几何教科书给出的扇形面积公式可以分为弧长与半径公式、角度与半径公式、角度与面积公式和三角形面积公式四种，分别由45、2、9、6种教科书给出，其中，有48种教科书给出了一种公式，7种教科书给出了两种公式。表7-1给出了典型的例子。

表7-1 扇形面积公式

公式	具体内容	代表性教科书
弧长与半径公式	扇形的面积等于它的弧长与半径乘积的一半，即$S=\frac{1}{2}lr$。	Clairaut(1741)
角度与半径公式	扇形的面积等于它的角度与半径平方乘积的一半，即$S=\frac{1}{2}\alpha r^2$。	Beman & Smith(1900)
角度与面积公式	扇形的面积等于圆的面积乘扇形的角度再除以360，即$S=\frac{\alpha\pi r^2}{360}$。	Olney(1886)
三角形面积公式	扇形的面积等于直角边长分别等于弧长和半径的直角三角形的面积，即$S=\frac{1}{2}ar$。	Varignon(1734)

图7-1为以上四种扇形面积公式的时间分布情况。

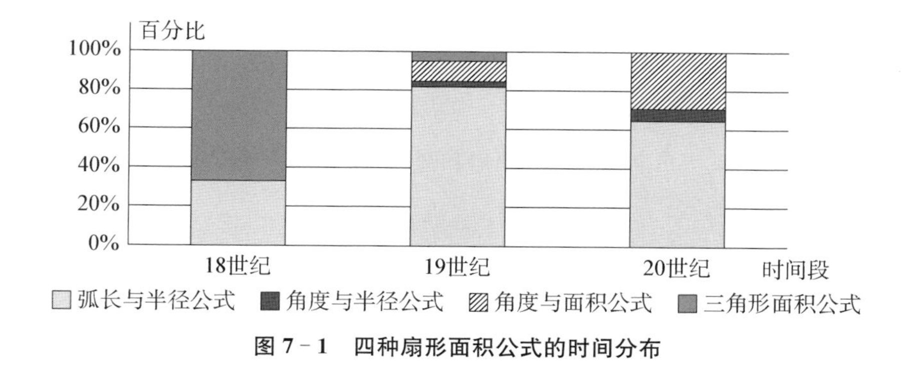

图 7-1　四种扇形面积公式的时间分布

从图中可见，弧长与半径公式一直受到各个时期编者的青睐。18 世纪的教科书主要采用三角形面积公式，其次还有弧长与半径公式；进入 19 世纪，弧长与半径公式占比增加，以压倒性优势占据主流地位，还出现了角度与面积公式和角度与半径公式，四种公式并存，呈现多样性；到了 20 世纪，大多数教科书仍采用弧长与半径公式，而三角形面积公式逐渐销声匿迹。

7.4　扇形面积公式的推导

经过统计和分析，在 55 种几何教科书中，关于扇形面积公式的推导方法可以分为比例法和类比法两大类，其中，前者又可分为弧长法、角度法和扇形法 3 个子类，后者又可分为开普勒法、同心圆弧法和极限法 3 个子类。

7.4.1　比例法

比例法是指基于圆和扇形之间比例关系的推导方法。

（一）弧长法

有 27 种教科书采用弧长法，利用“扇形和圆面积之比等于弧长与圆周长之比”进行推导，可以分为文字语言和符号语言两种表达方式。

（1）Van Velzer & Shutts（1894）指出，因为扇形的面积与圆的面积之比等于扇形的弧长与整个圆周长之比，所以扇形的面积等于其半径与弧长乘积的一半。Tappan（1864）等也都采用此方法来推导扇形面积公式。

（2）Wells（1886）和 Bowser（1890）用 s、c 和 S、C 分别表示扇形的面积、弧长和圆

的面积、周长，从$\frac{s}{S}=\frac{c}{C}$出发，得到$s=c\cdot\frac{S}{C}$，而$S=\frac{1}{2}RC$，所以$s=\frac{1}{2}cR$。

（二） 角度法

有5种教科书采用角度法，利用“扇形和圆面积之比等于圆心角与周角之比”进行推导。

Olney(1886)采用角度制，因为扇形的面积与圆的面积之比等于扇形的角度与整个周角之比，因此，若用$a°$表示扇形的角度，则扇形的面积为$s=\frac{a\pi r^2}{360}$。

Beman & Smith(1900)则采用弧度制，用s表示扇形的面积，α表示扇形的角度，因$s:\pi r^2=\alpha:2\pi$，故扇形的面积为$s=\frac{1}{2}\alpha r^2$。

（三） 扇形法

有3种教科书采用扇形法，借助同一个圆中两个扇形的关系进行推导。例如，Sanders(1903)从扇形的定义出发，在⊙O中任作一扇形AOB，以及角度为直角的扇形COD（图7-2）。根据同一个圆中的两个扇形面积之比等于它们所对应的弧长之比，可得

$$\frac{S_{扇形AOB}}{S_{扇形COD}}=\frac{\overset{\frown}{AB}}{\overset{\frown}{CD}},$$

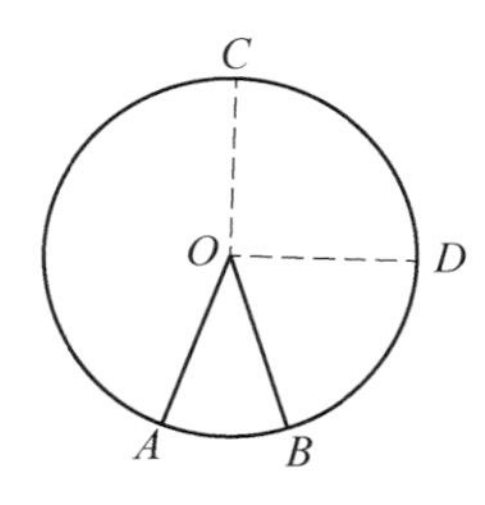

图7-2 扇形法

进而有

$$\frac{S_{扇形AOB}}{4\times S_{扇形COD}}=\frac{\overset{\frown}{AB}}{4\times\overset{\frown}{CD}},$$

记圆的周长为C，面积为S，则有

$$\frac{S_{扇形AOB}}{S}=\frac{\overset{\frown}{AB}}{C},$$

又因为$S=\frac{1}{2}CR$，所以得

$$S_{扇形AOB}=\frac{1}{2}R\times\overset{\frown}{AB}。$$

7.4.2 类比法

类比法沿用了圆面积公式的推导方法。

（一） 开普勒法

有7种教科书以德国数学家开普勒提出的圆面积推导方法为基础推导扇形面积。

Varignon(1734)利用开普勒的方法推导圆面积公式，将圆转化为直角边长分别等于圆周长和半径的直角三角形，相应地，可以将扇形 AOB 的面积对应到 $\triangle OGH$ 的面积上(图7-3)，从而直接类比得出扇形面积等于底边和高分别等于扇形的弧长和半径的三角形的面积。

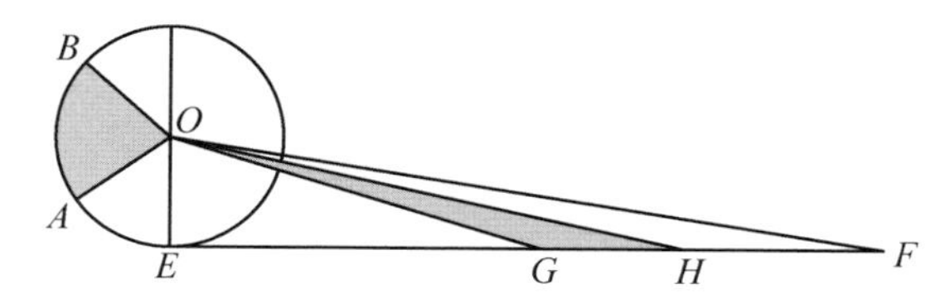

图7-3 Varignon(1734)的方法

Peirce(1837)则将扇形 AOB 的弧 AB 分为 AM、MN、NP 等无限小的弧(可视为线段，图7-4)，分别绘制半径 OM、ON、OP 等，这样扇形 AOB 就被分为 AOM、MON、NOP 等无限小的扇形，这些扇形面积的总和就是扇形 AOB 的面积，而这些无限小的扇形可以看作是分别以半径 OA、OM、ON 等为高，以 AM、MN、NP 等为底的三角形，因此扇形 AOB 的面积 $S=\frac{1}{2}OA\cdot\overset{\frown}{AB}$。

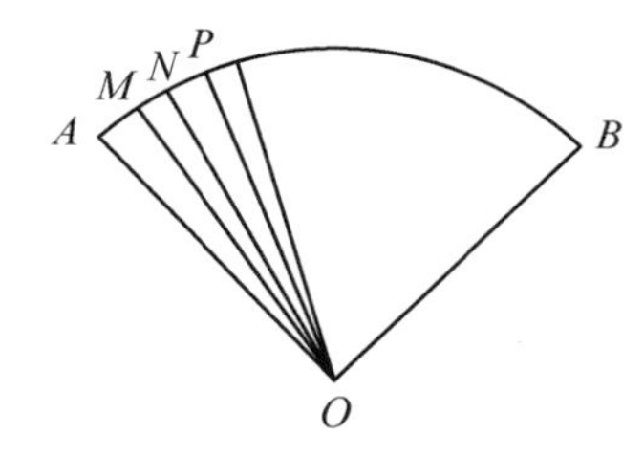

图7-4 Peirce(1837)的方法

类似地，Benjamin(1858)假设扇形 $OAMB$ 的弧 $\overset{\frown}{AMB}$ 由无限小的线段组成(图7-5)，从圆心 O 向这些线段的端点作半径，这样扇形 $OAMB$ 就被划分成了若干个以半径为高、$\overset{\frown}{AMB}$ 上的无限小线段为底的三角形，这些三角形面积的总和就是扇形 $OAMB$ 的面积，即 $S=\frac{1}{2}OA\cdot\overset{\frown}{AMB}$。

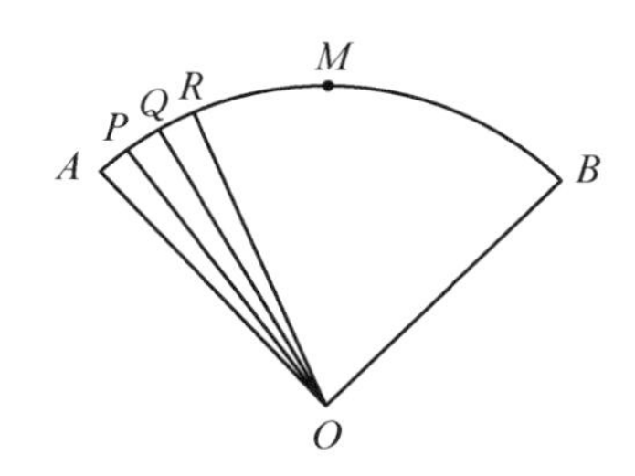

图7-5 Benjamin(1858)的方法

（二） 同心圆弧法

有2种教科书采用同心圆弧法。如图7-6，OA 为 $\odot O$ 的半径，Rivard(1739)将 $\odot O$ 视为“由无穷多个同心圆构成的图形”，过点 A 作圆的切线，在切线上截取长度等于圆周长的线段 AB，连结 OB。在 OA 上任取一点 C，过点 C 作以 OC 为半径的圆，并

过点 C 作该圆的切线，交 OB 于点 D，易证线段 CD 等于以 OC 为半径的圆的周长。这样，$\odot O$ 和 Rt$\triangle OAB$ 满足两个条件：它们含有同样多的元素，且对应元素的长度相等。因此，$\odot O$ 的面积等于 Rt$\triangle OAB$ 的面积。从直观上看，上述方法相当于将 $\odot O$ 中的所有同心圆周“拉直”，从而转化为 Rt$\triangle OAB$。（参阅本书第 6 章）

Rivard（1739；1752）类比上述方法，得出扇形 OAD 的面积等于 Rt$\triangle OAB$ 的面积，其中 Rt$\triangle OAB$ 的两直角边长分别等于扇形 OAD 的弧长和半径，如图 7－7 所示。

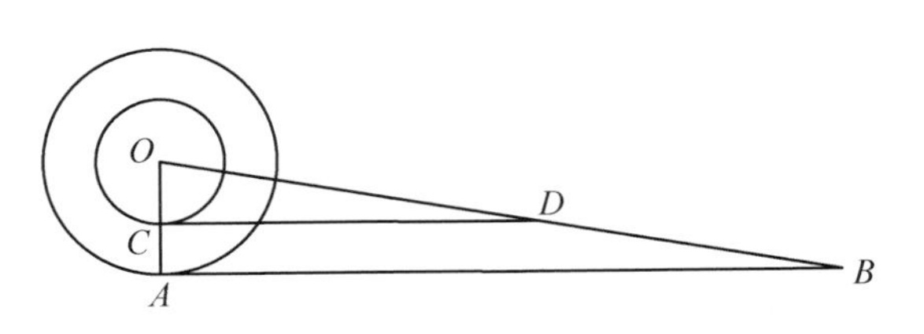

图 7－6　Rivard(1739)中推导圆面积的方法

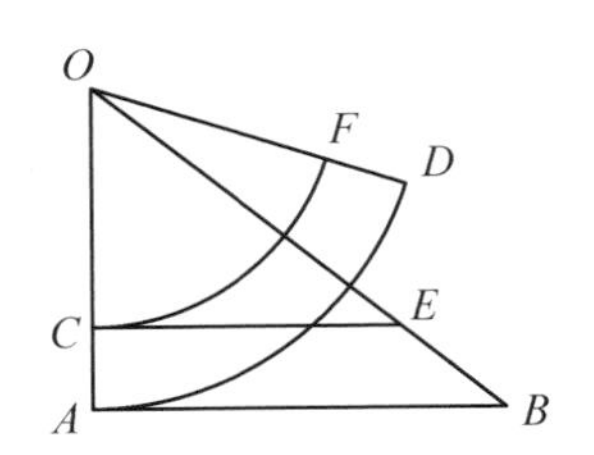

图 7－7　Rivard(1739)中推导扇形面积的方法

（三）极限法

19 世纪，教科书开始采用极限的方法来求圆面积（参阅本书第 6 章）。有 2 种教科书采用同样的方法来推导扇形面积公式。

例如，Bos（1884）同时作圆的内接和外切正 n 边形，设其边心距分别为 r_n 和 R，则有

$$\frac{1}{2}p_n r_n < S < \frac{1}{2}P_n R,$$

因

$$\lim_{n\to\infty}\frac{1}{2}p_n r_n = \lim_{n\to\infty}\frac{1}{2}P_n R = \frac{1}{2}CR,$$

故得圆面积 $S=\frac{1}{2}CR$。编者类比上述方法，将扇形的弧 n 等分，作相应的折线，由扇形的两条半径和折线所围成的图形称为多边扇形，令折线的长度为 P_n，边心距为 r_n，则多边扇形的面积为 $s_n=\frac{1}{2}P_n r_n$，取极限得扇形面积为

$$s=\lim_{n\to\infty}\frac{1}{2}P_n r_n=\frac{1}{2}lR,$$

其中 l 为扇形的弧长。

7.4.3　推导方法的演变

图 7－8 为以上 6 类扇形面积公式推导方法的时间分布情况。

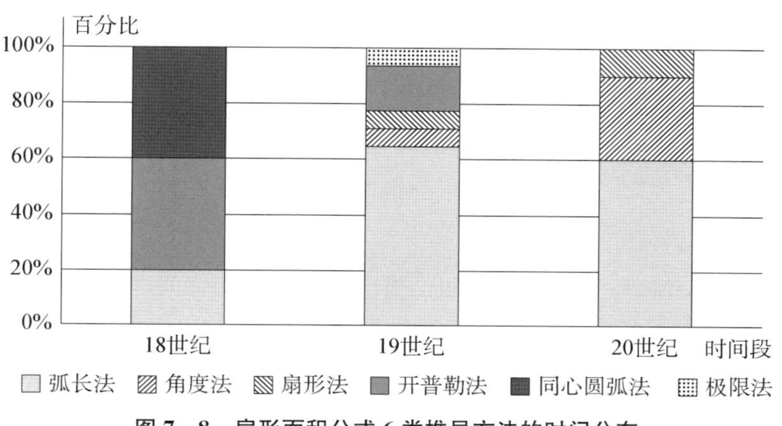

图 7－8　扇形面积公式 6 类推导方法的时间分布

从图中可见，18 世纪，教科书主要采用开普勒法和同心圆弧法，还有少数教科书采用弧长法，这一时期的教科书编者主要通过类比圆面积公式的推导方法来推导扇形面积公式；进入 19 世纪，弧长法的占比明显增加，成为教科书中的主要方法，此外还出现了角度法、扇形法和极限法，而同心圆弧法逐渐消失在大众视野中。由此可见，这一时期的教科书主要利用圆和扇形中的比例关系来推导扇形面积公式；到了 20 世纪，弧长法依然占据主流地位，还有部分教科书利用角度法和扇形法来推导扇形面积公式，此时，教科书编者完全利用比例关系来推导扇形面积公式。扇形面积公式推导方法的演变呈现出从单一走向多元，而最终又回归单一的趋势。

7.5　结论与启示

西方早期几何教科书主要在“圆的度量”和“多边形与圆”章中介绍扇形面积，呈现的扇形面积公式主要有四种，其中 $S=\frac{1}{2}lr$ 最受编者的青睐，采用的推导方法也多种多样，根据推导思路可以分为比例法和类比法两大类。18 世纪的教科书中主要呈现三角形面积公式以及类比法中的开普勒法和同心圆弧法两类推导方法；到了 19 世纪，各种公式和推导方法并存，但弧长与半径公式和比例法中的弧长法以压倒性优势占据主流地位；到了20世纪，部分公式和推导方法逐渐消失，但弧长与半径公式和弧长法仍然占据主流地位。扇形面积公式及其推导方法的演变均呈现出从单一走向多元，而最终又回归单一的趋势。

借鉴历史，我们可以设计扇形面积的探究或教学。

在“准备与聚焦”环节，教师先让学生回顾圆面积公式的推导方法，然后引出扇形面积的问题；分析扇形和圆的关系，引导学生从部分与整体关系的视角和类比的视角去思考。

在“探索与发现”环节，教师让学生分组探究扇形面积的求法（必要时可以准备扇形纸片、剪刀等材料和工具）。

在“综合与交流”环节，教师让各组汇报探究结果，各组之间进行互评；教师对学生的方法进行总结、分类和完善，并借助技术，将有关方法可视化。

在“评价与延伸”环节，教师播放课前制作的“扇形面积的历史”专题微视频，简要介绍历史上数学家的各种方法，并进行古今对照，从而对学生的探究结果进行评价。最后，按“一个公式”“两种思想”“三类素养”“四维价值”对整节课进行总结和提炼。

参考文献

Benjamin, P. (1858). *An Elementary Treatise on Plane and Solid Geometry*. Boston, Cambridge: J. Munroe & Company.

Bos, H. (1884). *Éléments de Géométrie*. Paris: Librairie Hachette et Cie.

Beman, W. W. & Smith, D. E. (1900). *New Plane and Solid Geometry*. Boston: Ginn & Company.

Bowser, E. A. (1890). *The Elements of Plane and Solid Geometry*. New York: D. Van Nostrand Company.

Clairaut, A. A. (1741). *Elemens de Geometrie*. Paris: Lambert & Durand.

Olney, E. (1886). *Elementary Geometry*. New York: Sheldon & Company.

Peirce, B. (1837). *An Elementary Treatise on Plane and Solid Geometry*. Boston: James Munroe & Company.

Rivard, F. (1739). *Élémens de Geometrie*. Paris: Clousier, Bordelet & Savove.

Rivard, F. (1752). *Élémens de Mathematiques*. Paris: J. Besaint & C. Saillant.

Sanders, A. (1903). *Elements of Plane and Solid Geometry*. New York: American Book

Company.

Tappan, E. T. (1864). *Treatise on Plane and Solid Geometry*. Cincinnati: Sargent, Wilson & Hinkle.

Varigmon, P. (1734). *Elemens de Mathematique*. Amsterdam: Francois Changuion.

Van Velzer, C. A. & Shutts, G. C. (1894). *Plane and Solid Geometry*. Chicago: Atkinson, Mentzer & Grover.

Wells, W. (1886). *The Elements of Geometry*. Boston: Leach, Shewell & Sanborn.

8 棱锥的体积

刘梦哲*

8.1 引言

《普通高中数学课程标准(2017 年版 2020 年修订)》要求学生知道球、棱柱、棱锥、棱台的表面积和体积的计算公式,能用公式解决简单的实际问题(中华人民共和国教育部,2020)。现行人教版和沪教版教科书均是先利用祖暅公理证明两个等底等高三棱锥的体积相等,再通过构造一个与已知三棱锥等底等高的三棱柱,并将其分割成三个具有相同体积的三棱锥,得出"三棱锥体积等于等底等高的三棱柱体积的三分之一"这一结论,最后通过将 n 棱锥分割成 $n-2$ 个三棱锥,从而将三棱锥的结论推广到 n 棱锥上,得出 n 棱锥的体积公式。

在提倡将数学文化融入数学教学、实施数学学科德育、落实立德树人根本任务的今天,照本宣科、单纯的知识讲授已不能满足时代的要求。就棱锥体积公式而言,教师需要了解其背后更广阔的历史背景,掌握更为丰富的数学史素材。事实上,棱锥的度量在历史上很早就引起人们的关注。公元前 5 世纪,古希腊数学家德谟克利特(Democritus,约前 460—约前 370)发现棱锥的体积等于同底等高棱柱体积的三分之一,但证明是由欧多克斯(Eudoxus,前 408—前 355)给出的(Heath, 1921, p. 176;克莱因,2002, pp. 55—58)。公元前 3 世纪,欧几里得在《几何原本》中利用穷竭法证明了"两个等高的三棱锥体积之比等于其底面面积之比",并证明了欧多克斯的结论。我国汉代数学典籍《九章算术》记载了正四棱锥的体积公式,三国时期数学家刘徽利用无穷分割求和的方法证明了鳖臑和阳马的体积关系。到了 18 世纪,法国数学家勒让德通过一组外接和内接三棱柱,利用反证法证明等底等高的三棱锥体积相等,再通过三棱

* 华东师范大学教师教育学院硕士研究生。

柱的分割，证明三棱锥与等底等高三棱柱的体积关系（Legendre，1834，pp. 158—161）。

19—20世纪美英几何教科书中所呈现的棱锥体积公式的证明，既是对历史的继承和发展，又有着教育的形态，但迄今我们对此知之甚少。本章聚焦棱锥体积公式，对美英早期几何教科书进行考察，以期为今日教学提供思想养料。

8.2 早期教科书的选取

选取1820—1959年间出版的80种美英几何教科书作为研究对象，以20年为一个时间段进行统计，其出版时间分布情况如图8-1所示。

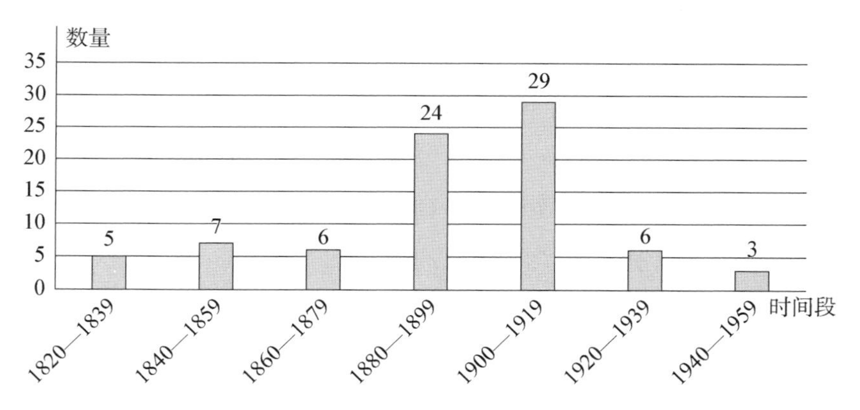

图8-1　80种美英早期几何教科书的出版时间分布

在80种几何教科书中，有关棱锥体积的内容主要出现在“棱锥”“多面体”“棱锥和圆锥”“多面体、圆柱和圆锥”等章中，出现最多的是在“棱锥”章中。关于多面体体积的内容通常会以棱柱的体积、棱锥的体积和棱台的体积来进行编排。由此可见，早期教科书多利用棱柱分割研究棱锥的体积。

8.3 等底等高三棱锥的体积关系

在80种教科书中，关于棱锥体积公式的推导均按以下三步展开：(1)证明命题“等底等高三棱锥的体积相等”；(2)推导三棱锥体积公式；(3)推导n棱锥体积公式。

在80种教科书中，证明命题“等底等高三棱锥的体积相等”的方法可分为反证法和极限法两类。

8.3.1 反证法

有 7 种教科书采用了勒让德的反证法。如图 8-2，已知三棱锥 $S-ABC$ 和 $S'-A'B'C'$，其底面$\triangle ABC$ 与$\triangle A'B'C'$的面积相等，高均为 h。假设它们的体积不相等，不妨设 $V_{S\text{-}ABC} > V_{S'\text{-}A'B'C'}$。记

$$V_{S\text{-}ABC} - V_{S'\text{-}A'B'C'} = V > 0, \tag{1}$$

其中 V 表示以$\triangle ABC$ 为下底、AT 为高的棱柱的体积。

将三棱锥的高 h 等分为 n 段，分点分别为 T_1，T_2，…，T_{n-1}，使得 $\frac{h}{n} < AT$，过各分点 $T_i(i=1, 2, \cdots, n-1)$ 作棱锥底面的平行平面，分别得到两个三棱锥的截面$\triangle A_1B_1C_1$、$\triangle A_1'B_1'C_1'$；$\triangle A_2B_2C_2$、$\triangle A_2'B_2'C_2'$；…；$\triangle A_{n-1}B_{n-1}C_{n-1}$、$\triangle A_{n-1}'B_{n-1}'C_{n-1}'$，则同一高度上的两个截面面积相等，即 $\triangle A_1B_1C_1$ 与 $\triangle A'_1B'_1C'_1$、$\triangle A_2B_2C_2$ 与 $\triangle A_2'B_2'C_2'$、…、$\triangle A_{n-1}B_{n-1}C_{n-1}$ 与 $\triangle A_{n-1}'B_{n-1}'C_{n-1}'$分别具有相等的面积。

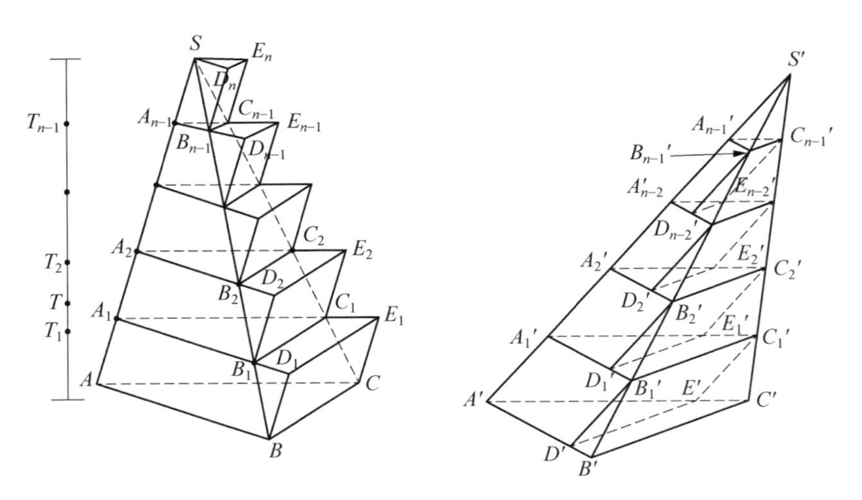

图 8-2　用反证法证明等底等高三棱锥的体积关系

在三棱锥 $S-ABC$ 中，分别以$\triangle ABC$，$\triangle A_1B_1C_1$，$\triangle A_2B_2C_2$，…，$\triangle A_{n-1}B_{n-1}C_{n-1}$为下底，以 AA_1，A_1A_2，…，$A_{n-1}S$ 为一条侧棱，作外接三棱柱 $ABC-A_1D_1E_1$，$A_1B_1C_1-A_2D_2E_2$，…，$A_{n-1}B_{n-1}C_{n-1}-SD_nE_n$，其体积依次记为 V_1，V_2，…，V_n，记 $V_{外} = \sum_{i=1}^{n} V_i$。易知

$$V_{外} > V_{S\text{-}ABC}。\tag{2}$$

在三棱锥 $S'-A'B'C'$中，分别以$\triangle A_1'B_1'C_1'$，$\triangle A_2'B_2'C_2'$，…，$\triangle A_{n-1}'B_{n-1}'C_{n-1}'$为上底，以 $A'A_1'$，$A_1'A_2'$，…，$A_{n-2}'A_{n-1}'$为一条侧棱，作内接三棱柱 $A'D'E'-A'_1B'_1C'_1$，$A'_1D'_1E'_1-A'_2B'_2C'_2$，…，$A'_{n-2}D'_{n-2}E'_{n-2}-A'_{n-1}B'_{n-1}C'_{n-1}$，其体积依次记为$V_1'$，$V_2'$，…，$V'_{n-1}$，记 $V_{内}=\sum\limits_{i=1}^{n-1}V'_i$。易知

$$V_{内} < V_{S'\text{-}A'B'C'}。\tag{3}$$

因为两个三棱锥在同一高度的截面面积相等，且各棱柱中相邻两个截面之间的距离对应相等，所以有 $V_1'=V_2$，$V_2'=V_3$，…，$V'_{n-1}=V_n$。由此可知

$$V_{外}-V_{内}=V_1。\tag{4}$$

由(2)和(3)可知

$$V_{外}-V_{内} > V_{S\text{-}ABC}-V_{S'\text{-}A'B'C'},\tag{5}$$

将(1)和(4)代入(5)，则有 $V_1 > V$。但因为$\frac{h}{n} < AT$，所以 $S_{\triangle ABC}\cdot\frac{h}{n} < S_{\triangle ABC}\cdot AT$，即 $V_1 < V$，从而得出矛盾结论。

因此，三棱锥 $S-ABC$ 的体积不大于$S'-A'B'C'$的体积。同理可证，$S-ABC$ 的体积也不小于$S'-A'B'C'$的体积，因此 $V_{S\text{-}ABC}=V_{S'\text{-}A'B'C'}$。

8.3.2　极限法

有 73 种教科书以极限为工具来证明“等底等高三棱锥的体积相等”，具体分三种方法：一是用内接三棱柱与外接三棱柱夹逼；二是利用祖暅公理；三是利用内接三棱柱。

（一）　夹逼法

有 25 种教科书采用了这一方法。这一方法前半部分的证明与反证法类似，后半部分利用极限思想来完成。

如图 8－2，先将三棱锥的高 h 等分成 n 段，每一段长度为$\frac{h}{n}$。构造外接三棱柱和内接三棱柱，由(5)可知

$$0\leqslant|V_{S\text{-}ABC}-V_{S'\text{-}A'B'C'}|<|V_{外}-V_{内}|。$$

因为 $\lim\limits_{n\to\infty}|V_{外}-V_{内}|=\lim\limits_{n\to\infty}V_1=\lim\limits_{n\to\infty}S_{\triangle ABC}\cdot\dfrac{h}{n}=0$，所以 $V_{S\text{-}ABC}=V_{S'\text{-}A'B'C'}$。(Thompson，1896，pp. 89—91)

（二）祖暅公理法

祖暅公理最早由我国南北朝时期数学家祖暅提出，该公理在西方被称为“卡瓦列里原理”，由 17 世纪意大利数学家卡瓦列里重新提出。有 15 种教科书采用了该方法。例如，苏格兰数学家普莱费尔在《几何基础》中，先证明“等底等高的两个三棱锥在同一高度的截面面积相等”，然后利用祖暅公理，证明“等底等高三棱锥的体积相等”(Playfair，1829，pp. 168—169)。

如图 8－3 所示，三棱锥 $O\text{-}ABC$ 和 $O'\text{-}A'B'C'$ 等底等高，其中，底面 $ABC\subset\alpha$，$A'B'C'\subset\alpha$，顶点 $O\in\beta$，$O'\in\beta$，且平面 $\alpha\parallel\beta$。作平面 $\gamma\parallel\alpha$，分别截三棱锥 $O\text{-}ABC$ 和 $O'\text{-}A'B'C'$ 得 $\triangle DEF$ 和 $\triangle D'E'F'$。平面 β 与 γ 之间的距离、平面 β 与 α 之间的距离分别记为 h'、h。由

$$\frac{OD}{OA}=\frac{OE}{OB}=\frac{OF}{OC}=\frac{h'}{h},$$

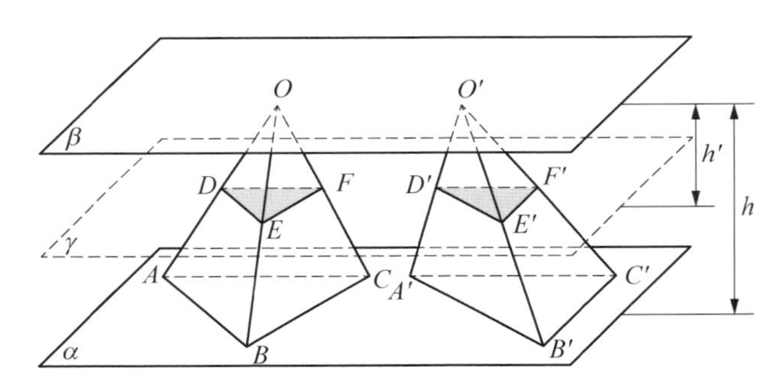

图 8－3 利用祖暅公理证明等底等高三棱锥的体积相等

得

$$\frac{DE}{AB}=\frac{DF}{AC}=\frac{EF}{BC}=\frac{h'}{h}。$$

于是 $\triangle DEF\backsim\triangle ABC$，因此有

$$\frac{S_{\triangle DEF}}{S_{\triangle ABC}}=\frac{h'^2}{h^2}。$$

同理可证

$$\frac{S_{\triangle D'E'F'}}{S_{\triangle A'B'C'}}=\frac{h'^2}{h^2}。$$

因为 $S_{\triangle ABC}=S_{\triangle A'B'C'}$，所以 $S_{\triangle DEF}=S_{\triangle D'E'F'}$。由祖暅公理，得 $V_{O\text{-}ABC}=V_{O'\text{-}A'B'C'}$。

（三） 内接三棱柱法

该方法首先需要证明，随着三棱锥中内接或外接三棱柱的个数越来越多，这些三棱柱的体积之和会逐步逼近三棱锥的体积。然后证明，在两个等底等高的三棱锥中分别作内接等高三棱柱，这些内接三棱柱的体积对应相等。由此，当内接三棱柱的个数趋于无穷时，这两个三棱锥的体积相等。（Wentworth, 1899, p. 314）

有 32 种教科书采用了这一方法，但其中有 14 种教科书缺少前半部分的证明。例如，Wentworth（1880）并没有说明为什么无穷多内接或外接三棱柱的体积之和会逼近三棱锥的体积。但有 18 种教科书给出了完整的证明，其中包括 Wentworth（1899）。

将两个等底等高的三棱锥置于同一平面上，将三棱锥的高 h n 等分，随后在同一高度作平行于底面的截面。类似于反证法，我们在两个三棱锥中分别构造内接和外接三棱柱（图 8－4）。

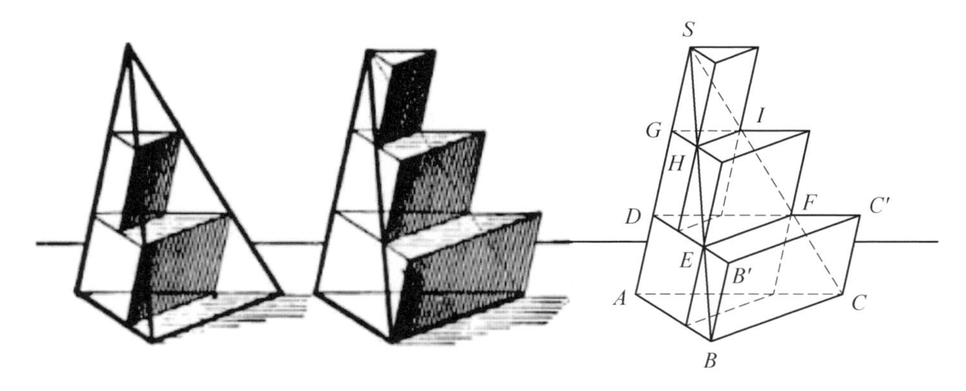

图 8－4　用内接三棱柱法证明等底等高三棱锥的体积相等

除了最底层的三棱柱 $ABC\text{-}DB'C'$，每一个外接三棱柱均对应于一个等积的内接三棱柱。将内接三棱柱体积之和记为 $V_{内}$，外接三棱柱体积之和记为 $V_{外}$，则有

$$V_{外}-V_{内}=V_{ABC\text{-}DB'C'}。$$

因为 $V_{内}<V_{S\text{-}ABC}$，$V_{外}>V_{S\text{-}ABC}$，所以

$$V_{S\text{-}ABC}-V_{内}<V_{外}-V_{内}，$$

或

$$V_{外} - V_{S\text{-}ABC} < V_{外} - V_{内},$$

当 $n \to \infty$ 时，有 $V_{ABC\text{-}DB'C'} = S_{\triangle ABC} \cdot \frac{h}{n} \to 0$，从而得 $\lim\limits_{n\to\infty} V_{内} = \lim\limits_{n\to\infty} V_{外} = V_{S\text{-}ABC}$。

由这一结论出发，再证明等底等高三棱锥的体积相等。如上文所述，在等底等高的三棱锥 $S-ABC$ 和 $S'-A'B'C'$ 中各构造 n 个内接三棱柱（图 8－5），这些三棱柱的体积对应相等。设内接三棱柱的体积之和分别为 V_n 和 V'_n，则 $V_n = V'_n$。当 $n \to \infty$ 时，即得 $V_{S\text{-}ABC} = V_{S'\text{-}A'B'C'}$。

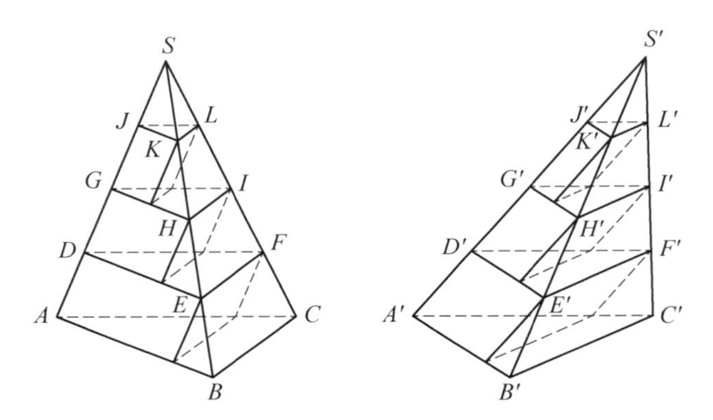

图 8－5　在等底等高的三棱锥中构造内接三棱柱

8.4　三棱锥的体积

有 80 种教科书不约而同地沿用了欧几里得的方法，通过将一个三棱柱分割成三个体积相等的三棱锥，来证明三棱锥的体积等于等底等高的三棱柱体积的三分之一，如图 8－6 所示。（Thompson，1896，pp. 91—92；Wentworth，1899，p. 315）

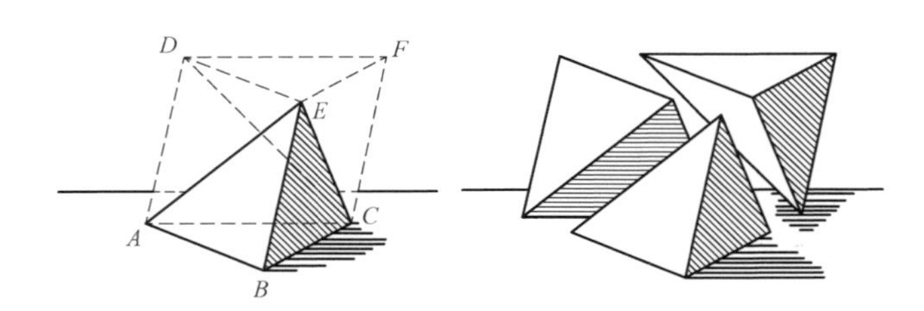

图 8－6　三棱柱的分割

但是，对于已知三棱锥 $E-ABC$（图 8-6），除 26 种教科书直接给定一个与之等底等高的三棱柱外，其余 54 种教科书在构造三棱柱 $ABC-DEF$ 的方法上还略有差异，具体见表 8-1。

表 8-1 三棱柱的构造方法

序号	构造方法	代表性教科书	数量
1	以面 ABC 为底面，构造与 BE 平行且相等的侧棱，得到三棱柱。	Thompson(1896)	39
2	过底面上两点 A、C，分别作 AD、CF 平行且等于 BE，连结 DE、DF 和 EF。	Keller(1908)	10
3	过点 E 作面 DEF // 面 ABC，延伸平面 ABE、BCE，并过 AC 作平行于 BE 的平面，得到三棱柱。	Shutts(1905)	4
4	分别作 DE // AB，EF // BC，AD // BE，CF // BE，DF // AC。	Newcomb(1889)	1

三棱柱 $ABC-DEF$ 中包含了一个三棱锥 $E-ABC$ 和一个四棱锥 $E-ACFD$。将四棱锥 $E-ACFD$ 沿平面 DEC 分割，因为四边形 $ACFD$ 是平行四边形，DC 是其对角线，所以 $S_{\triangle DAC}=S_{\triangle CFD}$。又因为三棱锥 $E-DAC$ 和 $E-CFD$ 同高，所以 $V_{E\text{-}DAC}=V_{E\text{-}CFD}$。

另一方面，三棱锥 $E-ABC$ 和 $C-DEF$ 的底面分别是三棱柱 $ABC-DEF$ 的上、下底面，且有相同的高，所以 $V_{E\text{-}ABC}=V_{C\text{-}DEF}$，因此 $V_{E\text{-}DAC}=V_{E\text{-}ABC}=V_{C\text{-}DEF}$。于是得

$$V_{E\text{-}ABC}=\frac{1}{3}V_{ABC\text{-}DEF}=\frac{1}{3}Sh,$$

其中 S 表示三棱锥的底面面积，h 表示三棱锥的高。

8.5 四棱锥的体积

Robinson(1850)除了用分割三棱柱的方法推导三棱锥体积公式，还尝试用代数的方法来推导四棱锥体积公式。如图 8-7，$ABCD-FOHE$ 是一个长方体，令 $AD=a$，$AB=b$，$AF=h$。延长 AF 至点 G，使得 $AF=FG$。连结 GO、GE 并延长，分别交 AB、AD 的延长线于点 M、I，连结 GH 并延长，交平面 $ABCD$ 于点 Q，延长 DC、BC，分别

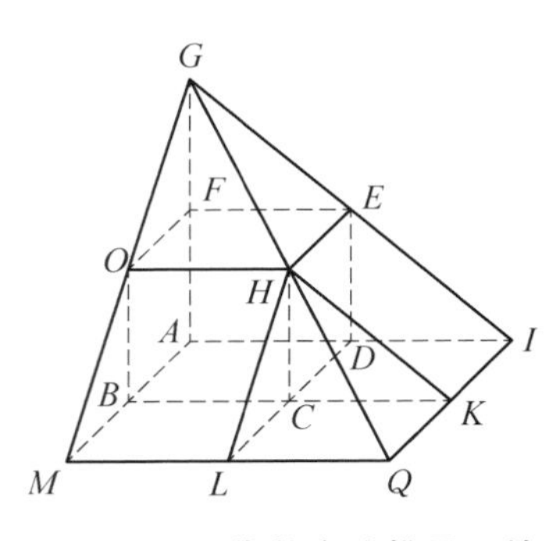

图 8－7　用代数方法推导四棱锥体积公式

交 MQ、QI 于点 L、K。易知点 O、E、H 分别为 GM、GI 和 GQ 的中点。

此时，在四棱锥 $G-AMQI$ 中包含两个与之相似的四棱锥 $G-FOHE$ 和 $H-CLQK$、一个长方体 $ABCD-FOHE$ 和两个三棱柱 $OBM-HCL$、$HCK-EDI$，其中两个四棱锥和两个三棱柱的体积分别相等。

因为 $V_{ABCD\text{-}FOHE}=abh$，$V_{HCK\text{-}EDI}=V_{OBM\text{-}HCL}=\frac{1}{2}abh$，令 $V_{G\text{-}FOHE}=V_{H\text{-}CLQK}=x$，所以 $V_{G\text{-}AMQI}=2abh+2x$。又因为四棱锥 $G-AMQI$ 与 $G-FOHE$ 相似，所以

$$\frac{V_{G\text{-}FOHE}}{V_{G\text{-}AMQI}}=\frac{GF^3}{GA^3},$$

代入数值，得

$$\frac{x}{2abh+2x}=\frac{1}{8},$$

因此得 $x=\frac{1}{3}abh$。

有 77 种教科书给出了 n 棱锥体积公式，推导方法是将 n 棱锥分割成 $n-2$ 个三棱锥，这里不再赘述。

8.6　等底等高三棱锥体积关系证明方式的演变

以 20 年为一个时间段，图 8－8 给出了命题“等底等高三棱锥的体积相等”证明方法的时间分布情况。从图中可见，19 世纪上半叶，反证法在教科书中占据主流，但仅在这一阶段占有一席之地，之后逐渐被淘汰，取而代之的是极限法逐渐兴起；夹逼法和内接三棱柱法在 1860—1939 年间的教科书中占比超过 50%；祖暅公理法在这 140 年间的教科书中均有出现。由此可见，证明方法呈现出百家争鸣的局面。

反证法作为 19 世纪上半叶教科书编者采用的主流方法，巧妙地避开了无穷概念。早在古希腊时期，因为当时的哲学家和数学家未能接受实无穷概念，于是采用了穷竭法这种较为繁琐的方法。穷竭法是极限和微积分的萌芽，《几何原本》运用穷竭法来证

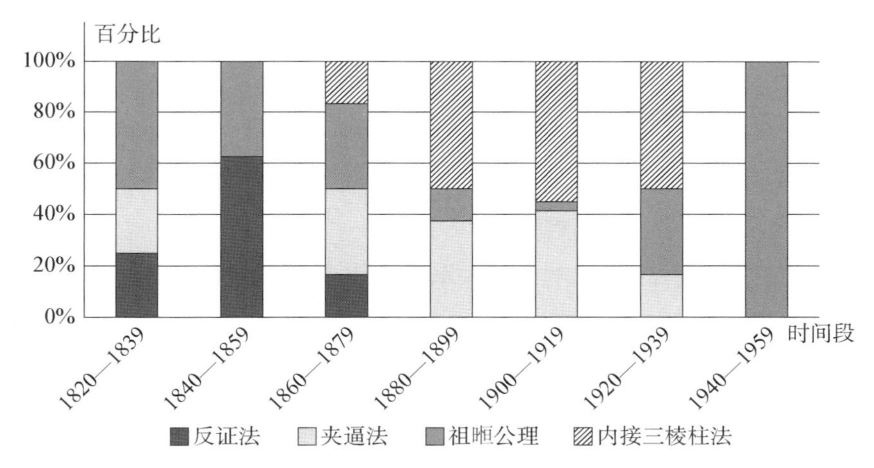

图 8－8　命题"等底等高三棱锥的体积相等"证明方法的时间分布

明同底等高三棱锥的体积关系，对后世几何教科书的编写产生了深远的影响。

随着微积分的创立与发展，极限概念逐渐被数学家所接受，因而越来越多的教科书采用了诸如夹逼法、祖暅公理法和内接三棱柱法等一些涉及极限思想的方法来证明"等底等高三棱锥的体积相等"。虽然采用穷竭法推导三棱锥体积公式的做法逐渐被抛弃，但《几何原本》中的方法无疑启发了数学家运用反证法。现在所流行的内接三棱柱法也继承了穷竭法的核心思想，即把一个三棱锥按照某种规律分割成若干块，再将若干块的体积求和去逼近三棱锥的体积，只是两者在分割的方式上略有差异。随着19世纪微积分的严密化和极限概念日趋完善，极限法逐渐后来居上，成为主流方法。

不同时间段的教科书都有提到运用祖暅公理来证明等底等高三棱锥的体积关系，这也契合了现行人教版和沪教版教科书中的方法。祖暅公理的运用有助于让学生体会由特殊到一般、类比、转化等数学思想。

8.7　结论与启示

以上我们看到，推导棱锥体积公式需要经历三个步骤，即命题"等底等高三棱锥体积相等"的证明、三棱锥体积公式的推导和 n 棱锥体积公式的推导。第一步的证明丰富多彩，包括"反证法""夹逼法""祖暅公理法""内接三棱柱法"等多种方法。对于第二步，早期教科书也为我们提供了构造三棱柱的多种方法。

早期教科书为今日棱锥体积公式的教学提供了如下启示。

其一，在推导三棱锥的体积公式时，首先让学生复习三棱柱的体积公式及其推导方法，随后类比平行四边形与三角形之间的关系，让学生思考三棱柱与三棱锥之间的关系，即三棱柱可以分割成三个体积相等的三棱锥，从而引导学生猜想并证明等底等高三棱锥的体积关系，由此推导出三棱锥体积公式。最后，从特殊到一般，推导出 n 棱锥的体积公式，这一过程有助于构建“知识之谐”。

其二，在证明等底等高三棱锥体积关系时，学生已经学习过祖暅公理，因此，教师可以引导学生在同一高度对两个三棱锥作截面，并利用相似三角形知识，证明对应截面面积相等，最后自然联想到利用祖暅公理完成证明。此外，利用反证法，由体积不相等导出矛盾；利用夹逼法，感受无穷小的作用；利用内接三棱柱法无限逼近棱锥体积，这些方法无疑开阔了学生的视野，丰富了学生原有的证明方法，体会这些证明方法的巧妙之处，有助于彰显“方法之美”，实现“能力之助”。

其三，我国古代数学家刘徽用无穷分割求和方法证明了鳖臑和阳马的体积关系，从而解决了棱锥体积问题，但西方早期教科书对此一无所知。教师可以制作微视频，追溯东西方数学家在推导棱锥体积公式方面的贡献，展示“文化之魅”。

其四，中国传统文化是中华民族的灵魂和脊梁，祖暅公理作为中国数学史上的重要成就，教师可以在课堂上介绍其历史，从而让优秀传统文化进课堂、进校园、进心灵，有利于增强学生的文化自信，同时，棱锥体积公式的历史可以让学生感受数学背后的理性精神，从而达成“德育之效”。

参考文献

M·克莱因(2002). 古今数学思想(第一册). 张理京，等，译. 上海：上海科学技术出版社.

欧几里得(2014). 几何原本. 兰纪正，朱恩宽，译. 南京：译林出版社.

中华人民共和国教育部(2020). 普通高中数学课程标准(2017 年版 2020 年修订). 北京：人民教育出版社.

Heath, T. L. (1921). *A History of Greek Mathematics*. Oxford: The Clarendon Press.

Keller, S. S. (1908). *Plane and Solid Geometry*. New York: D. van Nostrand Company.

Legendre, A. M. (1834). *Elements of Geometry & Trigonometry*. Philadelphia: A. S. Barnes & Company.

Newcomb, S. (1889). *Elements of Geometry*. New York: Henry Holt & Company.

Playfair, J. (1829). *Elements of Geometry*. Philadelphia: A. Walker.

Robinson, H. N. (1850). *Elements of Geometry, Plane and Spherical Trigonometry, and Conic Sections*. Cincinnati: Jacob Ernst.

Shutts, G. C. (1905). *Plane and Solid Geometry*. Chicago: Atkinson, Mentzer & Grover.

Thompson, H. D. (1896). *Elementary Solid Geometry and Mensuration*. New York: The Macmillan Company.

Wentworth, G. A. (1880). *Elements of Plane and Solid Geometry*. Boston: Ginn & Heath.

Wentworth, G. A. (1899). *Solid Geometry*. Boston: Ginn & Company.

9 棱台的体积

刘梦哲*

9.1 引言

数学思想是数学科学产生和发展的根本，是探索、研究数学所依赖的基础，也是数学课程教学的精髓(汪福寿，2016)。数学公式的教学绝非仅仅为了它们的应用，其背后所蕴含的思想方法本身也是教学目标之一(汪晓勤，沈中宇，2020，p. 23)。就棱台体积公式而言，教科书中只为我们提供了一种推导方法，但当我们翻开历史的画卷，历史上丰富多彩的证明方法无疑能够帮助我们在传统和现代之间架起一座桥梁。

棱台作为几何学中常见的一类多面体，其历史源远流长。在距今约4000年前的古埃及数学文献《莫斯科纸草书》中，给出了计算棱台体积的正确公式，可以说这是古埃及数学中最了不起的成就，被誉为"古埃及数学中最伟大的金字塔"。虽然棱台体积只是用具体数字写出，并且由于书中作图马虎而不清楚棱台底面是否为正方形，但是其表达的形式却是对称的，用现在的符号可以表示为$V=\frac{h}{3}(a^2+b^2+ab)$，其中$h$是高，$a$和$b$是上、下底的边长(克莱因，2002，p. 22)。中国古代数学典籍《九章算术》已载有方亭(正四棱台)体积公式，刘徽通过将方亭进行分割，再将所得堑堵和阳马拼成长方体和正四棱锥，最后得到一个四棱锥和三个长方体，从而导出正四棱台体积公式。12世纪犹太数学家伊本·艾兹拉(A. ibn Ezra，1089—1167)在《度量之书》中，运用了三种计算正四棱台体积的算法，如大棱锥的体积减去小棱锥的体积、分割法以及利用正四棱台体积与其他元素之间的关系。这些方法既为教学提供了丰富的素材，也为教

* 华东师范大学教师教育学院硕士研究生。

学提供了思想启迪。

《普通高中数学课程标准(2017 年版 2020 年修订)》要求学生知道球、棱柱、棱锥、棱台的表面积和体积的计算公式,能用公式解决简单的实际问题(中华人民共和国教育部,2020)。现行人教版和北师大版教科书均提供了用两个棱锥体积之差来计算棱台体积的思路,但都没有给出具体的计算步骤,而是把这一计算过程留给了学生。鉴于此,本章对美英早期几何教科书中棱台体积公式的内容进行考察,以试图回答以下问题:从教科书中的思路出发究竟如何化简消元得到棱台体积公式?除了这一方法,还能运用其他何种推导方法?历史上出现的各种推导方法对今日教学有何启示?

9.2 早期教科书的选取

选取 1829—1948 年间出版的 75 种美英几何教科书作为研究对象,以 30 年为一个时间段进行统计,其出版时间分布情况如图 9-1 所示。

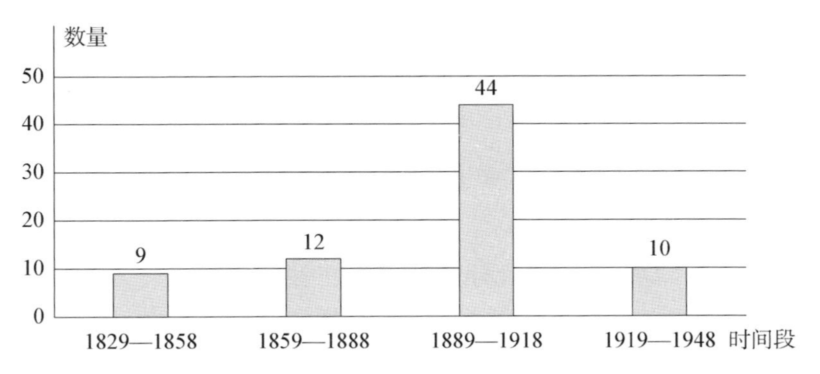

图 9-1 75 种美英早期几何教科书的出版时间分布

在 75 种教科书中,棱台体积主要位于"棱锥""多面体""棱锥和圆锥""多面体、圆柱和圆锥"等章中,出现最多的是在"棱锥"章中。图 9-2 是各章名称中关键词的占比情况。

由图 9-2 可知,棱台的内容大多会与棱锥的内容相伴出现。事实上,棱台体积公式及其推导过程多出现于棱锥体积公式之后。由此可见,早期教科书中的棱锥体积公式对于推导棱台体积公式有一定的帮助。

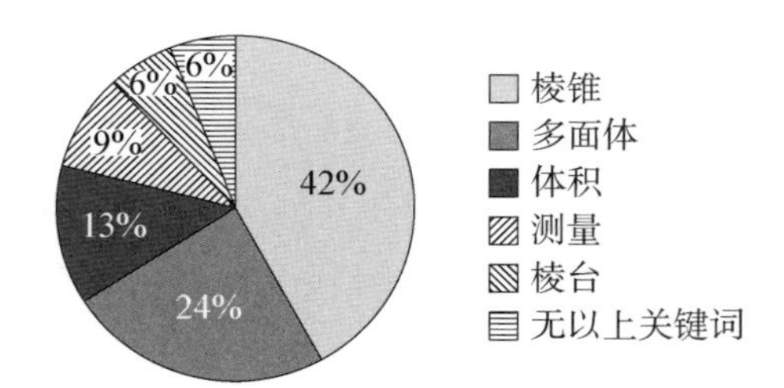

图 9－2　各章名称中关键词的占比情况

9.3　三棱台体积公式的推导

有 31 种教科书在推导 n 棱台体积公式的过程中，第一步都是先计算三棱台的体积。通过把 1 个三棱台分割成 3 个三棱锥，再利用平行线或比例式推导出三棱台体积公式。

9.3.1　平行线法

平行线法的主要思路是通过添加平行线，将其中一个三棱锥转化为一个与之体积相同且易于计算的三棱锥。有 15 种教科书采用了这一方法。

给定三棱台 $ABC-DEF$，下底和上底的面积分别记为 S' 和 S''，高记为 h（图 9－3）。

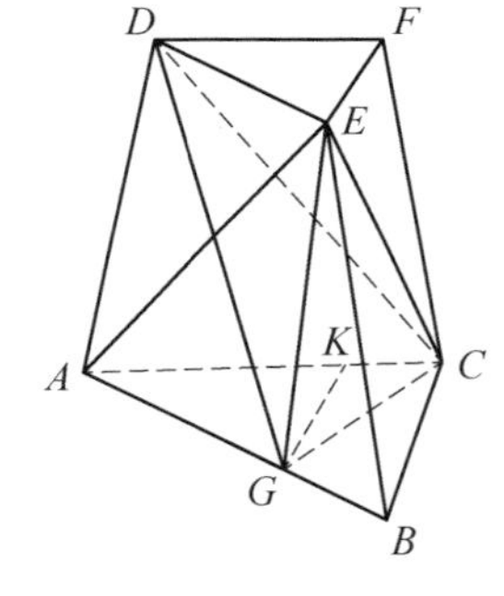

图 9－3　推导三棱台体积公式

平面 ACE 和 CDE 将三棱台分割成三个三棱锥 $E-ABC$、$E-ACD$ 和 $E-CDF$。由三棱锥体积公式，容易得到

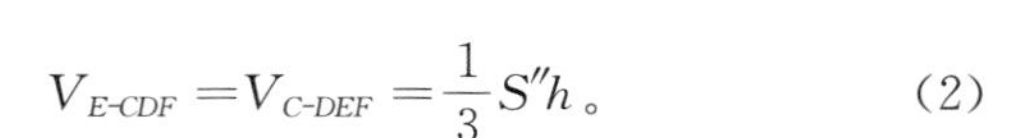

$$V_{E\text{-}ABC}=\frac{1}{3}S'h, \tag{1}$$

$$V_{E\text{-}CDF}=V_{C\text{-}DEF}=\frac{1}{3}S''h。 \tag{2}$$

过点 E 作 $EG \parallel DA$，连结 DG 和 CG。因为 $EG \parallel AD$ 且 $AD \subset$ 面 ACD，所以 $EG \parallel$ 面 ACD，于是点 E 到面 ACD 的距离等于点 G 到面 ACD 的距离。又因为三棱锥 $E-ACD$ 和 $G-ACD$ 的底面相同，所以 $V_{E\text{-}ACD}=V_{G\text{-}ACD}$。

因为四边形 $DAGE$ 为平行四边形，所以 $DE=AG$。又因为 $\angle EDF=\angle BAC$，所以

得$\frac{S_{\triangle DEF}}{S_{\triangle AGC}}=\frac{DE\cdot DF}{AG\cdot AC}=\frac{DF}{AC}=\frac{DE}{AB}=\frac{AG}{AB}=\frac{S_{\triangle AGC}}{S_{\triangle ABC}}$，于是得 $S_{\triangle AGC}=\sqrt{S'S''}$。(Legendre，1834，pp. 162—163)

或者过点 G 作 $GK \parallel BC$，则 $\angle AGK=\angle ABC=\angle DEF$。又因为 $AG=DE$，$\angle GAK=\angle EDF$，所以 $\triangle AGK \cong \triangle DEF$。又因为 $GK \parallel BC$，所以$\frac{AG}{AB}=\frac{AK}{AC}$，即$\frac{S_{\triangle AGC}}{S_{\triangle ABC}}=\frac{S_{\triangle AGK}}{S_{\triangle AGC}}$，于是有(Legendre，1863，pp. 202—203)

$$S_{\triangle AGC}=\sqrt{S_{\triangle AGK}S_{\triangle ABC}}=\sqrt{S_{\triangle DEF}S_{\triangle ABC}}=\sqrt{S'S''},$$

所以

$$V_{E\text{-}ACD}=V_{G\text{-}ACD}=V_{D\text{-}AGC}=\frac{1}{3}S_{\triangle AGC}h=\frac{1}{3}h\sqrt{S'S''}。\tag{3}$$

由(1)(2)(3)可知，三棱台 $ABC-DEF$ 的体积为

$$\begin{aligned}V_{ABC\text{-}DEF}&=V_{E\text{-}ABC}+V_{E\text{-}CDF}+V_{E\text{-}ACD}\\&=\frac{h}{3}(S'+S''+\sqrt{S'S''})。\end{aligned}$$

9.3.2 一次比例法

相比于平行线法中添加平行线推导三棱台体积公式，运用比例法可以较为快捷地推导出三棱台体积公式。有 2 种教科书采用了一次比例法。对图 9-3 中的三棱台 $ABC-DEF$ 作同样的分割。由三棱锥体积公式易知，$V_{E\text{-}ABC}=\frac{1}{3}S'h$ 以及 $V_{E\text{-}CDF}=\frac{1}{3}S''h$。由 $\triangle ABC \backsim \triangle DEF$，得

$$\frac{S'}{S''}=\frac{AC^2}{DF^2},$$

又由

$$\frac{V_{E\text{-}ACD}}{V_{E\text{-}CDF}}=\frac{S_{\triangle ACD}}{S_{\triangle CDF}}=\frac{AC}{DF},$$

得

$$V_{E\text{-}ACD}=\frac{AC}{DF}\cdot V_{E\text{-}CDF}=\frac{\sqrt{S'}}{\sqrt{S''}}\cdot\frac{1}{3}S''h=\frac{1}{3}h\sqrt{S'S''}。$$

将三棱锥 $E-ABC$、$E-ACD$、$E-CDF$ 的体积相加，得三棱台的体积为（Wilson，1880，pp. 36—37）

$$V_{ABC\text{-}DEF}=\frac{h}{3}(S'+S''+\sqrt{S'S''})。$$

9.3.3 二次比例法

有 18 种教科书采用了这一方法。所谓二次比例法，就是在一次比例法的基础上，运用两个比例式推导出三棱台体积公式，如 Wentworth(1880)的推导过程如下。

对图 9 - 3 中的三棱台 $ABC-DEF$ 作同样的分割。因为 $\triangle ABC\backsim\triangle DEF$，所以 $\frac{AB}{DE}=\frac{AC}{DF}$。又因为

$$\frac{V_{E\text{-}ABC}}{V_{E\text{-}ACD}}=\frac{V_{C\text{-}ABE}}{V_{C\text{-}ADE}}=\frac{S_{\triangle ABE}}{S_{\triangle ADE}}=\frac{AB}{DE},$$

以及

$$\frac{V_{E\text{-}ACD}}{V_{E\text{-}CDF}}=\frac{S_{\triangle ACD}}{S_{\triangle CDF}}=\frac{AC}{DF},$$

所以

$$\frac{V_{E\text{-}ABC}}{V_{E\text{-}ACD}}=\frac{V_{E\text{-}ACD}}{V_{E\text{-}CDF}}$$

于是得

$$V_{E\text{-}ACD}=\sqrt{V_{E\text{-}ABC}V_{E\text{-}CDF}}。$$

将(1)和(2)代入，得

$$V_{E\text{-}ACD}=\sqrt{V_{E\text{-}ABC}V_{E\text{-}CDF}}=\sqrt{\frac{1}{3}S'h\cdot\frac{1}{3}S''h}=\frac{1}{3}h\sqrt{S'S''}。$$

故得三棱台 $ABC-DEF$ 的体积为

$$V_{ABC\text{-}DEF}=\frac{h}{3}(S'+S''+\sqrt{S'S''})。$$

9.4　*n* 棱台体积公式的推导

在 75 种教科书中，有 4 种直接给出 n 棱台体积公式，其余 71 种则对 n 棱台体积公式作了推导，所用方法可分为分割法、构造法、定义法和公式法 4 类。

9.4.1　分割法

有 7 种教科书采用了分割法。类似于推导 n 棱锥体积公式的想法，先推导三棱台体积公式，随后将一个 n 棱台分割成 $n-2$ 个三棱台，于是 $n-2$ 个三棱台体积之和就等于 n 棱台体积(Legendre, 1863, pp. 202—204)。

对于一个 n 棱台，记其体积为 V，下底面和上底面的面积分别为 S'、S''，高为 h。通过其侧棱 EE' 的平面 $EE'B'B$, $EE'C'C$, … 将 n 棱台分割成 $n-2$ 个三棱台，分别记三棱台的体积为 V_1, V_2, …, V_{n-2}，下底面面积为 S'_1, S'_2, …, S'_{n-2}，上底面面积为 S''_1, S''_2, …, S''_{n-2}(图 9-4)，则 $S'=S'_1+S'_2+\cdots+S'_{n-2}$ 以及 $S''=S''_1+S''_2+\cdots+S''_{n-2}$。

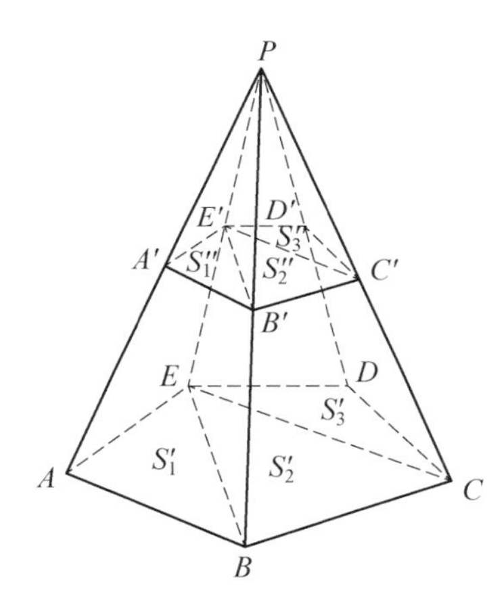

图 9-4　用分割法推导 *n* 棱台体积公式

由 $AB \parallel A'B'$, $BC \parallel B'C'$, $CD \parallel C'D'$, …，得

$$\frac{A'B'}{AB}=\frac{PB'}{PB},\ \frac{B'C'}{BC}=\frac{PC'}{PC},\ \frac{C'D'}{CD}=\frac{PD'}{PD},\ \cdots,$$

故得

$$\frac{A'B'}{AB}=\frac{B'C'}{BC}=\frac{C'D'}{CD}=\cdots。\tag{4}$$

因为 $\triangle ABE \backsim \triangle A'B'E'$, $\triangle BCE \backsim \triangle B'C'E'$, …，所以

$$\frac{S''_1}{S'_1}=\frac{(A'B')^2}{AB^2},\ \frac{S''_2}{S'_2}=\frac{(B'C')^2}{BC^2},\ \cdots。$$

由(4)可知

$$k=\frac{S''_1}{S'_1}=\frac{S''_2}{S'_2}=\frac{S''_3}{S'_3}\cdots=\frac{S''_{n-2}}{S'_{n-2}}=\frac{S''_1+S''_2+S''_3+\cdots+S''_{n-2}}{S'_1+S'_2+S'_3+\cdots+S'_{n-2}},\tag{5}$$

由(5)可得

$$\begin{aligned}&\sqrt{S_1'S_1''}+\sqrt{S_2'S_2''}+\cdots+\sqrt{S_{n-2}'S_{n-2}''}\\=&\sqrt{k}\,(S_1'+S_2'+\cdots+S_{n-2}')\\=&\sqrt{S_1'+S_2'+\cdots+S_{n-2}'}\cdot\sqrt{S_1''+S_2''+\cdots+S_{n-2}''}\\=&\sqrt{S'S''}。\end{aligned}$$

综上所述，n 棱台的体积为

$$V=V_1+V_2+\cdots+V_{n-2}=\frac{h}{3}(S'+S''+\sqrt{S'S''})。$$

9.4.2 构造法

构造法中隐含着化归思想，即对于一个 n 棱台，通过证明一个 n 棱台和与它等底等高三棱台的体积相等(Legendre，1834，pp. 161—163；Wilson，1880，pp. 38—39)，于是问题就简化为求三棱台的体积问题。

对于任意给定的 n 棱锥，构造一个与它等底等高的三棱锥 $P_1-A_1B_1C_1$。在同一高度 h 处作平行于底面的平面，得两个截面。记 n 棱锥的底面面积为 S'，截面面积为 S''，高为 h'，以及截得的小 n 棱锥的高为 $h''=h'-h$(图 9-5)。

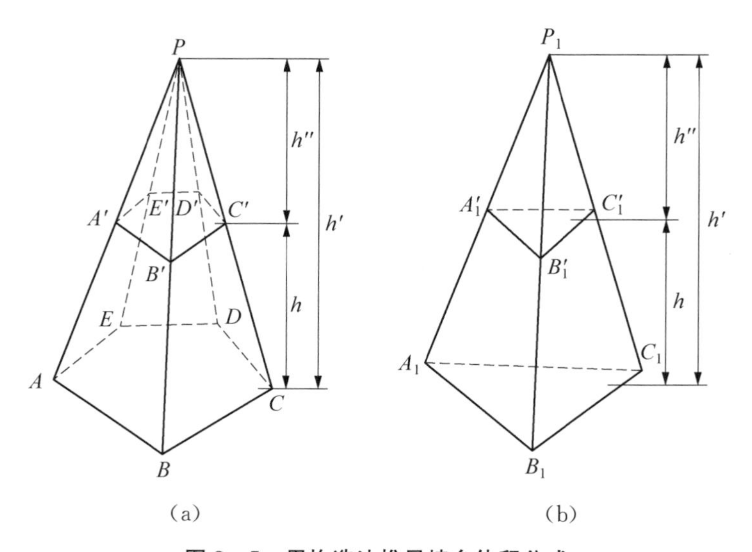

图 9-5　用构造法推导棱台体积公式

将给定 n 棱锥的体积记为 V_1，其中小棱锥和棱台的体积分别记为 V_2 和 V。由棱锥体积公式，得

$$V_1=\frac{1}{3}S'h',\ V_2=\frac{1}{3}S''h'',$$

以及

$$V_{P_1\text{-}A_1B_1C_1}=\frac{1}{3}S_{\triangle A_1B_1C_1}h',\ V_{P_1\text{-}A_1'B_1'C_1'}=\frac{1}{3}S_{\triangle A_1'B_1'C_1'}h''。$$

因为 n 棱锥中的截面和底面相似，所以

$$\frac{S''}{S'}=\frac{(h'')^2}{(h')^2},$$

同理可得

$$\frac{S_{\triangle A_1'B_1'C_1'}}{S_{\triangle A_1B_1C_1}}=\frac{(h'')^2}{(h')^2}。$$

又因为 $S_{\triangle A_1B_1C_1}=S'$，所以 $S_{\triangle A_1'B_1'C_1'}=S''$，于是 $V_1=V_{P_1\text{-}A_1B_1C_1}$，$V_2=V_{P_1\text{-}A_1'B_1'C_1'}$。两式相减，可得

$$V=V_1-V_2=V_{P_1\text{-}A_1B_1C_1}-V_{P_1\text{-}A_1'B_1'C_1'}=V_{A_1B_1C_1\text{-}A_1'B_1'C_1'},$$

即 n 棱台和与它等底等高的三棱台的体积相等。于是，n 棱台的体积为

$$\begin{aligned}V&=V_{A_1B_1C_1\text{-}A_1'B_1'C_1'}\\&=\frac{h}{3}(S_{\triangle A_1B_1C_1}+S_{\triangle A_1'B_1'C_1'}+\sqrt{S_{\triangle A_1B_1C_1}S_{\triangle A_1'B_1'C_1'}})\\&=\frac{h}{3}(S'+S''+\sqrt{S'S''})。\end{aligned}$$

9.4.3 定义法

用平行于棱锥底面的平面去截棱锥，可以得到一个小棱锥，剩下的几何体称为棱台。所谓定义法就是从这样一个思路出发，并结合棱锥体积公式，用大棱锥的体积减去小棱锥的体积，即可得到棱台的体积。有 34 种教科书采用了这一方法，其中除 3 种教科书只涉及思路而没有给出具体计算步骤外，其余教科书在体积相减消元的过程中，又呈现出方法的多样性，各种消元方法的分类情况如图 9 - 6 所示。

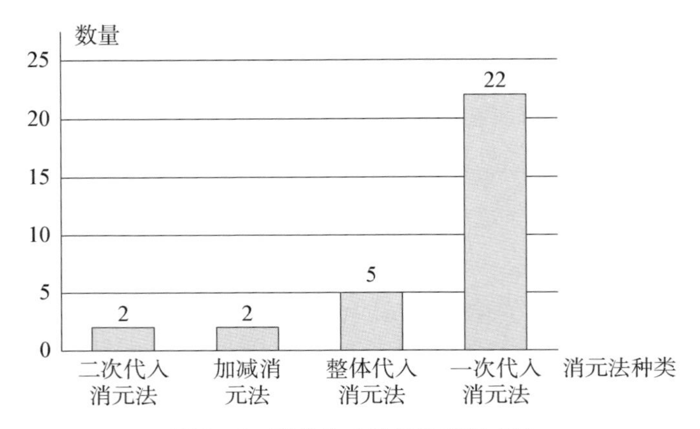

图 9-6　定义法中的各种消元方法

对于给定的 n 棱锥，记其底面面积为 S'，高为 h，体积为 V'。作平行于底面的截面，截面面积记为 S''。于是，得到一个高为 h'' 且体积为 V'' 的小棱锥和一个高为 h 且体积为 V 的棱台(图 9-5(a))。于是，n 棱台的体积为

$$V=V'-V''=\frac{1}{3}S'h'-\frac{1}{3}S''h''。\tag{6}$$

(一) 二次代入消元法

Robinson(1850)运用了二次代入消元法对未知数进行消元，进而推导出 n 棱台体积公式。

在 n 棱锥中，有 $\frac{S''}{S'}=\frac{(h'')^2}{(h')^2}$，于是 $h'=\frac{\sqrt{S'}}{\sqrt{S''}}\cdot h''$，代入(6)，得

$$\begin{aligned}V&=\frac{1}{3}S'h'-\frac{1}{3}S''h''\\&=\frac{1}{3}S'\frac{\sqrt{S'}}{\sqrt{S''}}\cdot h''-\frac{1}{3}S''h''\\&=\frac{h''}{3}\left(\frac{S'\sqrt{S'}-S''\sqrt{S''}}{\sqrt{S''}}\right)。\end{aligned}\tag{7}$$

又因为

$$\frac{h}{h''}=\frac{h'-h''}{h''}=\frac{\sqrt{S'}-\sqrt{S''}}{\sqrt{S''}},$$

所以

$$\frac{h''}{\sqrt{S''}}=\frac{h}{\sqrt{S'}-\sqrt{S''}},$$

代入(7)，得

$$V=\frac{h}{3}\left(\frac{S'\sqrt{S'}-S''\sqrt{S''}}{\sqrt{S'}-\sqrt{S''}}\right)$$
$$=\frac{h}{3}(S'+S''+\sqrt{S'S''})。$$

（二） 加减消元法

只有 2 种教科书采用了这一方法进行消元。同样，在 n 棱锥中，有

$$\frac{S''}{S'}=\frac{(h'')^2}{(h')^2},$$

即

$$\sqrt{S''}h'=\sqrt{S'}h''。$$

两边分别同乘 $\sqrt{S'}$、$\sqrt{S''}$，得

$$\sqrt{S'S''}h''=S''h',\ \sqrt{S'S''}h'=S'h'',$$

两式相减，得

$$\sqrt{S'S''}h=\sqrt{S'S''}h'-\sqrt{S'S''}h''=S'h''-S''h'。\tag{8}$$

因为 $h=h'-h''$，两边同乘 S'、S''，于是有

$$S'h=S'h'-S'h'',\ S''h=S''h'-S''h'',$$

两式相加，得

$$S'h+S''h=S'h'-S'h''+S''h'-S''h''$$
$$=S'h'-S''h''-(S'h''-S''h')。\tag{9}$$

由(8)和(9)，得 n 棱锥的体积为(Peirce, 1837, pp. 128—129)

$$V=\frac{1}{3}S'h'-\frac{1}{3}S''h''$$
$$=\frac{1}{3}[S'h+S''h+(S'h''-S''h')]$$
$$=\frac{h}{3}(S'+S''+\sqrt{S'S''})。$$

（三） 整体代入消元法

所谓整体代入消元法，即把某个未知数连同它的系数作为一个整体代入另一个方程进行消元。在 n 棱锥中，容易写出

$$\frac{h'}{h'-h}=\frac{\sqrt{S'}}{\sqrt{S''}},$$

即

$$(\sqrt{S'}-\sqrt{S''})h'=\sqrt{S'}h。$$

两边同乘 $(\sqrt{S'}+\sqrt{S''})$，得

$$(S'-S'')h'=\sqrt{S'}h\cdot(\sqrt{S'}+\sqrt{S''})=h(S'+\sqrt{S'S''})。\tag{10}$$

又因为 n 棱台体积可以写为

$$\begin{aligned}V&=\frac{1}{3}S'h'-\frac{1}{3}S''(h'-h)\\&=\frac{1}{3}h'(S'-S'')+\frac{1}{3}S''h,\end{aligned}$$

将(10)代入，可得(Schuyler, 1876, pp. 280—281)

$$\begin{aligned}V&=\frac{1}{3}h(S'+\sqrt{S'S''})+\frac{1}{3}S''h\\&=\frac{h}{3}(S'+S''+\sqrt{S'S''})。\end{aligned}$$

（四） 一次代入消元法

在 31 种给出消元法的教科书中，有 71%的教科书都采用了一次代入消元法。相比于二次代入消元法，其在计算上更加便捷。具体而言，同样是从比例式

$$\frac{\sqrt{S'}}{\sqrt{S''}}=\frac{h''+h}{h''}$$

出发，求得

$$h''=\frac{h\sqrt{S''}}{\sqrt{S'}-\sqrt{S''}}。$$

又因为棱台体积可表示为

$$V=\frac{1}{3}S'(h+h'')-\frac{1}{3}S''h''=\frac{1}{3}S'h+\frac{h''}{3}(S'-S''),$$

将 h''代入，得(Sanders，1903，p. 308)

$$V=\frac{1}{3}S'h+\frac{1}{3}(S'-S'')\cdot\frac{h\sqrt{S''}}{\sqrt{S'}-\sqrt{S''}}$$
$$=\frac{h}{3}(S'+S''+\sqrt{S'S''})。$$

当然，也可以直接将 h'' 代入 $V=\frac{1}{3}S'(h+h'')-\frac{1}{3}S''h''$，同样可以得到棱台体积公式。

9.4.4 公式法

有 5 种教科书采用了公式法。因为棱台可以看作是一种特殊的拟柱体，所以可以由拟柱体体积公式来推导棱台体积公式。所有的顶点都在两个平行平面内的多面体叫做拟柱体。拟柱体体积公式为 $V=\frac{h}{6}(S_1+S_2+4S_0)$，其中 h 表示拟柱体的高，S_1、S_2 分别表示拟柱体下底面和上底面的面积，S_0 表示平行于底面的平面在高度为$\frac{h}{2}$ 处的截面面积。

对于给定的 n 棱台，记下底面面积为 S'，上底面面积为 S''，高为 h，体积为 V。在高度为$\frac{h}{2}$ 处作平行于底面的截面，其面积记为 S'''(图 9－7)。

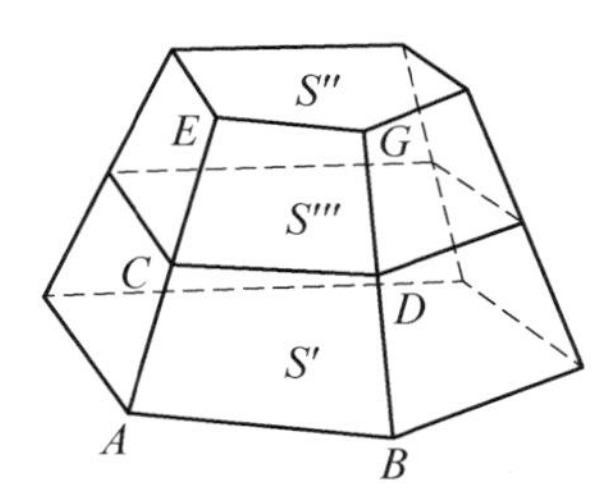

图 9－7 用公式法推导棱台体积公式

由比例式

$$\frac{AB}{CD}=\frac{\sqrt{S'}}{\sqrt{S'''}},$$

以及

$$\frac{EG}{CD}=\frac{\sqrt{S''}}{\sqrt{S'''}},$$

两式相加，得

$$\frac{AB+EG}{CD}=\frac{\sqrt{S'}+\sqrt{S''}}{\sqrt{S'''}}。$$

因为 CD 是梯形 $ABGE$ 的中位线，所以 $CD=\frac{AB+EG}{2}$。于是

$$2\sqrt{S'''}=\sqrt{S'}+\sqrt{S''},$$

两边平方，得

$$4S'''=S'+S''+2\sqrt{S'S''},$$

代入拟柱体体积公式，得(Baker, 1893, pp. 50—52)

$$V=\frac{h}{6}(S'+S''+4S''')=\frac{h}{3}(S'+S''+\sqrt{S'S''})。$$

9.5 *n* 棱台体积公式推导方法的演变

以 30 年为一个时间段，图 9－8 给出了棱台体积公式各种推导方法的时间分布情况。从图中可见，证明方法的演变呈现出由单一走向多元，最终又回归单一的趋势。与此同时，不同时间段的教科书都提到了定义法，构造法在教科书中也是反复出现。从 1829 年开始的短短 120 年，虽然在教科书中还能看见其他方法，但定义法和构造法仍是教科书中推导棱台体积公式的主流方法，其出现的概率也高于 60%。我们认为，这两种方法占据主流这一现象绝非偶然。

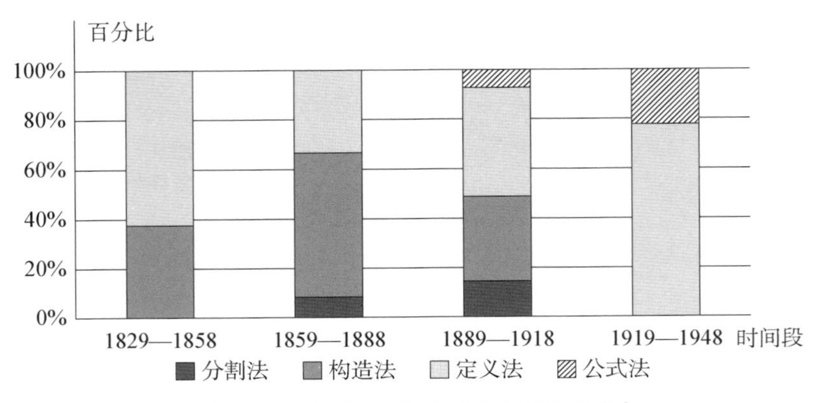

图 9－8　推导棱台体积公式方法的时间分布

从定义上看，棱台是一个棱锥被平行于它的底面的一个平面所截后，截面与底面之间的几何体。于是，在推导棱台体积公式时，自然会先从定义出发，思考棱台的形成过程，并结合之前所学的棱锥体积公式，尝试用大棱锥的体积减去小棱锥的体积，运用相关代数技巧对未知数进行消元，由此推导出棱台体积公式。

从历史序上看，定义法早已出现在12世纪的《度量之书》中，虽然该书只是推导了正四棱台的体积，但是数学家用大棱锥体积减去小棱锥体积推导正四棱台体积的这一思路，仍适用于更一般的n棱台，这也对19世纪以来美英教科书中的推导方法产生了深远的影响。

从教科书序上看，美英早期教科书多是先呈现棱锥体积公式，再呈现棱台体积公式。所以，一方面自然会联想到如何利用好棱锥体积公式来推导棱台体积公式，另一方面，在推导棱锥体积公式时所常用的祖暅公理也启发着数学家去构造一个与n棱台等底等高的三棱台，从而把问题进行简化。可以说，这也是定义法和构造法占据主流的一个重要原因。

9.6　教学启示

综上所述，历史上出现了多种推导棱台体积公式的方法，为今日棱台体积公式的教学提供了诸多启示。

第一，在推导棱台体积公式时，先引导学生回忆棱台的定义以及棱锥体积公式，随后引导学生类比三角形面积与所截得的梯形面积之间的关系，让学生思考棱锥体积与所截得的棱台体积之间的关系，于是自然想到用棱锥体积之差求得棱台体积，这一过程有助于构建“知识之谐”。

第二，在用棱锥体积之差推导棱台体积公式的过程中，学生会运用相关代数技巧对未知数进行消元，不同学生可能会给出不同的消元方法。在课堂中，教师通过引导学生对不同的方法进行对比，可以让学生掌握最优化方法并体会到最优化方法给数学解题所带来的事半功倍的效果，这样做一方面拓宽了学生的数学思维，同时也可以让学生感受到不同消元方法的巧妙之处。此外，从将n棱锥分割成三棱锥的做法出发想到分割法，从祖暅公理出发想到构造法，从拟柱体公式出发想到公式法，不同时空数学家在这一课题上给我们带来的贡献无疑能够帮助学生开阔视野，训练思维的灵活性与发散性，感受数学文化的多元性，有助于彰显“方法之美”、展示“文化之魅”。

第三，从棱锥体积之差求得棱台体积这一初步的想法出发，让学生进行小组合作，尝试给出推导的具体过程。不同小组在探究的过程中可以得到不同的推导方法，这有利于激发学生的创新意识，点燃学生心灵深处探究的火种；有利于尊重学生的个性差异，使每个学生获得成功的体验；有利于让学生经历形式化公式背后的发现过程，体会数学探究与发现所带来的乐趣，从而有助于营造“探究之乐”。

第四，消元法是学生在初中阶段就已经学习过的一种方法，在消元的过程中有助于培养学生的观察能力和体会化归思想，并且通过引导学生对比不同算法来优化算法，还有助于提高学生的运算能力。与此同时，在教学中可以让学生去类比、猜想、证明矩形与长方体、三角形与三棱锥、梯形与棱台两者的面积与体积公式，从而让学生感受到类比的思维方式在数学学习中的重要作用；还可以让学生借助于几何模型的制作与应用，从动态的角度认识棱台的形成过程并推导其体积公式，在此过程中，既能帮助学生提高对空间几何体的直观认识、把握数学知识的本质特征、领会图形与数量的关系，还有助于培养学生的直观想象、数学抽象、数学运算等素养，提高学生的整体学习能力，从而实现“能力之助”。

第五，《九章算术》是世界数学史上的宝贵遗产，更是中国古代数学发展史上的一个重要里程碑，它的出现标志着中国古代数学形成了完整的体系。在2020年，《九章算术》就已列入《教育部基础教育课程教科书发展中心中小学生阅读指导目录(2020年版)》初中段书目。因而在课堂上，教师有必要向学生介绍其历史及相关内容，这对于增强学生的文化自信、促进学生的健康成长、推动中华文化持续繁荣起到极其重要的作用。与此同时，学生在小组讨论推导公式的过程中可以各抒己见，进行思维的碰撞，从而获得成就感，认识到数学学习并不是枯燥的，提高数学学习的兴趣，各种推导方法的演变过程也有助于学生形成动态的数学观。因此，数学史的融入可以达成“德育之效”。

参考文献

M·克莱因(2002). 古今数学思想(第一册). 张理京，等，译. 上海：上海科学技术出版社.

汪福寿(2016). 重视教材问题，优化公式教学，彰显数学思想. 中小学数学(初中版)，(Z1)：12-14.

汪晓勤，沈中宇(2020). 数学史与高中数学教学：理论、实践与案例. 上海：华东师范大学出版社.

中华人民共和国教育部(2020). 普通高中数学课程标准(2017 年版 2020 年修订). 北京：人民教育出版社.

Baker, A. L. (1893). *Elements of Solid Geometry*. Boston: Ginn & Company.

Legendre, A. M. (1834). *Elements of Geometry and Trigonometry*. Philadelphia: A. S. Barnes & Company.

Legendre, A. M. (1863). *Elements of Geometry and Trigonometry*. New York: Barnes & Burr.

Peirce, B. (1837). *An Elementary Treatise on Plane and Solid Geometry*. Boston: James Munroe & Company.

Robinson, H. N. (1850). *Elements of Geometry, Plane and Spherical Trigonometry, and Conic Sections*. Cincinnati: Jacob Ernst.

Sanders, A. (1903). *Elements of Plane and Solid Geometry*. New York: American Book Company.

Schuyler, A. (1876). *Elements of Geometry*. Cincinnati: Wilson, Hinkle & Company.

Tappan, E. T. (1885). *Elements of Geometry*. New York: D. Appleton & Company.

Wentworth, G. A. (1880). *Elements of Plane and Solid Geometry*. Boston: Ginn & Heath.

Wilson, J. M. (1880). *Solid Geometry and Conic Sections*. London: Macmillan & Company.

10 球的体积

刘叶青*

10.1 引言

球是日常生活中常见的几何体,它的完美与和谐激发了古今中外智者无穷的好奇心。在探索球的性质的过程中,他们留下了宝贵而丰富的精神财富。以球体积问题为例,从古希腊的欧几里得、阿基米德,到中国的刘徽、祖冲之父子,再到印度的婆什迦罗(Bhaskara, 1114—1185),还有欧洲的卡瓦列里和开普勒,他们都用自己的智慧来解决这个难题。他们所提供的精彩方法的背后蕴含着值得我们不断体会和学习的数学思想。

可是,当把视角转向当今中国高中数学教育对球相关知识的要求及具体的教育落实现状,我们发现在课程标准、教科书、考核评价等因素的综合作用下,高中阶段有关球的知识的教学被大大简化。这样的安排虽然可以降低教学难度、减轻学习负担,但学生却错失了一次与前人跨时空交流,进而领略数学魅力、感受数学文化、学习数学思想与方法的好机会。

《普通高中数学课程标准(2017 年版 2020 年修订)》明确提到:数学教育帮助学生掌握现代生活和进一步学习所必需的数学知识、技能、思想和方法;提升学生的数学素养,引导学生会用数学眼光观察世界,会用数学思维思考世界。同时,课程标准明确提出数学学科核心素养,“逻辑推理”便是其中之一。逻辑推理的主要表现是:掌握推理基本形式和规则,发现问题和提出命题,探索和表述论证过程,理解命题体系,有逻辑地表达和交流。

一方面强调数学素养,一方面又如此精简教科书、简化教学,这样的反差值得我们去思考:是因为有关球的知识较多,在教科书知识混编的情况下不得不精简推理论证的

---

* 华东师范大学教师教育学院硕士研究生。

内容;还是因为该知识本身相对高中学生难度较大,所以降低要求;又或是因为实际教学过程中,该内容对教师的要求过高,教学素材本身相对匮乏?带着这样的疑问,本章对19—20世纪中叶美英几何教科书中的相关内容进行研究,以期为今日教学提供参考。

10.2　早期教科书的选取

以"sphere""geometry""volume"等为关键词,对有关数据库中出版于19—20世纪中叶美英几何教科书进行检索。经整理、分析,发现其中有82种教科书涉及到球体积公式的推导或论证。这82种教科书的出版时间分布情况如图10-1所示,出版国家分布情况如图10-2所示。

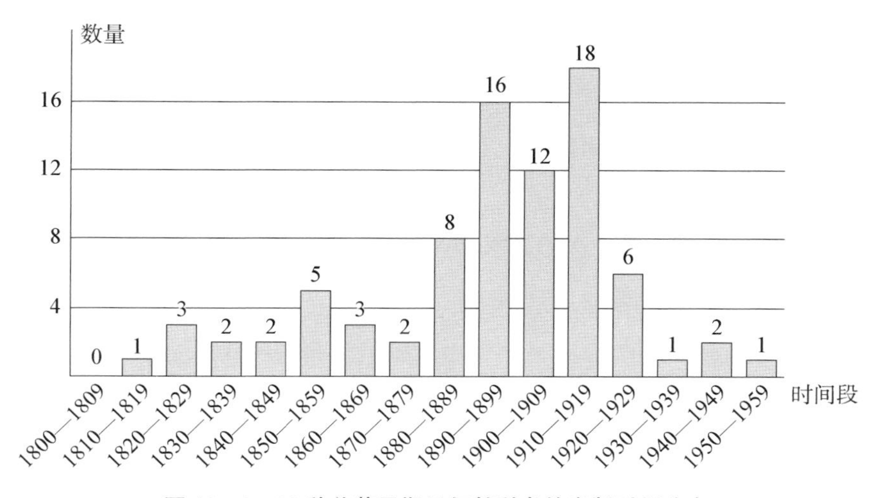

图10-1　82种美英早期几何教科书的出版时间分布

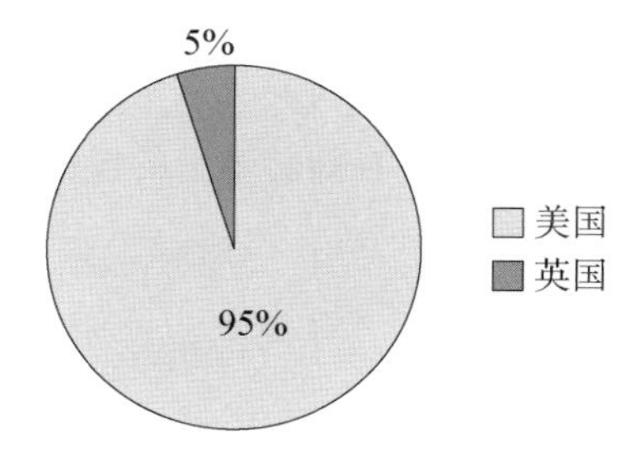

图10-2　82种美英早期几何教科书的出版国家分布

在所考察的教科书中,球体积的相关知识通常编排在多面体、圆柱、圆锥的相关内容之后，这样编排是因为球体积公式的推导是建立在多面体、圆柱、圆锥等知识的基础之上，符合逻辑顺序。

10.3 球体积公式的预备知识

球体积公式的预备知识包括锥体体积公式、球表面积公式以及球的定义、旋转体体积公式等。

在所考察的82种教科书中，球的定义包含静态和动态两类。

静态定义：球是由曲面围成的几何体，该曲面上的任何一点到几何体内的某一点 O 的距离均相等，点 O 称为球心。

动态定义：球是由圆心为 O 的半圆 ACB（及其内部）围绕其直径 AB 所在直线旋转一周而形成的几何体。

这两种定义方式并不对立，教科书中通常将其中之一作为球的定义，而将另外一种作为由定义得来的性质或者推论。不过，不同的定义方式一定程度上影响着教科书中的证明思路。

假设$\triangle ABC$ 绕着过顶点 A 的直线 MN 旋转，其所得几何体的体积公式为

$$V_{\triangle ABC}=S_{BC}\cdot\frac{1}{3}AD,^{*}\tag{1}$$

其中 S_{BC} 为三角形的边 BC 绕 MN 旋转所得几何体的侧面积，AD 为 BC 边上的高。当$\triangle ABC$ 为等腰三角形时，其绕过顶点 A 的直线 MN 旋转所得几何体的体积公式还可表示为

$$V_{\triangle ABC}=\frac{2}{3}\pi AD^{2}\cdot EF,\tag{2}$$

其中 AD 为 BC 边上的高，EF 为边 BC 在旋转轴上的投影。

10.4 球体积公式的推导

在82种教科书中，球体积公式的推导和论证方法包括旋转体逼近法、多面体逼近

---

* $\triangle ABC$ 绕直线旋转形成的几何体的体积记作 $V_{\triangle ABC}$，其余平面图形旋转时也采用此标记方法，下同。

法、祖暅公理(西方称为卡瓦列里原理)法、锥体分割法、双向归谬法和微元比例法。由于后两者仅有极少数教科书采用,因此统计时将其并为"其他"类,如图 10-3 所示。在所有证明中,有 73 次证明以球表面积公式作为预备知识,如图 10-4 所示。

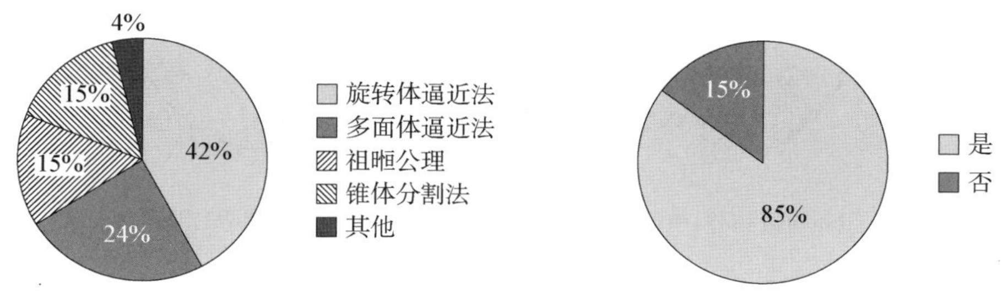

图 10-3　各种球体积证明方法的占比　　**图 10-4　是否以球表面积公式作为预备知识**

10.4.1　旋转体逼近法

旋转体逼近法立足于球的动态定义,综合了极限及化归的数学思想,具体又分三类。

(一)　内接旋转体逼近法

有 14 种教科书采用了此方法。以下是 Loomis(1849)的推导过程。

如图 10-5,半圆 ADG 的圆心为 O,半径为 R,多边形 $ABCDEFG$ 内接于半圆,且 $AB=BC=CD=DE=EF=FG$,连结 BO、CO、DO、EO、FO,过点 O 作 OH 垂直于 AB 于点 H。当半圆绕直线 AG 旋转得到球 O 时,内接多边形 $ABCDEFG$ 同时旋转得到一个旋转体,且其体积为 $V_{\text{球内接旋转体}}=V_{\triangle AOB}+V_{\triangle BOC}+\cdots+V_{\triangle FOG}$。

由(1)知 $V_{\triangle AOB}=S_{AB}\cdot\frac{1}{3}OH$, $V_{\triangle BOC}=S_{BC}\cdot\frac{1}{3}OH$, …, $V_{\triangle FOG}=S_{FG}\cdot\frac{1}{3}OH$。因此得

$$V_{\text{球内接旋转体}}=\frac{1}{3}OH\cdot(S_{AB}+S_{BC}+\cdots+S_{FG})。$$

随着多边形边数的增加,球内接旋转体的体积越来越接近球的体积。当边数无限增加时,OH 无限逼近球半径 R, $S_{AB}+S_{BC}+\cdots+S_{FG}$ 无限逼近球的表面积。因此得球体积为

$$V=\frac{1}{3}R\cdot 4\pi R^2=\frac{4}{3}\pi R^3。$$

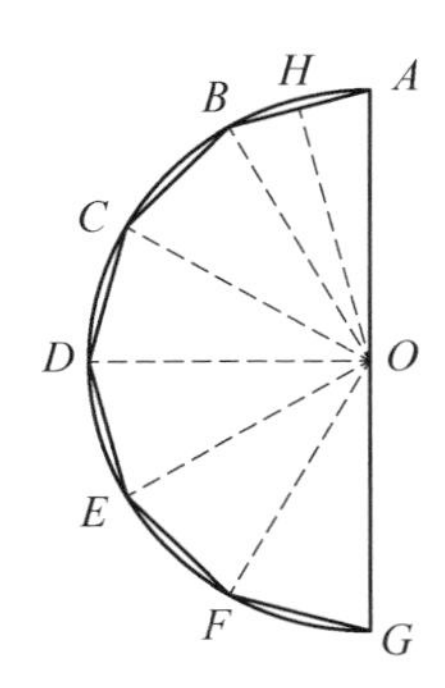

图 10－5　Loomis(1849)中的证明

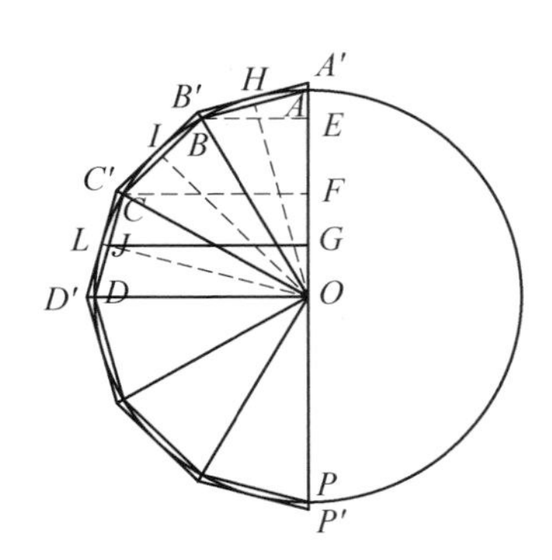

图 10－6　Hayward(1829)中的证明

（二） 内接和外切旋转体双向逼近法

Hayward(1829)采用了此方法。该方法与内接旋转体逼近法有两点不同：该方法的侧重点在于球外切和内接旋转体与球自身体积的大小关系；该方法无需以球的表面积公式为基础。

如图 10－6，AOD 为四分之一圆，半径 $OA=R$。作其内接多边形 $ABCDO$，其中 $AB=BC=CD$，同时作其外切多边形 $A'B'C'D'O$，其中 $A'B'=B'C'=C'D'$。

将 AOD 绕 AO 旋转，形成半球，相应地，五边形 $ABCDO$ 和 $A'B'C'D'O$ 分别形成半球的内接和外切旋转体。

五边形 $ABCDO$ 所形成的旋转体体积等于由等腰 $\triangle AOB$、$\triangle BOC$、$\triangle COD$ 旋转所得几何体的体积之和。由(2)知

$$V_{\triangle AOB}=\frac{2}{3}\pi\cdot OH^2\cdot AE,\ V_{\triangle BOC}=\frac{2}{3}\pi\cdot OI^2\cdot EF,\ V_{\triangle COD}=\frac{2}{3}\pi\cdot OJ^2\cdot FO。$$

又因为 $OH=OI=OJ$，所以，该旋转体体积为

$$V_{半球内接旋转体}=\frac{2}{3}\pi R\cdot OH^2。$$

若多边形内接于整个半圆，则相应的球内接旋转体体积为

$$V_{球内接旋转体}=\frac{4}{3}\pi R\cdot OH^2。$$

同理可得，球外切旋转体体积为

$$V_{球外切旋转体}=\frac{2}{3}\pi\cdot OL^2\cdot A'P'=\frac{2}{3}\pi R^2\cdot A'P',$$

其中边心距 OL 等于半径 R。

随着内接多边形边数的无限增多，OH 无限逼近半径 R，因此球内接旋转体体积将无限逼近 $\frac{4}{3}\pi R^3$。类似地，随着外切多边形边数的无限增多，$A'P'$ 无限逼近直径 $2R$，因此球外切旋转体体积也将无限逼近 $\frac{4}{3}\pi R^3$。于是，球体积 $V=\frac{4}{3}\pi R^3$。

（三） 球心角体法

有 6 种教科书采用了此方法。如图 10－7，Wells(1886)给出了以下推导过程。

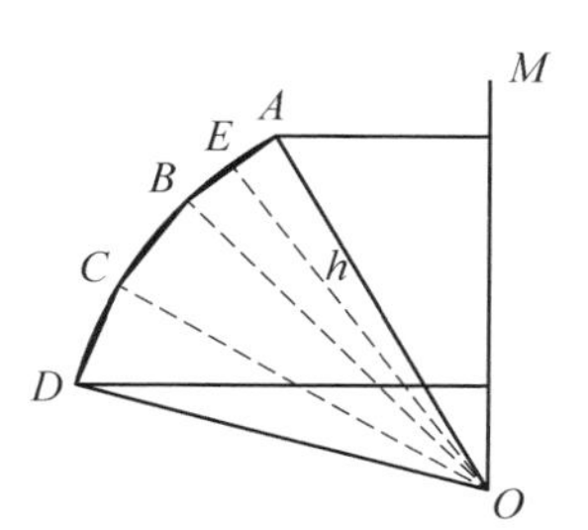

图 10－7　Wells(1886)中的证明

(1) 将球看作是由半圆绕其直径所在直线旋转而得到的几何体。

(2) 半圆可看作是特殊的扇形，半圆旋转形成的球可看作是扇形绕其所在圆的某条直径所在直线（不穿过扇形内部）旋转所得几何体（球心角体）的特殊情况。于是，球体积问题便可转化为球心角体体积问题，然后在此基础上再求特殊解。

(3) 类比“边数无限增加时，圆内接正多边形无限逼近圆”的思想。将扇形的圆弧若干等分，依次连结等分点，与两条半径构成一个多边形。随着等分数量的无限增加，该多边形将无限接近于扇形。于是，球心角体体积问题又可转化为该多边形旋转所得旋转体的体积及其极限的问题。

(4) 分别连结诸等分点与圆心，将多边形分割为若干等腰三角形。多边形旋转所得旋转体可以看作是若干等腰三角形旋转所得旋转体体积之和，结合(1)以及无穷的思想，最终推导出球心角体体积公式，即 $V_{扇形AOD}=S_{AD}\cdot\frac{1}{3}h$。将此结论用于半圆，即得球体积公式。

10.4.2 多面体逼近法

（一） 内接多面体逼近法

该方法仅出现在 Davies(1841)中，较之旋转体逼近法，该方法立足于球的静态定义，更多地强调直观理解，但并未给出严格意义上的证明。

(1) 在球内作一个内接多面体，比如六面体。

(2) 连结多面体的各个顶点与球心,于是该多面体便被分成若干个以球心为顶点的棱锥,且每个棱锥的底面积为多面体的对应面的面积,每个棱锥的体积可求出。

(3) 随着内接多面体面数的增加,多面体的体积也逐渐增加,但始终小于球体积。当多面体各个面的面积无限缩小时,棱锥数目将无限增加,多面体将无限逼近球。

(4) 由部分和整体的关系得知,将无限个棱锥的体积求和便可以得到球的体积。这无限个棱锥的高均为球的半径,其底面积之和等于球的表面积。由此可得球体积公式为

$$V=\frac{1}{3}\times 4\pi R^2\cdot R=\frac{4}{3}\pi R^3。$$

(二) 外切多面体逼近法

有 35 种教科书采用了此方法。该方法立足于球的静态定义,类似于"雕塑"的方法,通过对球外切正方体的切割,结合极限思想,最终推导出球体积公式。例如,Wentworth(1880)中的推导过程如下。

(1) 如图 10-8,作球的外切正方体,将正方体分割成 6 个以球心为顶点、各面为底面的四棱锥,其高均为球半径 R。于是可知,正方体的体积等于其表面积乘以$\frac{1}{3}R$。

(2) 模仿雕塑的方法,作球的切平面,割去 8 个以正方体顶点为顶点的三棱锥,得到球的一个外切十四面体。连结球心与该十四面体的诸顶点,将其分割成 14 个以球心为顶点、十四面体各面为底面的棱锥,其高均为球的半径 R。该十四面体的体积等于其表面积乘以$\frac{1}{3}R$。

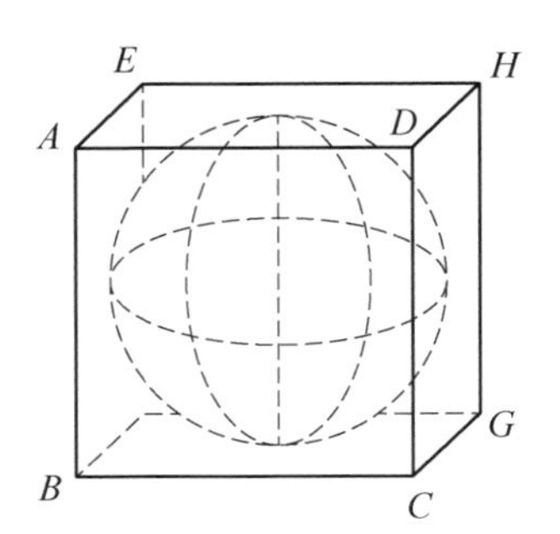

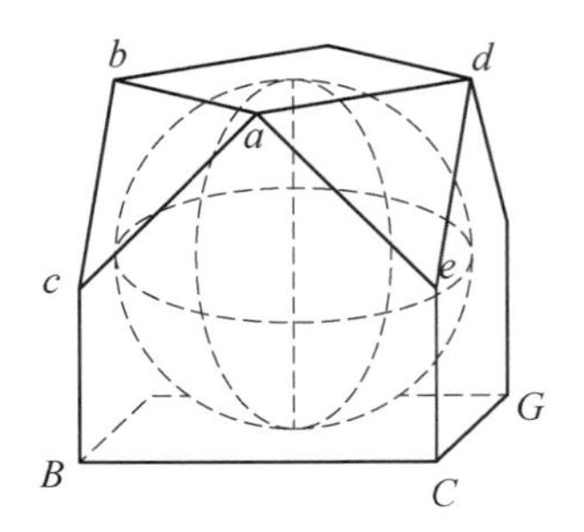

图 10-8　Wentworth(1880)中的证明

（3）作球的切平面，相继割去以上一个多面体顶点为顶点的棱锥，得到面数更多的多面体，其体积等于其表面积乘以$\frac{1}{3}R$。

（4）当切割次数无限增加时，多面体体积趋向于球体积，因此球体积等于其表面积乘以$\frac{1}{3}R$。

10.4.3 祖暅公理法

有 13 种教科书采用了此方法。该方法并非直接从球的定义与性质出发，而是根据祖暅公理去构造与球等体积的几何体，从而将未知的球体积问题转化为已知的几何体体积问题。

（一）利用圆柱和圆锥构造等体积几何体

有 11 种教科书采用了此方法，包括 Playfair（1829）、Grund（1832）等。以下是 Beman & Smith（1900）的推导过程。

如图 10－9，以球 O 的大圆为底面、球的直径为高，作球的外切圆柱体，其中含有两个以球心为顶点，分别以圆柱上、下底面为底面的圆锥。

用任意一个与底面平行的平面 Q 截该几何体，设球心到该平面的距离为 x，易知圆锥的截面圆半径也是 x。因此，截面中圆环 CD（圆柱与圆锥之间）的面积等于 $\pi(R^2-x^2)$。因为球截面的半径为$\sqrt{R^2-x^2}$，所以其面积也等于 $\pi(R^2-x^2)$。根据祖暅公理，球体积为

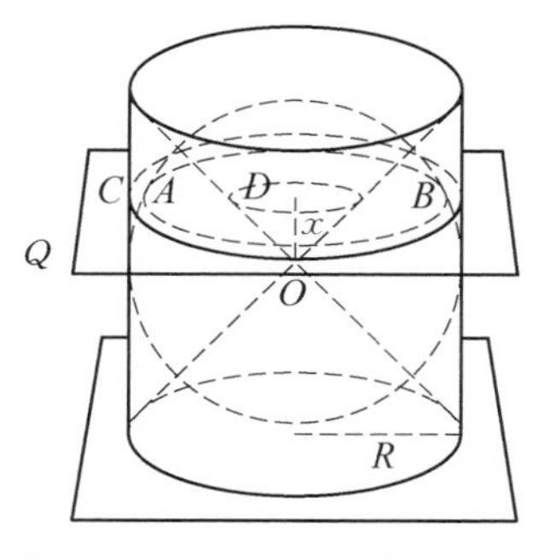

图 10－9 Beman & Smith (1900)中的证明

$$V=\pi R^2\cdot 2R-2\times\frac{1}{3}\pi R^2\cdot R=\frac{4}{3}\pi R^3。$$

（二）利用四面体构造等体积几何体

仅 Halsted（1885）与 Dupuis（1893）采用了此方法。以 Halsted（1885）为例。如图 10－10，球 O 内切于平行平面 α 与 β 之间，DT 为其直径。假设在平面 α 与 β 之间构造四面体 $EFGH$，使其满足：①$EF=GH$ 且 $EF\perp GH$，EF 与 GH 的中点的连线 KJ 满足 $KJ\perp EF$ 且 $KJ\perp GH$，则 $KJ=DT$；② 某一平行于 α 的平面截球与四面体所得截面 $\odot I$ 与 $\square MWOZ$ 的面积相等。然后，任作另外一个平行截面 $ACBLSN$。

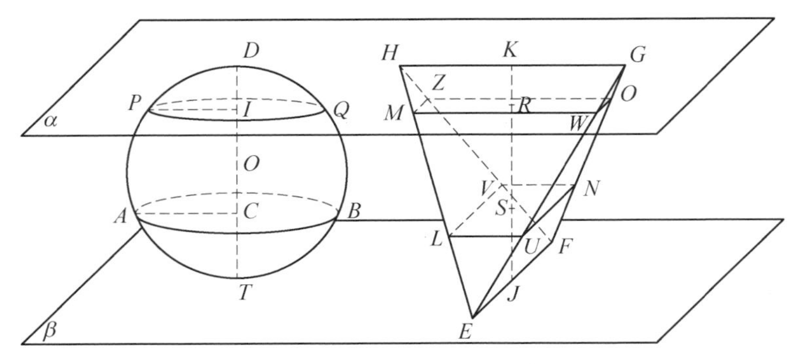

图 10－10　Halsted(1885)中的证明

因为 $\triangle LEU \backsim \triangle MEW$，$\triangle LHV \backsim \triangle MHZ$，所以

$$MW : LU = ME : LE = RJ : SJ,\ MZ : LV = HM : HL = KR : KS,$$

将两式对应相乘，得

$$\frac{MW \cdot MZ}{LU \cdot LV} = \frac{RJ \cdot KR}{SJ \cdot KS}。$$

又因为截面 $\square MWOZ$ 与 $\square LUNV$ 均是矩形($EF \perp HG$)，所以 $MW \cdot MZ$ 与 $LU \cdot LV$ 分别为两者的面积，于是有

$$\frac{S_{矩形MWOZ}}{S_{矩形LUNV}} = \frac{RJ \cdot KR}{SJ \cdot KS},$$

而在球体中，有

$$\frac{S_{\odot I}}{S_{\odot C}} = \frac{PI^2}{AC^2} = \frac{IT \cdot DI}{CT \cdot DC},$$

而 $RJ = IT$，$KR = DI$，$SJ = CT$，$KS = DC$，因此得

$$\frac{S_{\odot I}}{S_{\odot C}} = \frac{S_{矩形MWOZ}}{S_{矩形LUNV}}。$$

根据假设 $S_{\odot I} = S_{矩形MWOZ}$，得 $S_{\odot C} = S_{矩形LUNV}$，即任意处球与四面体的截面面积相等。

根据祖暅公理，球的体积等于所构造的四面体体积。根据四面体体积公式

$$V = \frac{1}{4}a(b + 3c),$$

其中 a 为高,b 为底面面积,c 为$\frac{2}{3}$高处的截面面积,在图 10 - 10 中,$a=2R$, $b=0$, $c=\pi\cdot\frac{2}{3}R\cdot\frac{4}{3}R=\frac{8}{9}\pi R^2$,代入公式,得

$$V=\frac{1}{4}\times 2R\cdot\frac{8}{3}\pi R^2=\frac{4}{3}\pi R^3,$$

于是得球体积公式。

由于上述构造和推导过程较为复杂,因此该方法仅出现在极少数教科书中。

10.4.4 锥体分割法

有 13 种教科书采用了锥体分割法。该方法立足于球的静态定义,运用了无穷分割思想。如 Walker(1829)的推导过程如下。

(1) 如图 10 - 11,将球看作是由曲面围成的几何体,该曲面上的任何一点到球心的距离均相等。

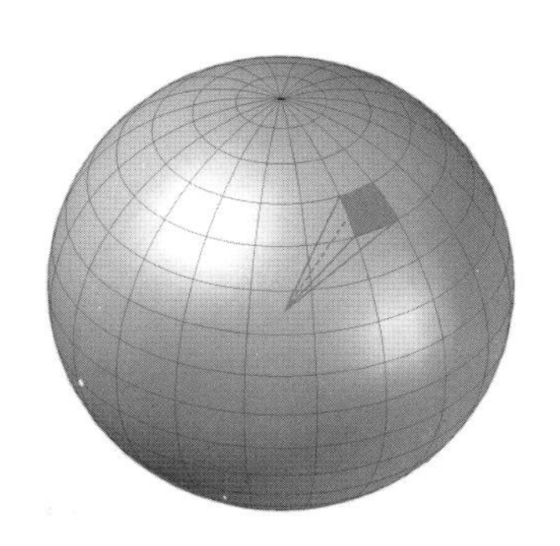

图 10 - 11 Walker(1829)中的锥体分割法

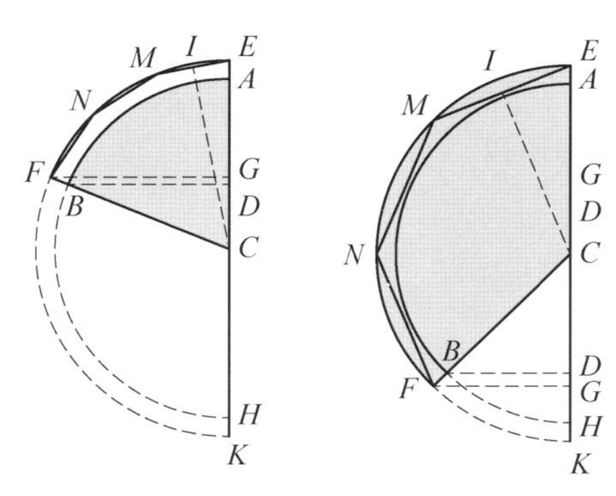

图 10 - 12 Perkins(1850)中的双向归谬法

(2) 将球面分割为若干球面多边形,相应地,将球分割成若干以球心为顶点、球面多边形为底面的几何体,这些几何体的形状近似于棱锥,它们的体积之和即为球体积。

(3) 将球面分割得越来越细,则球面多边形越来越接近于平面多边形,相应地,分割成的几何体越来越接近于棱锥,其高为球半径,底面积为平面多边形面积。

(4) 借助锥体体积公式及球表面积公式,推导出球体积公式。

10.4.5 双向归谬法

仅 Legendre(1834)和 Perkins(1850)采用了此方法。该方法首先通过归谬推导出球心角体体积公式,然后再推广得到球体积公式。

如图 10-12 左图,扇形 ACB 绕 AC 所在直线 AH 旋转形成一个球心角体,过点 B 作 $BD \perp AC$ 于点 D。

假设 $\frac{2}{3}\pi \cdot AC^2 \cdot AD$ 并不等于 $V_{扇形ACB}$,而等于一个更大的球心角体的体积,比如图中与扇形 ACB 相似的扇形 ECF 旋转后所得的体积,即 $V_{扇形ECF}=\frac{2}{3}\pi \cdot AC^2 \cdot AD$。

在扇形 ECF 中作内接多边形 $EMNFC$,使得 $EM=MN=NF$,过点 C 作 $CI \perp ME$ 于点 I,过点 F 作 $FG \perp AC$ 于点 G。根据第 116 页中(2),多边形 $EMNFC$ 绕 AH 旋转所得几何体体积为

$$V_{多边形EMNFC}=\frac{1}{3}(S_{ME}+S_{MN}+S_{NF}) \cdot CI=\frac{2}{3}\pi \cdot CI^2 \cdot EG。$$

因为 $\triangle EFG \backsim \triangle ABD$,所以 $\frac{EG}{AD}=\frac{FG}{BD}=\frac{CF}{CB}>1$,于是知 $EG>AD$。又因为 $CI>AC$,所以

$$\frac{2}{3}\pi \cdot CI^2 \cdot EG>\frac{2}{3}\pi \cdot AC^2 \cdot AD,$$

即 $V_{多边形EMNFC}>V_{扇形ECF}$。

而由图可知多边形 $EMNFC$ 是内接于扇形 ECF 中的,所以其旋转所得的体积满足 $V_{多边形EMNFC}<V_{扇形ECF}$,此与前述论证矛盾。

因此,假设不成立,即 $\frac{2}{3}\pi \cdot AC^2 \cdot AD$ 不能表示一个更大的球心角体的体积。

同理,如图 10-12 右图,扇形 ECF 绕 AC 所在直线旋转形成一个球心角体,可证得 $\frac{2}{3}\pi \cdot CE^2 \cdot EG$ 不能表示一个更小的球心角体的体积。

因此,球心角体的体积只能是第 116 页中(2)的表示形式,即也是第 116 页中(1)的表示形式 $V=S \cdot \frac{1}{3}R$,其中 S 为该扇形旋转所形成的曲面的侧面积,R 为扇形的半径。

当扇形为半圆时,所得几何体的体积即为球体积

$$V=\frac{1}{3}S_{\text{半圆}}\cdot R=\frac{1}{3}\times 4\pi R^{2}\cdot R=\frac{4}{3}\pi R^{3}。$$

10.4.6 微元比例法

仅 Dupuis(1893)采用了此方法。该方法虽然同样立足于球的动态定义，但是在推导球体积的过程中，重点是采用了微元的思想。

如图 10-13，四分之一圆 DPA 的半径为 r，作其外接正方形 $ABDC$。在圆周 DA 上任取相邻两点 P 和 Q，要求两点尽可能地接近。过点 P 作 $PR\perp CD$，$PT\perp BD$，过点 Q 作 $QS\perp CD$，$QV\perp BD$。在 DC 的延长线上，截取 $CG=CD$，连结 PD、PG。当四分之一圆 DPA 绕 AC 旋转形成一个半球时，正方形 $ABDC$ 将形成一个圆柱。

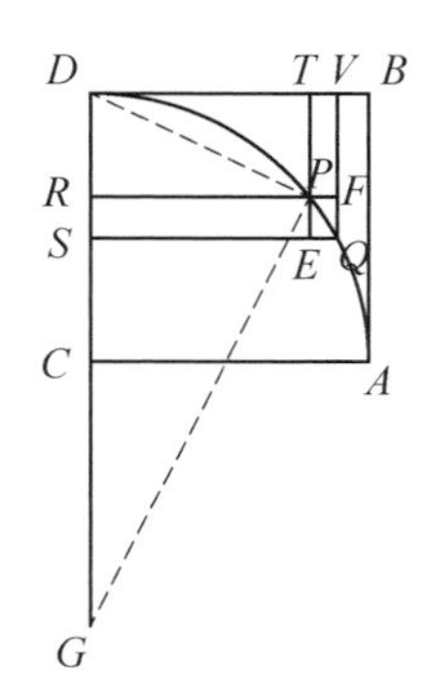

图 10-13 Dupuis (1893) 中的微元比例法

因为矩形 $PRSE$ 为四分之一圆 DPA 的一部分，所以其旋转所得几何体将构成半球的一部分；矩形 $PTVF$ 为图形 $DPAB$ 中的一部分（正方形 $ABDC$ 内，四分之一圆 DPA 外），所以其旋转所得几何体将构成圆柱以内、半球以外的一部分。此时，易得

$$\begin{aligned}\frac{V_{\text{矩形}PRSE}}{V_{\text{矩形}PTVF}}&=\frac{(\pi CR^{2}-\pi CS^{2})\cdot PR}{(\pi CD^{2}-\pi CR^{2})\cdot PF}\\&=\frac{\pi(CR+CS)\cdot RS\cdot PR}{\pi(CD+CR)\cdot PT\cdot PF}\\&=\frac{PR}{PT}\cdot\frac{RS}{PF}\cdot\frac{CR+CS}{CR+CD}。\end{aligned}$$

又因为 $\triangle DPR\backsim\triangle PGR$，所以$\frac{PR}{PT}=\frac{PR}{RD}=\frac{GR}{PR}=\frac{CR+CD}{PR}$。当 P 和 Q 无限接近时，$PQ\perp CP$，$CR+CS=2CR$，此时 $\triangle PEQ\backsim\triangle PRC$，所以$\frac{RS}{PF}=\frac{PE}{EQ}=\frac{PR}{CR}$，代入可得

$$V_{\text{矩形}PRSE}=2V_{\text{矩形}PTVF}。$$

将 $V_{\text{矩形}PRSE}$ 与 $V_{\text{矩形}PTVF}$ 看作是构成半球及半球外几何体的两个微元，因为 P 和 Q 为任取的无限接近的两点，故四分之一圆 DPA 旋转形成的半球体积也等于图形 $DPBA$ 旋转形成的几何体体积的两倍，因此，球体积为 $V=\frac{2}{3}\pi r^{2}\cdot 2r=\frac{4}{3}\pi r^{3}$。

10.4.7 证明方法小结

以20年为一个时间段,分析不同时期教科书采用的推导方法的时间分布情况如图10-14所示。整体来看,19—20世纪中叶,几乎所有教科书均不再像古希腊数学家那样回避无穷概念,因此类似于穷竭法的双向归谬法仅出现在两种教科书中;大多数教科书在论证方法上采用的是涉及极限思想的锥体分割法、祖暅公理法、多面体逼近法、旋转体逼近法等。19世纪,以极限思想为基础的微积分理论得到了迅速发展,并最终建立了严格的逻辑基础,因此利用极限工具的方法也被大家广泛认同,最终发展成为主流方法。具体到不同时间段来看,锥体分割法虽然比较直观,也更容易理解,但是相比于多面体或旋转体逼近法和祖暅公理法而言,严谨性稍欠缺,因此逐渐被多面体或旋转体逼近法及祖暅公理法所取代。不过,从所考察教科书的相关内容的篇幅安排来看,锥体分割法最为简洁。相比之下,多面体或旋转体逼近法、祖暅公理法等方法,因为涉及的知识较多,教科书中编排的篇幅也较长。

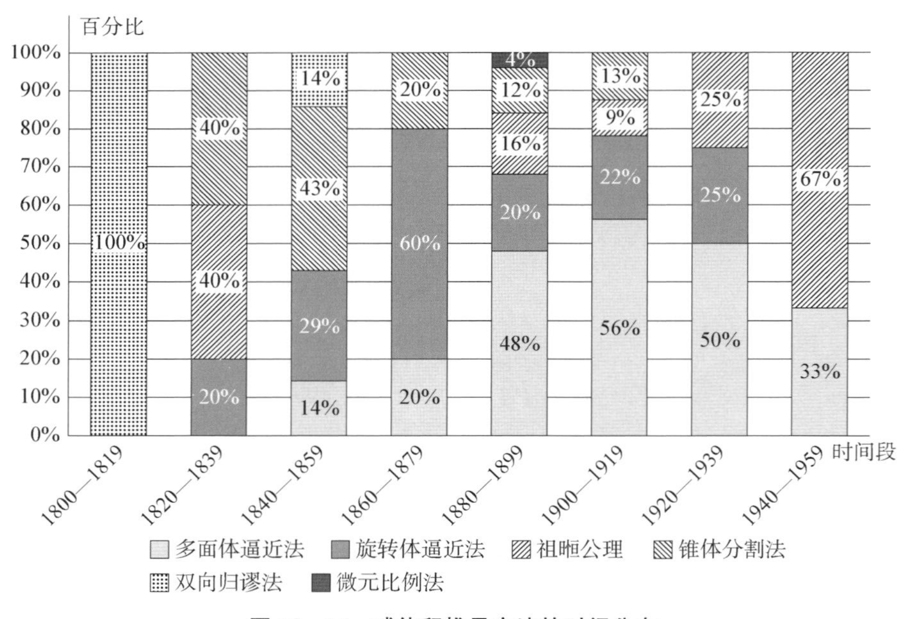

图10-14 球体积推导方法的时间分布

10.5 结论与启示

根据以上考察和分析,除了当下我国高中教科书中采用的祖暅公理法,早期教科书中提供了多种球体积的推导方法。随着19世纪微积分理论的严密化和极限概念的日益完善,其中的双向归谬法、微元比例法、锥体分割法等逐渐退出历史舞台。不过,不管是什么方法,其论证主体均是建立在初等数学中的几何知识基础之上,只是需要结合极限思想,因此对高中生而言未必不可以讲解。但从早期教科书中的内容编排来看,不得不承认,详细的推导论证过程涉及的知识点较多,编排所需篇幅较长。在我国教科书知识混编的前提下,缩减其详细证明的内容,具有一定的合理性。

从早期教科书关于球体积公式的推导方法中,我们获得以下启示。

其一,早期教科书为球体积公式的推导论证提供了丰富而有趣的方法,这些方法背后蕴含着无穷、类比、化归等数学思想。这些思想是与数学核心素养高度匹配的。因此,对于这些方法的了解、探究、学习具有很大的价值:一方面,教师对于这些方法及思想的学习与研究,有助于加深自身对相关知识的融会贯通,提高自己的数学专业素养,拓宽自己的教学思路,扩充教学素材;另一方面,教师在教学过程中,通过适当的课程设计及安排,带领学生探索不同的论证方法,深入比较不同方法之间的异同与优缺点,有助于培养学生辩证思维,让学生体会方法之妙,领略数学思想的神奇,感受数学之美,同时也为学生在将来的高等教育中系统学习微积分的知识积累数学经验。

其二,在探索球体积公式的历史进程中,无数数学家及数学教育工作者坚持不懈、艰辛探索,为之贡献了自己的数学智慧。在教学过程中,可以尝试结合丰富的历史素材,比如阿基米德、刘徽、祖冲之父子等人的故事,既可以增强课堂的趣味性,也可以赋予课堂以人文性,在引导学生感悟数学发展中的人文精神时,激励学生创新,将德育工作融入数学教学。

总之,考虑到我们现行高中教科书知识混编的现状,结合发展数学思维、培养科学精神、提升数学学科核心素养的要求,在不改变教科书编排的前提下,可以根据学生的发展情况,适当增加锥体分割法、旋转体或多面体逼近法的讲解与探讨,满足学生追求知识的好奇心,对于学习能力较强的学生而言,则可以进一步提供阅读材料,要求他们自主学习、主动探究,以此实现人人都能获得良好的数学教育,不同的人在数学上得到不同的发展。

参考文献

陈晓宇(2019).人教版高中数学教科书中空间几何体内容变迁研究.内蒙古:内蒙古师范大学.

齐丹丹(2018). HPM视角下球体积公式的教学. 上海：华东师范大学.

中华人民共和国教育部(2020). 普通高中数学课程标准(2017年版2020年修订). 北京：人民出版社.

Beman, W. W. & Smith, D. E. (1900). *New Plane and Solid Geometry*. Boston: Ginn & Company.

Davies, C. (1841). *Elements of Geometry*. Philadelphia: A. S. Barnes & Company.

Dupuis, N. F. (1893). *Elements of Synthetic Solid Geometry*. New York: Macmillan & Company.

Halsted, G. B. (1885). *The Elements of Geometry*. New York: John Wiley & Sons.

Hayward, J. (1829). *Elements of Geometry*. Cambridge: Hilliard & Brown.

Legendre, A. M. (1834). *Elements of Geometry and Trigonometry*. Philadelphia: A. S. Barnes & Company.

Loomis, E. (1849). *Elements of Geometry and Conic Sections*. New York: Harper & Brothers.

Perkins, G. R. (1850). *Elements of Geometry*. New York: D. Appleton & Company.

Walker, T. (1829). *Elements of Geometry*. Boston: Richardson & Lord.

Wells, W. (1886). *The Elements of Geometry*. Boston: Leach, Shewell & Sanborn.

Wentworth, G. A. (1880). *Elements of Plane and Solid Geometry*. Boston: Ginn & Heath.

定理篇

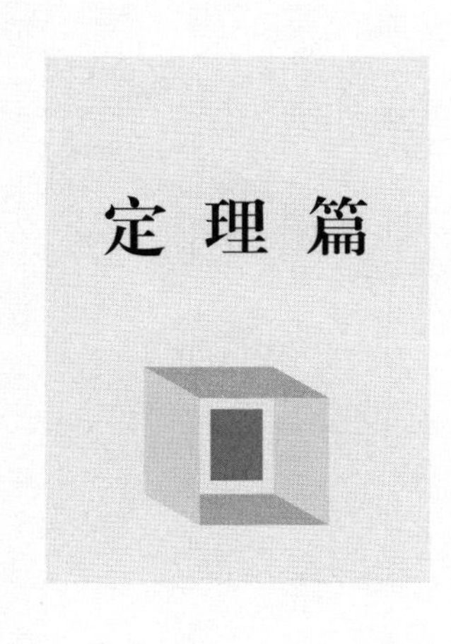

11 平行线的判定和性质

刘凯月*

11.1 引言

平行线是学习平面几何的重要基础,《几何原本》第1卷便给出了与之相关的基本定义、公理和公设,将平行线定义为"在同一平面内的直线,向两个方向无限延长,在不论哪个方向它们都不相交"(Heath, 1908, p. 154)。《几何原本》第1卷命题Ⅰ.1—Ⅰ.26给出了三角形的相关命题,如全等三角形的判定方法、三角形的外角性质等;命题Ⅰ.27—Ⅰ.29给出了基于三角形知识的平行线判定和性质的证明,但与现行教科书中的方法有所不同。

《义务教育数学课程标准(2011年版)》要求学生在中学阶段理解平行线概念以及相关角的概念,掌握平行线的性质定理,探索并证明平行线的判定定理,并能解决简单的实际问题(中华人民共和国教育部,2011)。现行初中数学教科书基本都从两条直线的位置关系引出垂直和平行的概念。人教版、北师大版等教科书都以现实生活中平行线的例子及三角尺的平移操作为切入点,先引入平行公理,即"过直线外一点有且只有一条直线与已知直线平行",以及平行的传递性,即"平行于同一条直线的两条直线平行",进而结合实际例子,通过三角尺的平移引出平行线关于同位角、内错角、同旁内角的判定和有关性质。

但以上判定和性质定理的得出都建立在学生实际操作和观察的基础之上,运用对顶角、补角的概念,且包含推理的成分较多,导致学生只知其然而不知其所以然,而且三角尺的操作难免有误差,不易使人信服。苏科版和华东师大版教科书中有利用反证法证明平行线性质的例子,有利于通过严谨的论证帮助学生更好地理解这些定理。部

* 华东师范大学教师教育学院硕士研究生。

分教科书中也提到了古代测量地球大圆周长的史料，这有利于帮助学生更好地体会平行线在现实生活中的应用。

数学史是全面理解数学、攀登数学大厦的基石，研究平行线的历史有利于丰富教学过程，提高知识的接受度。本章聚焦平行线的判定和性质，对美英早期几何教科书进行考察，希望为今日教学提供思想启迪。

11.2 早期教科书的选取

从有关数据库中选取1800—1949年间的88种美英几何教科书为研究对象，以30年为一个时间段进行统计，其出版时间分布情况如图11-1所示。

在所考察的88种几何教科书中，平行线主要位于“平行”“平行线”“空间中的线和面”“平行线和平面”等章中，其中出现最多的是在“平行线”章中。可见，早期教科书大多将平行线相关知识作为单独的一章来研究。

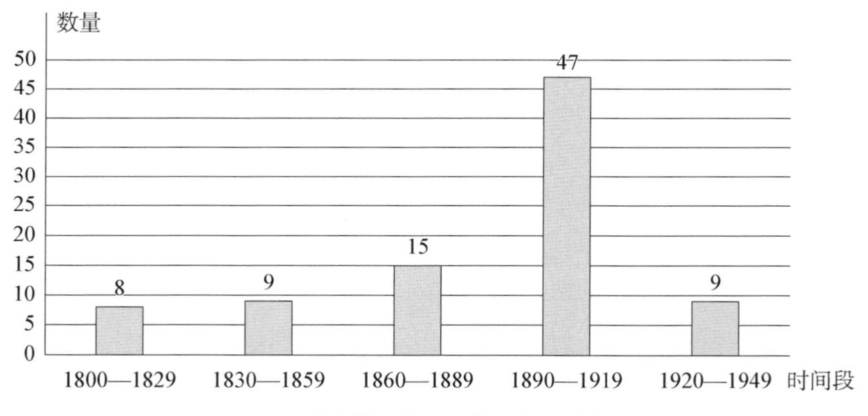

图11-1 88种美英早期几何教科书的出版时间分布

11.3 平行线的判定

88种教科书中，有52种沿用了《几何原本》中的平行线定义，即“同一平面内，无限延长后不相交的两条直线互相平行”；但也有少数教科书以“两条直线间距离处处相等”或“两条直线方向相同”来定义平行线；更有2种教科书直接将平行线定义为“内错角相等的直线”，进而以此为基本事实推出其他定理。从定义中可以看出，除了最后一种定义用到了第三条直线，其他几种都是只考虑两条直线的位置关系，如果从定义出发进行判定，不难发现，“无限延长”“处处等距”“方向相同”是抽象的描述，无法实际操作，且通过度量证明定理违背公理化思想，因此早期教科书大多引入第三条直线构造“三线八角”，利用角的数量关系来判定直线的位置关系。

88种教科书给出的平行线判定定理与现行教科书基本一致，包括以下四条定理：

（1）若两条直线同时垂直于第三条直线，则这两条直线平行。

（2）若两条直线被第三条直线所截形成的内错角相等，则这两条直线平行。

（3）若两条直线被第三条直线所截形成的同位角相等，则这两条直线平行。

（4）若两条直线被第三条直线所截形成的同旁内角互补，则这两条直线平行。

以上所述直线都设定为位于同一平面内，下文不再说明。在所考察的教科书中，除少数教科书直接给出平行线判定的结论之外，大部分教科书都采用了反证法，只有4种教科书利用全等三角形，给出直接证明。因为后三条定理所叙述的判定方式可以通过邻补角知识互相推出，所以下文只讨论前两条定理（以下分别简称为“垂直判定定理”和“内错角判定定理”）的证明。

11.3.1　垂直判定定理的证明

有42种教科书将垂直判定定理置于“平行线”这一章的开端，可见其重要性。该定理的典型证明如下：如图11－2，设直线AB和CD均垂直于直线XY。假设AB和CD不平行，则它们相交于一点，于是，过直线外一点有两条不同直线与已知直线垂直，矛盾。因此AB和CD平行。（Newell & Harper, 1915, p. 40）

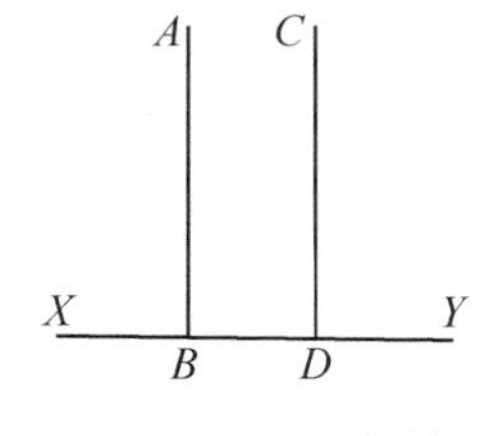

图11－2　垂直判定定理

11.3.2　内错角判定定理的证明

关于内错角判定定理的证明方法，在早期教科书中共出现了4类，分别是欧几里得证法、基于平行公理的证法、图形旋转证法和基于全等三角形的证法，前三类为反证法，最后一类为直接证法。

（一）欧几里得证法

欧几里得在《几何原本》中证明了平行线判定定理，方法如下：

如图 11－3，设直线 EF 和两条直线 AB、CD 相交所成的内错角 $\angle AEF$ 与 $\angle EFD$ 相等。若 AB 和 CD 不平行，则延长 AB 和 CD，它们或者在 B、D 方向或者在 A、C 方向相交。不妨设它们在 B、D 方向相交于点 G，则在 $\triangle GEF$ 中，外角 $\angle AEF$ 等于不相邻的内角 $\angle EFG$，这是不可能的。所以 AB 和 CD 经延长后不会相交，因此平行。(Heath, 1908, pp. 307—308)

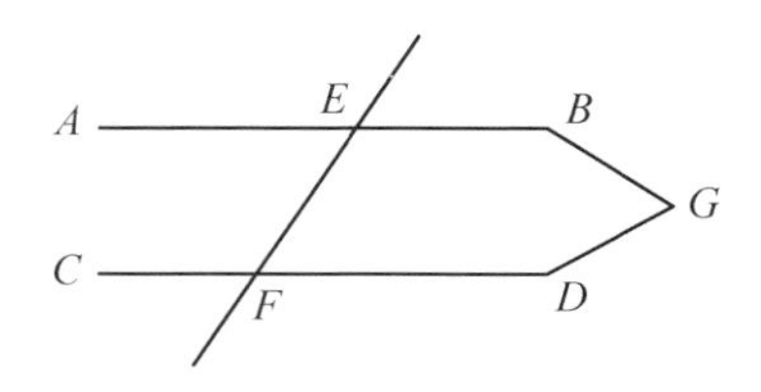

图 11－3 欧几里得证法

有 9 种教科书沿用了欧几里得的反证法。

(二) 基于平行公理的证法

Playfair(1829)采用了新的平行公理来代替欧几里得的第五公设："过已知直线外一点，能且只能作一条直线与已知直线平行。"有 12 种教科书利用这一新的平行公理来证明内错角判定定理。例如，Wentworth(1880)的证明如下。

如图 11－4，设直线 EF 和两条直线 AB、CD 分别交于点 H 和 K，令 $\angle AHK=\angle HKD$。过点 H 作直线 $MN \parallel CD$，则 $\angle MHK=\angle HKD$。而 $\angle AHK=\angle HKD$，所以 $\angle AHK=\angle MHK$。由平行公理知"两条相交直线不能同时平行于同一直线"，所以直线 AB 和 MN 重合，$MN \parallel CD$，因此 $AB \parallel CD$。20 世纪，仍有教科书采用这种证法。

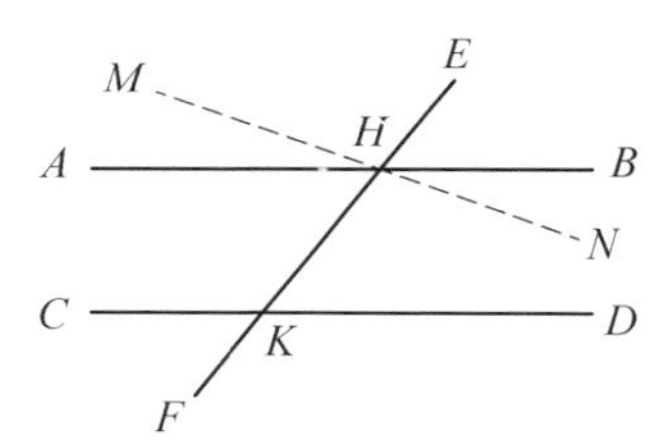

图 11－4 基于平行公理的证法

(三) 图形旋转证法

欧几里得在证明 SAS 定理时，用到了"顶点与边重合的角大小相等"的结论。同样地，该结论也可以用来证明平行线判定定理。例如，Newcomb(1884)给出如下证明。

如图 11－5(a)，设直线 XY 和两条直线 AB、CD 分别交于点 M 和 N，$\angle AMN=\angle MND$。取 MN 的中点 P，将图 11－5(a)绕点 P 旋转 $180°$，得到图 11－5(b)，将点一一对应可得 N' 与 M 重合，则 $N'M'=MN$，$\angle A'M'N'=\angle MND$，$\angle M'N'D'=\angle AMN$，所以 $M'A'$ 与 ND 重合，$N'D'$ 与 MA 重合，即 $A'B'$ 与 CD 重合，$C'D'$ 与 AB 重合，因此 $AB \parallel CD$。

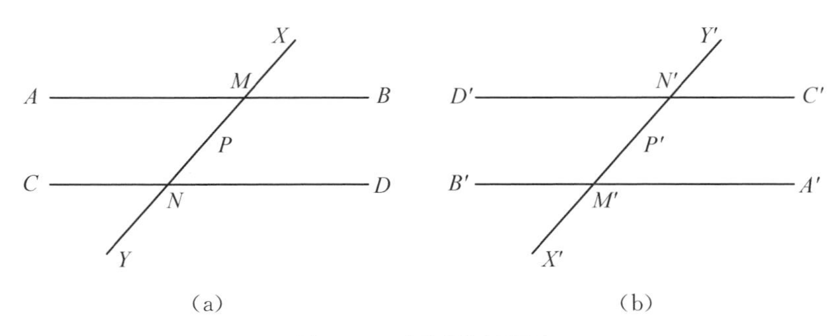

图 11－5　图形旋转证法

假设 AB、CD 在方向 B、D 一侧相遇。当图形旋转 180°时，$A'B'$、$C'D'$将在 B'、D'一侧相遇。由于旋转后的图形与原图形重合，$B'A'$、$D'C'$也会在 A'、C'一侧相遇，但两条直线不能在两点相遇，因此 AB、CD 不会相遇，即两直线平行。

（四） 基于全等三角形的证法

有 4 种教科书利用全等三角形来证明平行线判定定理。例如，Newell & Harper (1918)给出如下证明。

如图 11－6，设直线 XY 和两条直线 AB、CD 分别交于点 P 和 R，$\angle APR=\angle PRD$。取 PR 的中点 O，过点 O 作 $OV\perp CD$，交 AB 于点 T，易证 $\triangle PTO\cong\triangle RVO$，故 $\angle PTO=\angle RVO=90°$，即 $TV\perp AB$。因为 AB、CD 都与 TV 垂直，所以根据垂直判定定理，得 $AB\parallel CD$。

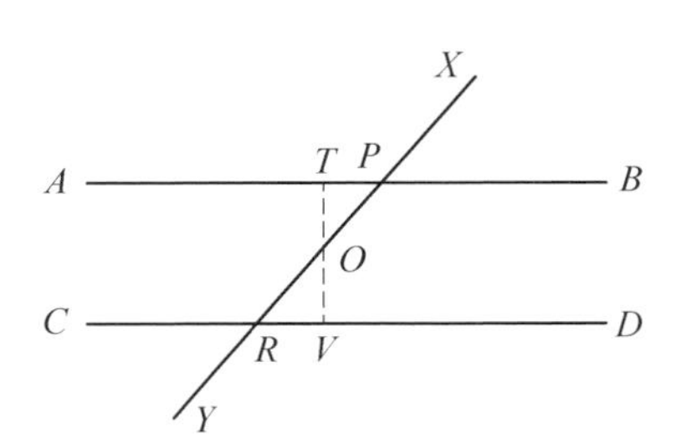

图 11－6　基于全等三角形的证法

利用全等三角形知识证明，过程虽略微复杂，且涉及的定理较多，但有利于学生将所学的全等知识与平行线建立联系，加深理解，将知识融会贯通。

11.3.3　平行线判定定理证明方法的演变

19 世纪初至 20 世纪中期，美英早期几何教科书中展示了平行线判定定理的多类证明方法。以 30 年为一个时间段进行统计，图 11－7 给出了平行线判定定理的各类证明方法的时间分布情况。

从图中可见，在一个半世纪的漫长岁月中，垂直判定定理都在教科书中占有重要

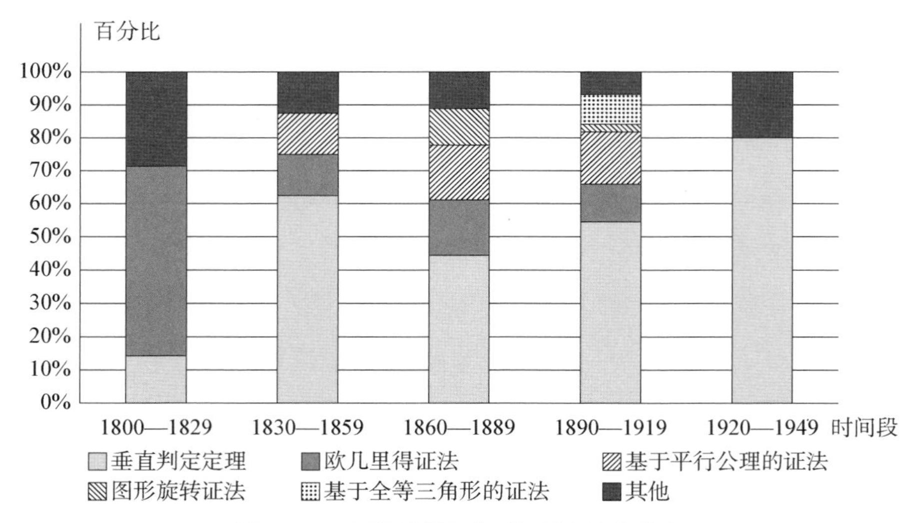

图 11－7　平行线判定定理证明方法的演变

位置，在证明其他判定定理时，教科书采用的方法也呈现多元化的特点，但以反证法为主的公理化思想占据主流，基本上是欧几里得反证法的应用和延伸。随着平行公理的提出和应用，基于平行公理的证法逐渐得到关注。基于全等三角形的证法也仅出现在一小段时间内，并未占据主流。Phillips(1898)提出了用三角尺和直尺证明平行线判定定理的方法，与现行教科书中的相近，但在当时背景下并未成为一种常用方法。

11.4　平行线的性质

88 种教科书给出的平行线性质定理与现行教科书基本一致，包括以下四条定理：

(1) 若一条直线垂直于两条平行线之一，则它与另一条平行线也垂直。

(2) 若两条平行线被第三条直线所截，则形成的内错角相等。

(3) 若两条平行线被第三条直线所截，则形成的同位角相等。

(4) 若两条平行线被第三条直线所截，则形成的同旁内角互补。

除少数教科书直接给出平行线的性质定理之外，大部分教科书采用反证法或利用全等三角形得出性质定理。由于后两条性质定理可通过邻补角知识由第二条性质定理得出，且第一条性质定理中的垂直也可以令内错角为 90°得出，因此下文只列出早期教科书中第二条性质定理的 3 类证明方法，分别是基于新平行公理的证法、图形旋转证法和基于全等三角形的证法。

11.4.1 基于平行公理的证明

（一） 基于第五公设的证法

欧几里得第五公设指出:“同一平面内一条直线和另外两条直线相交,若在某一侧的两个内角之和小于两直角,则这两条直线经无限延长后在这一侧相交。”(Heath, 1908, p. 202)利用这一公设,欧几里得给出了平行线性质定理的如下证明。

如图 11 - 8,设 $AB \parallel CD$,直线 EF 与 AB、CD 分别交于点 G、H。若 $\angle AGH \neq \angle GHD$,不妨设 $\angle AGH$ 是较大的角,两个角同加上 $\angle BGH$,则 $\angle BGH + \angle GHD < \angle AGH + \angle BGH =$ 二直角,由第五公设可知,将 AB 和 CD 无限延长后,在 $\angle BGH$、$\angle GHD$ 这一侧相交。这与已知 $AB \parallel CD$ 矛盾,因此 $\angle AGH = \angle GHD$。

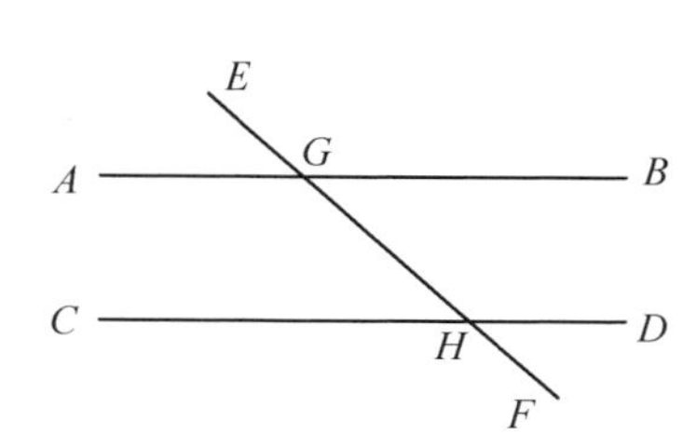

图 11 - 8 基于第五公设的证法

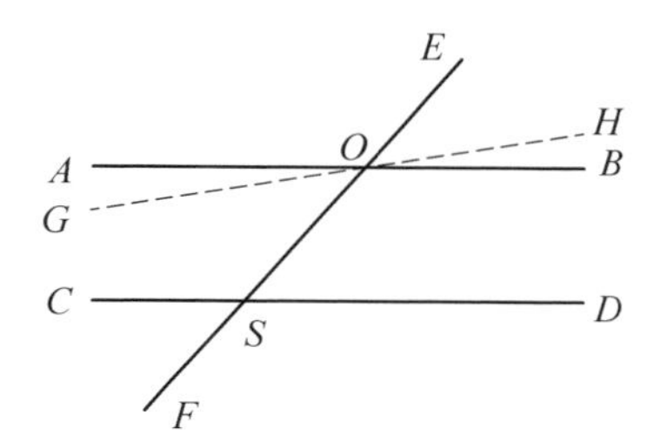

图 11 - 9 基于新平行公理的证法

（二） 基于新平行公理的证法

88 种教科书都给出了平行公理及其证明,受普莱费尔新平行公理的影响,有 22 种教科书采用并发展了上述证法。例如,Sanders(1903)给出了如下证明。

如图 11 - 9, $AB \parallel CD$,直线 EF 和 AB、CD 分别交于点 O 和 S。假设 $\angle AOS \neq \angle OSD$,过点 O 作直线 GH,令 $\angle GOS = \angle OSD$,则由平行线判定定理,可得 $GH \parallel CD$,而已知 $AB \parallel CD$,过一点不能有两条相交直线平行于同一条直线,所以 $\angle AOS = \angle OSD$。

新平行公理避开了第五公设中第三条直线的引入以及抽象的“无限延长”说法,根据“两直线不相交则平行”,对第五公设进行了简化。教科书中的证法也相应避开了抽象的描述,更加直观。同时,用到了平行线判定定理,对学习者的知识基础和逻辑顺序有一定要求,但也体现了反证法的严谨性,令人信服。

11.4.2 图形旋转证法

“顶点与边重合的角大小相等”的结论，同样也被用来证明平行线的性质定理。例如，Wells(1886)给出了如下证明。

如图 11-10，$AB \parallel CD$，直线 EF 与 AB、CD 分别交于点 G 和 H。取 GH 的中点 O，过点 O 作 $LM \perp AB$，由命题“垂直于两条平行线之一的直线与另一条垂直”，可知 $LM \perp CD$。以点 O 为旋转中心，旋转点 O 下方的图形，使 OM 与 OL 重合。因为 $\angle HOM = \angle GOL$，$HO = GO$，所以 HO 与 GO 重合，从而知点 H 与 G 重合。因此，HM 与 GL 重合，从而得 $\angle OHM = \angle OGL$，即 $\angle GHD = \angle AGH$。

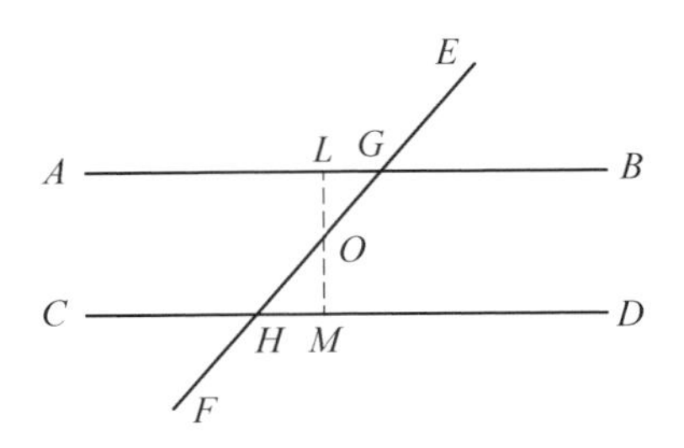

图 11-10 图形旋转证法

11.4.3 基于全等三角形的证法

有 9 种教科书利用全等三角形给出了直接证法。例如，Robbins(1907)的证明如下。

如图 11-11，设 $AB \parallel CD$，直线 EF 与 AB、CD 分别交于点 H 和 K。取 HK 的中点 M，过点 M 作 $RS \perp AB$，则 $RS \perp CD$。易证 $\text{Rt}\triangle RMH \cong \text{Rt}\triangle SMK$，所以 $\angle RHM = \angle MKS$，即 $\angle AHK = \angle HKD$。

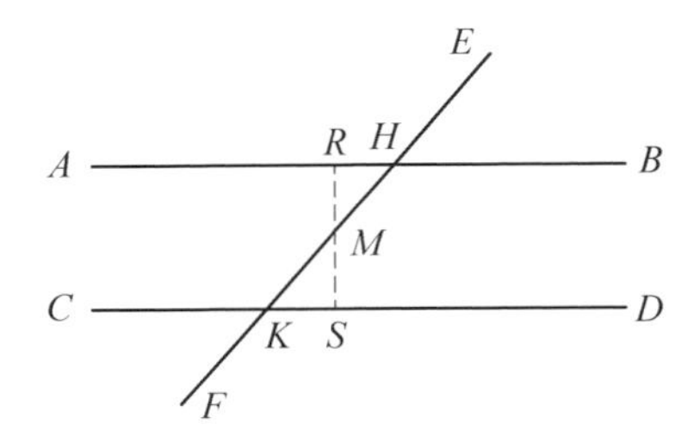

图 11-11 基于全等三角形的证法

与图形旋转证法相比，利用全等三角形更具有说服力，结论也更易被接受。

11.4.4 平行线性质定理证明方法的演变

19 世纪初至 20 世纪中期，美英早期几何教科书中展示了平行线性质定理的多类证明方法。以 30 年为一个时间段进行统计，图 11-12 给出了平行线性质定理的各类证明方法的时间分布情况。

从图中可见，19 世纪至 20 世纪初的教科书大多借助于平行公理，以反证法来证明平行线的性质。图形旋转证法在 19 世纪末逐渐淡出教科书，并未成为主流。19 世纪中后期，教科书开始利用全等三角形进行直接证明，证明过程中用到“对顶角相等”“垂直于两条平行线之一的直线与另一条垂直”等定理。

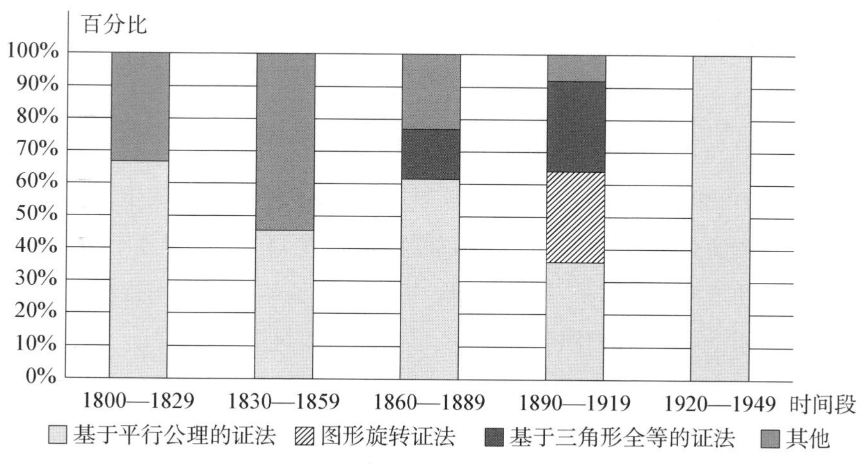

图 11－12　平行线性质定理证明方法的演变

11.5　教学启示

平行线的判定和性质是学习几何知识最重要的铺路石。本章所考察的 88 种美英早期几何教科书中展现了许多独特且优秀的证明方法，这些方法以反证法为主，并结合了三角形有关知识，是对欧几里得证法的继承和发展。研究东西方教科书的内在联系对当下教科书编写以及教学具有重要价值。

图 11－13 给出了美英早期几何教科书与我国现行教科书在"平行线"这个主题上的逻辑体系的对照。

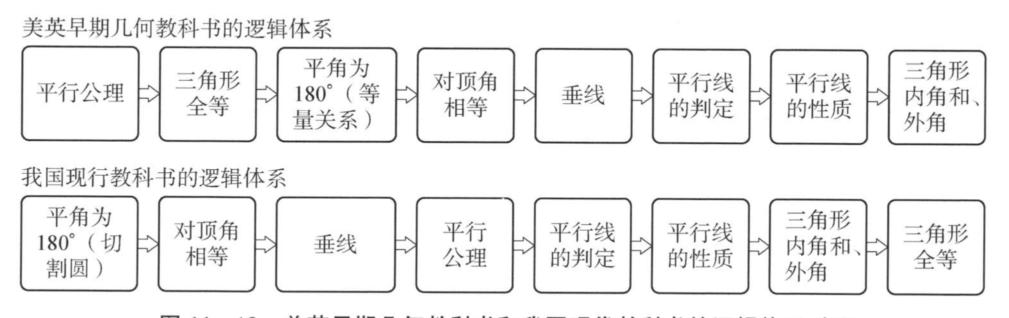

图 11－13　美英早期几何教科书和我国现代教科书的逻辑体系对照

由图可见，美英早期几何教科书和我国现行教科书的逻辑体系有所不同，美英教科书多沿用欧几里得的逻辑体系，即先给出三角形部分知识，以此证明平行线有关定理，如部分教科书给出基于全等三角形的证法，而我国现行教科书将全等三角形知识置于平行线之后。

除上述差异外，二者也具有以下逻辑关联：在“平行线”这一章，东西方都预先介绍了平角、对顶角和垂线知识，方法基本按照角的数量关系确定线的位置关系，之后又利用平行线进一步得出三角形角的关系，如“内角和为 180°”“外角等于不相邻内角之和”等，在线和角之间建立联系，融会贯通。由于三角形知识放在平行线之后，现行教科书的逻辑体系淡化了公理化思想。美英早期几何教科书为今日平行线教学提供了诸多启示。

(1) 公理化思想的渗透。公理化思想是欧几里得《几何原本》的精髓，即根据基本事实推出其他定理。美英早期几何教科书多通过反证法得出其中一条定理，再以该定理为依据得出其他定理；而现行初中数学教科书对反证法不作要求，通过三角尺作图实践得出一条定理，再推导得出其他定理，反证思想不如美英教科书明显且具体。教师在引导学生通过三角尺作图研究平行线的同时，也应引导学生思考证明过程中用到的思想，理解平面几何并非靠直觉得出，而是基于客观事实论证而得。

(2) “第三条直线”的由来。证明平行线判定定理和性质定理时离不开“三线八角”，实际教学过程中，教师应向学生讲述清楚“为什么要加入第三条直线”。如果从平行线的定义出发，即两条直线无限延长不相交则平行，该判定方法并不具有操作性，进而需要构造“桥梁”在两条平行线之间建立关系。教师引导学生用三角尺画平行线时，移动的三角尺方向也是沿第三条直线的方向。同时，平行线的性质也需要用角的数量关系来刻画，因此教师应帮助学生理解添加第三条直线的必要性。

(3) 知识体系的内在衔接。20 世纪出现了利用全等三角形知识的证明方法，逻辑推理更直观，更易被接受。但该方法要求学生已经掌握三角形全等的判定方法，在美英早期几何教科书中，全等三角形知识出现在平行线之前，而我国现行教科书与之相反，逻辑体系差异导致证法的不同选择。教师在讲授平行线时，可以适当引导学生思考垂线截平行线所形成的三角形的关系，为之后的全等三角形教学做铺垫。

(4) 数学史的融入与思考。美英早期几何教科书中多涉及普莱费尔的平行公理，即欧几里得第五公设的“替代公设”，但直到 18 世纪末，数学家对第五公设仍存有疑问。历史上，除普莱费尔外，古希腊天文学家托勒密(Ptolemy，约 90—168)、意大利数学家萨凯里(G. Saccheri，1667—1733)等众多数学家都曾尝试证明第五公设，并试图寻求一个更易被接受、更自然的等价公设来代替它，但都不尽如人意。现行教科书中的平行公理多为直接给出或简要说明，教师在讲授该公理时可以引入古代数学家对平行公理的探索和遇到的难题，让学生思考“为什么要寻找替代公设”，引发学生的兴趣和好奇心，加深他们的理解。

参考文献

中华人民共和国教育部(2011). 义务教育数学课程标准(2011 年版). 北京：北京师范大学出版社.

Heath, T. L. (1908). *The Thirteen Books of Euclid's Elements*. Cambridge: The University Press.

Newcomb, S. (1884). *Elements of Geometry*. New York: Henry Holt & Company.

Newell, M. J. & Harper, G. A. (1915). *Plane and Solid Geometry*. Chicago: Row, Peterson & Company.

Phillips, A. W. & Fisher, I. (1898). *Elements of Geometry*. New York: American Book Company.

Playfair, J. (1829). *Elements of Geometry*. Philadelphia: A. Walker.

Robbins, E. R. (1907). *Plane and Solid Geometry*. New York: American Book Company.

Sanders, A. (1903). *Elements of Plane and Solid Geometry*. New York: American Book Company.

Wells, W. (1886). *The Elements of Geometry*. Boston: Leach, Shewell & Sanborn.

Wentworth, G. A. (1880). *Elements of Plane and Solid Geometry*. Boston: Ginn & Heath.

12 三角形内角和

瞿鑫婷[*]

12.1 引言

三角形内角和定理是平面几何三个最重要的定理之一，它既是研究三角形性质的工具，又为学习三角形外角和、多边形内角和、圆心角与圆周角关系、三角形的全等与相似等知识打下了基础。学生在小学阶段就已用拼图的方法得出三角形三个内角之和等于180°，而《义务教育数学课程标准(2011年版)》要求初中阶段的学生"探索并证明三角形的内角和定理"，并"掌握它的推论：三角形的外角等于与它不相邻的两个内角的和"(中华人民共和国教育部，2011)，使学生对三角形内角和定理的认识与理解上升到理性的高度。目前，大多数教科书都采用了拼剪法引入三角形内角和，但各版教科书的证明方法互有不同。人教版和沪教版教科书采用毕达哥拉斯学派的证法，将三个内角转化为一个平角。苏科版教科书则以木板绕点转动进行说理，将三个内角转化为两个同旁内角。从现有文献来看，绝大多数教学设计都采用了教科书上的方法，由实验几何过渡到论证几何(仲海峰，2010；庞彦福，黄海涛，2013；李昌官，2013；钱德春，2014)，但也有个别教师采用了HPM视角开展教学(唐秋飞，2016；瞿鑫婷，等，2019)。

目前，在三角形内角和的HPM课例中，数学史的运用主要局限于探究环节，有关素材主要选自汪晓勤(2012)，但该文并未关注历史上的几何教科书。为了更深入地了解三角形内角和定理的历史，获取更丰富的教学资源，还需要对历史上的几何教科书进行考察。为此，本章选取1860—1929年间出版的77种美英几何教科书作为研究对象，其中71种出版于美国，6种出版于英国，其出版时间分布情况如图12-1所示。本章关注以下问题：关于三角形内角和定理，美英早期几何教科书中出现了哪些证明方

* 上海市延安中学教师。

法和实验操作方法？定理有哪些应用？对今日教学有何启示？

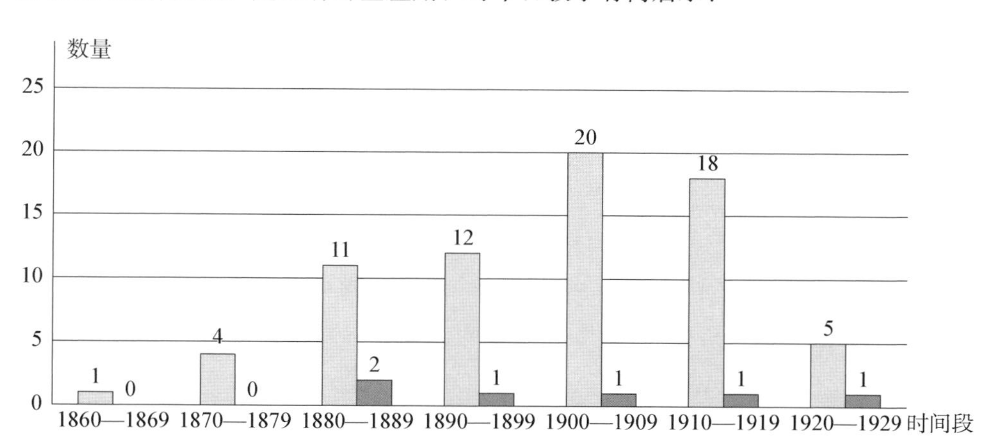

图 12-1 77 种美英早期几何教科书的出版时间分布

12.2 三角形内角和定理的证明

考察发现，77 种美英早期几何教科书中，关于三角形内角和定理，有以下 6 类证明方法。

12.2.1 过三角形某一顶点作平行线

19 世纪末到 20 世纪初，美英早期几何教科书大多数采用古希腊毕达哥拉斯学派的证法或欧几里得的证法，部分教科书的课后习题中还出现了克莱罗的证法。

（一） 毕达哥拉斯学派证法

过三角形的一个顶点作其对边的平行线，实现角的转化。

如图 12-2，过$\triangle ABC$ 的顶点 A 作 BC 的平行线 DE，由平行线的性质“两直线平行，对内错角相等”，得 $\angle B=\angle 1$，$\angle C=\angle 2$，因此 $\angle B+\angle C+\angle BAC=\angle 1+\angle 2+\angle BAC=\angle DAE=180°$。 (Hart & Feldman, 1912, p. 77)

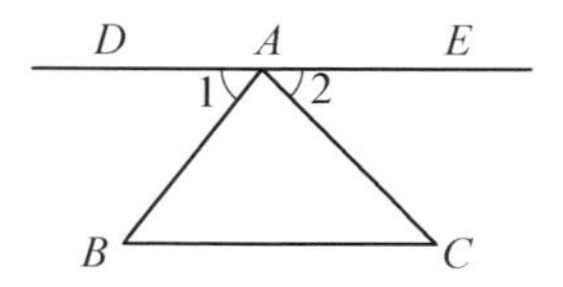

图 12-2 毕达哥拉斯学派证法

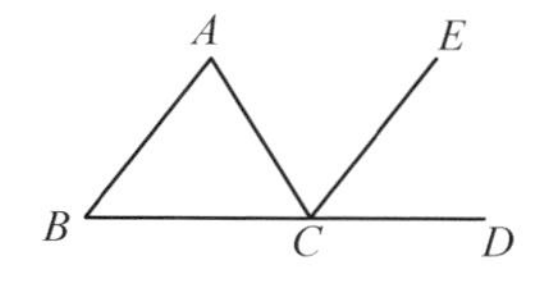

图 12-3 欧几里得证法

（二） 欧几里得证法

方法 1：延长三角形的一边，过顶点作其对边的平行线，实现角的转化。

如图 12-3，延长 BC 至点 D，过点 C 作 BA 的平行线 CE，则 $\angle ACE = \angle A$（两直线平行，内错角相等），$\angle ECD = \angle B$（两直线平行，同位角相等）。因此 $\angle A + \angle B + \angle ACB = \angle ACE + \angle ECD + \angle ACB = \angle BCD = 180°$。（Wentworth，1899，p. 32）

方法 2：延长三角形的两边，过顶点作其对边的平行线，实现角的转化。

如图 12-4，延长 CA、BA，过点 A 作 BC 的平行线 DE，则有 $\angle 1 = \angle C$，$\angle 3 = \angle B$（两直线平行，同位角相等），$\angle 2 = \angle A$（对顶角相等），因此 $\angle A + \angle B + \angle C = \angle 1 + \angle 2 + \angle 3 = \angle DAE = 180°$。（Failor，1906，p. 33）

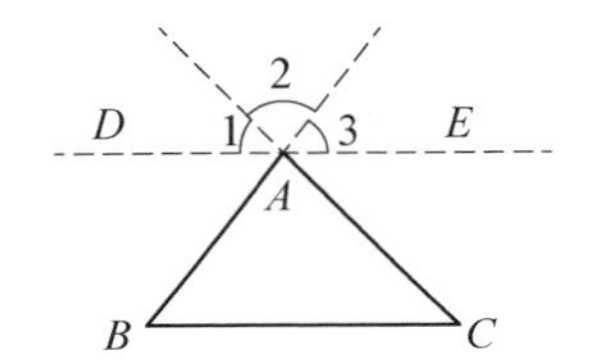

图 12-4 欧几里得证法的推广

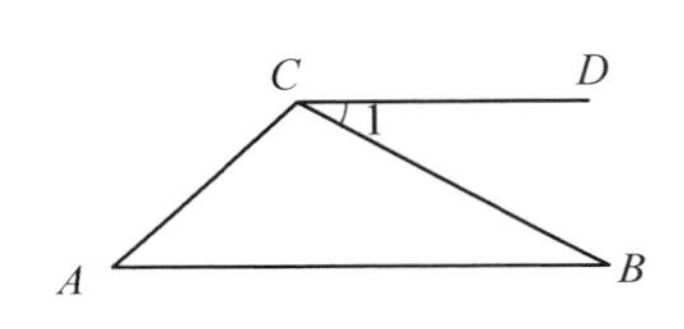

图 12-5 克莱罗证法

（三） 克莱罗证法

如图 12-5，过点 C 作 $CD \parallel AB$，得 $\angle 1 = \angle B$，$\angle DCA + \angle A = 180°$。由 $\angle DCA = \angle 1 + \angle ACB = \angle B + \angle ACB$，得 $\angle B + \angle BAC + \angle A = 180°$。（Auerbach & Walsh，1920，p. 61）这种方法将三角形的三个内角转化为一对同旁内角，最早是由法国数学家克莱罗提出的。

12.2.2 过三角形一边上的点作平行线

（一） 过三角形某一条边上的任一点作另两边的平行线

教科书将古希腊的方法推广到一般情形：不在某一顶点处作某一边的平行线，而是过三角形某一条边上的任一点作另两边的平行线。

如图 12-6，过 BC 上一点 E 作 $DE \parallel AC$，$FE \parallel AB$，分别交 AB、AC 于点 D、F。由 $DE \parallel AC$，得 $\angle 1 + \angle 2 = 180°$，$\angle C = \angle 3$；由 $EF \parallel AB$，得 $\angle 1 + \angle A = 180°$，$\angle B = \angle 4$，所以 $\angle 2 = \angle A$。因此 $\angle A + \angle B + \angle C = \angle 2 + \angle 3 + \angle 4 = 180°$。基于图 12-7 的证法与之类似。（Sanders，1901，p. 47）

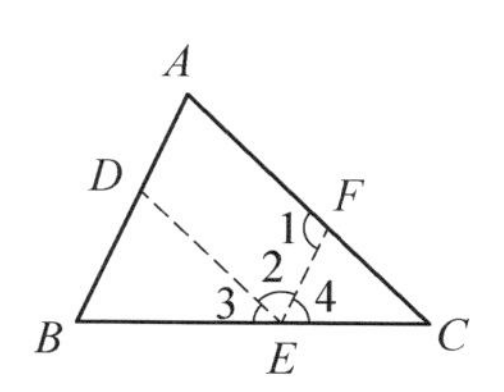

图 12-6 过边上任一点作平行线

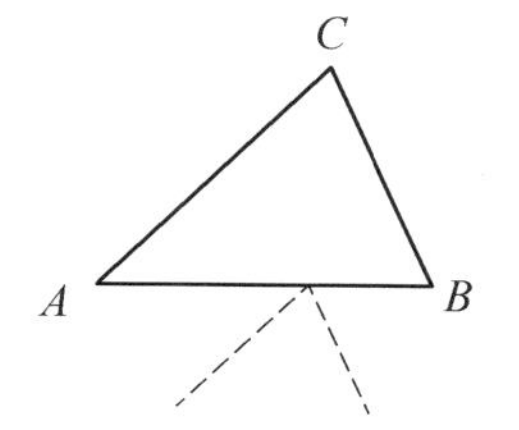

图 12-7 过边上任一点作平行线

（二） 作边上任一点与顶点连线的平行线

部分教科书的课后习题采用了古希腊数学家普罗克拉斯的证法：连结边上任一点与顶点，作连线的平行线。(Sykes & Comstock, 1918, p. 60)

如图 12-8，过$\triangle ABC$ 的三个顶点 A、B、C，分别作底边 BC 的垂线。则 $AD \parallel BE \parallel CF$，得 $\angle BAD = \angle 1$，$\angle CAD = \angle 2$。于是，$\angle BAC = \angle BAD + \angle CAD = \angle 1 + \angle 2$。因此 $\angle BAC + \angle ABC + \angle ACB = \angle ABC + \angle 1 + \angle 2 + \angle ACB = \angle EBC + \angle FCB = 180^\circ$。该方法将三角形的三个内角转化为一组同旁内角，可推广至一般的非垂直情形。

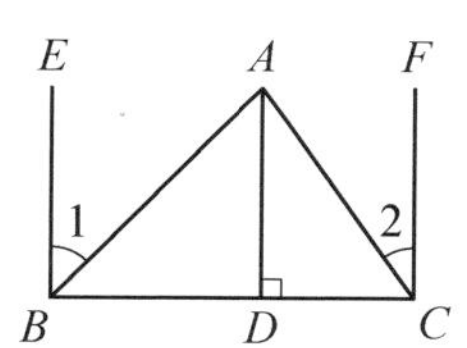

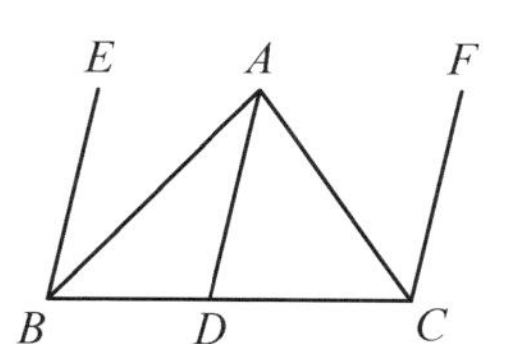

图 12-8 普罗克拉斯证法及其推广

12.2.3 过三角形所在平面内任一点作平行线

更值得探究的是，过三角形所在平面内任一点同时作三条边的平行线，也可以证明三角形内角和定理。这种方法多用于多边形外角和定理的证明，也出现在个别早期几何教科书有关三角形内角和定理的习题中。(Hart & Feldman, 1912, p. 79)

如图 12-9 所示，过三角形外任意一点分别作三角形三条边的平行线，通过添加辅助线，可证得 $\angle 1 = \angle C$，$\angle 2 = \angle A$，$\angle 3 = \angle B$，则 $\angle A + \angle B + \angle C = \angle 1 + \angle 2 + \angle 3 = 180^\circ$。

12.2.4 避开平行线的证法

个别教科书在证明三角形外角和定理时，采用了德国数学家提波特(B. F.

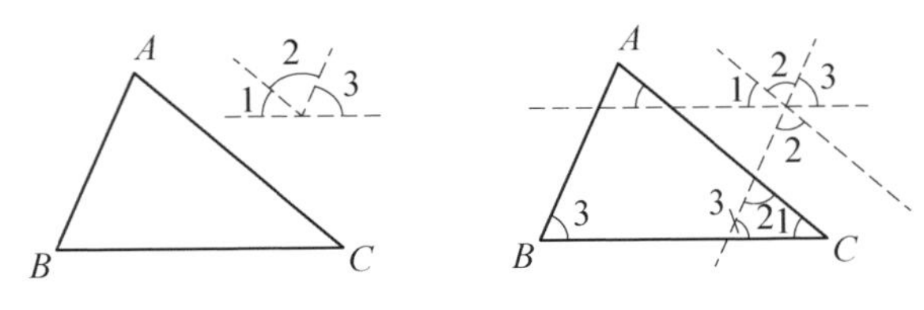

图 12－9　过三角形外一点作平行线

Thibaut，1775—1832）的旋转证法，避开了平行线。在课后习题中，要求用旋转法证明三角形内角和定理。（Edwards，1895，pp. 17—19）

如图 12－10，将 AB 所在的直线 XY 绕点 A 按逆时针方向旋转角度 A，到 AC 所在直线 $X'Y'$；将 $X'Y'$ 绕点 C 按逆时针方向旋转角度 C，到 BC 所在直线 $X''Y''$；最后 $X''Y''$ 绕点 B 按逆时针方向旋转角度 B，到 AB 所在直线 $Y'''X'''$。从 XY 到 $Y'''X'''$，总共转过 180°。

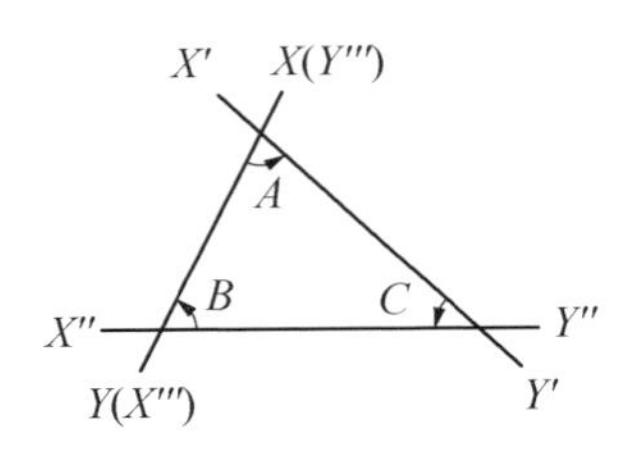

图 12－10　提波特旋转证法

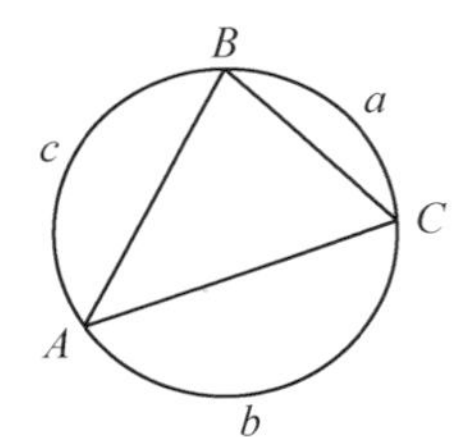

图 12－11　外接圆法

12.2.5　基于外角性质的证法

少数教科书采用欧几里得《几何原本》的处理方式，先证明三角形的一个外角等于与它不相邻的两个内角的和，再利用这一性质得到三角形内角和。（Robbins，1907，p. 42）

如图 12－3，由 $\angle ACE=\angle A$，$\angle ECD=\angle B$，得 $\angle ACD=\angle ACE+\angle ECD=\angle A+\angle B$，从而证得三角形的一个外角等于与它不相邻的两个内角之和。因此 $\angle ACB+\angle ACD=\angle ACB+\angle A+\angle B=\angle BCD=180°$。

12.2.6　外接圆法

部分教科书利用圆周角与圆心角的关系，得到三角形的内角和。

如图 12－11，作△ABC 的外接圆。由圆心角与圆周角之间的关系，$\angle A$、$\angle B$ 和

$\angle C$ 分别等于$\overset{\frown}{BaC}$、$\overset{\frown}{CbA}$ 和$\overset{\frown}{AcB}$ 所对圆心角的一半,故 $\angle A + \angle B + \angle C$ 等于周角的一半,即等于二直角。(Olney, 1883, p. 105)

图 12 - 12 给出了上述 6 类证明方法在 77 种教科书中的频数分布情况。图 12 - 13 给出了 6 类证明方法的时间分布情况。从图中可见,过顶点作平行线的证明方法独占鳌头,随着时间的推移,正文和习题中涉及的证明方法呈现多元化的趋势。

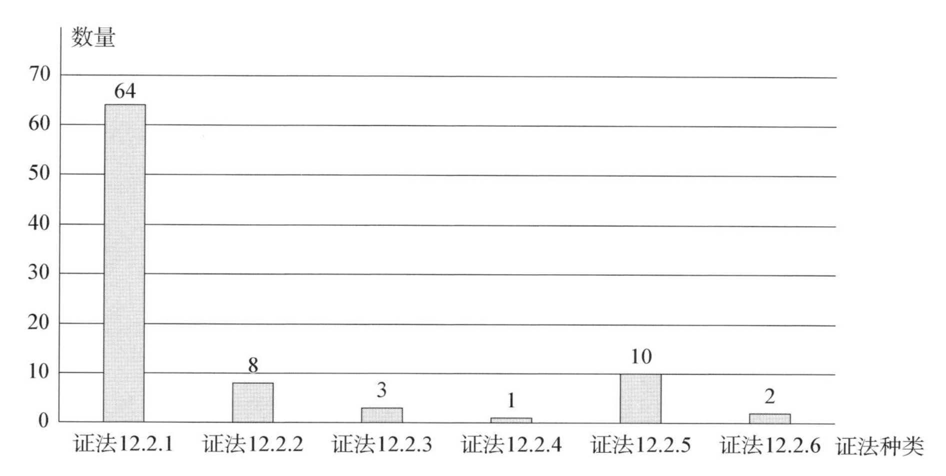

图 12 - 12 6 类证明方法出现的频数分布

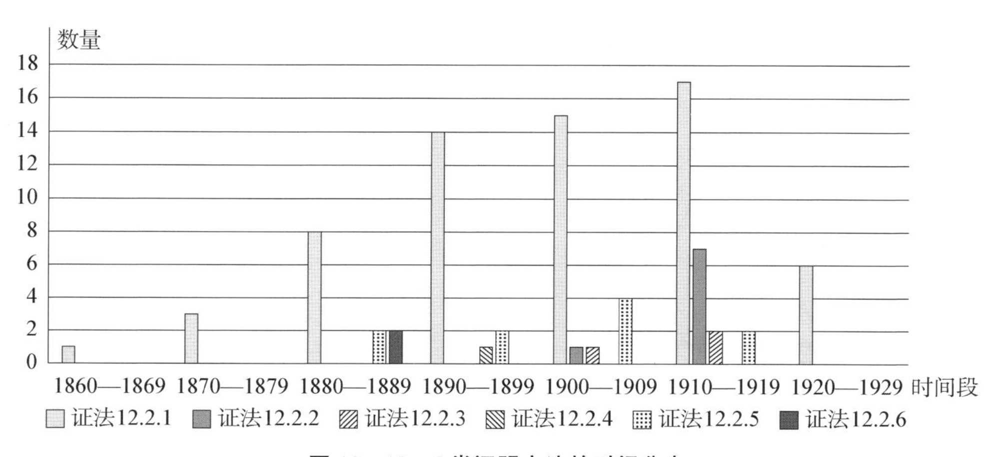

图 12 - 13 6 类证明方法的时间分布

12.3 实验操作法

内角和定理的实验操作法最早出现在 1877 年出版的一种教科书的习题中。到了

20 世纪初，更多的教科书采用了这种方法。

如图 12－14，在一张纸上剪出任意形状的三角形，接着撕下三角形的三个角 a、b、c，把它们旋转后拼在一起，使这三个角的顶点重合，猜想三角形内角和的大小，并用一把直尺对猜想结果加以检验。再剪出另一个不同大小、不同形状的三角形，重复以上步骤。（Myers，1909，p. 54）

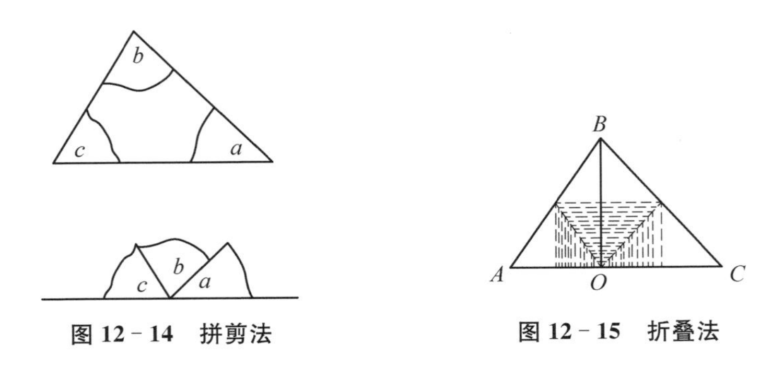

图 12－14　拼剪法　　图 12－15　折叠法

如图 12－15，从三角形的一个顶点 B 作其对边 AC 的垂线 BO，将三角形对折，使三个顶点与垂足 O 重合，则三角形内角和看似 180°；再折叠另一个大小和形状都不相同的三角形，重复以上步骤。（Myers，1909，pp. 54—55）法国数学家帕斯卡（B. Pascal，1623—1662）少年时代曾用过此方法，故又称之为帕斯卡法。

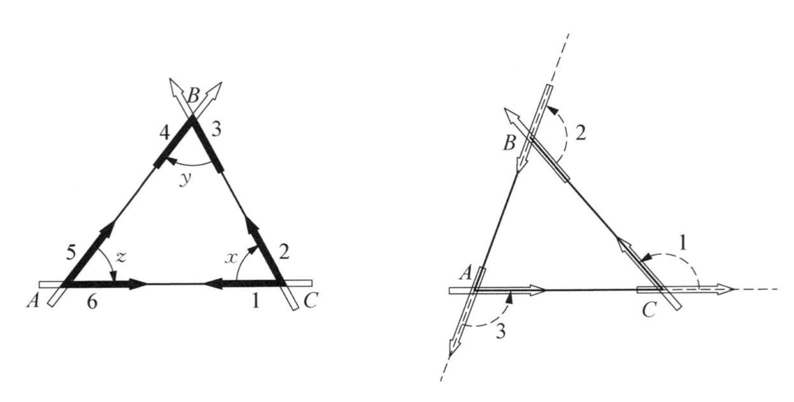

图 12－16　铅笔旋转法

如图 12－16，在点 C 处将铅笔尖朝左与三角形的一条边重合，然后依次绕三角形的三个顶点按顺时针方向旋转，在铅笔分别转过角度 x、y、z 后，笔尖的方向由向左变成向右，共旋转了 180°，由此说明三角形的内角和为 180°。同理，若在点 C 处将铅笔尖朝右，然后依次绕三角形三个顶点按逆时针方向旋转，笔尖绕了一圈，共旋转了 $360°$，由此可验证三角形的外角和为 $360°$。(Myers, 1909, p. 55)

12.4　典型应用

12.4.1　数学中的应用

利用三角形内角和定理可以证明其他许多命题，以下为典型二例。

例 1　如图 12-17，在 $\triangle PQR$ 中，$PQ=PR$，延长 RP 至点 S，使得 $SP=PR$，连结 QS，证明：$QS\perp RQ$。(Beman & Smith, 1899, p. 49)

由 $PQ=PR=PS$，得 $\angle 1=\angle S$，$\angle 2=\angle R$(等边对等角)，又因为 $\angle S+\angle R+\angle SQR=180°$，$\angle SQR=\angle 1+\angle 2$，所以 $\angle 1+\angle 2+\angle 1+\angle 2=180°$，得 $\angle 1+\angle 2=90°$，即 $\angle SQR=90°$，$QS\perp RQ$。

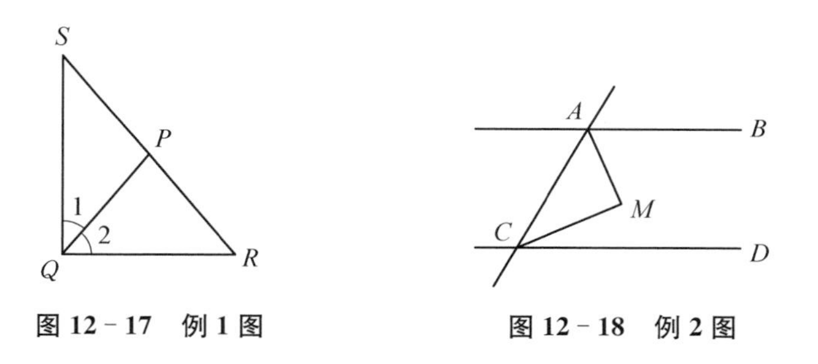

图 12-17　例 1 图　　**图 12-18　例 2 图**

此题不仅加强了学生对三角形内角和的理解与应用，也为今后学习“直角三角形斜边上的中线等于斜边的一半”“直径所对的圆心角为直角”埋下伏笔。

例 2　如图 12-18，若 $AB /\!/ CD$，AM 平分 $\angle BAC$，CM 平分 $\angle ACD$，证明：$AM\perp CM$。(Robbins, 1915, p. 43)

由 $AB /\!/ CD$，得 $\angle BAC+\angle ACD=180°$(两直线平行，同旁内角互补)，又因为 AM 平分 $\angle BAC$，CM 平分 $\angle ACD$，所以 $\angle BAC=2\angle MAC$，$\angle ACD=2\angle MCA$，所以 $\angle MAC+\angle MCA=90°$，$\angle M=90°$。

此题利用三角形内角和定理、平行线性质与角平分线概念，证明了“同旁内角的平分线互相垂直”这一性质。

12.4.2 生活中的应用

三角形内角和定理对于测量人员来说非常重要，测量人员在绘制地图时只要测量其中两个角的精确值，就可计算出第三个角的大小。

如图 12-19，假设在纸上有一条基线 FG，若测量员要在此基线上绘制出陆地上 $\triangle ABC$ 的相似三角形 FGH，则可以首先使用量角器确定 $\angle CAB$ 和 $\angle CBA$ 的大小，再作出与 $\angle CAB$、$\angle CBA$ 相等的 $\angle HFG$、$\angle HGF$，边 FH 与 GH 相交于点 H。由三角形内角和定理可知，第三个角 $\angle FHG$ 等于 $\angle ACB$，则 $\triangle FGH$ 与 $\triangle ABC$ 的每个内角都相等，两个三角形相似。（Clairaut, 1881, p. 34）

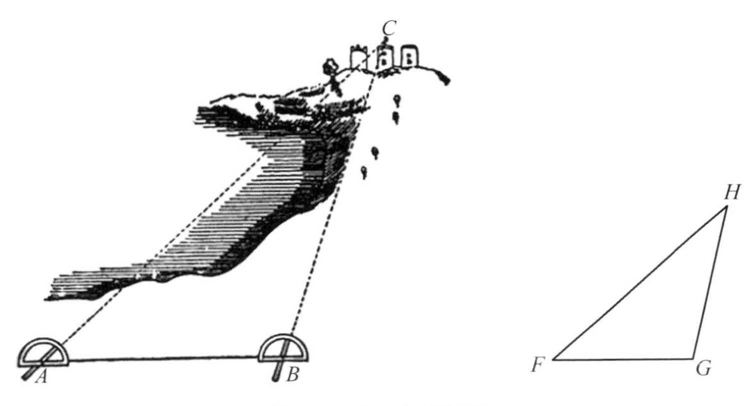

图 12-19　大地测量

由这一定理，我们可以精确地在地图上作出按一定比例缩放的相似三角形，且只要测量三角形中的两个角，所作的第三个角一定与原来三角形的第三个角相等。另外，三角形内角和定理在天文测量中也有应用，在北半球，通过测量北极星的仰角，我们能测量出一个地方的纬度。

如图 12-20，HK 是地球赤道，D 是北极点，$OD \perp HK$，$AC \perp AO$，AB 和 OD 都指向北极星，由于北极星距离地球约 400 光年，可忽略地球半径的影响，AB 与 CD 可视为互相平行。

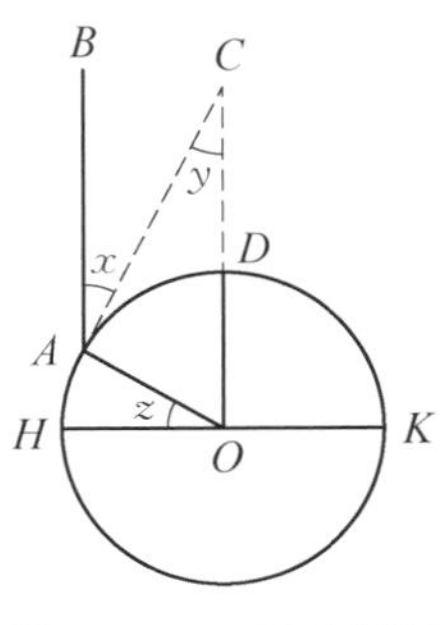

图 12-20　天文测量

由 $AB \parallel CD$，得 $\angle x=\angle y$。由 $AC \perp AO$，得 $\angle CAO=90^\circ$，所以由三角形内角和定理，得 $\angle y+\angle AOC=90^\circ$。又因为 $OD \perp HK$，所以 $\angle AOC+\angle z=90^\circ$，所以 $\angle y=\angle z$，等量代换，得 $\angle x=\angle z$。也就是说，观测者在北半球的 A 处测量出当地观察北极星的仰角，就能确定该处的纬度。（Palmer & Taylor,

1915, p. 60)

由此可见,三角形内角和定理在测量和定位上有着重要应用。

12.5 结语

以上我们看到,本章所考察的19世纪末至20世纪初美英几何教科书主要采用6类方法证明三角形内角和定理。从过顶点作平行线,到过一边上的任意点作平行线,再到过三角形所在平面内任一点作平行线,最后到避免使用平行线的四类方法,揭示了三角形内角和定理证明的历史演进过程。统计结果表明,美英几何教科书倾向于采用过三角形顶点作平行线的证明方法。

受欧几里得《几何原本》的深刻影响,19世纪的教科书几乎都只关注定理的演绎证明,而没有采用实验操作的方法来引入,也没有实际应用。到了20世纪初,受培利运动和摩尔(E. H. Moore, 1862—1932)数学教育主张的影响,开始出现实验操作的方法,少数教科书开始关注定理的实际应用。

美英早期几何教科书为今日教学提供了丰富的素材。教师可以对有关测量问题进行改编,引入三角形内角和定理,然后设计探究活动,先让学生通过折纸或旋转,发现三角形内角和;再引导学生过顶点、过边上一点、过平面上任意一点作平行线来证明定理,让他们深刻领会从特殊到一般、从静态到动态的数学研究方法,最后回到测量问题上来。教师可以将三角形内角和定理证明的历史以及它在工程、天文领域的应用制作成微视频,并在教学过程中播放,让学生感受数学的悠久历史以及定理在数学内部和现实世界的应用价值。我们相信,将数学史融入三角形内角和定理的教学,必能让定理焕发勃勃的生机,展现迷人的魅力,从而实现多元的教育价值。

参考文献

李昌官(2013). 为发展学生思维而教——以人教版“三角形内角和”教学为例. 数学通报,52(10): 10 - 13.

庞彦福,黄海涛(2013). 从感性认识到推理论证——“同课异构”下三角形内角和课堂教学. 中学数学,(6): 20 - 22.

钱德春(2014). 基于认知与生成的数学思维教学——以“三角形内角和定理”一节课为例. 中学数学,(3): 27 - 29.

瞿鑫婷，汪晓勤，贾彬(2019). 基于数学史的三角形内角和探究活动的设计与实施. 中小学课堂教学研究，(2)：12－15.

唐秋飞(2015). “三角形内角和”：在多个环节中渗透数学史. 教育研究与评论(中学教育教学)，(7)：40－44.

汪晓勤(2012). 三角形内角和：从历史到课堂. 中学数学月刊，(6)：38－40.

仲海峰(2010). 大道至简——“三角形内角和”研课手记. 教育科研论坛，(6)：89.

中华人民共和国教育部(2011). 义务教育数学课程标准(2011 年版). 北京：北京师范大学出版社.

Auerbach，M. & Walsh，C. B. (1920). *Plane Geometry*. Philadelphia：J. B. Lippincott Company.

Beman，W. W. & Smith，D. E. (1899). *New Plane and Solid Geometry*. Boston：Ginn & Company.

Clairaut，A. C. (1881). *Elements of Geometry*. London：C. Kegan Paul & Company.

Edwards，G. C. (1895). *Elements of Geometry*. New York：Macmillan & Company.

Failor，I. N. (1906). *Plane and Solid Geometry*. New York：The Century Company.

Hart，C. A. & Feldman，D. D. (1912). *Plane and Solid Geometry*. New York：American Book Company.

Myers，G. W. (1909). *First-year Mathematics for Secondary Schools*. Chicago：The University of Chicago Press.

Olney，E. (1883). *Elementary Geometry*. New York：Sheldon & Company.

Palmer，C. I. & Taylor，D. P. (1915). *Plane Geometry*. Chicago：Scott，Foresman & Company.

Robbins，E. R. (1907). *Plane and Solid Geometry*. New York：American Book Company.

Robbins，E. R. (1915). *New Plane Geometry*. New York：American Book Company.

Sanders，A. (1901). *Elements of Plane Geometry*. New York：American Book Company.

Sykes，M. & Comstock，C. E. (1918). *Plane Geometry*. Chicago：Rand，McNally & Company.

Wentworth，G. A. (1899). *Plane Geometry*. Boston：Ginn & Company.

13 全等三角形的判定

刘梦哲[*]

13.1 引言

数学来源于生活,又应用于生活。当我们用数学的眼光观察两片树叶的数量关系和空间形式时,不免会惊奇地发现现实生活中的全等现象。全等三角形作为初中平面几何中的重要工具和内容,学好这部分内容无疑对今后的学习起到举足轻重的作用。

《义务教育数学课程标准(2011 年版)》要求学生理解全等三角形的概念,并掌握 4 个判定三角形全等的基本事实(中华人民共和国教育部,2011)。现行人教版和苏科版教科书通过作图的方式给出 SAS、ASA 和 SSS 这三个判定定理,而沪教版教科书则是先让学生画三角形,再通过说理的方式给出 SAS 和 ASA 定理,对 SSS 定理却没有加以说理,对于 AAS 定理,三种教科书均采用 ASA 定理加以证明。在编排顺序上,沪教版和苏科版教科书是按照 SAS、ASA、AAS 和 SSS 的先后顺序进行编排,而人教版教科书是按照 SSS、SAS、ASA 和 AAS 的顺序进行编排。

随着素质教育的深入发展和新课程改革的不断推进,数学已不仅仅是一门学习科目,更是一种文化的存在,因此,教师有必要了解全等三角形判定定理背后的历史脉络,为今日数学文化融入课堂教学的实践提供参考。古人对全等三角形的认识源于测量,早在公元前 6 世纪,古希腊数学家泰勒斯(Thales,约前 624—约前 547)就已应用全等三角形的知识,他得到并应用 ASA 定理测量船只到海岸的距离,但证明方法不得而知(Heath, 1921, pp. 131—133)。欧几里得在《几何原本》中利用叠合法证明 SAS 定理,但似乎出于无奈,因为他实际上总是尽量避开这一证法,与此同时,欧几里得还利

* 华东师范大学教师教育学院硕士研究生。

用反证法证明 SSS 和 ASA 定理(汪晓勤,王甲,2008)。到了 18 世纪,法国数学家勒让德仍然采用叠合法证明 SAS 和 ASA 定理,而对 SSS 定理的证明则采用了反证法,得到"三角形的内角对应相等",进而完成证明。(Legendre, 1834, pp. 16—20)

19—20 世纪美英几何教科书所呈现的全等三角形判定定理让我们看到了知识的历史背景,这正是今天实施数学新课程的重要养料,而我们对此却知之甚少。本章聚焦全等三角形判定定理,对美英早期几何教科书进行考察,以期为今日教学提供有益的参考。

13.2 早期教科书的选取

选取 1829—1948 年间出版的 87 种美英几何教科书作为研究对象,以 20 年为一个时间段进行统计,其出版时间分布情况如图 13-1 所示。

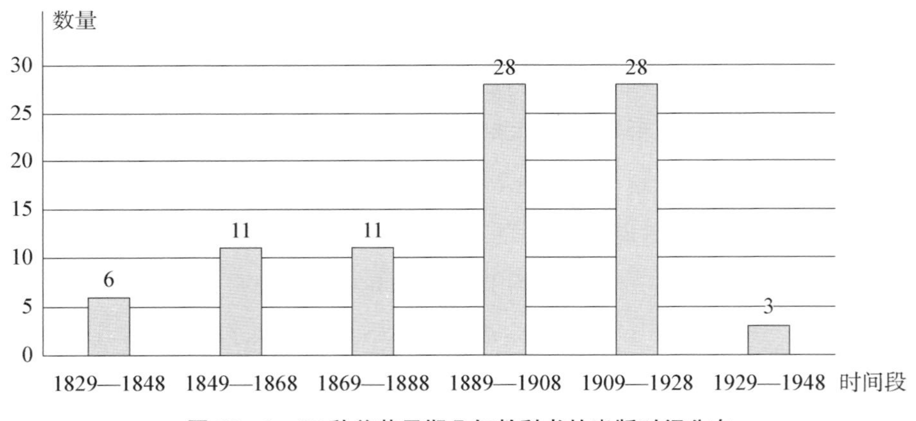

图 13-1 87 种美英早期几何教科书的出版时间分布

全等三角形判定定理主要位于"直线形""三角形""命题""线、角和多边形""线和直线形""全等三角形"等章中,表 13-1 是全等三角形判定定理所在章的分布情况。

表 13-1 全等三角形判定定理所在章的分布情况

章名	直线形	三角形	命题	线、角和多边形	线和直线形	全等三角形	其他
数量	32	16	10	8	7	6	8
百分比	37%	18%	12%	9%	8%	7%	9%

其中,"直线形"章的占比最高,与此同时,教科书通常会在平面几何内容的前半部分就给出全等三角形的判定定理,作为学习等腰三角形、直角三角形和四边形等内容的基础,其重要程度不言而喻。

13.3　全等三角形的判定

87 种几何教科书共给出了 4 个关于一般三角形全等的判定定理,即 SAS 定理、ASA 定理、AAS 定理和 SSS 定理。

13.3.1　SAS 定理

叠合法是证明 SAS 定理的主要方法,在 87 种教科书中,叠合法又可以分为顶角重合和邻边重合两类。如图 13-2,已知 $AB=DE$, $AC=DF$, $\angle A=\angle D$,通过叠合法可以证明在 $\triangle ABC$ 和 $\triangle DEF$ 中,点 A、D 重合,点 B、E 重合,点 C、F 重合,于是 $\triangle ABC \cong \triangle DEF$。

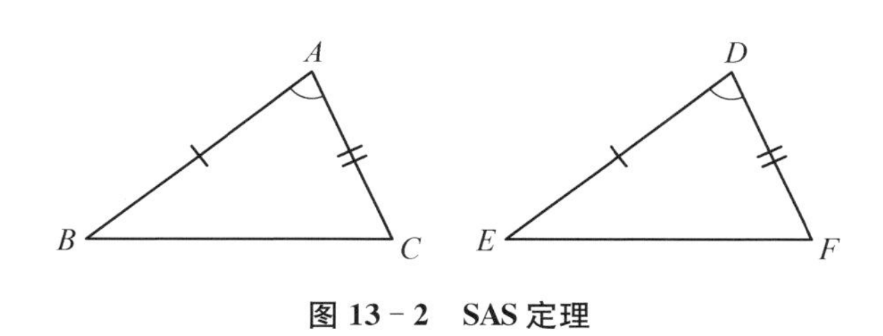

图 13-2　SAS 定理

(一)　顶角重合

Robbins(1907)先让顶角重合,进而证明其余两个顶点对应重合。有 19 种教科书采用了这一方法。在图 13-2 中,把 $\triangle ABC$ 放到 $\triangle DEF$ 上,使得 $\angle A$ 的顶点和 $\angle D$ 的顶点重合,因为 $\angle A=\angle D$,于是射线 AB、DE 重合,射线 AC、DF 重合。因为 $AB=DE$,所以点 B、E 重合,又因为 $AC=DF$,所以点 C、F 重合,这样 $\triangle ABC$ 和 $\triangle DEF$ 重合,即 $\triangle ABC \cong \triangle DEF$。

(二)　邻边重合

有 64 种教科书先让三角形一边对应重合,进而证明不在这条边上的顶点也重合。例如,Playfair(1829)采用了这一方法。在图 13-2 中,把 $\triangle ABC$ 放到 $\triangle DEF$ 上,使得点 A、D 以及射线 AB、DE 重合,因为 $AB=DE$,所以点 B、E 重合。因为 $\angle A=\angle D$,

所以射线 AC、DF 重合，而 $AC=DF$，所以点 C、F 重合，这样 $\triangle ABC$ 和 $\triangle DEF$ 重合，即 $\triangle ABC \cong \triangle DEF$。

13.3.2 ASA 定理

证明 ASA 定理的主要方法也是叠合法。如图 13－3，已知 $\angle B=\angle E$，$\angle C=\angle F$，$BC=EF$。在叠合法中，有 4 种教科书利用了顶角重合，有 78 种教科书利用了邻边重合，其余 5 种教科书只涉及证明思路或让学生完成证明。

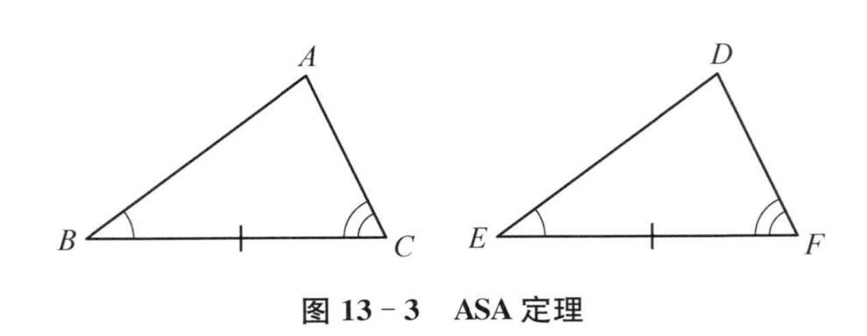

图 13－3　ASA 定理

（一）顶角重合

在图 13－3 中，Robbins(1907)把 $\triangle ABC$ 放到 $\triangle DEF$ 上，使得 $\angle B$ 的顶点和 $\angle E$ 的顶点重合，因为 $\angle B=\angle E$，于是射线 BA、ED 重合，射线 BC、EF 重合，点 A 落在射线 ED 上。因为 $BC=EF$，所以点 C、F 重合。又因为 $\angle C=\angle F$，所以射线 CA、FD 重合，点 A 还会落在射线 FD 上。于是点 A 既在射线 ED 上，又在射线 FD 上，因此点 A、D 重合，这样 $\triangle ABC$ 和 $\triangle DEF$ 重合，即 $\triangle ABC \cong \triangle DEF$。

（二）邻边重合

在图 13－3 中，Playfair(1829)把 $\triangle ABC$ 放到 $\triangle DEF$ 上，使得点 B、E 以及射线 BC、EF 重合，由 $BC=EF$，得点 C、F 重合。因为 $\angle B=\angle E$，所以射线 BA、ED 重合，点 A 落在射线 ED 上，又因为 $\angle C=\angle F$，所以射线 CA、FD 重合，点 A 还落在射线 FD 上。于是，点 A 和射线 ED、FD 的交点 D 重合，这样 $\triangle ABC$ 和 $\triangle DEF$ 重合，即 $\triangle ABC \cong \triangle DEF$。

13.3.3 AAS 定理

相较于 SAS 定理和 ASA 定理，AAS 定理往往会被教科书编者所忽视，八成左右的教科书并未涉及 AAS 定理。

只有 18 种教科书涉及 AAS 定理，其中 9 种利用 ASA 定理进行证明，8 种将 AAS

定理作为 ASA 定理的一个推论。(Tappan, 1864, pp. 95—96)

在所考察的教科书中,只有 Beman & Smith(1900)采用了反证法。如图 13-4,已知 $\angle B=\angle E$, $\angle ACB=\angle F$, $AB=DE$。将点 A、D 重合,点 B、E 重合,于是边 AB 和 DE 对应重合。因为 $\angle B=\angle E$,所以射线 BC、EF 重合,所以点 F 会落在射线 BC 上。假设点 F 落在点 C 的左边,即点 G 处,于是 $\angle AGB=\angle F$,而 $\angle ACB=\angle F$,所以 $\angle AGB=\angle ACB$,这显然与事实相矛盾。假设点 F 落在点 C 的右边,即点 H 处,于是 $\angle AHB=\angle ACB$,同样与事实矛盾,因此点 C、F 重合,于是知 $\triangle ABC$ 和 $\triangle DEF$ 重合,即 $\triangle ABC \cong \triangle DEF$。

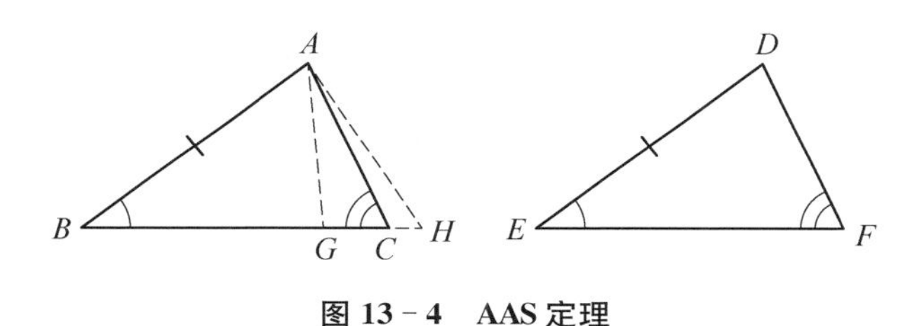

图 13-4 AAS 定理

13.3.4 SSS 定理

87 种教科书中,有 85 种都给出了 SSS 定理的证明,证明方法可以分为 SAS 法、反证法、对折法和叠合法四类。

(一) SAS 法

85 种教科书中,超过七成的教科书都采用这一方法。例如,Grund(1830)将两个三角形进行拼接,进而利用等腰三角形的性质完成证明。如图 13-5,已知 $AB=DE$, $AC=DF$, $BC=EF$。平移 $\triangle DEF$,使其最长边与 $\triangle ABC$ 对应的最长边重合,

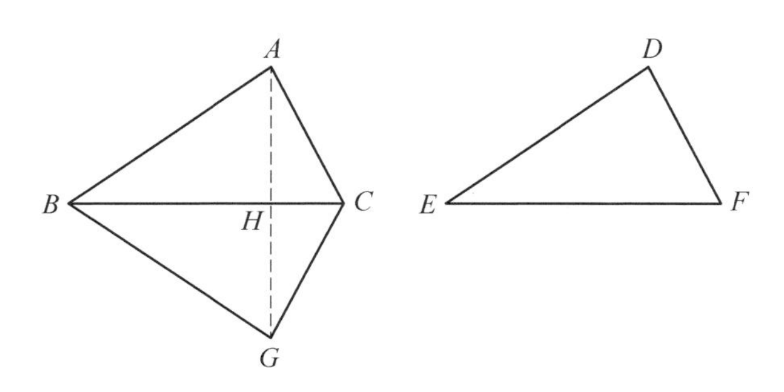

图 13-5 基于 SAS 定理的证明之一

即点 B、E 以及射线 BC、EF 重合，再翻折 $\triangle DEF$，使得顶点 D 位于 BC 另一侧的点 G 处。因为 $BC = EF$，所以边 BC、EF 重合。在 $\triangle ABG$ 中，因为 $BA = ED = BG$，所以 $\angle BAG = \angle BGA$。在 $\triangle ACG$ 中，因为 $CA = FD = CG$，所以 $\angle CAG = \angle CGA$。于是 $\angle BAG + \angle CAG = \angle BGA + \angle CGA$，即 $\angle BAC = \angle BGC$。由 SAS 定理可知，$\triangle ABC \cong \triangle GBC$，于是 $\triangle ABC \cong \triangle DEF$。

有 5 种教科书并没有直接将三角形的最长边叠合，而是分三种情况进行讨论(Halsted, 1885, pp. 28—29)。

若$\triangle ABC$ 和$\triangle DEF$ 是直角三角形，则使三角形的直角边 BC 重合(图 13 - 6 (b))，由等腰三角形性质，可知 $\angle A = \angle G$，故得 $\triangle ABC \cong \triangle GBC$。若 $\triangle ABC$ 和 $\triangle DEF$ 不是直角三角形，则可以让它们的长边重合或短边重合(图 13-6(a)(c))，利用等腰三角形的性质即可得 $\angle BAC = \angle BGC$，于是 $\triangle ABC \cong \triangle GBC$。

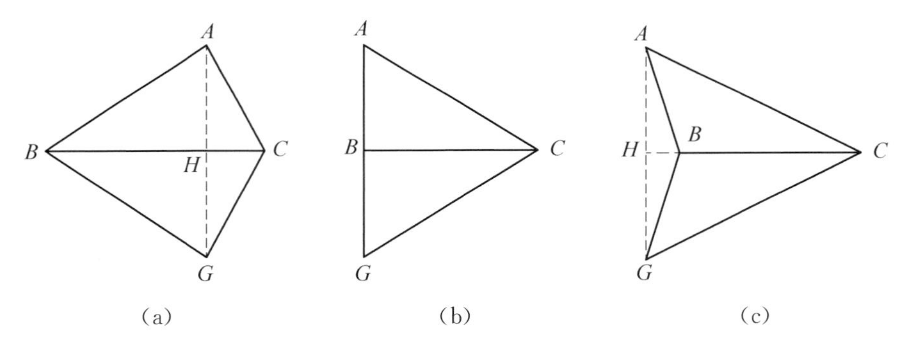

图 13 - 6　基于 SAS 定理的证明之二

仍如图 13 - 5 所示，另有 10 种教科书利用等腰三角形“三线合一”性质得到 $\angle ABC = \angle GBC$，又因为 BC 是公共边且 $AB = GB$，由 SAS 定理可知，$\triangle ABC \cong \triangle GBC$。

（二）反证法

有 9 种教科书采用反证法证明 SSS 定理，而在这 9 种教科书中，所设定的结论否定形式又有所不同。在图 13 -5 中，Failor(1906)假设 $\angle A > \angle D$，因 $AB = DE$，$AC = DF$，故由命题“两个三角形中，若有两边对应相等，则夹角越大对边也越大”，可得 $BC > EF$，同理，假设 $\angle A < \angle D$，则有 $BC < EF$，这显然都与 $BC = EF$ 矛盾。因此 $\angle A = \angle D$。同理可证 $\angle B = \angle E$，$\angle C = \angle F$，由 SAS 定理或 ASA 定理，即可得 $\triangle ABC \cong \triangle DEF$。

Sharpless(1879)先将$\triangle ABC$放到$\triangle DEF$上，使得点B和E重合，点C和F重合，从而边BC、EF重合，于是分三种情形进行讨论，即点A在$\triangle DEF$的内部、边上及外部，不妨设点A落在点G处(图13-7)。

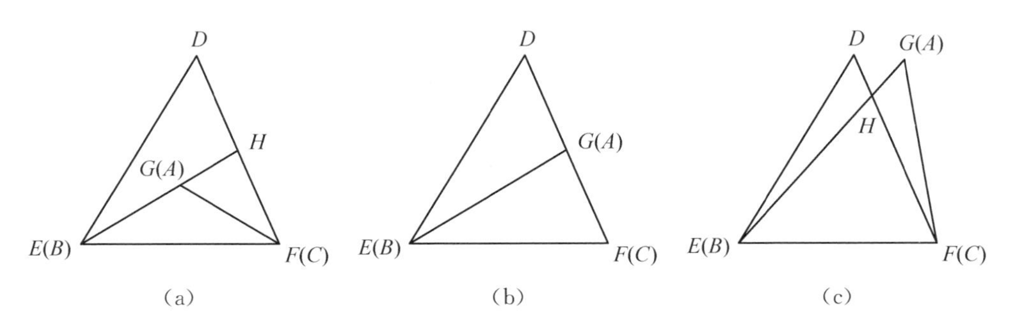

图13-7　反证法之一

假设点A落在$\triangle DEF$的内部，延长EG交DF于点H，连结GF(图13-7(a))。在$\triangle DEH$中，因为$DE+DH>EH$，两边同时加上HF，得到$DE+DF>EH+HF$。在$\triangle FHG$中，因为$HF+HG>GF$，两边同时加上GE，得到$HF+EH>GF+GE$，于是$DE+DF>GE+GF$。而$AB=DE$，$AC=DF$，故$DE+DF=AB+AC=GE+GF$，显然矛盾，因此假设不成立。假设点A落在边DF上，且不与点D重合(图13-7(b))，同样可以得到$DE+DF>GE+GF$与$DE+DF=GE+GF$相矛盾。假设点A落在$\triangle DEF$的外部，连结EG交DF于点H，连结GF(图13-7(c))。因为$DH+HE>DE$，$FH+HG>GF$，两边相加，可得$DF+EG>DE+GF$。又因为$DF=GF$，$EG=DE$，所以$DF+EG=DE+GF$，显然矛盾，因此这一假设也不成立。于是点A、D重合，这样$\triangle ABC$和$\triangle DEF$重合，即$\triangle ABC\cong\triangle DEF$。

Stewart(1891)则利用“在平面上，一条线段的垂直平分线有且只有一条”这一结论进行证明。同样将$\triangle ABC$放到$\triangle DEF$上，使得点B和E重合，点C和F重合，于是边BC、EF重合，假设点A落到点G上且点G不与点D重合(图13-8)。连结DG，取DG的中点H，连结HE、HF。因为$ED=EG$且H是DG的中点，由等腰三角形性质可知，EH是线段DG的垂直平分线。同理，

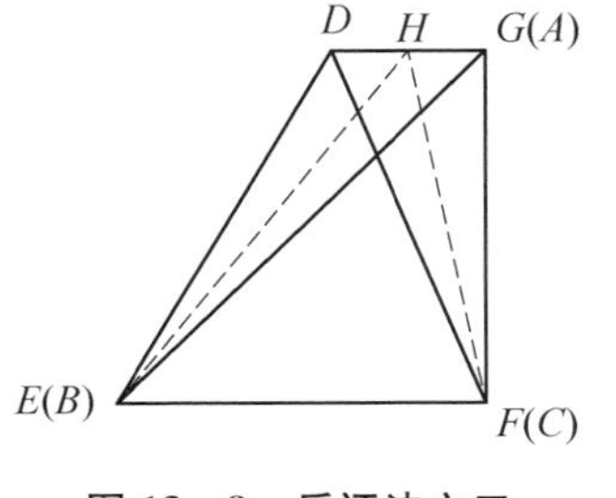

图13-8　反证法之二

因为$FD=FG$，所以FH是线段DG的垂直平分线，这显然与事实相矛盾，因此，点A、

D 重合，$\triangle ABC \cong \triangle DEF$。

（三） 翻折法

有 8 种教科书采用了这一方法。按照图 13 - 5 的方式将 $\triangle ABC$ 和 $\triangle DEF$ 进行拼接，连结 AG，交 BC 于点 H。因为 $BA = BG$，所以点 B 到 A、G 的距离相等，又因为 $CA = CG$，所以点 C 到 A、G 的距离也相等，因此 BC 是线段 AG 的垂直平分线。以 BC 为对称轴，将 $\triangle GBC$ 向上翻折，于是射线 HA、HG 重合，又因 $HA = HG$，所以点 A、G 重合，于是 $\triangle ABC \cong \triangle GBC$，$\triangle ABC \cong \triangle DEF$。（Wentworth，1880，p. 44）

（四） 叠合法

叠合法作为证明 SAS 和 ASA 定理的主流方法，同样适用于 SSS 定理的证明。有 6 种教科书采用了这一方法。如图 13 - 9，Walker(1829)将 $\triangle ABC$ 放到 $\triangle DEF$ 上，使得点 B、E 以及射线 BC、EF 重合，因为 $BC = EF$，所以点 C、F 重合，边 BC、EF 重合。以点 E 为圆心、ED 为半径，作弧 l_1，因为 $BA = ED$，所以点 A 会落在弧 l_1 上。同样以点 F 为圆心、FD 为半径，作弧 l_2，因为 $CA = FD$，所以点 A 还会落在弧 l_2 上。于是点 A 与弧 l_1、l_2 的交点 D 重合，从而 $\triangle ABC$ 和 $\triangle DEF$ 重合，即 $\triangle ABC \cong \triangle DEF$。

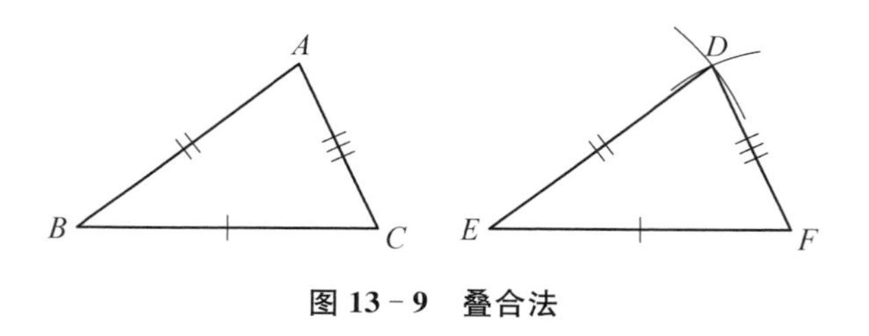

图 13 - 9 叠合法

13.4 SSS 定理证明方法的演变

在 1829—1948 年出版的美英几何教科书中，相比于其余三种判定定理，SSS 定理的证明呈现出方法的多样性，这也是在现行教科书中难以看到的。以 20 年为一个时间段进行统计，图 13 - 10 给出了 SSS 定理证明方法的时间分布情况。由图可见，证明方法由多元走向单一。早在 20 世纪以前，各种证明方法在教科书中均占有一定的比例，而从 19 世纪中叶开始，SAS 法的占比逐渐提高并成为主流方法。

在证明 SSS 定理时，正是由于叠合法的严谨性饱受质疑，因而欧几里得在《几何原本》中尽量避免使用这一方法而使用反证法，后来拜占庭时期数学家菲罗（Philo，公元

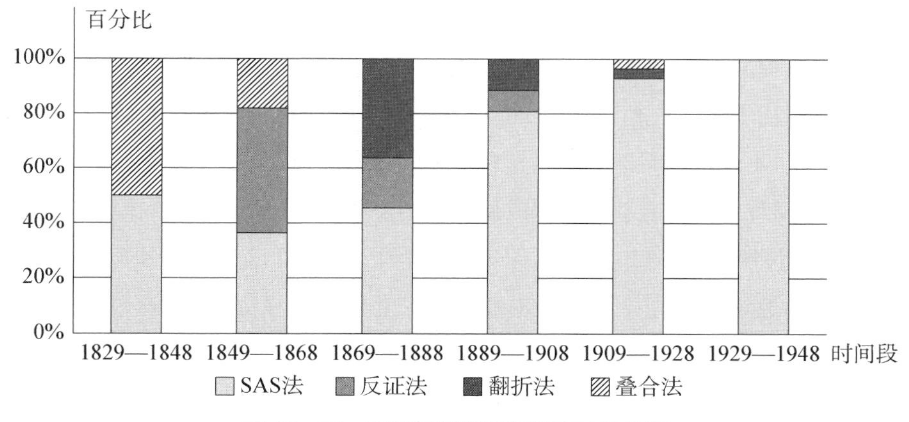

图 13-10　SSS 定理证明方法的时间分布

前 1 世纪）又因对欧几里得的证法感到不满意而给出新的 SAS 法。

17—18 世纪，由于移民的因素，美国数学教育很大程度上受到英国的影响。1812 年，英美战争使得英美关系迅速恶化，美国转而将学习对象从英国变成了法国，这也让勒让德的反证法在 19 世纪上半叶的教科书中占有一席之地。19 世纪中叶以后，肖韦内（W. Chauvenet，1820—1870）、温特沃斯（G. A. Wentworth，1835—1906）等数学家编写的几何教科书在学校中被广泛使用，而他们所用的正是 SAS 法。20 世纪初，英国数学家培利提出改革数学教育的鲜明主张，即要从欧几里得《几何原本》的束缚中解脱出来，这也让欧几里得在证明 SSS 定理时采用反证法的做法逐渐隐没在 SAS 法的光环之中。

可以看出，SAS 法一方面受到历史的影响，因而是教科书编者所十分青睐的一种方法；另一方面，较之其他几种证法，SAS 法的证明过程更加简洁，作为几何教科书中的基础知识，能够让学生更好地理解 SSS 定理，符合学生现有的认知水平，遵循了掌握知识的基本规律。

13.5　教学启示

以上我们看到，美英早期几何教科书中出现了全等三角形判定定理的各种证明方法，其中关于 SSS 定理精彩纷呈的证明方法及其演变过程，又为今日教学带来了诸多启示。

（1）动手操作，在寓教于乐中爱数学。观看百遍不如亲自动手，灌输式的教学模式只会让本身就已十分枯燥的数学定理更加远离学生,让学生望而生畏。教师在全等三角形判定定理的教学过程中,应当加入让学生动手操作的活动,如给定三边、两边及其夹角等条件让学生画三角形,又如让学生在给定的几对三角形中找到全等三角形等。一画一找,不仅可以帮助学生从直观上理解这 4 个判定定理,加深理解和记忆,同时,欢乐的数学课堂也符合新一轮课改所提出的要求。

(2) 突破传统,在推陈出新中乐数学。教学中,教师可以让学生领略数学中无处不在的叠合思想,但不应止步于此,还可以在课堂中设置探究活动,通过三角形的平移、旋转,让学生探寻全等三角形判定定理的多种不同证明方法,这对于开阔学生的数学思维,提高学生的数学能力可以起到举足轻重的作用。与此同时,在探究过程中学生所收获的成就感和满足感,可以进一步提高他们学习数学的兴趣。

(3) 严谨求实,在稳扎稳打中做数学。数学作为一门严谨且严格的科学,即使是在基础内容的教学过程中也要求教师加强教学内容的严谨性。如果教师在课堂上只是让学生将三角形纸片叠合,然后无隙无余、完全重合,就说这两个三角形全等,一方面不能让学生信服,更重要的是丧失了数学中的理性精神。因此,教师在教学过程中应该对判定定理进行证明,一方面,证明可以让定理更具有无可辩驳的说服力,另一方面,也有助于培养学生数学发现与数学创造的能力,提高学生的逻辑思维能力。

(4) 学以致用,在切身感悟中用数学。学数学就是为了用数学,脱离实际生活的数学则显得虚无缥缈。数学教学应当遵循"数学源于现实,寓于现实,用于现实"的理念,学生在掌握 4 个全等三角形判定定理之后,不能只局限于完成平面几何中的证明题,教师应通过设置与全等三角形有关的测量问题、距离问题等,拉近数学与现实生活的联系,让学生真切感受到数学的应用价值。

参考文献

汪晓勤,王甲(2008). 全等三角形的应用:从历史到课堂. 中学数学教学参考(初中),(10):55-57.

中华人民共和国教育部(2011). 义务教育数学课程标准(2011 年版). 北京:北京师范大学出版社.

Beman, W. W. & Smith, D. E. (1900). *New Plane and Solid Geometry*. Boston: Ginn & Company.

Failor, I. N. (1906). *Plane and Solid Geometry*. New York: The Century Company.

Grund, F. J. (1830). *Elementary Treatise on Geometry*. Boston: Carter, Hendee & Company.

Halsted, G. B. (1885). *The Elements of Geometry*. New York: John Wiley & Sons.

Heath T. L. (1921). *A History of Greek Mathematics*. Oxford: The Clarendon Press.

Legendre, A . M. (1834). *Elements of Geometry and Trigonometry*. Philadelphia: A . S. Barnes & Company.

Milne, W. J. (1899). *Plane and Solid Geometry*. New York: American Book Company.

Playfair, J. (1829). *Elements of Geometry*. Philadelphia: A. Walker.

Robbins, E. R. (1907). *Plane and Solid Geometry*. New York: American Book Company.

Sharpless, I. (1879). *The Elements of Plane and Solid Geometry*. Philadelphia: Porter & Coates.

Stewart, S. T. (1891). *Plane and Solid Geometry*. New York: American Book Company.

Tappan, E. T. (1864). *Treatise on Plane and Solid Geometry*. Cincinnati: Sargent, Wilson & Hinkle.

Walker, T. (1829). *Elements of Geometry*. Boston: Richardson & Lord.

Wentworth, G. A. (1880). *Elements of Plane and Solid Geometry*. Boston: Ginn & Heath.

14 等腰三角形的性质和判定

钱　秦*

14.1 引言

在平面几何中，三角形的“等边对等角”“大边对大角”“等角对等边”“大角对大边”是对三角形边角关系的定性刻画，是三角学中边角定量关系的基础。在西方数学史上，《几何原本》第1卷命题Ⅰ.5(等腰三角形的底角相等)是一个著名的几何定理，被称为“驴桥定理”，这既是因为欧几里得在证明该定理时所用的图形像一座简单的桁架桥，也是因为它阻挡了许多中世纪的学习者进一步学习《几何原本》后续命题的脚步，成了愚人难过的关卡。

关于等腰三角形的性质和判定，我国现行5种初中数学教科书(人教版、北师大版、沪教版、浙教版及苏科版)的内容安排大同小异。在引入上，这5种教科书均设计了折纸活动。在“等边对等角”的证明上，人教版和北师大版教科书通过作底边的中线，利用SSS定理加以论证；沪教版和浙教版教科书通过作顶角的平分线，利用SAS定理进行说理；苏科版教科书除折纸验证外，并未给出具体的说理过程。关于等腰三角形“三线合一”性质，浙教版教科书设计了以“几何画板”为工具的探究活动，而另4种教科书均通过“等边对等角”加以说理。关于“等角对等边”，北师大版教科书仅有作辅助线的提示，而未给出完整的证明，其余4种教科书均通过作顶角平分线，运用AAS定理进行说理。(汤雪川等，2018；杨虹霞，胡永强，2020；张青云，2019；刘建，2016)已有的教学设计大多从教科书出发，通过剪纸、折叠引入新课，个别教师运用了数学史。

不难发现，关于等腰三角形的性质与判定，现行教科书倾向于作辅助线(中线、角

* 华东师范大学教师教育学院硕士研究生。

平分线)来构造全等三角形,但这几种方法的合理性受到人们的质疑。例如,在《几何原本》第1卷中,SSS定理(命题Ⅰ.8)的证明用到了三角形的唯一性(命题Ⅰ.7),而三角形唯一性的证明又需要用到"等边对等角"(命题Ⅰ.5),这就使得涉及SSS定理的证明具有循环论证之嫌。而角平分线(命题Ⅰ.9)的存在性又要用到SSS定理,使得作角平分线的合理性也得不到保证。(唐小勃,2018)鉴于此,本章聚焦等腰三角形的性质与判定,对19世纪初至20世纪中叶出版的美英几何教科书进行考察,以试图回答以下问题:关于等腰三角形的性质与判定,早期几何教科书中采用了哪些证明方法?证明方法有何演变规律?对今日教学有何启示?

14.2 教科书的选取

从有关数据库中选取1800—1959年间出版的103种美英几何教科书作为研究对象,其中85种出版于美国,18种出版于英国。以20年为一个时间段进行统计,这些教科书的出版时间分布情况如图14-1所示。

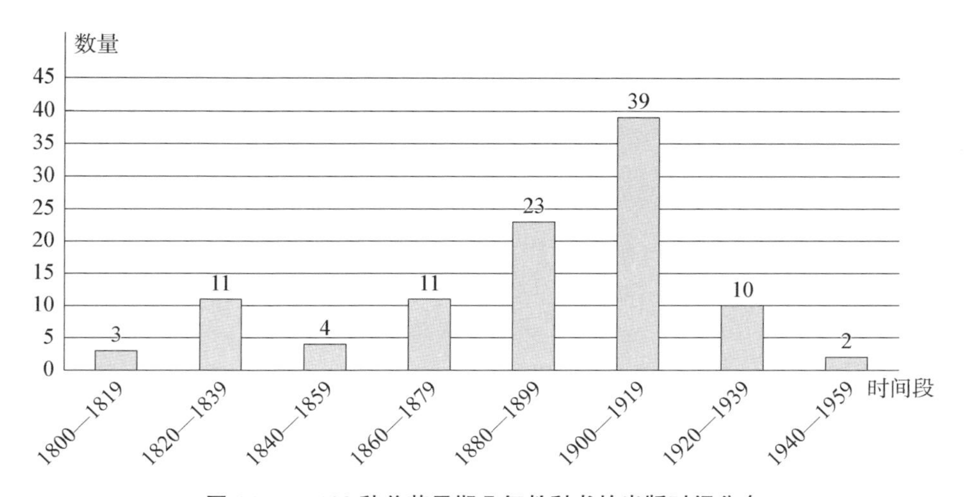

图14-1 103种美英早期几何教科书的出版时间分布

早期几何教科书的章节划分不像今天一般细致清晰,有的教科书甚至未划分章节,直接以一个个命题的形式呈现。103种教科书中,等腰三角形主要位于"命题""直线形""三角形""等腰三角形""线、角与直线图形""全等三角形"等章中,表14-1给出了具体分布情况。我们也发现,无论章名如何,该章内容在各教科书中所处的位置都比较靠前。由此可以说明,等腰三角形的性质与判定是平面几何的基础知识。

表 14-1　等腰三角形在 103 种几何教科书中所在章的分布

章名	命题	全等三角形	等腰三角形	直线图形	三角形	其他
数量	16	7	4	30	39	7
占比	15.53%	6.80%	3.88%	29.13%	37.86%	6.80%

等腰三角形的性质主要有“等边对等角”和“三线合一”,但大部分教科书中,对于“三线合一”并未给出论证,而是将其作为“等边对等角”的推论直接给出。判断一个三角形是否为等腰三角形时,可以根据定义,也可以通过“等边对等角”来判断。因此,本章将从“等边对等角”和“等角对等边”两个角度梳理早期几何教科书中的证明方法。

14.3 “等边对等角”的证明

考察发现,在 103 种教科书中,有 2 种只提示学生作辅助线,通过三角形全等进行证明,但未给出完整的证明过程。其余 101 种教科书给出了完整的证明,证明方法大致可分为 6 类:欧几里得证法、帕普斯证法、勒让德证法、莱斯利证法、作高法、实验操作法。

14.3.1 欧几里得证法

欧几里得的伟大贡献在于建立了公理化体系,其《几何原本》从给定的少数公理、公设及定义出发,用演绎的方法证明了 400 多个命题。“等边对等角”作为《几何原本》第 1 卷命题Ⅰ.5,其证明过程严格遵循公理化体系,只用到了命题Ⅰ.5 之前的公设、公理及命题。

有 10 种教科书沿用了欧几里得证法。如图 14-2,在等腰 $\triangle ABC$ 中,$CA=CB$。在两腰 CA 和 CB 的延长线上分别取点 D、E,使得 $AD=BE$,连结 AE 和 BD,则 $CD=CE$。由 SAS定理,可证 $\triangle CAE \cong \triangle CBD$,从而得 $\angle CAE=\angle CBD$;再由 SAS定理,可证 $\triangle BAE \cong \triangle ABD$,从而得 $\angle EAB=\angle DBA$。根据“等量减等量,差相等”,得 $\angle CAB=\angle CBA$。(Hunter, 1872, pp. 23—24)

14.3.2 帕普斯证法

有 11 种教科书采用了古希腊数学家帕普斯(Pappus, 3 世纪末)的证法:将等腰

$\triangle CAB$ 和等腰$\triangle CBA$ 看作两个三角形，然后用 SAS 定理证明 $\triangle CAB \cong \triangle CBA$。

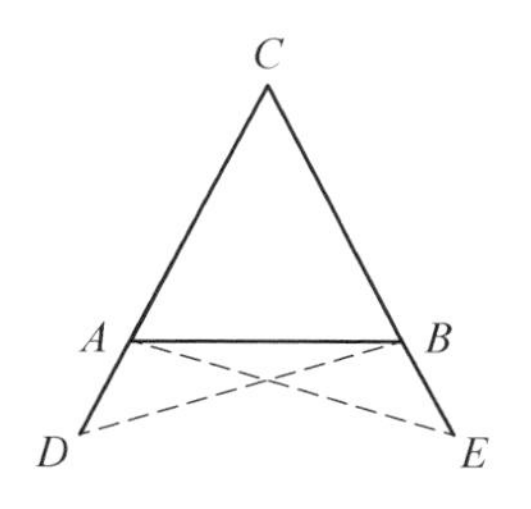

图 14－2　欧几里得证法

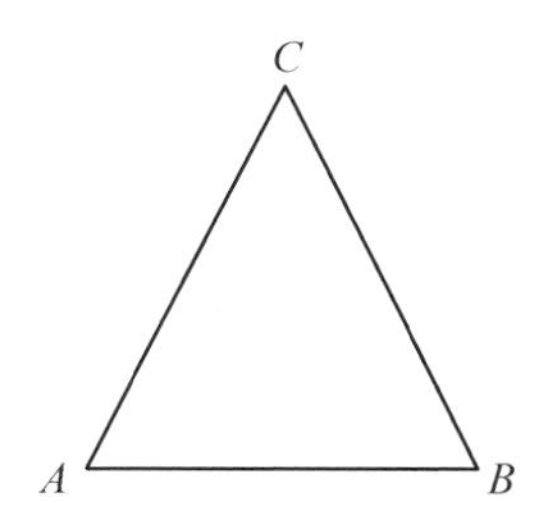

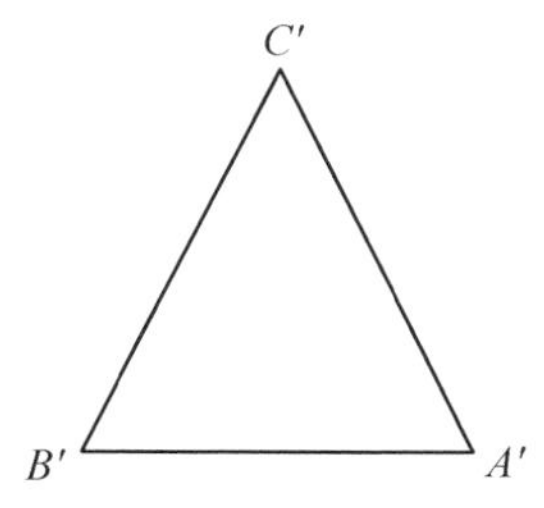

图 14－3　帕普斯证法

把一个三角形看作两个三角形，对学生来说较为抽象，因此，有的教科书把另一个三角形“外显”出来了。如图 14－3，已知等腰 $\triangle ABC$，$CA=CB$。想象 $\triangle ABC$ 被拿起、翻转后放下，记作 $\triangle A'B'C'$（点 A'、B'、C' 分别对应点 A、B、C）。那么，$AC=A'C'=BC=B'C'$，则在 $\triangle ABC$ 和 $\triangle B'A'C'$ 中，$AC=B'C'$，$BC=A'C'$，且 $\angle C=\angle C'$。根据 SAS 定理，有 $\triangle ABC \cong \triangle B'A'C'$，则 $\angle A=\angle B'$，又因为 $\angle B=\angle B'$，通过等量代换，得 $\angle A=\angle B$。（Halsted，1886，p. 26）

14.3.3　勒让德证法

法国数学家勒让德在其《几何基础》中提出通过作底边中线的方法来构造全等三角形，从而得到“等边对等角”。有 4 种教科书采用了此方法。如图 14－4，在等腰 $\triangle ABC$ 中，$CA=CB$。过顶点 C 作底边 AB 的中线 CD。在 $\triangle CAD$ 和 $\triangle CBD$ 中，$CA=CB$，$CD=CD$，$AD=BD$，根据 SSS 定理，可证 $\triangle CAD \cong \triangle CBD$，从而得 $\angle A=\angle B$。（Legendre，1834，pp. 20—21）

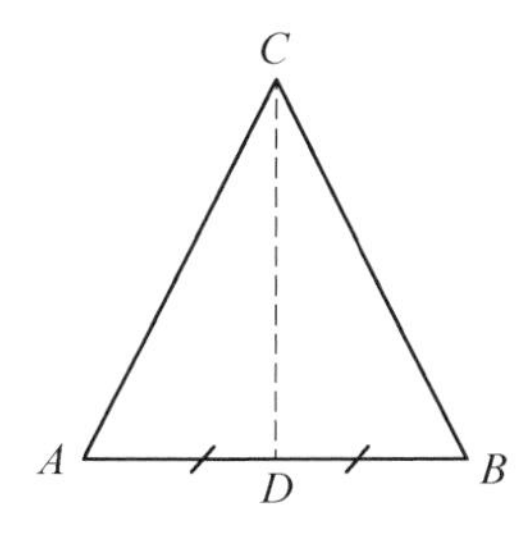

图 14－4　勒让德证法

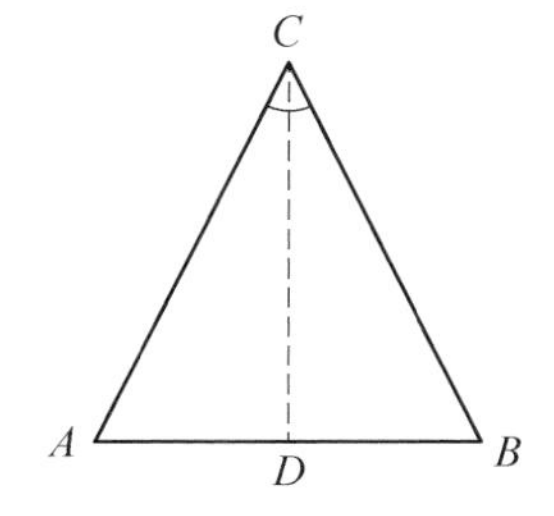

图 14－5　莱斯利证法

14.3.4 莱斯利证法

有 69 种教科书采用了苏格兰数学家莱斯利(J. Leslie, 1766—1832)的证法。如图 14-5,在等腰 $\triangle ABC$ 中,$AC=BC$。过顶点 C 作 $\angle ACB$ 的平分线,交 AB 于点 D。根据 SAS 定理,可证 $\triangle ACD \cong \triangle BCD$,从而得 $\angle A=\angle B$。(Leslie, 1809, p.16)

14.3.5 作高法

有 4 种教科书采用了作高法。如图 14-6,给定 CA 和 CB 为等腰 $\triangle ABC$ 中相等的两边,作 $CD \perp AB$,垂足为 D。在 $\mathrm{Rt}\triangle CAD$ 和 $\mathrm{Rt}\triangle CBD$ 中,$CA=CB$,$CD=CD$,根据 HL 定理,可证 $\triangle CAD \cong \triangle CBD$,从而得 $\angle A=\angle B$。(Wells, 1901, p.42)

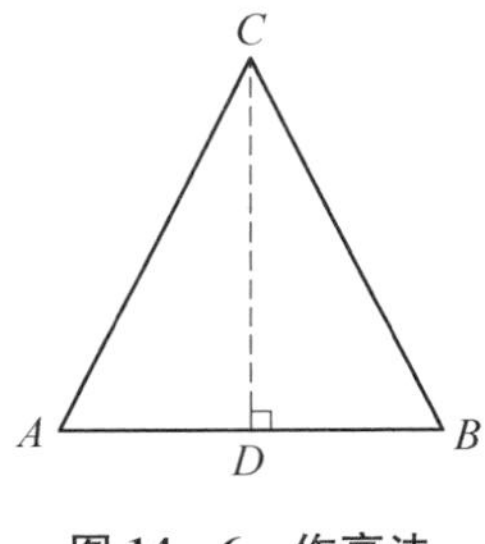

图 14-6 作高法

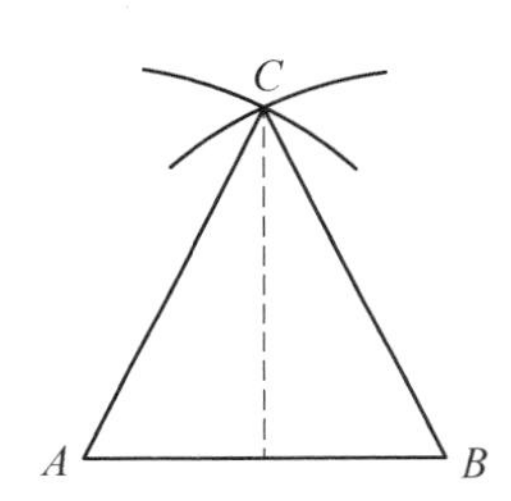

图 14-7 实验操作法

14.3.6 实验操作法

有 5 种教科书采用了实验操作(折叠)法。如图 14-7,通过尺规作图构造一个等腰$\triangle CAB$,小心地将三角形从纸上剪下。沿底边 AB 的中线将三角形折叠,并比较$\angle CAB$ 和$\angle CBA$ 的大小。接着再构造不同尺寸的等腰三角形,同样比较两个底角的大小。观察得到等腰三角形的底角相等。(Baker, 1903, pp.16—17)

14.3.7 "等边对等角"证明方法的演变

19 世纪初至 20 世纪中期,早期几何教科书采用了丰富的方法来证明"等边对等角"定理。以 20 年为一个时间段进行统计,图 14-8 给出了 6 类证明方法的时间分布情况。

从图中可见,在考察的整段时间内,教科书证明"等边对等角"的方法呈现多元化的特点,但始终以莱斯利的作角平分线方法为主流。欧几里得延长两腰的做法,因其严密的逻辑以及在几何上的独特地位,在两千多年后的教科书中仍占有一席之地。帕

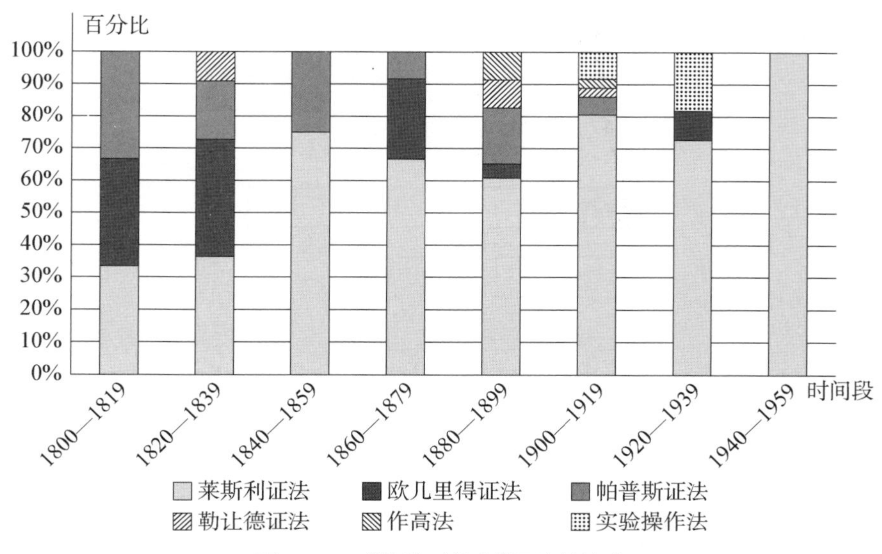

图 14-8 “等边对等角”证法的演变

普斯证法巧妙地将三角形对应的部分重合，在历史上流行了很长一段时间。但随着更简便的辅助线（角平分线、底边中线或高）方法的出现，欧几里得证法和帕普斯证法逐渐退出历史舞台。到了 20 世纪，实验几何开始受到人们的重视，一些教科书相应设计了折纸的实验操作来丰富学生的直观体验。

那么，是否如本章引言中提到的质疑那样，一些证法存在着逻辑上的漏洞呢？今天，人们对“等边对等角”某些证法的质疑主要依据《几何原本》中的逻辑体系。然而，本章所考察的美英早期几何教科书采用了不同的逻辑体系，不同的逻辑体系造成了知识点编排顺序的差异。勒让德在《几何基础》中采用了图 14-9 所示的命题顺序，SSS

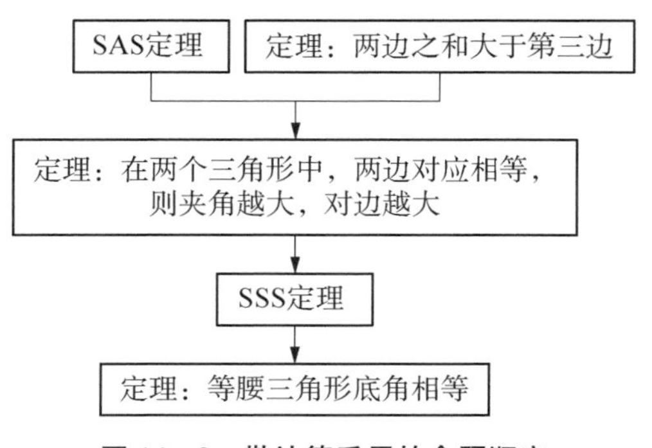

图 14-9 勒让德采用的命题顺序

定理并未建立在等腰三角形的性质之上，他通过作底边中线来证明"等边对等角"，是完全合理的。莱斯利则采用了图 14－10 所示的命题顺序，他通过作角平分线证明"等边对等角"，也是严谨的。

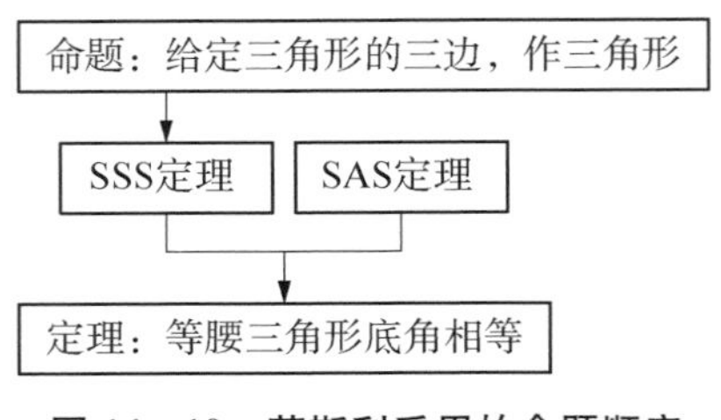

图 14－10　莱斯利采用的命题顺序

14.4 "等角对等边"的证明

"等角对等边"，即如果三角形中有两个角相等，那么其对边相等，这个三角形为一个等腰三角形。有 83 种教科书给出了完整的证明，证明方法大致可分为以下 7 类。

14.4.1 欧几里得的反证法

有 23 种教科书沿用了欧几里得的反证法。如图 14－11，令 $\angle CAB=\angle CBA$。假设对边 AC 比另一边 BC 要长，令 $AD=BC$，那么 $\triangle DBA$ 明显要比 $\triangle ABC$ 小。但因为 CB 与 BA 的夹角 $\angle CBA$ 等于 DA 与 AB 的夹角 $\angle DAB$，所以 $\triangle DAB\cong\triangle CBA$，这是不可能的(大小不同的三角形不全等)。因此，$AC$ 不能比 BC 长。同理可证，BC 不能比 AC 长，所以 $BC=AC$。(Young, 1827, pp. 11—12)

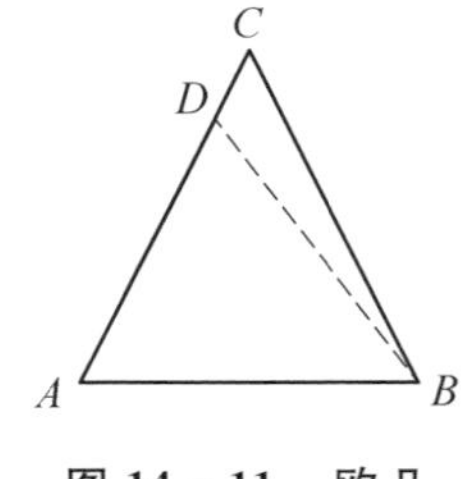

图 14－11　欧几里得的反证法

14.4.2 想象有两个三角形

有 11 种教科书采用了"想象有两个三角形"的方法。如图 14－12，给定 $\triangle ABC$，其中 $\angle A=\angle B$。假设 $\triangle A'B'C'$ 是 $\triangle ABC$ 的一个复制品，将 $\triangle A'B'C'$ 翻转后放在 $\triangle ABC$ 上，那么点 B' 将落在点 A 上，点 A' 将落在点 B 上，则 $B'A'$ 与 AB 重合。又因为 $\angle A'=\angle B'$，$\angle A=\angle A'$，通过等量代换，得 $\angle A=\angle B'$，所以 $B'C'$ 将与 AC 重合。同

理，$A'C'$ 将与 BC 重合。因此，点 C' 将同时落在 AC 和 BC 上，即点 C' 落在它们的交点 C 上。所以，$B'C' = AC$。又因为 $B'C' = BC$，所以 $AC = BC$。（Wentworth & Smith，1913，p. 34）

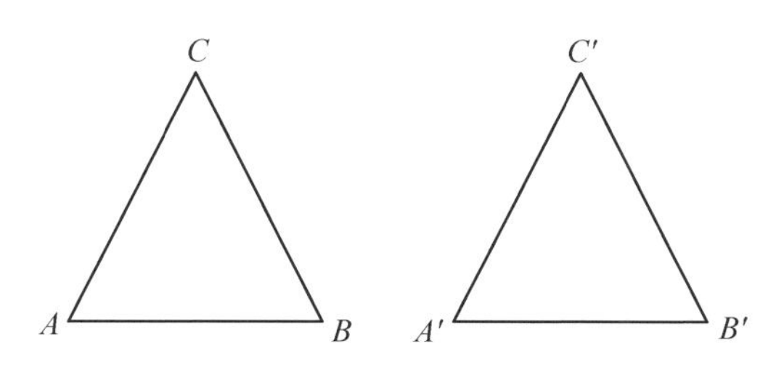

图 14－12　“想象有两个三角形”的方法

14.4.3　大边对大角

有 6 种教科书先证明“大边对大角”，再由此说明“等边对等角”。如图 14－13，给定 $\triangle ABC$，其中 $\angle A = \angle B$。以下三个命题中必有一个是正确的：①$a = b$，②$a < b$，③$a > b$。但 $a > b$ 不可能为真，因为如果它成立，根据三角形中“大边对大角”的定理，有 $\angle A > \angle B$，与已知矛盾。同样地，$a < b$ 不可能为真。因此，只能是 $a = b$ 成立。（Slaught & Lennes，1918，p. 54）

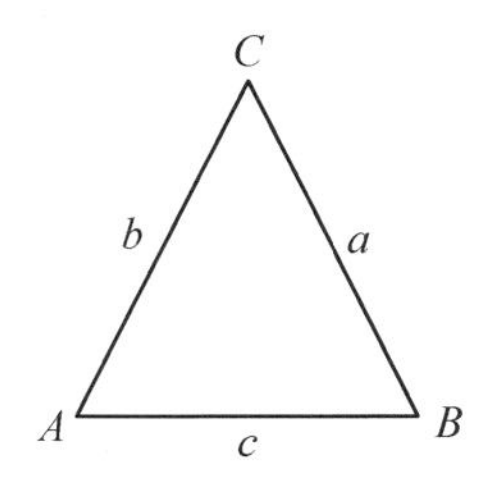

图 14－13　“大边对大角”的方法

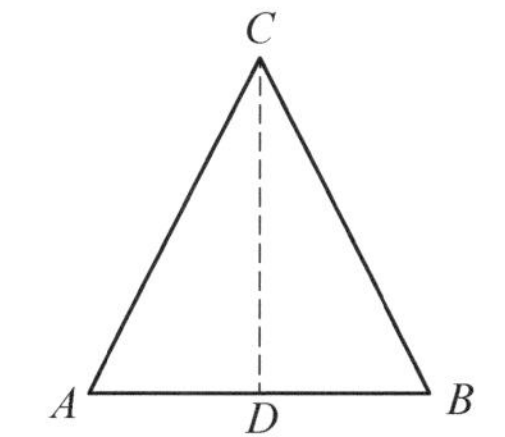

图 14－14　“作底边上的高”及“作顶角平分线”的方法

14.4.4　作底边上的高

有 27 种教科书采用了作底边上的高的方法。如图 14－14，给定 $\triangle ABC$，其中 $\angle A = \angle B$。作 $CD \perp AB$，那么在两个 $\mathrm{Rt}\triangle CAD$ 和 $\mathrm{Rt}\triangle CBD$ 中，$\angle A = \angle B$，所以 $\angle ACD = \angle BCD$。因此，$\triangle CAD$ 和 $\triangle CBD$ 中有两个角及其夹边 CD 对应相等，由 ASA 定理知，$\triangle CAD \cong \triangle CBD$，从而得 $AC = BC$。（Brooks，1901，p. 58）

14.4.5 作顶角平分线

有 11 种教科书采用了作顶角平分线的方法。如图 14－14，在 $\triangle ABC$ 中，$\angle A=\angle B$。作 $\angle ACB$ 的平分线 CD，易证 $\triangle CAD \cong \triangle CBD$，从而得 $AC=BC$。（Milne，1899，p. 48）

14.4.6 作底角平分线

有 2 种教科书采用了作底角平分线的方法。如图 14－15，给定 $\triangle ABC$，其中 $\angle ABC=\angle BAC$。作 BD 平分 $\angle ABC$，AE 平分 $\angle BAC$，则 $\triangle DBA \cong \triangle EAB$，从而得 $\angle BDA=\angle AEB$，所以 $\angle CDB=\angle CEA$，且 $BD=AE$，又因为 $\angle C=\angle C$，所以 $\triangle ACE \cong \triangle BCD$，从而得 $AC=BC$。（Major，1946，p. 24）

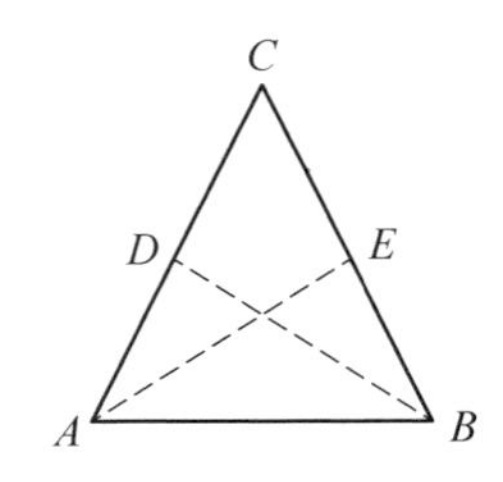

图 14－15 “作底角平分线”的方法

14.4.7 实验操作法

有 3 种教科书采用了剪纸、折叠的方法来验证“等角对等边”，其过程与“等边对等角”的证明类似，这里不再赘述。

14.4.8 “等角对等边”证明方法的演变

以 20 年为一个时间段进行统计，图 14－16 给出了“等角对等边”各类证明方法的时间分布情况。

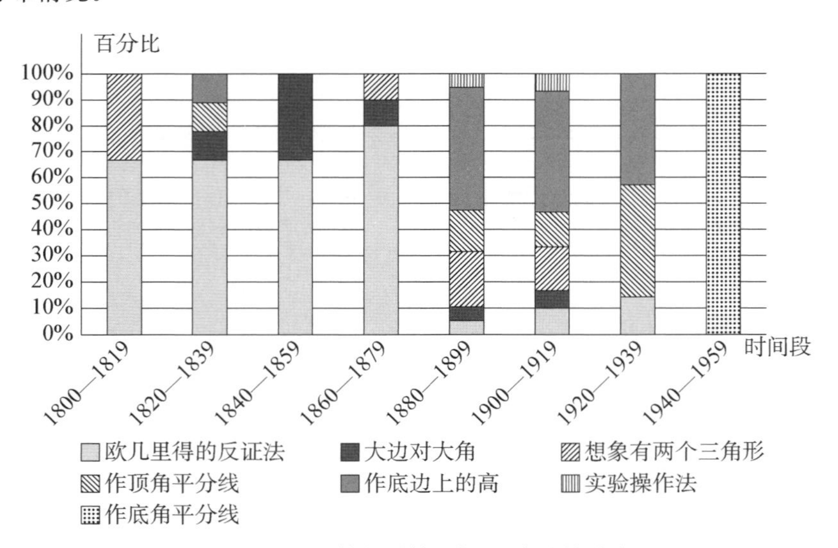

图 14－16 “等角对等边”证明方法的演变

由此可见,19 世纪 80 年代之前,欧几里得的反证法占有绝对优势,而后“作底边上的高”的证法成为使用频率最高的方法。欧几里得的反证法十分经典,只用到了 SAS 定理,一度受到人们的青睐。但作底边上的高后无需分类讨论,通过一次三角形全等即能解决问题,相比之下证明过程更加简洁。“大边对大角”“实验操作法”“想象有两个三角形”和“作顶角平分线”等,都只是在少数几个时间段内零星出现的证明方法。

奇怪的是,20 世纪 40 年代涌现了一种新的方法,即“作底角平分线”证两次三角形全等,从证明过程来看,该方法明显不如前面的大部分方法简便,但它却被 20 世纪 40 年代的教科书所采用。这看似较为复杂的证法,恰恰体现了数学家不懈探究、追求创新的精神。

14.5 结论与启示

“等边对等角”与“等角对等边”是历史悠久的两个几何命题,在两千多年的历史长河中,涌现了许多优秀的证明方法。这些证明方法相继出现于本章所考察的 103 种早期几何教科书中。遗憾的是,我们在今天的教科书中却几乎看不见它们的踪影。美英早期几何教科书中的证明方法各有特色,关于“等边对等角”的证明,莱斯利证法在各教科书中占绝对优势。而关于“等角对等边”的证明,欧几里得的反证法在相当长的时期内都是主流方法,但到了 19 世纪 80 年代以后,“作底边上的高”的证法后来居上,而欧几里得的反证法逐渐退出了历史舞台。

美英早期几何教科书为 HPM 视角下的等腰三角形教学提供了诸多启示。

(1) 营造探究之乐。本节内容可采用探究式学习的模式,设计不同大小等腰三角形的折纸活动,引导学生归纳出等腰三角形的性质。通过体验性极强的折纸活动,学生能提高学习兴趣,让数学课堂活起来。接下来,教师则可以利用几何画板等现代工具对学生的猜想加以检验。在定理的证明上,先由学生自主探究其证明方法,再由教师进行古今对照,使学生充分参与到课堂中来。

(2) 彰显方法之美。无论是“等边对等角”,还是“等角对等边”,早期几何教科书都呈现了丰富的证明方法。这些来自不同时空的灵活、多样的方法,能够拓宽学生的视野。在学生探究、古今对照的基础上,教师可以制作微视频,追溯等腰三角形性质和判定定理的历史,呈现不同时空的证明方法,并让学生总结证明背后所蕴含的思想方法。

(3) 实现能力之助。“等边对等角”与“等角对等边”互为逆命题,要判断这两个命题的真假必须分别对其进行严格的证明,这有助于培养学生的逻辑推理能力。同时,课堂上安排折纸的实验操作,也有利于学生直观想象素养的发展。

(4) 达成德育之效。一方面,教学过程中可以讲述“驴桥定理”的故事,告诉学生中世纪时期人们学习几何也同样会遇到挫折,让学生得到心理安慰,使数学变得不那么可怕。另一方面,通过折纸活动感知“等边对等角”后进一步说明论证的安排,使学生明白数学是一门逻辑严密的学科,任何内容的学习不能仅仅停留在观察的结果上。数学家不懈探究、追求创新的治学态度,在早期几何教科书对等腰三角形性质与判定定理的证明中体现得淋漓尽致。相信学生通过这部分内容的学习,能够树立正确的数学观,培养理性精神。

参考文献

刘建(2016). 一次单元教学的实践与思考——以“等腰三角形的性质与判定”为例. 中学数学,(2): 30 - 32.

杨虹霞,胡永强(2020). 问题驱动,以史为鉴;探究知识,解决问题——HPM 视角下“等边对等角”教学实录与反思. 上海中学数学,(12): 39 - 43.

唐小勃(2018). 谈数学教科书证明等边对等角的方法不合理的原因. 数学学习与研究,(8): 134 - 135.

汤雪川,栗小妮,孙丹丹(2018). “等腰三角形的性质”: 从历史中找应用、看证明. 教育研究与评论(中学教育教学),(11): 52 - 61.

张青云(2019). 既见树木,又见森林——对“等腰三角形的性质与判定”一课的设计与思考. 中国数学教育(初中版),(11): 58 - 61.

中华人民共和国教育部(2011). 义务教育数学课程(2011 年版). 北京:北京师范大学出版社.

Baker, A. (1903). *Elementary Plane Geometry*. Boston: Ginn & Company.

Brooks, E. (1901). *Plane Geometry*. Philadelphia: Christopher Sower Company.

Halsted, G. B. (1886). *The Elements of Geometry*. London: Macmillan & Company.

Hunter, T. (1872). *Elements of Plane Geometry*. New York: Harper & Brothers.

Legendre, A . M. (1834). *Elements of Geometry and Trigonometry*. Philadelphia: A . S. Barnes & Company.

Leslie, J. S. (1809). *Elements of Geometry*. Edinburgh: James Ballantyne & Company.

Major, G. T. (1946). *Plane Geometry*. Exeter: Edwards Brothers.
Milne, W. J. (1899). *Plane Geometry*. New York: American Book Company.
Slaught, H. E. & Lennes, N. J. (1918). *Plane Geometry*. Boston: Allyn & Bacon.
Wells, W. (1901). *The Essentials of Geometry*. Boston: D. C. Heath & Company.
Wentworth, G. & Smith, D. E. (1913). *Plane Geometry*. Boston: Ginn & Company.
Young, J. R. (1827). *Elements of Geometry*. London: J. Souter.

15 三角形中位线

秦语真 *

15.1 引言

三角形中位线定理是平面几何中的重要定理，关于该定理，我国现行 5 种初中数学教科书（人教版、北师大版、沪教版、浙教版以及苏科版）在内容安排上大同小异：都安排在“平行四边形”一章；除人教版外，其余 4 种教科书均将该知识点单独列为一节，人教版教科书在“平行四边形的判定”一节的例题中直接用文字语言描述该定理；浙教版教科书采用了现实情境引入，其余 3 种教科书采用剪拼法，将三角形拼成一个平行四边形来引入。人教版教科书通过倍长中位线，构造两个平行四边形对定理进行证明，其他 4 种教科书均采用倍长中位线，构造一个平行四边形对定理进行证明。在已有的教学设计中，教师大多从教科书出发（尤善培，2015；王玉宏，2017），并更倾向于在课堂中让学生学会在不同数学情境下添加中位线来解决几何问题，也有教师从 HPM 视角来开展教学（张莉萍，2018；司睿，2021）。

早在古巴比伦时期，人们就已经在实践中运用三角形一边的一组平行线来分割三角形了。欧几里得在《几何原本》第 6 卷中给出了如下命题（命题Ⅵ.2）：“若一条直线平行于三角形的一边，则该直线截另两边所得线段成比例；若三角形两边被分割成成比例的线段，则分点连线平行于三角形的第三边”，命题的第一部分即三角形一边平行线定理，第二部分为该定理的逆定理，而三角形中位线定理不过是第二部分的特殊情形而已。我国三国时期数学家刘徽在推导三角形面积公式的过程中，实际上也得到了三角形中位线的相关性质。

今日教科书和课堂教学中，中位线定理主要体现了转化思想，但仅局限于三角

* 华东师范大学教师教育学院硕士研究生。

形与平行四边形之间的联系上，人们对于该定理与其他几何定理之间的联系、在平面几何中的地位、定理证明的演变过程等知之甚少。鉴于此，本章聚焦三角形中位线定理，对美英早期几何教科书进行考察，以期获得有助于今日教学的素材和思想启迪。

15.2 早期教科书的选取

选取 1750—1950 年间出版的 68 种涉及三角形中位线定理的美英几何教科书作为研究对象，以 50 年为一个时间段进行统计，其出版时间分布情况如图 15－1 所示。

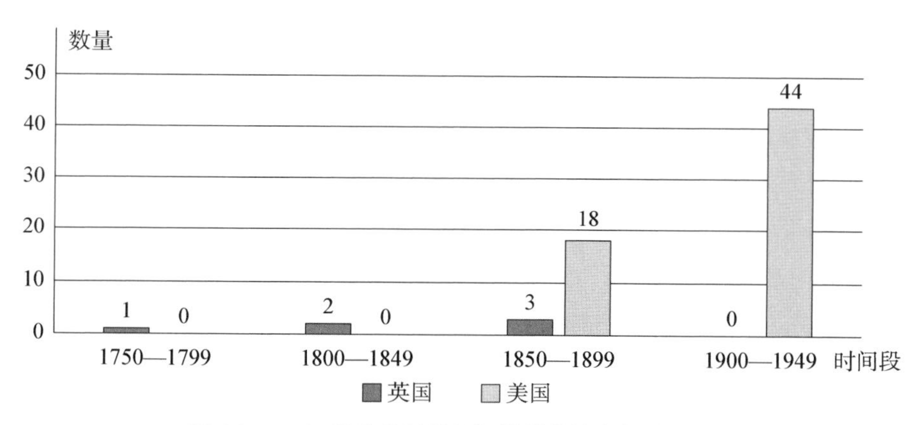

图 15－1 68 种美英早期几何教科书的出版时间分布

18 世纪和 19 世纪初期的几何教科书绝大多数是照搬《几何原本》中的内容，没有涉及三角形中位线定理，本章对此类教科书不予考虑。在出版于 19 世纪中叶之前的有关教科书中，三角形中位线性质以定理的形式单独出现；而之后的教科书中，该定理大多出现在“平行四边形”或“多边形”主题中，这与今日教科书的情形类似。

15.3 三角形中位线定理的呈现方式

在早期几何教科书中，三角形中位线定理的呈现方式可分为 3 类。一是作为定理单独出现，二是作为推论出现，三是在练习题中出现，具体情况见表 15－1。

表 15－1　三角形中位线定理的呈现方式

呈现方式	具体表述	教科书数量
作为定理单独出现	连结三角形两边中点的直线必平行于第三边； 连结三角形两边中点的线段等于第三边的一半； 连结三角形两边中点的线段平行于第三边且等于第三边的一半。	39
作为推论出现	根据平行线等分线段定理或其推论得到三角形中位线定理。	24
在练习题中出现	证明三角形中位线定理； 证明：连结三角形三边中点所形成的四个三角形两两全等； 证明：过三角形一边中点且平行于底边的直线必平分第三边。	5

图 15－2 给出了 3 类呈现方式的时间分布。

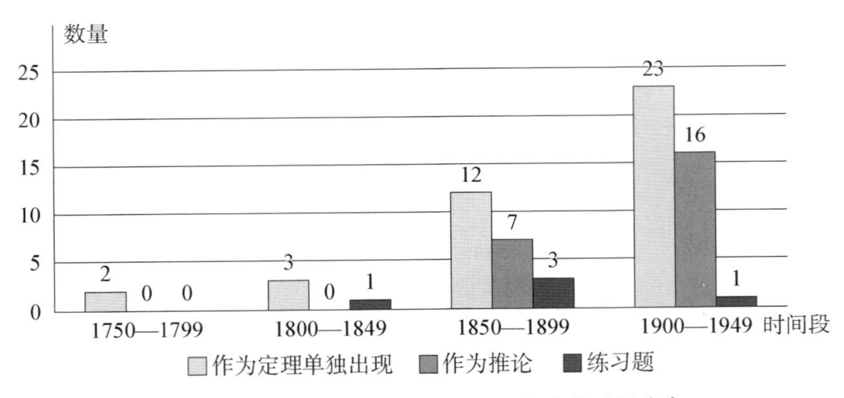

图 15－2　三角形中位线定理呈现方式的时间分布

从图中可见，19 世纪中叶之前，涉及三角形中位线定理的教科书占比较小；而 19 世纪中叶之后，绝大多数教科书中三角形中位线定理是作为一个定理独立出现的，此外还有部分教科书根据平行线等分线段定理或其推论得到三角形中位线定理。

15.4　三角形中位线定理的证明

15.4.1　面积法

有 2 种教科书采用面积法证明三角形中位线定理。Leslie(1809)单独研究了三角形中位线的情形,并给出了以下证明：如图 15-3,由 D、E 分别为 AB、AC 的中点,得 $S_{\triangle ADC}=S_{\triangle BDC}$,即 $S_{\triangle BDC}=\frac{1}{2}S_{\triangle ABC}$,同理可得 $S_{\triangle BEC}=\frac{1}{2}S_{\triangle ABC}$,因此 $S_{\triangle BDC}=S_{\triangle BEC}$,即可得 $DE /\!/ BC$。

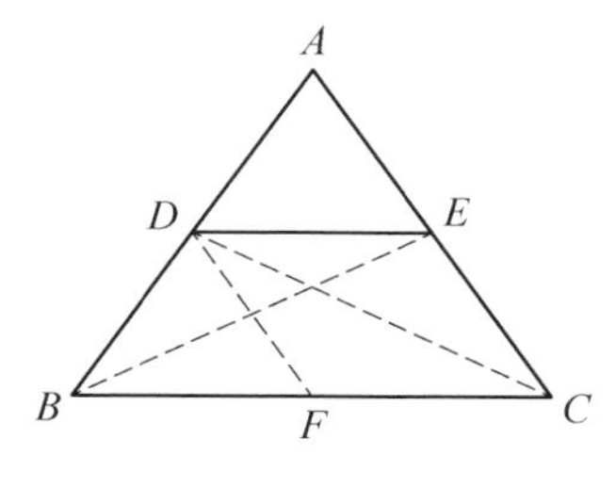

图 15-3　面积法

莱利斯并未关注中位线和底边的大小关系。实际上,易证 $\triangle BDE$ 的面积等于 $\triangle BCE$ 面积的一半,由此得 DE 为 BC 的一半。

15.4.2　同一法

有 27 种教科书根据"平行线等分线段定理"或其推论,用同一法证明三角形中位线定理。例如,Wentworth(1888)首先利用平行线的性质证明了"平行线等分线段定理"。

定理　一组平行线在一条直线上截得的线段相等,则在其他直线上所截得的线段也相等。

如图 15-4,直线 $AA' /\!/ BB' /\!/ CC' /\!/ DD'$,其中 $AB=BC=CD$,分别过点 A'、B'、C' 作 l_1 的平行线分别交 BB'、CC'、DD' 于 E、F、G 三点,则四边形 $ABEA'$、$BCFB'$、$CDGC'$ 均为平行四边形,于是有 $AB=A'E$,$BC=B'F$,$CD=C'G$,从而得 $A'E=B'F=C'G$,利用平行线性质知,$\triangle A'EB' \cong \triangle B'FC' \cong \triangle C'GD'$,因此 $A'B'=B'C'=C'D'$。

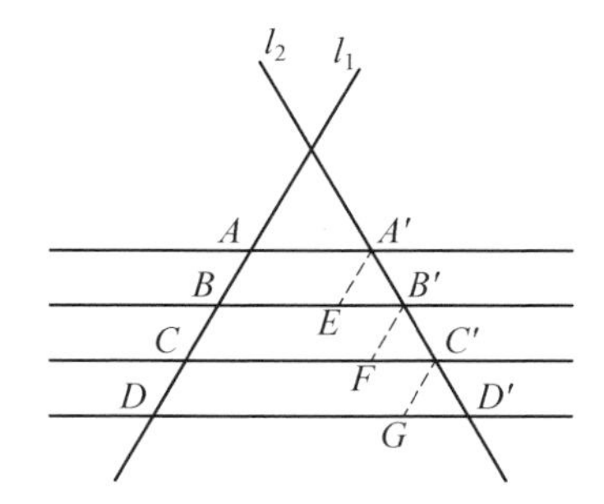

图 15-4　平行线等分线段定理证法 1

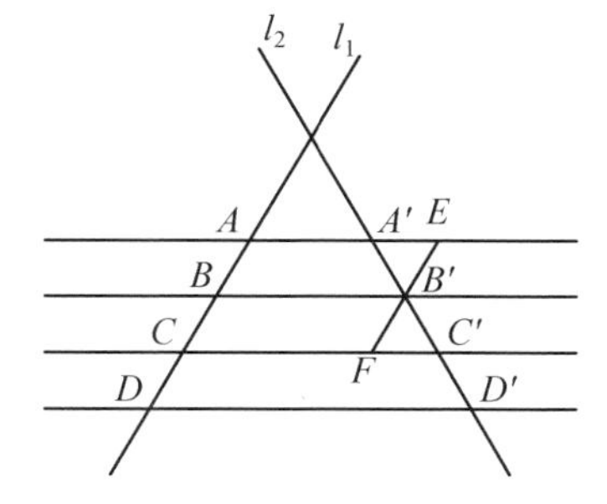

图 15-5　平行线等分线段定理证法 2

关于平行线等分线段定理,Dupuis(1889)还给出了另一种证明：如图 15-5,直线 $AA' /\!/ BB' /\!/ CC' /\!/ DD'$,其中 $AB=BC=CD$,过点 B' 作 l_1 的平行线交 AA'、CC' 于点 E、F,易知 $EB'=B'F$,$\angle A'B'E=\angle C'B'F$,$\angle A'EB'=\angle B'FC'$,于是,

$\triangle EA'B' \cong \triangle FC'B'$，从而得 $A'B' = B'C'$，同理可得 $B'C' = C'D'$。

在所考察的教科书中，平行线等分线段定理在三角形中有以下两条推论。

推论 1　过一边中点且平行于底边的直线必平分第三边。

如图 15－6，点 D 是 AB 的中点，$DE \parallel BC$，过点 A 作直线 $l_1 \parallel DE$，根据平行线等分线段定理，可得 $AE = EC$。（Failor，1906，p. 60）

推论 2　连结三角形两边中点的直线平行于第三边且等于第三边的一半。

证法 1：如图 15－6，已知 D 和 E 分别是 AB 和 AC 的中点，过点 D 作 BC 的平行线，交 AC 于点 E'，根据推论 1 可知，$AE' = AE$，因此 DE 和 DE' 重合，从而有 $DE \parallel BC$。再过点 E 作 AB 的平行线交 BC 于点 F，易证 $DE = BF = FC = \frac{1}{2}BC$。（Newell & Harper，1914，pp. 67—68）

证法 2：如图 15－6，根据平行线等分线段定理，利用同一法，得 $AE' = AE$，从而得 $DE \parallel BC$。又由图 15－4 可知：$DD' - CC' = D'G = C'F = CC' - BB'$。因此在图 15－6 中，$BC - DE = DE - AA = DE - 0 = DE$，从而得 $BC = 2DE$。（Gore，1898，p. 38）

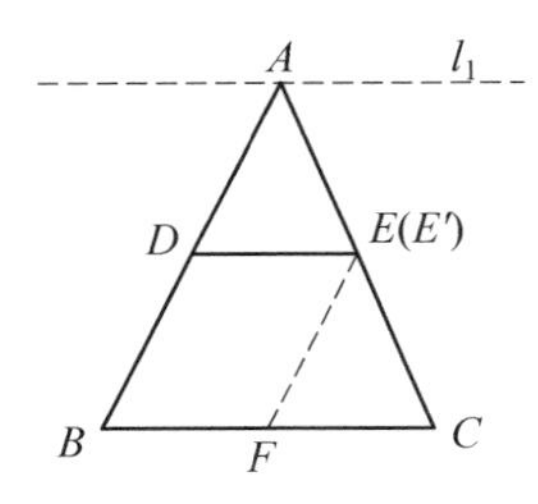

图 15－6　同一法

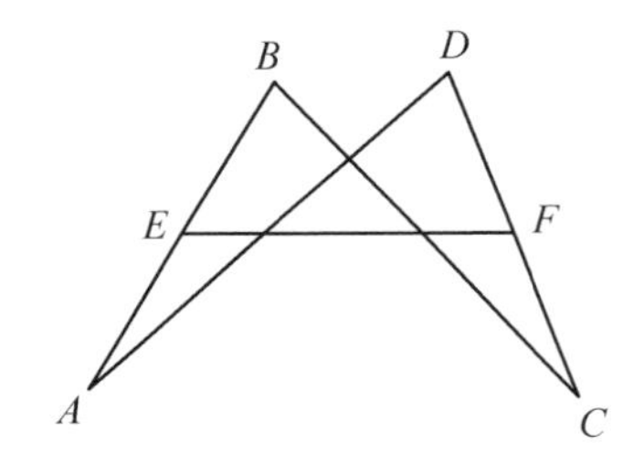

图 15－7　平行线等分线段定理的逆命题的反例

此外，还有教科书指出：若两条直线被三条或三条以上直线截得的线段分别相等，则这三条（或多条）直线不一定平行。如图 15－7，直线 BC、AD、EF 在直线 AB、CD 上各截得相等的两条线段，但直线 BC、AD、EF 并不互相平行。因此，同一法只适用于三角形中位线。（Major，1946，pp. 38—39）

图 15－8 给出了三角形中位线定理与平行线分线段成比例、三角形一边平行线等定理之间的关系，其中实线表示教科书明确呈现的关系，虚线表示教科书并未涉及的关系。

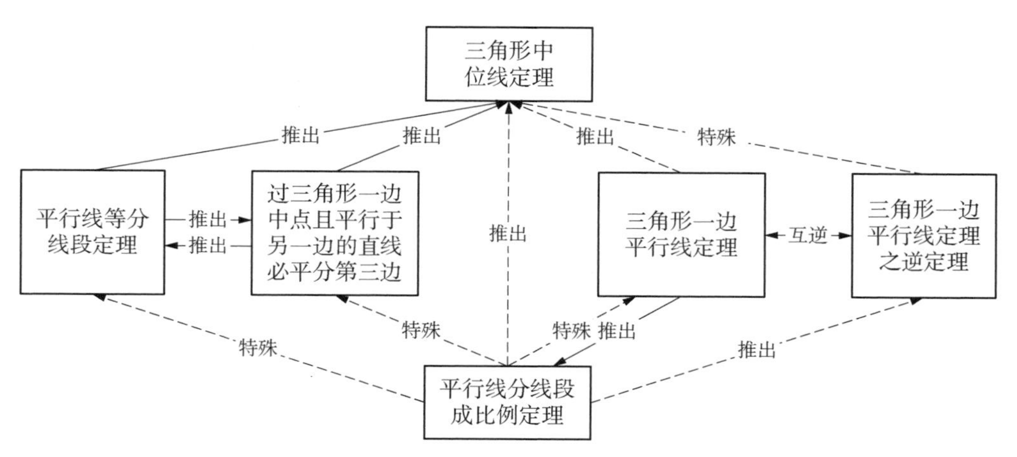

图 15-8　三角形中位线定理与其他几何定理之间的关系

15.4.3　反证法

有 8 种教科书利用反证法来证明三角形中位线定理。1794 年，法国数学家勒让德在其《几何基础》中利用面积法证明了三角形一边平行线定理，并运用反证法证明了它的逆定理(Legendre, 1834, pp. 82—83)，但和欧几里得一样，勒让德并未从三角形一边平行线定理或其逆定理出发，推出三角形中位线的性质。直到 20 世纪，才有教科书开始涉及该特殊情形。

例如，Sykes & Comstock(1918)利用反证法证明三角形中位线定理。如图 15-9，已知 D 和 E 分别是 AB 和 AC 的中点，即 $\frac{AD}{BD}=\frac{AE}{CE}$，假设 DE 不平行于 BC，作 $DF \parallel BC$，则由平行线分线段成比例定理可知：$\frac{AD}{BD}=\frac{AF}{CF}$，与已知矛盾，因此 $DE \parallel BC$。

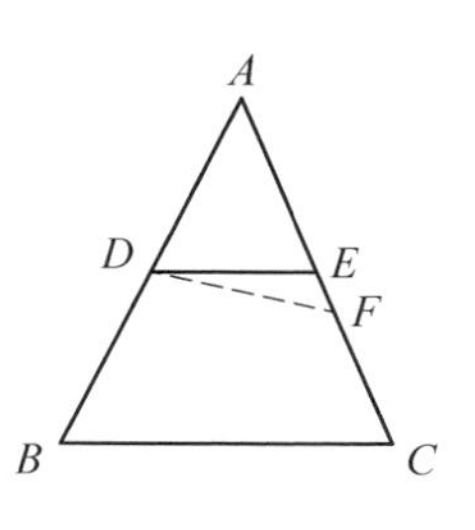

图 15-9　反证法

15.4.4　平行四边形法

（一）利用倍长中位线构造平行四边形

有 8 种教科书通过倍长中位线来证明三角形中位线定理。例如，Bonnycastle(1789)给出了如下证明：如图 15-10，延长中位线 DE 至点 F，使 $EF=DE$，连结 CF，易证 $\triangle ADE \cong \triangle CFE$，于是得 $FC=AD=BD$，且 $FC \parallel AB$，因

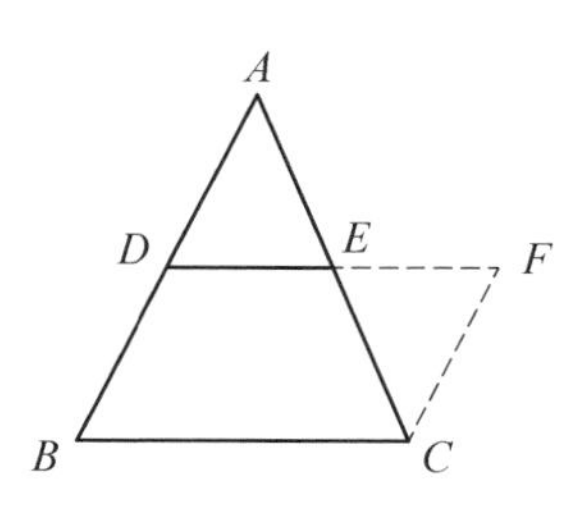

图 15-10　平行四边形法

此，四边形 $BCFD$ 为平行四边形，从而得 $DF \mathbin{/\mkern-5mu/} BC$，$DE = \frac{1}{2}BC$。

值得一提的是，Bonnycastle(1789)给出了三角形中位线与底边的大小关系，从而最早完整地呈现了三角形中位线定理。

（二）作平行线构造平行四边形

有 19 种教科书采用了作平行线构造平行四边形的方法。如图 15 - 10，过点 C 作 $CF \mathbin{/\mkern-5mu/} AB$ 交 DE 的延长线于点 F，易证 $\triangle ADE \cong \triangle CFE$，于是得 $FC = AD = BD$，因此，四边形 $BCFD$ 为平行四边形，从而得 $DF \mathbin{/\mkern-5mu/} BC$，且 $DE = \frac{1}{2}BC$。（Hobbs，1896，p. 65）

15.5 三角形中位线定理证明方法的演变

以 50 年为一个时间段进行统计，图 15 - 11 给出了三角形中位线定理不同证明方法的时间分布情况。从图中可见，在 19 世纪中叶之前，教科书对三角形中位线定理关注甚少，19 世纪中叶之后，教科书开始采用平行四边形法和同一法证明三角形中位线定理。面积法和反证法最早均可追溯至 19 世纪，但面积法却消失在时代的浪潮中，反证法却在 20 世纪重新登场。

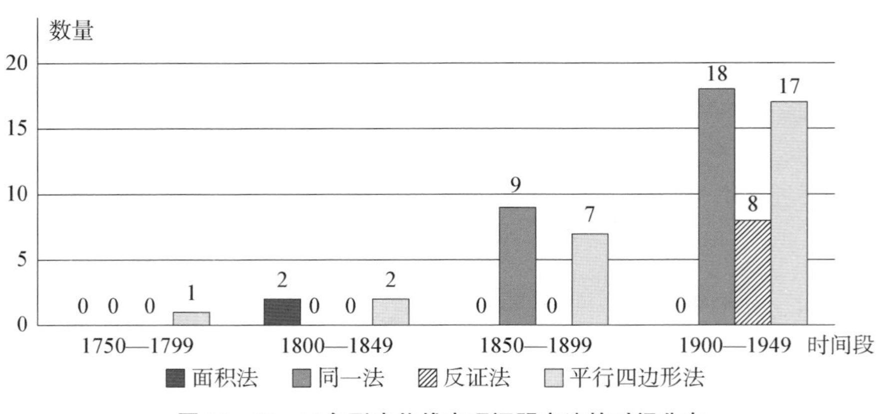

图 15 - 11　三角形中位线定理证明方法的时间分布

19 世纪中叶前，教科书受《几何原本》影响，仅关注三角形一边平行线定理，而忽视了三角形中位线定理。在此期间，虽有几种教科书提到了三角形中位线定理，但并未产生影响。到了19世纪末，更多教科书开始关注三角形中位线性质，并将其纳入“平行四边形”或“多边形”章中，且用平行四边形法或同一法对其加以证明。

15.6　教学启示

历史上三角形中位线定理的证明方法的演变，可以为今日教学提供如下启示。

其一，建立知识间的联系。三角形中位线定理与平行线等分线段定理及其推论、三角形一边平行线定理等有着密不可分的关系，教师在教学中可通过三角形中位线定理建立各个定理之间的联系。此外，如图15－12，教师可以让学生回顾之前学过的“证明”章的内容。在早期教科书涉及的方法中，反证法和同一法属于间接证明，平行四边形法和面积法则属于直接证明。教师可以将各类证明方法联系起来，建立一个知识网络。

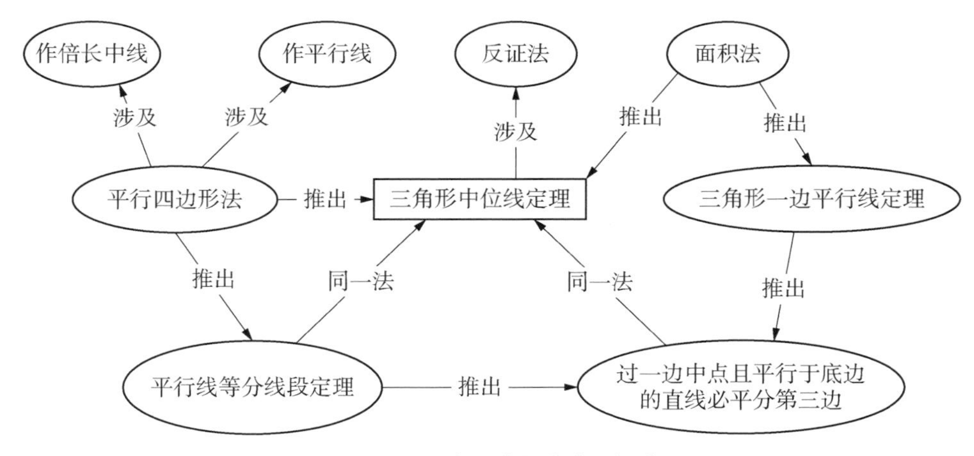

图15－12　三角形中位线定理概念图

其二，编制系列数学问题。在讨论三角形中位线的性质之后，再取两腰的三等分点，让学生探究相应分点连线的大小和位置关系，有机会发现更多的相关几何定理，并为梯形中位线定理埋下伏笔。

其三，落实数学学科德育。通过三角形中位线定理在历史上的不同证明，培养学生的理性思维；通过定理从无到有的过程，让学生形成动态的数学观；通过不同时空数学家的探究，感受数学文化的多元性。

参考文献

司睿(2021). 基于线上研讨的三角形中位线定理课例研究. 中小学课堂教学研究,(03): 5-10.

尤善培(2015). 领悟知识意蕴,设计教学路径——以"三角形的中位线"教学设计为例. 中学数学教学参考,(35): 17-19.

王玉宏(2017). 在数学知识学习中培养创新思维——以三角形中位线的教学为例. 数学通报,56(02): 26-29.

张莉萍,栗小妮(2018). HPM视角下的"三角形中位线定理"的教学. 数学教学,(07): 11-15.

Bonnycastle, J. (1789). *Elements of Geometry*. London: J. Johnson.

Dupuis, N. F. (1889). *Elementary Synthetic Geometry of the Point, Line and Circle in the Plane*. London: Macmillan & Company.

Failor, I. N. (1906). *Plane and Solid Geometry*. New York: The Century Company.

Gore, J. W. (1898). *Plane and Solid Geometry*. New York: Longmans, Green & Company.

Hobbs, C. A. (1896). *The Elements of Plane Geometry*. New York: A. Lovell & Company.

Legendre, A. M. (1834). *Elements of Geometry & Trigonometry*. Philadelphia: A. S. Barnes & Company.

Leslie, J. S. (1809). *Elements of Geometry*. Edinburgh: James Ballantyne & Company.

Major, G. T. (1946). *Plane Geometry*. Exeter: N. H. Edwards Brothers.

Newell, M. J. & Harper, G. A. (1914). *Plane Geometry*. Chicago: Row, Peterson & Company.

Sykes, M. & Comstock, C. E. (1918). *Plane Geometry*. Chicago: Rand McNally & Company.

Wentworth, G. A. (1888). *A Text-book of Geometry*. Boston: Ginn & Company.

16 勾股定理

韦润蓉*

16.1 引言

勾股定理作为几何学中的重要定理，被17世纪德国数学家和天文学家开普勒誉为几何学两大法宝之一，拥有贯穿古今的悠久历史，也是全人类共同的文化精华。早在公元前1700年，古巴比伦人就在泥版上记录了15组勾股数和勾股定理的许多应用问题。勾股定理的证明最早起源于毕达哥拉斯学派，据说毕达哥拉斯学派宰杀百牛来庆祝该定理的发现，因此它又被称为"百牛定理"。公元前3世纪，古希腊数学家欧几里得在《几何原本》中用面积法证明了该定理。而在中国，三国时期的数学家赵爽（3世纪）在注释《周髀算经》时，利用弦图对勾股定理进行了证明；同时期的数学家刘徽则在注释《九章算术》时给出了另一种证明。可见，勾股定理是数学多元文化的典型例子。

现行人教版和沪教版教科书采用赵爽的弦图来证明勾股定理，而其他证法，如欧几里得证法、加菲尔德证法仅仅出现在单元末尾的阅读材料中。鉴于勾股定理的悠久历史和它所蕴含的丰富的思想方法，人们在讨论特定理念指导下的数学教学时，往往首选勾股定理。调查表明，勾股定理是教师运用数学文化开展教学的最典型的主题（赵东霞，汪晓勤，2013）。目前，虽有教师从HPM视角开展勾股定理的教学实践（傅文奇，2015；曾译群，赖宝禧，2019），但他们往往局限于历史上少数几种方法，而忽视勾股定理证明方法的历史演变规律以及其中所蕴含的各时期数学家对真理不懈追求的精神。究其原因，教师的数学史知识还较为匮乏，未能建立数学知识和数学文化之间的内在联系。

---

* 华东师范大学教师教育学院硕士研究生。

那么，在平面几何教学的历史上，人们倾向于哪些证明方法？这种倾向性又有何演变规律？导致演变的动因又是什么？为了回答上述问题，本章聚焦勾股定理的证明，对美英早期几何教科书进行考察，以期为今日教学提供思想启迪。

16.2 早期教科书的选取

从有关数据库中选取1730—1969年间出版的126种美英几何教科书作为研究对象，以40年为一个时间段进行统计，其出版时间分布情况如图16-1所示。

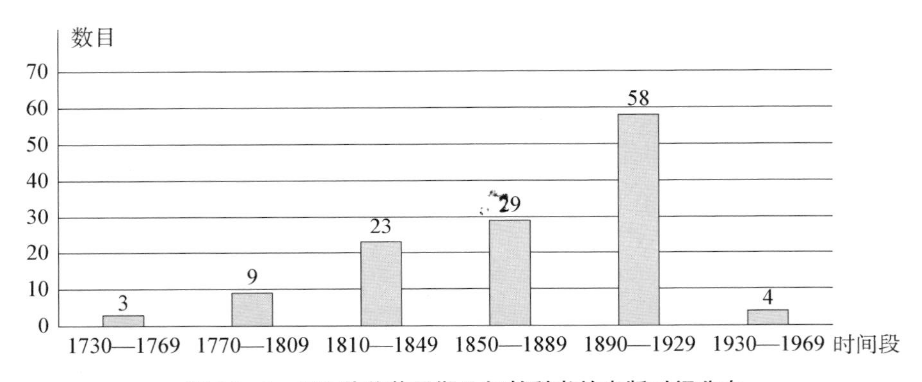

图16-1 126种美英早期几何教科书的出版时间分布

126种教科书中，勾股定理所在的章互有不同且经常在同一本书的不同章中都有出现。早期教科书的章节设置不清晰，勾股定理大多出现在“命题”章中；随着时间的推移，勾股定理更多地出现在“相似三角形”“比与比例”“四边形与多边形”“四边形面积”等章中，图16-2给出了不同章的占比情况，其中对于勾股定理出现在同一本书的不同章时，也分别进行统计。从图中可知，“四边形面积”章占比最高，可见，美英早期几何教科书大多利用四边形面积的关系来证明勾股定理。

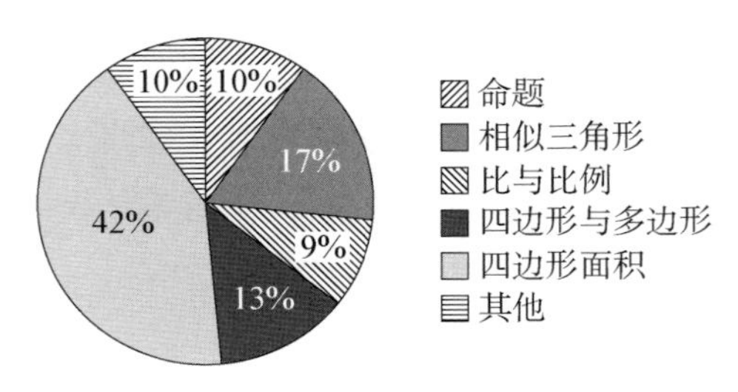

图16-2 勾股定理出现在各章的占比

16.3　勾股定理的证明

本章所考察的126种教科书均给出了勾股定理的证明，证明方法多达11种，并且同一种教科书常常使用多种不同的证明方法。这11种方法可分为5类，即搭桥法、摆拼法、割补法、相似三角形法和圆的切割线定理法。

16.3.1　搭桥法

（一）欧几里得证法

有90种教科书采用了古希腊数学家欧几里得的证法。例如，Rossignol(1787)将两个较小的正方形面积通过三角形将其转化为面积相同的矩形，从而证明勾股定理。

如图16-3，$\triangle ABC$是直角三角形，分别以AC、AB和BC为边作正方形，过点A作$AJ \perp DE$，交BC于点K，分别连结CI和AD。易知$\triangle ABD \cong \triangle IBC$，又因为$S_{\square AHIB} = 2S_{\triangle IBC}$且$S_{▭BDJK} = 2S_{\triangle ABD}$，因此，$S_{\square AHIB} = S_{▭BDJK}$。同理，$S_{\square ACGF} = S_{▭KJEC}$，于是得$AB^2 + AC^2 = BC^2$。

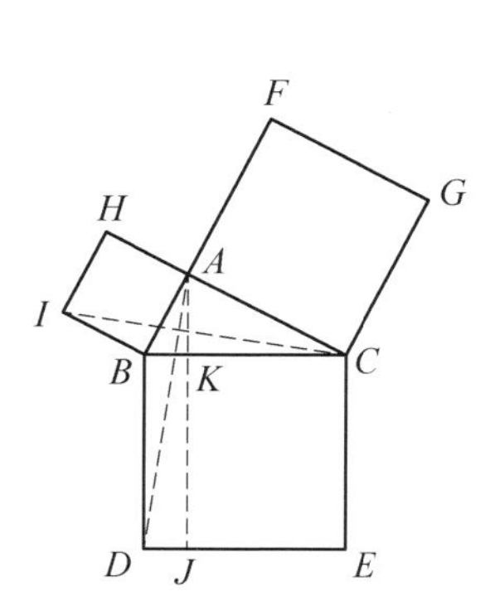

图16-3　欧几里得证法

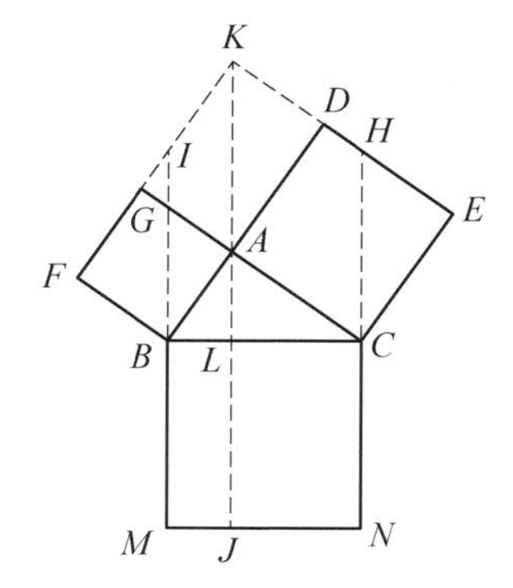

图16-4　梅文鼎证法

（二）梅文鼎证法

梅文鼎证法与欧几里得证法有异曲同工之妙，只不过将欧几里得证法中的三角形面积替换成了平行四边形面积。例如，Simpson(1760)将正方形$ABFG$的面积转化为等底等高的平行四边形$ABIK$的面积(图16-4)，进而转化为矩形$BMJL$的面积，再通

过平行四边形 $ACHK$，将正方形 $ACED$ 的面积转化为矩形 $CLJN$ 的面积，即得勾股定理。

有 17 种教科书采用了上述证法。

16.3.2 摆拼法

（一）弦图证法

最早的摆拼法是中国古代数学家赵爽的弦图证法，之后印度数学家婆什迦罗给出了同样的方法，因此，早期美英几何教科书中常称之为婆什迦罗证法（下文统一称为“弦图证法”）。如图 16-5，由四个全等的直角三角形与一个小正方形通过摆拼，构成大正方形 $ABCD$，通过两种方式计算正方形 $ABCD$ 面积，得 $S_{\square ABCD}=c^2=(b-a)^2+4\times\frac{1}{2}ab$，化简后得 $a^2+b^2=c^2$。（Beman & Smith, 1899, p. 104）

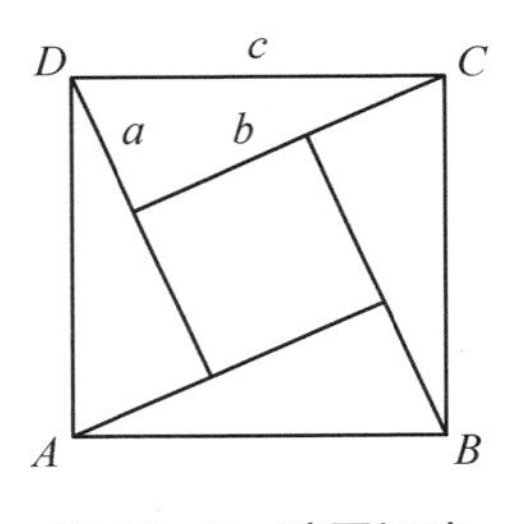

图 16-5　弦图证法

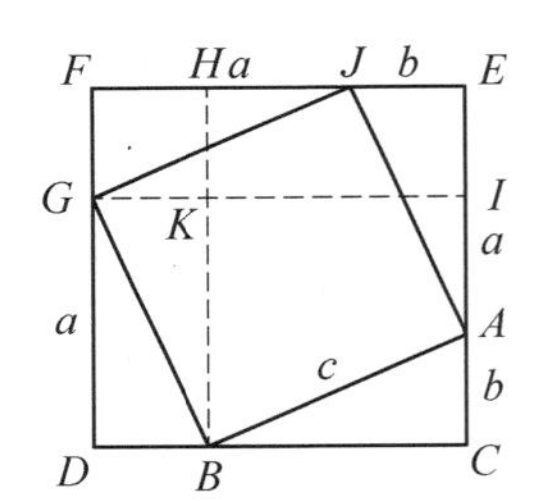

图 16-6　毕达哥拉斯证法

有 15 种教科书采用了弦图证法的代数形式。

（二）毕达哥拉斯证法

有 25 种教科书采用了学术界所猜测的毕达哥拉斯证法。例如，Lambert(1916)给出了该证法的几何与代数两种形式。如图 16-6，对于给定的 Rt$\triangle ABC$，分别以斜边与两直角边的和为边长作正方形，其中大正方形面积可表示为 $S_{\square CDFE}=S_{\square KGFH}+S_{\square CBKI}+2S_{\square BDGK}$，还可表示为 $S_{\square CDFE}=S_{\square ABGJ}+4S_{\triangle ABC}$，易知 $S_{\square BDGK}=2S_{\triangle ABC}$，故得 $S_{\square ABGJ}=S_{\square KGFH}+S_{\square CBKI}$。利用代数法计算边长为 c 的正方形面积，可得 $c^2=(a+b)^2-4\times\frac{1}{2}ab$，化简后即得 $a^2+b^2=c^2$。

（三）加菲尔德证法

该方法是美国第 20 任总统加菲尔德(J. A. Garfield, 1831—1881)提出的，因此又被称为“总统证法”。有 10 种教科书提到了该方法。如图 16－7，加菲尔德将两个全等直角三角形和一个等腰直角三角形拼成梯形（Hopkins，1891，p. 93），因为 $S_{梯形ACHD}=2S_{\triangle ABC}+S_{\triangle BCH}$，所以 $\frac{1}{2}(a+b)(a+b)=\frac{1}{2}c^2+2\times\frac{1}{2}ab$，得 $a^2+b^2=c^2$。

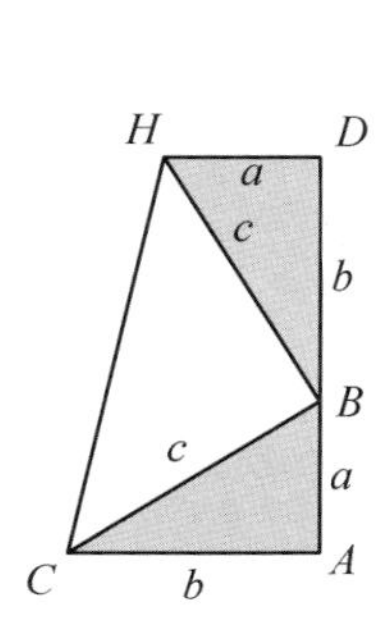

图 16－7　加菲尔德证法

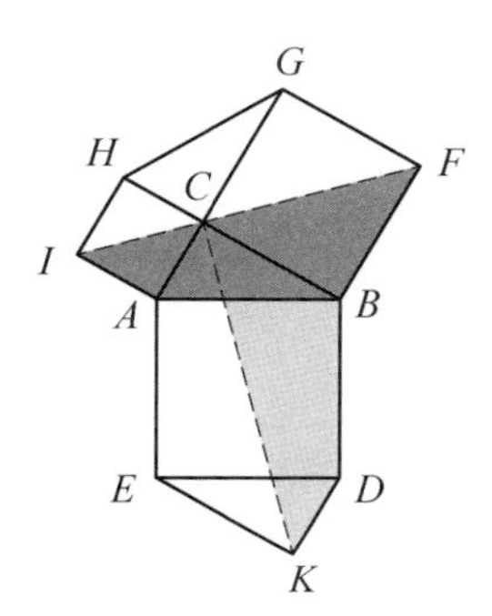

图 16－8　达芬奇证法

（四）达芬奇证法

只有 2 种教科书采用了意大利艺术家和科学家达芬奇（L. da Vinci，1452—1519）的证法。如图 16－8，以 $\triangle ABC$ 各边为边长分别作正方形，过点 E 和 D 分别作 CB、CA 的平行线交于点 K，连结 HG、IF、CK。由图易知，将四边形 $CBDK$ 绕点 B 顺时针旋转 $90°$，点 C 与点 F 重合，点 K 与点 I 重合，点 D 与点 A 重合，所以四边形 $ABFI$、$HGFI$、$AEKC$ 和 $DBCK$ 两两全等，因此，六边形 $IHGFBA$ 的面积与六边形 $CAEKDB$ 的面积相等，各减去全等的两个直角三角形 GCH 和 EKD，即得勾股定理结论。

16.3.3　割补法

（一）伊本·库拉证法

有 21 种教科书采用了中世纪阿拉伯数学家伊本·库拉（Thabit ibn Qurra，826—901）的割补证法。（Halsted，1885，pp. 78—79）如图 16－9(a)，延长 Rt$\triangle ABC$ 的直角边 AB 至点 D，使得 $BD=AC$，在 AB 边作 $AE=AC$，分别以 AC、ED 为边长构造正方形 $AEFC$ 和正方形 $EDGH$，此时将 $\triangle ABC$ 和 $\triangle BGD$ 分别平移至子图 16－9(b) 处，构成以斜边 BC 为边长的正方形，因为图 16－9(a) 和图 16－9(b) 的面积相等，因此，可得两直角边的平方和等于斜边的平方。

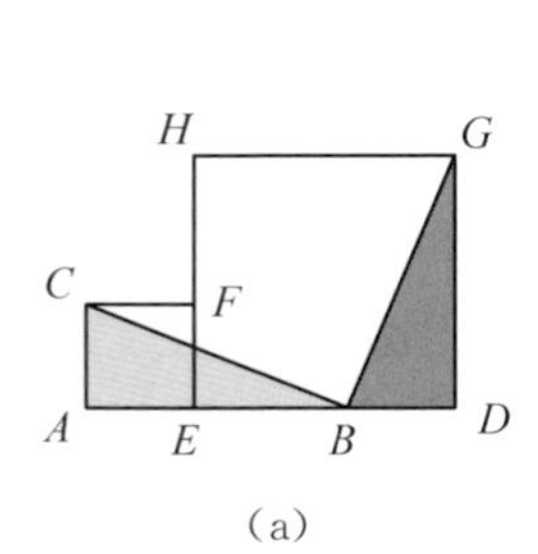

(a)

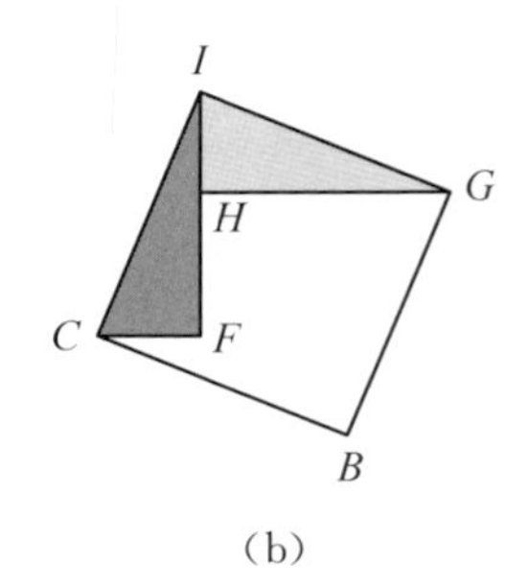

(b)

图 16-9　伊本·库拉证法

（二）佩里加尔证法

佩里加尔证法又称“水车翼轮法”，最早由英国牧师佩里加尔(H. Perigal, 1801—1898)提出，后被刻在他的墓碑上。Failor(1906)在勾股定理所在章节的练习题中提到了该方法。如图 16-10，相互垂直的线段将正方形 $ABGF$ 分割成两两全等的四个四边形，将这四个四边形和小正方形 $ACIH$ 重新组合，恰可拼成大正方形 $BCED$。与上述几种证法相同，佩里加尔证法不需要代数运算，只需对图形进行简单的分割与拼接即可。

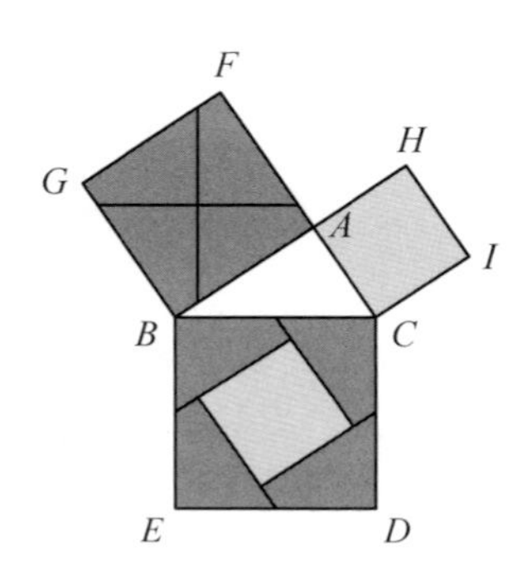

图 16-10　佩里加尔证法

（三）其他割补法

有 3 种教科书还给出了其他各种割补法，但并未提及这些割补法的作者及来源，只是简单地进行证明或者放在练习中供有能力的学生进行思考。例如，Lardner(1840)采用了此法。

如图 16-11，过 D、G 两点分别作直线 DE 和 GH 平行于 AB，延长 NA 与 RB 分别与 DE、GH 交于点 F、I，作 $CM \parallel AN$ 且 $AN = CM$，连结 NM、RM，易知 $\triangle ABC \cong \triangle NRM$，延长 DA、GB 分别交 MN、LM 于点 J、O，作 $GK = BH$ 以及 $KL \parallel HG$，作 $RS = KL$ 以及 $SQ \parallel BG$。此时正方形 $ADTC$ 与正方形 $GBCU$ 正好被分割为 7 个部分，通过这 7 个部分的重新组合拼接，可组成大正方形 $ABRN$，由此可

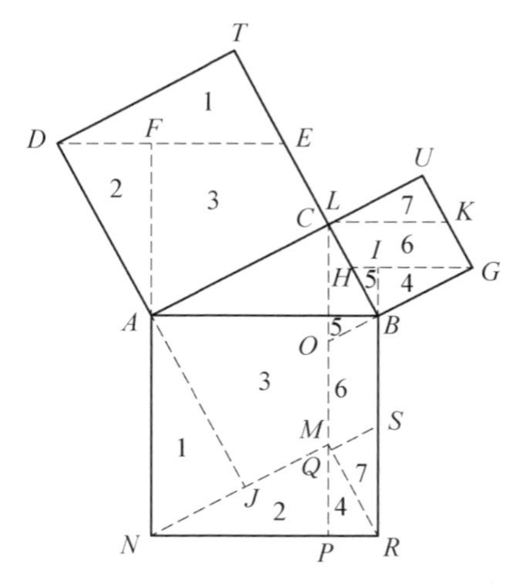

图 16-11　Lardner(1840)中的割补法

证明勾股定理。

Wormell(1882)给出了三种割补法，如图 16-12 所示。

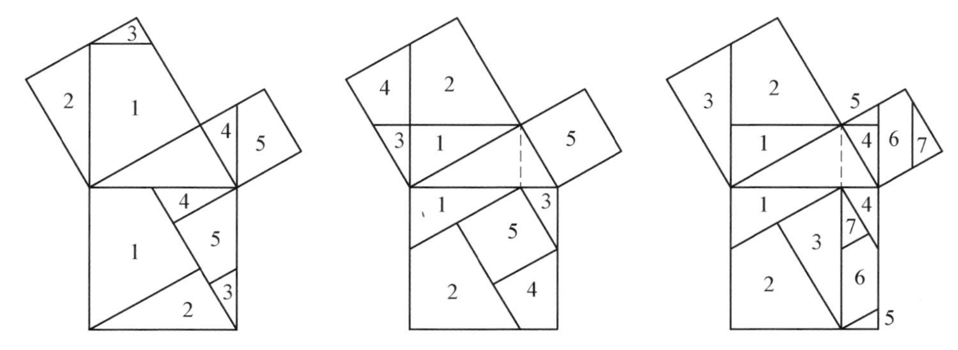

图 16-12　Wormell(1882)中的割补法

16.3.4　相似三角形法

有 60 种教科书采用了相似三角形法。如图 16-13(a)，在 Rt△ABC 中，AD 是斜边 BC 上的高，由射影定理，可得 $AB^2=BD\cdot BC$，$AC^2=CD\cdot BC$，两式相加，即得勾股定理。(Perkins, 1855, p. 84)

在欧几里得证法中，正方形的面积被转化为矩形的面积，实际上就是射影定理的两个结论：$AB^2=BD\cdot BE=BD\cdot BC$，$AC^2=CD\cdot CF=CD\cdot BC$(图 16-13(b))，因此，欧几里得证法与相似三角形法本质上是一致的。

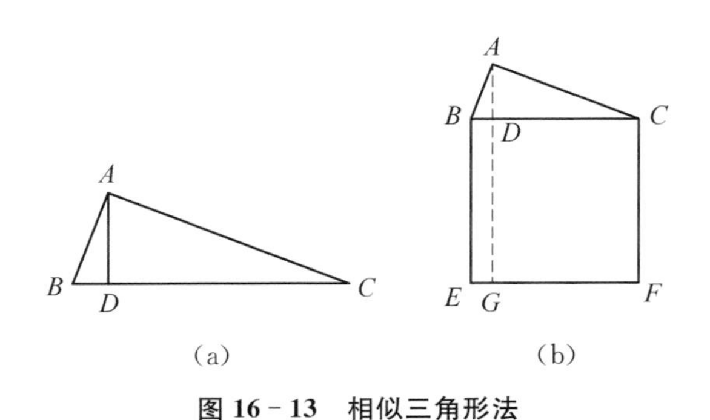

图 16-13　相似三角形法

16.3.5　圆的切割线定理法

有 6 种教科书将勾股定理的证明放在有关圆的章节中，并通过圆的切割线定理进

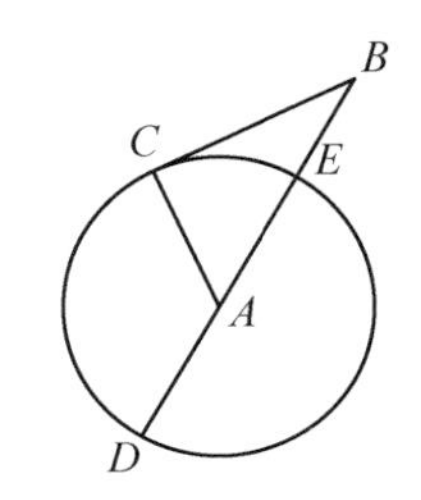

图 16 - 14 圆的切割线定理法

行证明，即从圆外一点引圆的切线和割线，切线长是这点到割线与圆交点的两条线段长的比例中项。在图 16 - 14 中可表示为：$BC^2 = BE \cdot BD$，而 $BE = AB - AC$，$BD = AB + AC$，两式相乘，即可得到 $BC^2 = BE \cdot BD = AB^2 - AC^2$，从而证明勾股定理。（Hopkins，1902，p. 92）

利用圆的切割线进行证明是一种较为新颖的方法，即采用后续的知识对前面出现过的知识点进行二次证明，这更有利于加深对勾股定理的理解以及构建更系统的知识框架。

16.4 勾股定理证明方法的演变

126 种教科书在时间上横跨 3 个世纪，若以 40 年为一个时间段进行统计，各证明方法的时间分布情况如图 16 - 15 所示。

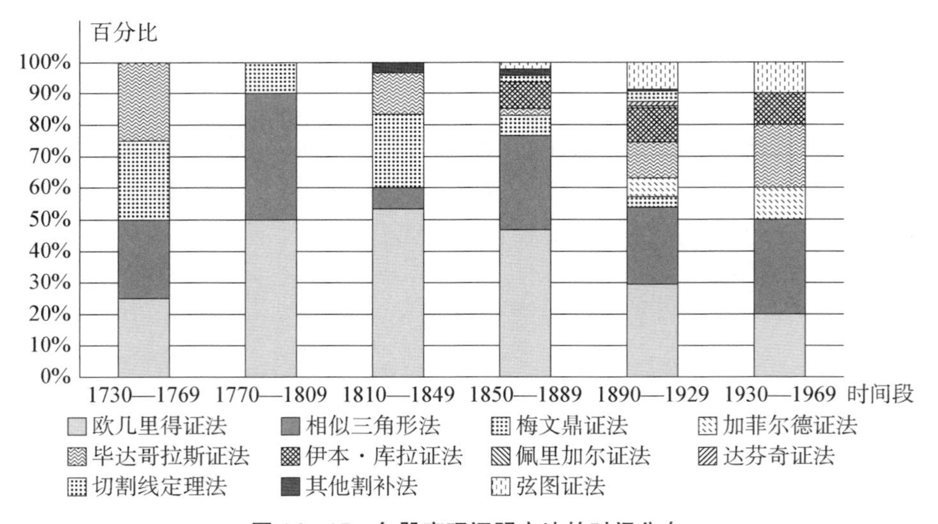

图 16 - 15 勾股定理证明方法的时间分布

从图中可见，关于勾股定理的证明，不同年代均会出现新方法，早期教科书不仅继承了古代数学家的典型方法，而且将有特点的新方法也纳入其中。欧几里得证法出自《几何原本》，是西方最早的关于勾股定理的证明方法，它将勾股定理的代数形式转变为几何面积进行证明，在近 300 年来的几何教科书中占据主要地位，且大部分教科书都将其作为首选方法。此外,相似三角形法在19世纪50年代以来也开始占据重要地位,由于图形简单,不需要太多额外的补充知识,使得相似三角形法在后期教科书中的地位与欧几里得证法不相上下。加菲尔德证法也在19世纪出现后迅速进入了几何教科书中,而梅文鼎证法与欧几里得证法的思路一致,在后来的大部分教科书中只保留了欧几里得证法,梅文鼎证法则逐渐减少。

20世纪初,英国数学家培利提出其教育改革的鲜明主张:要从欧几里得《几何原本》的束缚中解脱出来,实验几何与实际测量不仅应先于论证几何,而且在演绎推理过程中也应该伴随实验几何。与此同时,德国数学家F·克莱因指出,初等数学的各分支融合不够,应将算术与平面几何进行融合。(National Committee of Fifteen on Geometry Syllabus, 1912;张奠宙,宋乃庆,2004)20世纪初,勾股定理在教科书中的编写方式就体现了这一时期的课程理念。

1912年,美国几何大纲"十五人委员会"在其报告中提出,在几何学上要用更为简洁的几何语言而不是欧几里得著作中某些冗长的解释,应在几何课程的实用价值与逻辑思维之间寻求平衡。(National Committee of Fifteen on Geometry Syllabus, 1912)这些观念深刻地影响了当时几何教科书的编写。

19世纪末至20世纪初,关于勾股定理的不同证明方法开始大量涌现,以欧几里得证法为代表的演绎证明方法占比逐渐减小,并且常伴随着实验几何和直观几何的方法一同出现,如伊本·库拉证法、达芬奇证法等利用出入相补的方法来证明勾股定理。与此同时,也在证明中融入了代数的方法,如加菲尔德证法、弦图证法的代数形式等。此外,德国在第三次改革运动中支持用射影几何概念对学生进行入门教育,也影响了相似三角形法在勾股定理证明中占据的比例。虽然有的方法仅仅被部分教科书所采用或只出现在练习题中,但也体现了早期几何教科书与时俱进以求开拓思维、渗透数形结合思想的特点。

16.5　结论与启示

从上述分析可见,在美英早期几何教科书中,关于勾股定理的证明不仅仅局限于单一的证明模式,而是不断地进行探索与更新,涉及摆拼法、割补法、相似三角形法等多种类型的证明方法。作为几何学的基础,教科书中勾股定理的证明方法及其演变过程,为我们今日教学提供了许多启示。

首先,教师应适当加强数学史的学习,丰富课堂教学。纵观勾股定理的发展史可知,时至今日,对于勾股定理的证明方法已达400多种,涵盖几何、代数等各种知识点(李迈新,2016)。作为教师,应该能够从数学的历史文化中汲取营养,通过古代数学家发现勾股定理的过程来引导学生进行学习,激发他们的兴趣。在教学过程中也不要拘泥于单一的证明方法,而应该利用古今中外各种典型的证明方法,如加菲尔德证法、相似三角形法等来锻炼学生的思考能力,引领学生用欣赏的目光学习数学家的研究方法,让他们感受数学文化的魅力。

其次,要通过思考古今中外证明方法的异同,来锻炼总结与分析能力。在西方,从毕达哥拉斯学派的地砖问题到欧几里得通过严谨的演绎方法证明勾股定理,体现了观察、归纳、猜想、证明的数学研究方法,展现了对数学理性逻辑的追求及其在实际生活中的应用;而国内教科书常用的弦图证法,通过图形的拼接向学生直观地展示了勾股定理的证明,体现了数形结合的思想。而两者的共同之处在于都将勾股定理的代数关系转化为图形的面积进行解释,体现了数学中重要的转化思想。当我们在研究不同民族的教学成果时,要注意分析它们的共性与特性,并且要注意分析其变化背后的历史因素,因为各个学科的发展都与当时的现状密不可分,从而才能够更加深入地理解不同民族的思考特性与文化传统,更好地将不同的方法、不同的文化融入课堂教学中。

最后,要学会运用数学史来落实数学学科德育。勾股定理的证明方法处在不断地发展中,从早期的单一证明到如今涌现的众多方法,无一不在说明数学家在对待数学研究时绝不因为某种方法的出现就停止前进的脚步,而是锲而不舍、不断探索,也只有在前人努力的基础上不断推陈出新、继承发展,才是让如今的数学文化生生不息的关键。因此,通过数学史的德育功能,可以更好地让学生在数学学习过程中不畏艰难、奋勇向前。同时,通过勾股定理所在章节(如将其放在圆的切割线之后进行证明),体现了数学知识之间的联系,在学习数学的过程中更要注意前后知识点的衔接,从而更好地理解数学的逻辑。

参考文献

傅文奇(2015). HPM视角下的数学教学设计——以勾股定理为例. 数学教学通讯,(07): 10-11.

李迈新(2016). 挑战思维极限: 勾股定理的365种证明. 北京: 清华大学出版社.

曾泽群，赖宝禧(2019). HPM视角下的“勾股定理”教学设计. 数学教学，(09)：14-19.

张奠宙，宋乃庆(2004). 数学教育概论. 北京：高等教育出版社.

赵东霞，汪晓勤(2013). 关于数学文化教育价值与运用现状的网上调查. 中学数学月刊，(03)：41-44.

Beman, W. W. & Smith, D. E. (1899). *New Plane Geometry*. Boston: Ginn & Company.

Failor, I. N. (1906). *Plane and Solid Geometry*. New York: The Century Company.

Halsted, G. B. (1885). *The Elements of Geometry*. New York: John Wiley & Sons.

Hopkins, G. I. (1891). *Manual of Plane Geometry*. Boston: D. C. Health.

Hopkins, G. I. (1902). *Inductive Plane Geometry*. Boston: D. C. Heath & Company.

Hull, G. W. (1897). *Elements of Geometry: Including Plane, Solid and Spherical Geometry*. Philadelphia: E. H. Butler & Company.

Lardner, D. (1840). *A Treatise on Geometry and Its Application in the Arts*. London: Longman, Orme, Brown, Green & Longmans.

National Committee of Fifteen on Geometry Syllabus (1912). Final report of the National Committee of Fifteen on Geometry Syllabus. *Mathematics Teacher*, 5(2): 46-131.

Lyman, E. A. (1908). *Plane Geometry*. New York: American Book Company.

Perkins, G. R. (1855). *Plane and Solid Geometry*. New York: D. Appleton & Company.

Rossignol, A. (1787). *Elements of Geometry*. London: J. Johnson.

Simpson, T. (1760). *Elements of Geometry*. London: J. Nourse.

Smith, D. E. (1911). *The Teaching of Geometry*. Boston: Ginn & Company.

Wormell, R. (1882). *Modern Geometry*. London: T. Murby.

Young, J. W. A. & Lambert, L. J. (1916). *Plane Geometry*. New York: D. Appleton & Company.

17 垂径定理(Ⅰ)

王　娟*

17.1　引言

近年来,HPM专业学习共同体相继开发了一系列初中数学课例,如三角形内角和定理、邻补角与对顶角、等腰三角形的性质、三角形中位线、演绎证明等,这些课例由于其本身蕴含的多元教育价值而受到初中一线教师的喜爱,越来越多的教师对HPM产生了浓厚的兴趣。他们希望学习和借鉴更多的HPM课例,以改善自己的课堂教学,并促进自己的专业发展。但是,由于缺乏教育取向的数学史研究,初中数学课程中很多知识点背后的历史对教师来说都是盲点。缺乏历史知识和历史素材,"将数学史融入数学教学"就成了一句空话。

垂径定理是中学平面几何的重要定理,该定理及其推论是证明线段相等、角相等、垂直关系的重要依据,同时也为圆的有关计算和作图提供了方法和依据。国内现行人教版、苏科版、沪教版、北师大版、浙教版5种教科书先通过翻折圆形纸片、探求赵州桥桥拱半径或寻找几何图形等量关系来引入垂径定理,再呈现定理的内容,然后对定理进行证明,最后给出与定理有关的练习题。已有的教学设计大多关注垂径定理的证明和应用。除了个别版本教科书将中国古代数学问题编入习题外,教科书和已有的教学设计都很少涉及该定理的历史。

那么,垂径定理经历了怎样的历史发展过程?有关数学文献是如何呈现该定理的?有哪些理想的教学素材?对今日教学有何思想启迪?为了开展数学史融入垂径定理教学的课例研究,我们需要对上述问题作出回答。

* 浙江省杭州闻涛中学教师。

17.2 垂径定理的历史

17.2.1 古巴比伦

两河流域的先民们很早就知道垂径定理的结论了。在当时的美索不达米亚地区，人们已经认识到了一些重要的几何关系，如等腰三角形的高平分它的底。因此，在一个已知半径的圆中，给出弦长，就能求出边心距。当时虽未明确提出垂径定理的具体内容，但在古巴比伦时期(前1800年—前1600年)数学泥版所呈现的数学问题中，我们可以窥见垂径定理的相关应用。

大英博物馆所藏数学泥版 BM 85194 上载有这样的问题："已知圆周长为60，弓形高为2，问弦长为多少？"(卡兹，2016，pp. 153—154)如图17－1，圆直径为 d，弓形高为 s，弦长为 a，古巴比伦人认为圆周是直径的3倍，因此 $d=20$，泥版给出的计算公式为弦长 $a=\sqrt{d^2-b^2}=12$，其中 $b=d-2s=16$。显然，古巴比伦人已掌握圆的轴对称性质，并且知道"过平行弦中点的直线过圆心且垂直于该组平行弦"这一结论，所以根据勾股定理可以求出弦长 a。泥版 BM 85194 中另载有类似的问题："已知圆周长为60，弦长为12，问弓形高为多少？"(卡兹，2016，pp. 153—154)

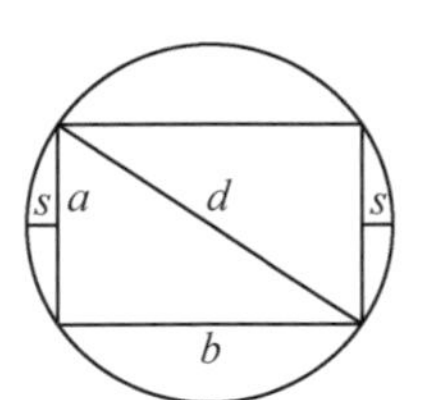

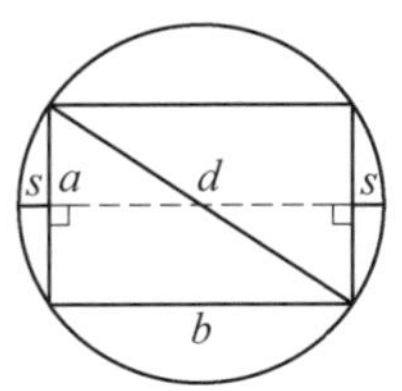

图17－1　泥版BM85194上的问题

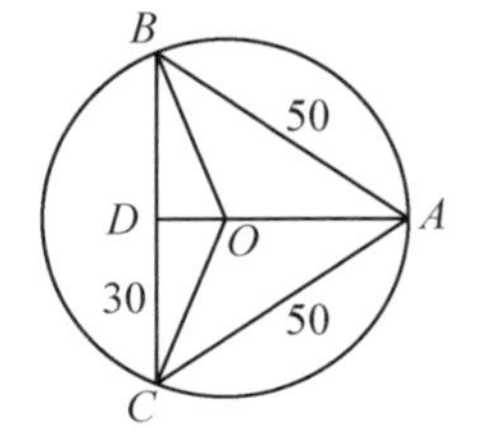

图17－2　泥版TMS1上的问题

此外，古巴比伦时期数学泥版 TMS 1 上载有如下问题："已知三角形的三边分别为50、50和60，求外接圆的直径。"(汪晓勤，等，2003)如图17－2，设三角形的顶点为 A、B、C，过点 A 作高线 AD，外心 O 在 AD 上。泥版上的解法相当于：由垂径定理可知，$CD=\frac{1}{2}CB=30$，由勾股定理知，$AD^2=AC^2-CD^2$，因此求得 $AD=40$，然后，在 $\text{Rt}\triangle OCD$ 中，再次利用勾股定理解得 $\triangle ABC$ 的外接圆半径 OC 为 $\frac{125}{4}$。

17.2.2 古希腊

公元前3世纪,古希腊数学家欧几里得在《几何原本》第3卷中给出如下命题:"在一个圆中,若一条经过圆心的直线平分一条不经过圆心的弦,则它们成直角,而且若它们成直角,则该直线平分这一条弦。"(Heath, 1908, pp. 10—11)命题的后半部分就是我们今天所说的垂径定理的一部分,前半部分在今日教科书中是作为垂径定理的推论呈现的,它是垂径定理的逆定理。该命题与现代教科书中的表述略有不同,由"垂直"得到"平分"时,未提及垂直于弦的直径平分弦所对的两条弧。

欧几里得先证由"平分"到"垂直":如图17-3,已知直径CD等分不过圆心的弦AB,在$\triangle AEF$和$\triangle BEF$中,$EA=EB$,EF为公共边,弦AB被点F平分,即$FA=FB$,由《几何原本》第1卷命题Ⅰ.8(SSS定理)可知,$\angle AFE=\angle BFE$,进一步,根据第1卷定义10(当两条直线相交所形成的邻角彼此相等时,两直线垂直)可知,$CD\perp AB$。

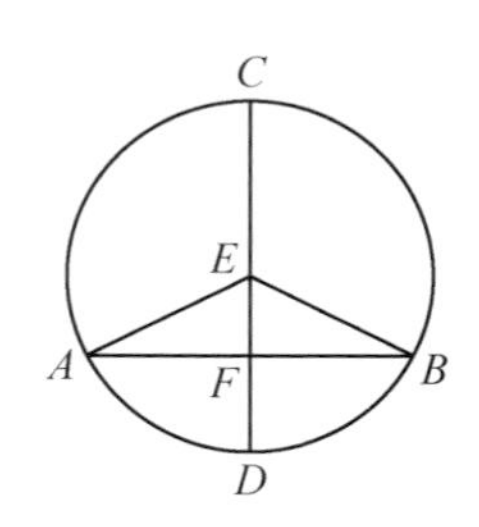

图17-3 《几何原本》中的垂径定理

再证由"垂直"到"平分":已知$CD\perp AB$,在$\triangle AEF$和$\triangle BEF$中,$EA=EB$,根据《几何原本》第1卷命题Ⅰ.5(等腰三角形的两底角相等),可得$\angle EAF=\angle EBF$,又因为$\angle AFE$和$\angle BFE$均为直角,EF为公共边,根据《几何原本》第1卷命题Ⅰ.26(AAS定理)可知,$AF=BF$。

欧几里得的证明严谨且简单,他分别运用SSS定理和AAS定理证明两个三角形全等,得到相应的垂直、平分关系,这种证明方法也被大多数现行中学教科书所采用。

17.2.3 中国

(一)《九章算术》

中国汉代数学典籍《九章算术》勾股章所载的"圆材埋壁"问题涉及垂径定理的相关知识,原文为:"今有圆材埋在壁中,不知大小。以锯锯之,深一寸,锯道长一尺。问径几何?答曰:材径二尺六寸。术曰:半锯道自乘,如深寸而一,以深寸增之,即材径。"(郭书春,2009, pp. 412—413)

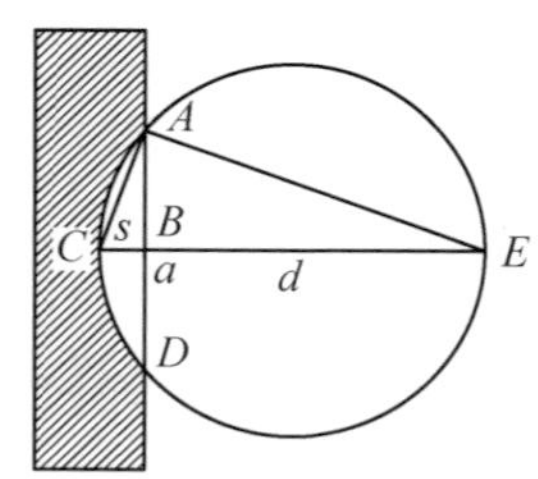

图17-4 "圆材埋壁"问题

如图17-4,锯道长为弦$AD=a$,锯深为弓形高$CB=s$,欲求直径d的长。《九章算术》给出的解法是$d=\dfrac{\left(\dfrac{1}{2}a\right)^2}{s}+$

s,还原其步骤可知 $d-s=BE=\frac{\left(\frac{1}{2}a\right)^2}{s}$。因为 $AB\perp CE$,由射影定理,得 $BE=\frac{AB^2}{s}$,所以有 $AB=\frac{1}{2}a$。可见,汉代数学家已经熟悉垂径定理的结论了。

(二)　刘徽的割圆术

三国时期的数学家刘徽在为《九章算术》方田章"圆田术"所作的注中提出以"割圆术"作为计算圆周长、面积、圆周率的基础。割圆术的要旨是用圆内接正多边形逐步逼近圆,而在"割圆"的过程中隐含着垂径定理的内容。

如图 17-5,设 $\odot O$ 的半径为 R,圆内接正 n 边形的边长、面积分别为 a_n、S_n,圆内接正 $2n$ 边形的边长、面积分别为 a_{2n}、S_{2n}。已知 a_n,刘徽用以下公式求出 a_{2n} 和 S_{2n}:

$$a_{2n}=\sqrt{\left(\frac{1}{2}a_n\right)^2+\left(R-\sqrt{R^2-\left(\frac{1}{2}a_n\right)^2}\right)^2},$$

$$S_{2n}=\frac{1}{2}na_nR。$$

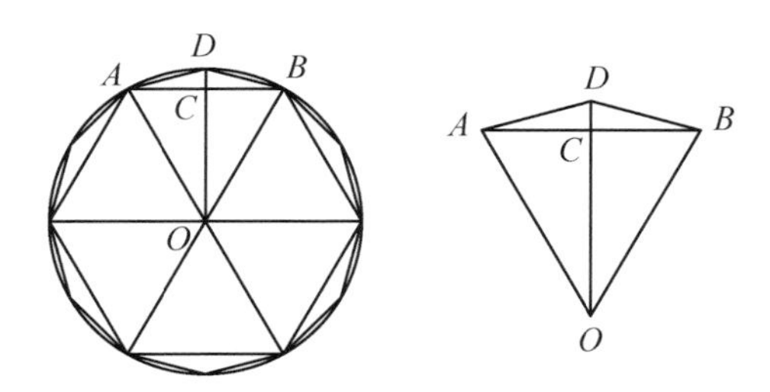

图 17-5　刘徽的"割圆术"

这样,从 $n=6$ 开始,刘徽依次计算边数倍增的圆内接正多边形的边长和面积。上述两个公式都建立在垂径定理的基础之上,可见,刘徽对于该定理的结论是了然于心的。

17.2.4　古印度

公元 6 世纪,古印度数学家阿耶波多(Aryabhata, 476—550)在其《天文历算书》中给出圆的弦、矢与直径三个量之间的关系(Aryabhata, 1930, p. 34)。如图 17-6,$\odot O$ 内有直径 $CD=d$,弦 $AB=a$,矢 $CE=s$,阿耶波多的结论是

$$\left(\frac{a}{2}\right)^2=s(d-s)。\tag{1}$$

12世纪，婆什迦罗在《莉拉沃蒂》中在阿耶波多的基础上进一步给出了“矢弦法则”：“取弦直径和与差之积的平方根，从直径中减之，折半，则为矢也。直径减去矢，乘以矢，取平方根，二倍之，则为弦也。半弦之平方除以矢，加矢则为直径之大小也。往昔之师关于圆之法如是说。”(婆什伽罗，2008，pp. 148—150)

婆什迦罗所说的“往昔之师”就是阿耶波多。如图17-6，根据垂径定理，当 $CD \perp AB$ 时，$EA = EB$。连结 AD、OA、AC，在 Rt$\triangle ACD$ 中，由射影定理易得阿耶波多的关系式(1)，即

$$a = 2\sqrt{s(d-s)},$$

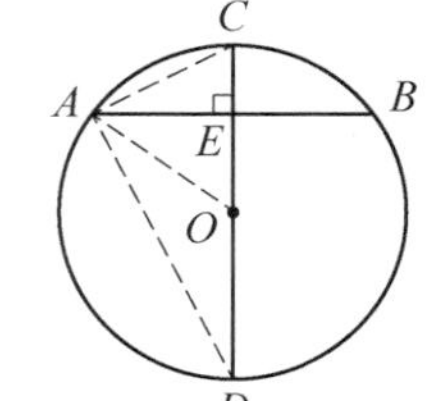

图17-6　弦、矢、直径之间的关系

又由(1)，可得

$$d = \left(\frac{a}{2}\right)^2 \cdot \frac{1}{s} + s。$$

在 Rt$\triangle OAE$ 中，由勾股定理，易得

$$\left(\frac{d}{2}\right)^2 = \left(\frac{a}{2}\right)^2 + \left(\frac{d}{2} - s\right)^2。$$

因此得

$$s = \frac{1}{2}\left(d - \sqrt{(d+a)(d-a)}\right)。$$

17.2.5　近代欧洲

17世纪，法国数学家巴蒂在其《几何基础》(图17-7)中将垂径定理表述成“弦 bc 被经过圆心 a 的垂线 ad 所平分”。在证明定理之后，巴蒂补充了结论“弧 bc 也被平分”(Pardies，1673，pp. 33—34)。巴蒂的《几何基础》由法国来华的天主教传教士译成满文和汉文，汉文后被收入康熙皇帝主编的《数理精蕴》(图17-8)中。因此，作为一个几何定理，垂径定理在清初即传入中国。

1741年，法国数学家克莱罗在《几何基础》第3卷命题Ⅲ.24中给出垂径定理：“如果两条线段彼此垂直，并且其中一条线段是圆的直径，那么另一条线段将被平分。”(Clairaut，1741，pp. 134—135)克莱罗仅仅叙述了垂径定理由垂直到平分的部分，而

ELEMENS
DE
GEOMETRIE,
OU
PAR UNE METHODE COURTE
& aiſée l'on peut apprendre ce qu'il
faut ſçavoir d'Euclide, d'Archimede,
d'Apollonius, & les plus belles inventions des anciens & des nouveaux
Geometres.

Par le P. Ignace Gaston Pardies, de la Compagnie de Jesus.

SECONDE EDITION,
reveüe & corrigée.

A PARIS,
Chez Sebastien Mabre-Cramoisy,
Imprimeur du Roy, ruë S. Jacques,
aux Cicognes.
M. DC. LXXIII.
Avec Privilege de Sa Majeſté.

34 ELEMENS

également par vne perpendiculaire *ad*, tirée du centre *a*: car le triangle *abc* eſt iſoſcele, puiſque *ab* eſt égal à *ac*: (1. 14) donc la perpendiculaire *ad* coupe la baſe *bc* en deux également. (2. 16.) L'arc *bc* eſt auſſi diviſé également.

7. Si deux lignes *db* & *dc* touchent vn cercle, elles ſeront égales. Car imaginant du centre vers les points d'attouchement deux lignes *ab* & *ac*, celles-ci ſeront perpendiculaires aux touchantes. (4. 5.) De plus, ſi on imagine la ligne *bc*, l'angle *abc* ſera égal à l'angle *acb*: (2. 15.) donc ſi de choſes égales, c'eſt-à-dire, des angles droits *abd* & *acd*, on oſte les choſes égales, c'eſt à dire, l'angle *abc*, d'vne part, & de l'autre l'angle *acb*, les angles qui reſteront ſeront égaux, c'eſt à dire, *cbd* ſera égal à *bcd*, & par conſequent le coſté *db* ſera égal au coſté *dc*. (2. 15.)

8. Deux cordes égales *bc*, *ef*, font deux ſegmens *bdc* & *egf* égaux, & les perpendiculaires *ao* & *an* ſeront égales. Ceci eſt facile à prouver.

图 17－7　巴蒂《几何基础》(1673 年)书影

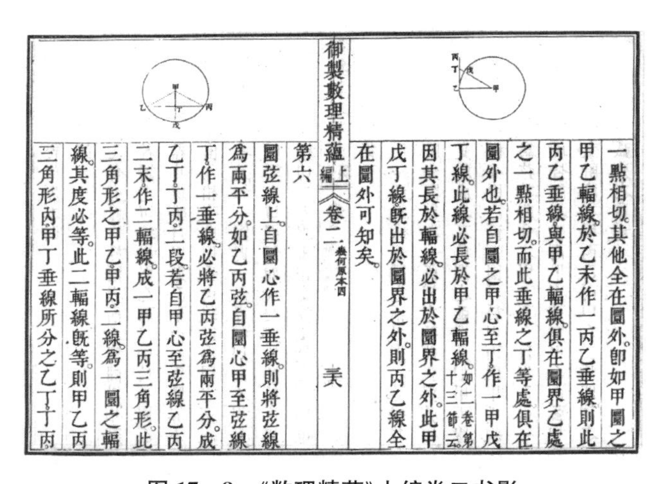

一點相切其他全在圜外。即如甲圜之甲乙輻線於乙末作一丙乙垂線則此丙乙垂線與甲乙輻線俱在圜界乙處之一點相切。而此垂線之丁等處俱在圜外也。若自圜之甲心至丁作一甲戊丁線此線必長於甲乙輻線。(如二卷第十三節云)因其長於輻線必出於圜界之外。此甲戊丁線既出於圜界之外。則丙乙線全在圜外可知矣。

御製數理精蘊上編卷二 幾何原本四

第六

圜弦線上自圜心作一垂線則將弦線爲兩平分。如乙丙弦自圜心甲至弦線丁作一垂線必將乙丙弦爲兩平分。成乙丁丁丙二段若自甲心至弦線乙丙二末作二輻線成一甲乙丙三角形此三角形之甲乙甲丙二線爲一圜之輻線其度必等此二輻線既等則甲乙丙三角形內甲丁垂線所分之乙丁丁丙

图 17－8　《数理精蕴》上编卷二书影

且只有“弦”被平分，未提及“弧”被平分，仅陈述定理内容，没有给出具体的证明，不涉及定理应用。

1794 年，法国数学家勒让德的《几何基础》出版后，取代了欧几里得的《几何原本》作为几何教科书的地位，产生了深远的影响。书中给出，并证明了垂径定理：“垂直于弦的半径平分弦，并且平分弦所对的两条弧。”(Legendre, 1834, p. 45)与欧几里得和克莱罗不同的是，勒让德在命题中增加了“半径平分弧”的结论，首次使垂径定理具有

我们在今日教科书中所看到的完整形式。

勒让德首先证明

命题 1 过直线外一点向直线引垂线，并在垂线两侧各作一条斜线，若斜足与垂足之间的距离相等，则两条斜线段相等；

命题 2 过直线外一点向直线引垂线和两条斜线，则斜足距垂足越远，斜线越长。

然后，利用上述命题分别证明(Legendre, 1834, pp. 22—24)

命题 3 线段中垂线上的任意一点到线段两个端点的距离相等；

命题 4(HL 定理) 在两个直角三角形中，若斜边和一条直角边对应相等，则这两个直角三角形全等。

接着，勒让德利用上述命题 3 和命题 4 来证明垂径定理：如图 17－9，在 $\odot C$ 中，半径 $CG \perp AB$，连结 CA、CB。在 $\mathrm{Rt}\triangle ADC$ 和 $\mathrm{Rt}\triangle BDC$ 中，$CA = CB$，CD 为公共边，故由命题 4，得 $AD = DB$。连结 GA、GB，因点 G 在 AB 的中垂线上，故由命题 3，得 $GA = GB$，根据“等弦对等弧”可知 $\overset{\frown}{GA} = \overset{\frown}{GB}$。

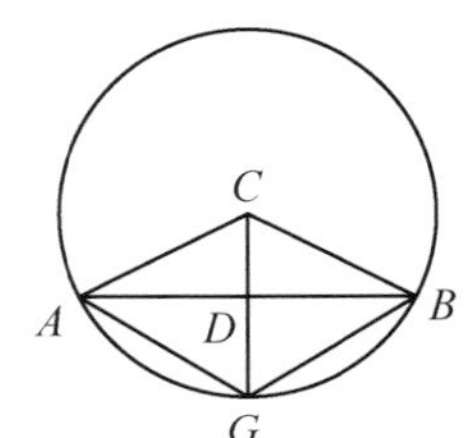

图 17－9 勒让德《几何基础》中的垂径定理

17.2.6 20 世纪的美国

20 世纪，美国众多几何教科书都呈现了垂径定理。美国著名数学史家史密斯(D. E. Smith, 1860—1944)十分强调几何定理的应用价值，他认为，只把应用题作为教科书附加的内容提供给学生，不会吸引学生的学习兴趣，如果教师能结合实际，考虑学生的学习背景、生活环境，设置一系列习题，使这些题目难度逐渐增加，能够考察学生不同方面、不同程度的几何知识，那么这样的习题将会对学生的几何学习产生较大的帮助。

史密斯在其教师培训教科书《几何教学》中不仅论述了垂径定理的完整内容，还讨论了定理在生活实践中的重要作用：在工程、建筑、测量等领域，垂径定理可以帮助工程师确定任何一段圆弧的圆心位置。假如一位土木工程师想要确定一条曲线(如跑道、铁路或公园里的小路)的圆心，他可以任取弧上的两条不平行的弦，然后作它们的中垂线，那么两条中垂线的交点就是圆心所在位置。史密斯设计了以下由易至难的 3 个问题(Smith, 1911, pp. 218—221)。

问题 1　如图 17－10，城镇中有两条马路 AP 和 BQ，为两条马路的连结部分设计一个弧形弯角。

问题 2　如图 17 - 11，为两条不同宽度的马路设计连结的弧形弯角。

问题 3　如图 17 - 12，需要在 G 处的大门和 P 处的车库之间修一条弧形车道，要求车道避开 R 处的大石块。

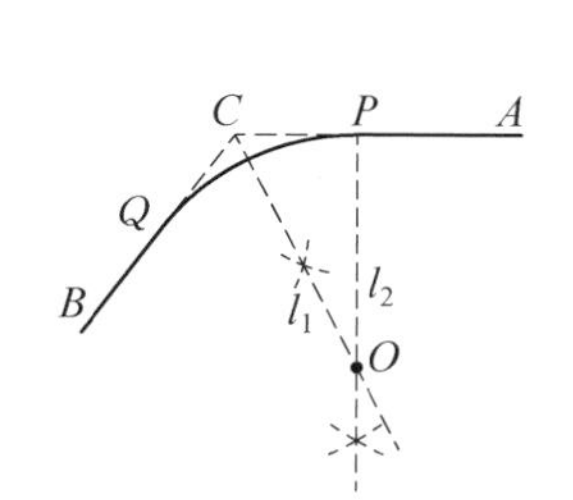

图 17 - 10　弯道设计问题 1

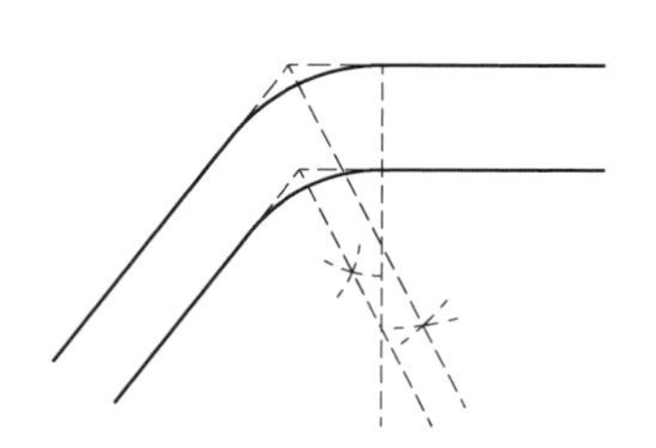

图 17 - 11　弯道设计问题 2

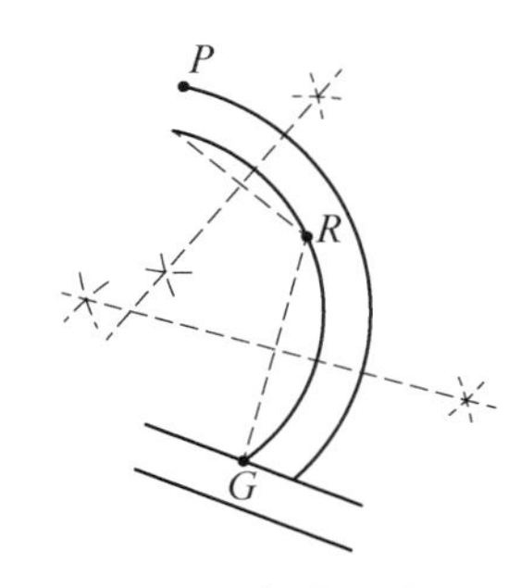

图 17 - 12　弯道设计问题 3

从圆外一点引出两条切线，则圆心在两条切线所成夹角的平分线上，问题 1 和问题 2 的解决需要用到这个性质，其中隐含了垂径定理。在问题 1 中，延长 AP、BQ 形成$\angle PCQ$，作$\angle PCQ$ 的平分线 l_1，然后过点 P 作 AP 的垂线 l_2，根据切线的性质可知，圆心在垂线 l_2 上，则 l_1 与 l_2 的交点即为圆心 O 所在位置。问题 2 在问题 1 的基础上增加了难度，此时两段圆弧的圆心是不同的。史密斯认为，与此类似的题目有很多，教师应当注意不要设置太多同类型的题目，而应注意变换题目难度，以保证题目能考查学生对不同知识点的掌握情况。问题 3 涉及“三点共圆”这一知识点，可以让学生了解到，平面上任何不共线的三点都可以确定一个圆，解决这类真实情境下的问题有助于学生对该知识点的理解，同时也能加深他们的记忆。

17.3　结论与启示

通过对不同时期、不同地区数学文献的考察，可以勾勒出垂径定理的历史发展脉络。古代两河流域的数学泥版虽经历岁月长河的洗涤，仍向我们展现了古巴比伦人的智慧水平，他们已经知道了垂直于弦的直径与弦的几何关系；中国数学典籍《九章算术》中的“圆材埋壁”问题以及刘徽的“割圆术”等都隐含了垂径定理的结论；中世纪印度数学名著《莉拉沃蒂》中的“矢弦法则”与垂径定理息息相关。因此，在欧几里得之前，尽管古代东方数学家从未用文字明确表述过垂径定理，但定理的结论却已为他们所熟知。欧几里得在《几何原本》中最早明确提出垂径定理及其逆命题，让垂径定理登上了初等几何学的历史舞台。17—18世纪，法国数学家巴蒂、克莱罗、勒让德分别在各自的几何教科书中给出了垂径定理，勒让德的《几何基础》丰富了垂径定理的内容，使之有了我们今天十分熟悉的完整形式。到了20世纪，人们开始关注垂径定理在现实生活中的应用。美国数学家史密斯在《几何教学》中呈现了丰富有趣的与垂径定理相关的应用题。

垂径定理的历史可以丰富教师的教学知识，促进教师对于该定理的理解。图17-13给出了该定理的知识脉络。

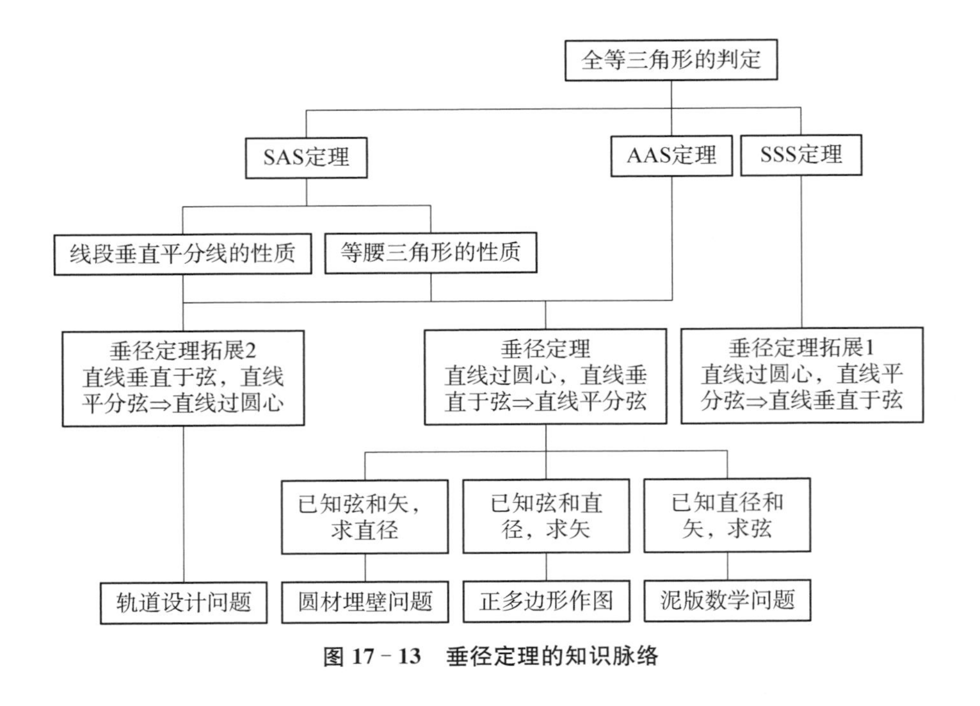

图17-13 垂径定理的知识脉络

借鉴垂径定理的历史，我们可以从HPM视角设计定理的教学过程。

17.3.1 问题导入

垂径定理在被提出之前，已经在历史长河中经历了漫长的积淀，人们首先在生产生活中使用它，再对其进行提炼、组织，使之形成一个定理。荷兰数学家和数学教育家弗赖登塔尔(H. Freudenthal, 1905—1990)认为，学习数学唯一正确的方法就是“再创造”，也就是由学生自己去发现和创造所学知识(弗赖登塔尔，1992, p.3)。因此在导入环节,教师可以为学生探索新知创设合适的问题情境,可选取的历史素材有古巴比伦泥版上的数学问题、《九章算术》中的"圆材埋壁"问题以及古印度数学问题等。然后,帮助学生将具体问题抽象成几何图形,基于几何直观和合情推理,进一步引导学生发现"垂径"与弦之间可能存在的垂直、平分关系,并试着总结学生的猜想:垂直于弦的直径平分弦。

17.3.2 证明猜想

这一环节,教师可以将学生分成小组,以小组为单位探究证明"垂直于弦的直径平分弦",然后让小组代表分别陈述自己小组的证明方法。接着教师可以采用古今联系的策略对学生的证明作出评价:古希腊数学家欧几里得和法国数学家勒让德就是用此方法证明该定理的。从"提出猜想"到"证明猜想",学生经历定理的发现和研究过程,积累数学活动经验。

与古代中国崇尚实用的学术文化不同,古希腊数学家不仅要解决"是什么"的问题,还要回答"为什么"的问题,这可以解释为什么垂径定理首次被欧几里得提出并证明,教师可以借此向学生渗透古希腊理性思维的巨大价值。

17.3.3 归纳定理

从欧几里得的《几何原本》到勒让德的《几何基础》,时间跨越千年,直到18世纪,垂径定理才拥有了完整的形式。了解这段历史可以帮助教师把握学生的学习难点,学生可能会很容易发现"弦被平分",但"弧被平分"是不易见的。教师在课堂上应该多花些时间,让学生分别从文字语言、符号语言、图形语言三个角度来掌握垂径定理的完整形式。另外,"垂直于弦的直径"在历史上有多种表述,包括"垂直于弦且过圆心的直线""垂直于弦的半径""圆心到弦的垂线段",其本质特性是"过圆心",教师在课堂上可以分别给出对应的几何图形,让学生找出共同特征,把握垂径定理中"过圆心"这一关键条件。

17.3.4 定理应用

波利亚(G. Pólya, 1887—1985)说过:"一个专心的认真备课的教师能够拿一道有意义的但又不太复杂的题目,去帮助学生发掘问题的各个方面,使得通过这道题目,就好像通过一道门户,把学生引入一个完整的理论领域。"(波利亚,1981, p. 183)史密斯在《几何教学》中呈现的问题具有现实社会情境，且难度逐渐增加，教师可择取其中的若干问题作为教学素材，设计一组变式练习，在归纳定理内容之后，让学生“趁热打铁”“循序渐进”，帮助学生有效巩固对垂径定理及其推论的掌握。此外，古印度数学家阿波耶多、婆什迦罗给出了圆中弦、矢、直径三个量之间“知二求一”的关系，其中涉及勾股定理，教师可以在课堂上引入这段历史，启发学生通过作辅助线来构造直角三角形，厘清做该类题型的思路。

教师基于数学史问题设计探究活动，让学生经历垂径定理的发现和研究过程，从而构建“知识之谐”，彰显“方法之美”，营造“探究之乐”。古人对于垂径定理的运用体现了数学与生活之间的密切联系，而不同时空的数学家在垂径定理这一课题上所作出的贡献和取得的成就又揭示了数学文化的多元性，从而向学生展示数学的“文化之魅”。垂径定理的历史呈现了数学定理的演进性，有助于让学生形成动态的数学观并感悟数学背后的理性精神，因而数学史可以帮助教师达成“德育之效”。

参考文献

波利亚(1981). 数学的发现(第 2 卷). 刘景麟，等，译. 北京：科学出版社.

弗莱登塔尔(1992). 作为教育任务的数学. 上海：上海教育出版社.

郭书春(2009). 汇校九章算术. 沈阳：辽宁教育出版社.

卡兹(2016). 东方数学选粹. 纪志刚，等，译. 上海：上海交通大学出版社.

婆什迦罗(2008). 莉拉沃蒂. 徐泽林，等，译. 北京：科学出版社.

汪晓勤，黄芳(2003). 巴比伦泥版文献中的勾股定理. 中学教研，(1)：49 - 50.

Aryabhata(1903). *The Aryabhatiya of Aryabhata* (Translated by W. E. Clarke). Chicago: The University of Chicago Press.

Clairaut, A. C. (1741). *Elemens de Geometrie*. Paris: Lambert & Durand.

Heath, T. L. (1908). *The Thirteen Books of Euclid's Elements* (Vol. 2). Cambridge: The University Press.

Legendre, A. M. (1834). *Elements of Geometry and Trigonometry*. Philadelphia: A. S. Barnes & Company.

Pardies, I. G. (1673). *Elemens de Geometrie*. Paris: Sebastien Mabre-Cramoisy.

Smith, D. E. (1911). *The Teaching of Geometry*. Boston: Ginn & Company.

18 垂径定理(Ⅱ)

王　娟*

18.1 引言

垂径定理是初中平面几何最重要的定理之一。学生在小学阶段已经掌握了圆的周长与面积公式,到了初中阶段,垂径定理是研究圆的性质的重要工具。《义务教育数学课程标准(2011年版)》要求学生能"探索并证明垂径定理",并通过尺规作图完成"过不在同一直线的三点作圆,作三角形的外接圆、内切圆"等操作(中华人民共和国教育部,2011)。

目前,人教版、沪教版、浙教版、苏科版、北师大版初中数学教科书对垂径定理的处理方式为:在引入上,前4种教科书设计了翻折圆形纸片的探究活动,而北师大版教科书通过寻找几何图形的等量关系来引导学生发现圆的对称性,然后进一步引出垂径定理;在应用上,除苏科版教科书外的其他4种教科书均设计了"求赵州桥桥拱半径"的问题,其中北师大版教科书还将《九章算术》中的"圆材埋壁"问题设置为习题。已有教学设计大多采用与现行教科书相似的方式来引入新课,在练习与应用上除了赵州桥等个别例子,很少涉及数学史(孙芳,2014;黄延林,2016;杨昌兰,2017;陶然,2015)。迄今为止,教师几乎没有看到过有关垂径定理的历史研究,更不必说HPM视角下垂径定理的教学案例了。

为了开展垂径定理的HPM课例研究,需要深入了解该定理的历史,从中获取教学素材,启迪教学设计思路。为此,本章聚焦该定理,对美英早期几何教科书进行考察,以试图回答以下问题:关于垂径定理,美英早期几何教科书中给出了哪些表述形式以及证明方法?垂径定理及其推论在数学和生活中各有哪些应用?历史研究对垂

* 浙江省杭州闻涛中学教师。

径定理的教学有何启示?

18.2 早期教科书的选择

从有关数据库中选取1700—1959年间出版的102种美英几何教科书作为研究对象,其中,80种出版于美国,22种出版于英国。这些教科书的出版时间分布情况见表18-1。

表18-1 102种美英早期几何教科书的出版时间分布

出版时间	英国	美国	小计
1700—1799	8	1	9
1800—1899	13	41	54
1900—1959	1	38	39
合计	22	80	102

我们从形式和内容两个方面来考察几何教科书关于垂径定理的呈现方式。形式上,考察教科书如何表述垂径定理,是否将其作为一条定理,与现行教科书中垂径定理的表述有何不同;内容上,考察垂径定理的证明与应用,从中分析教科书对该定理的认识。

18.3 垂径定理的表述形式

美英早期几何教科书中,垂径定理主要以四类方式呈现:作为一个定理(87种,占85%)、作为其他定理的推论(6种,占6%)、作为问题探究的结论(4种,占4%)、作为隐含的定理(5种,占5%,即只有垂径定理的推论和应用,但并未涉及垂径定理本身)。

我国现行人教版、苏科版、沪教版、北师大版、浙教版5种教科书中,垂径定理的具体内容是:垂直于弦的直径平分弦,并且平分弦所对的两条弧。定理包含两个部分:

- 第一部分:垂直于弦的直径平分弦;
- 第二部分:垂直于弦的直径平分弦所对的两条弧。

在87种将垂径定理视为定理的教科书中,有23种只给出垂径定理的第一部分,另64种给出垂径定理的完整部分。

另外,关于垂径定理中的“垂径”,早期几何教科书中有 4 种不同的称谓:“垂直于弦的直径”“垂直于弦的半径”“垂直于弦且过圆心的直线”“圆心到弦的垂线段”。

18.4 垂径定理的证明

为便于阅读,在梳理早期几何教科书中垂径定理的证明方法时,将定理第一部分(弦被平分)和第二部分(弧被平分)的证明分开整理统计。

18.4.1 “弦被平分”的证明

考察发现,在 102 种教科书中,有 69 种给出了垂径定理第一部分的证明,所用方法可分成 4 类:全等三角形法(42 种,占 61%)、等腰三角形法(19 种,占 27%)、相似三角形法(4 种,占 6%)和实验操作法(4 种,占 6%)。

(一) 全等三角形法

“弦被平分”主要通过全等三角形来证明。如图 18-1,在圆 C 中,由 $\triangle ADC \cong \triangle BDC$,得 $AD = BD$。而关于 $\triangle ADC \cong \triangle BDC$ 的证明,有 29 种教科书利用 HL 定理,9 种教科书利用 AAS 定理,3 种教科书利用 SAS 定理,1 种教科书利用特殊的 SSA 定理(两个三角形的两边和其中一边的对角对应相等,且它们同为直角三角形、锐角三角形或钝角三角形),具体证明见表 18-2。

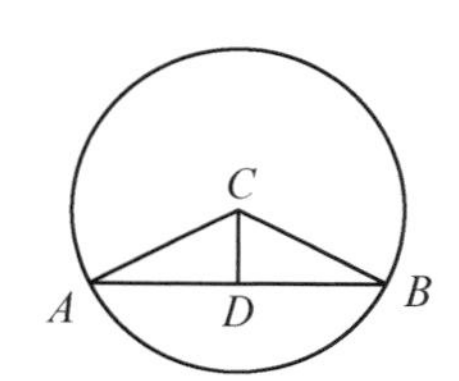

图 18-1 全等三角形法

表 18-2 $\triangle ADC \cong \triangle BDC$ 的证明

依据的定理	证明过程
HL	$AC = BC$,DC 为公共边,所以 $\triangle ADC \cong \triangle BDC$。(Robinson, 1850, p. 62)
AAS	$\angle ADC = \angle BDC = 90°$,$\angle CAB = \angle CBA$,$CD$ 为公共边,所以 $\triangle ADC \cong \triangle BDC$。(Playfair, 1824, pp. 68—69)
SAS	$\angle ADC = \angle BDC = 90°$,$\angle CAB = \angle CBA$,所以 $\angle ACD = \angle BCD$。又因 $CA = CB$,CD 为公共边,所以 $\triangle ADC \cong \triangle BDC$。(Rossignol, 1787, p. 50)
特殊的 SSA	$CA = CB$,$\angle CAD = \angle CBD$,CD 为公共边,所以 $\triangle ADC \cong \triangle BDC$。(Leslie, 1809, p. 81)

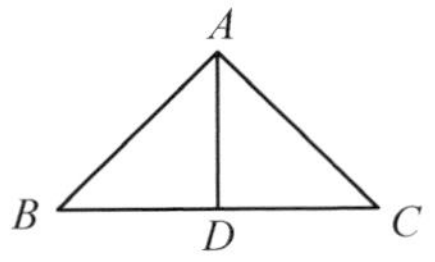

值得说明的是，上述证明过程用到等腰三角形的“等边对等角”这一性质，早期教科书给出了该性质的多种证明(参阅本书第 14 章)，其中一种沿用欧几里得的证法(Playfair，1824，pp. 68—69)；另一种如图 18-2 所示，已知等腰 $\triangle ABC$，$AB=AC$，过点 A 作 $\angle BAC$ 的平分线，交 BC 于点 D，则根据 SAS 定理可证 $\triangle ABD \cong \triangle ACD$，所以 $\angle ABD=\angle ACD$。(Rossignol，1787，p. 50)

图 18-2 等边对等角

(二) 等腰三角形法

如图 18-3，在 $\odot E$ 中，直径 CD 垂直于弦 AB，半径 $EA=EB$，$\triangle AEB$ 为等腰三角形。因为 EF 为底边 AB 上的高，所以 EF 是底边 AB 上的中线和顶角 $\angle AEB$ 的平分线，所以 $AF=FB$。(Brooks，1865，pp. 76—77)上述证明直接运用了等腰三角形“三线合一”性质。

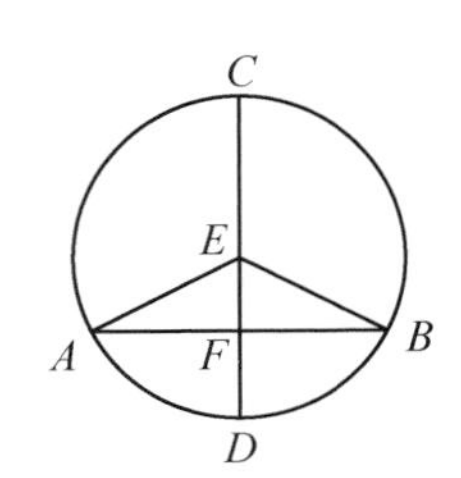

图 18-3 等腰三角形法

(三) 相似三角形法

早期教科书把三个角分别对应相等的两个三角形称为等角三角形，也就是今日教科书所称的相似三角形。这种证明利用了等角三角形的性质：若等角三角形有两边对应相等，则这两个三角形的第三边也对应相等。

先用反证法证明该性质：如图 18-4，$\triangle ABC$ 和 $\triangle DEF$ 是等角三角形，且 $AB=DE$，$BC=EF$。假设 $AC \neq DF$，不妨设 $AC>DF$，在 AC 上取一点 G，使 $AG=DF$，此时 $\angle ABG<\angle ABC$。连结 BG，在 $\triangle ABG$ 和 $\triangle DFE$ 中，$AG=DF$，$AB=DE$，$\angle GAB=\angle FDE$，根据 SAS 定理，$\triangle ABG \cong \triangle DFE$，所以 $\angle ABG=\angle AEF$，又因为 $\angle ABC=\angle AEF$，所以 $\angle ABG=\angle ABC$，矛盾。说明假设不成立，同理可证 $AC<DF$ 也不成立，因此 $AC=DF$。

再用以上结论来证明“弦被平分”。如图 18-5，在 $\odot D$ 内，直径 CF 垂直于弦 AB

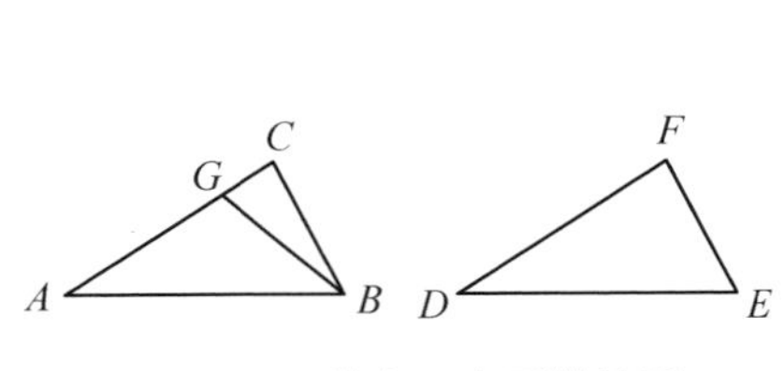

图 18-4 等角三角形的性质

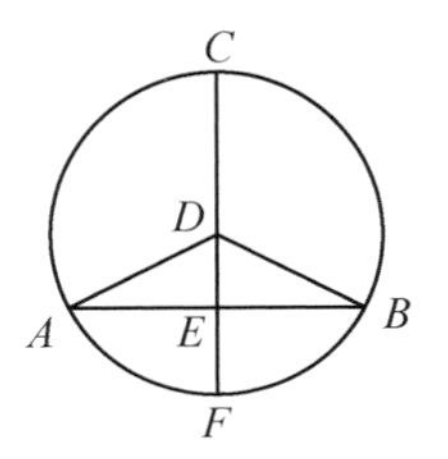

图 18-5 相似三角形法

于点 E，易知$\triangle AED$ 和$\triangle BED$ 是等角三角形，因为 $AD=DB$，且 DE 为公共边，所以 $AE=BE$。(Bonnycastle, 1789, pp. 77—78)

(四) 实验操作法

有 4 种教科书通过实验操作(沿直径翻折圆)的方式来证明"弦被平分"。如图 18-6，在 $\odot C$ 中，半径 $CD\perp AB$，延长 DC 交圆周于点 F。将 $\odot C$ 沿直径 DF 进行翻折，半圆 DBF 与半圆 DAF 将会重合。又因为 $CD\perp AB$，所以翻折之后线段 EB 与线段 EA 也将重合。

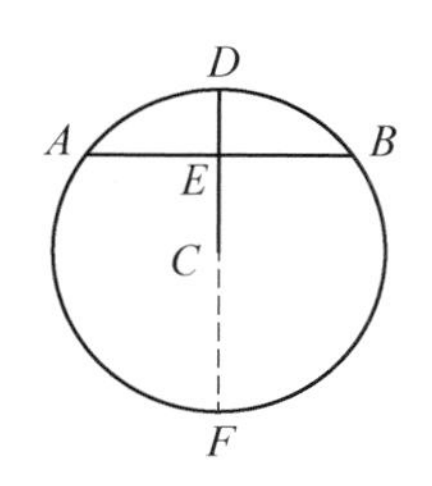

图 18-6 实验操作法(沿直径翻折圆)

关于 $EB=EA$，这 4 种教科书的证明互有不同，如表 18-3 所示。从表中可见，4 种教科书的证明或多或少都存在瑕疵。Perkins(1855)和 Wormell(1822)由线段所在直线重合直接推出线段相等，逻辑不通。

表 18-3 4 种教科书用实验操作法证明"弦被平分"

编者(年份)	教科书	关于 $EB=EA$ 的证明
Perkins(1855)	《平面与立体几何》	无叙述，直接得到 $EB=EA$。
Tappan(1877)	《平面与立体几何专论》	因为点 B 落在点 A 处，所以 $EB=EA$。
Olney(1877)	《初等几何专论》	因为半径 CA 与 CB 重合，所以线段 EB 与 EA 重合，即 $EB=EA$。
Wormell(1822)	《现代几何》	无叙述，直接得到点 B 与 A 重合。

Tappan(1877)的证明似乎有逻辑循环之嫌。实际上，"点 B 落在点 A 处"是弦 AB 被点 E 平分的结论，不能把它作为证明 $EA=EB$ 的已知条件。Olney(1877)由半径 $CA=CB$ 得出 $EB=EA$，可以合理猜测编者利用了 HL 定理、SAS 定理或勾股定理中的某一个，但并未指明。

18.4.2 "弧被平分"的证明

有 46 种教科书证明了垂径定理的第二部分。其中，37 种教科书利用了定理"在同圆或等圆中，相等的圆心角所对的弧相等"；3 种教科书利用了定理"在同圆或等圆中，等弦所对的弧相等"；6 种教科书采用了实验操作(沿直径翻折圆)的方法。

（一）等角对等弧

如图 18－7，在 $\triangle ACB$ 和 $\triangle DCE$ 中，$AC=DC$，$BC=EC$，$\angle ACB=\angle DCE$，根据 SAS 定理，$\triangle ACB \cong \triangle DCE$。如果将扇形 ACB 放置于扇形 DCE 之上，则点 A 与点 D 重合，点 B 和点 E 重合，即 $\overset{\frown}{AB}$ 和 $\overset{\frown}{DE}$ 的两个端点重合。因为 $\overset{\frown}{AB}$ 和 $\overset{\frown}{DE}$ 上所有的点到圆心 C 的距离相等，所以 $\overset{\frown}{AB}$ 和 $\overset{\frown}{DE}$ 上所有的点都重合，可得 $\overset{\frown}{AB}=\overset{\frown}{DE}$。因此，如图 18－8，由 $\angle ACD=\angle BCD$ 和“等角对等弧”，可得 $\overset{\frown}{AB}$ 或 $\overset{\frown}{AEB}$ 被直径 EF 平分。

（二）等弦对等弧

如图 18－7，在 $\triangle ACB$ 和 $\triangle DCE$ 中，$AC=DC$，$BC=EC$，$AB=DE$，根据 SSS 定理，$\triangle ACB \cong \triangle DCE$，同上，可得 $\overset{\frown}{AB}=\overset{\frown}{DE}$。如图 18－8，连结 AF、BF，通过证明 $\triangle ADF \cong \triangle BDF$ 或由勾股定理知，$AF=BF$，然后由“等弦对等弧”知，$\overset{\frown}{AFB}$ 和 $\overset{\frown}{AEB}$ 被直径 EF 平分。

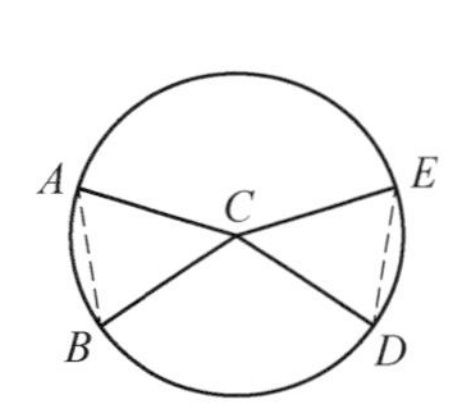

图 18－7　“等角对等弧”的证明

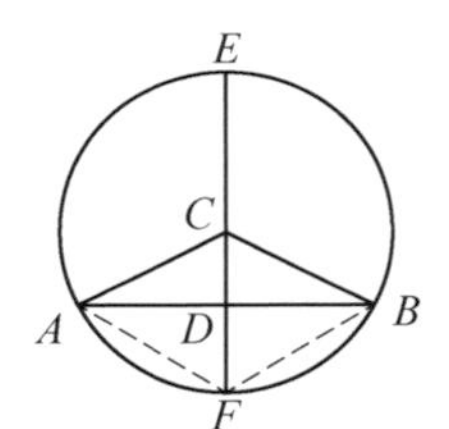

图 18－8　“弧被平分”的证明

（三）沿直径翻折

如图 18－8，将圆 C 沿直径 EF 翻折，表 18－4 给出了 6 种教科书在进行翻折操作之后的主要推导过程。从表中可知，前三种给出的推导过程较为严谨，而 Perkins(1855)、Tappan(1864)、Olney(1877)的证明过程则不够清晰，并未给出“弧被平分”的根本原因。

表 18－4　6 种教科书用实验操作法证明“弧被平分”

编者(年份)	教科书	主要证明过程
Robinson(1851)	《几何基础》	$\overset{\frown}{AF}$ 与 $\overset{\frown}{BF}$ 的端点重合，因为 $\overset{\frown}{AF}$ 和 $\overset{\frown}{BF}$ 的任意一点到圆心 C 的距离相等，所以 $\overset{\frown}{AF}=\overset{\frown}{BF}$。
Brooks(1865)	《标准初等几何》	
Hunter(1872)	《平面几何基础》	

续 表

编者(年份)	教科书	主要证明过程
Perkins(1855)	《平面与立体几何》	无叙述,直接得到 $\overset{\frown}{AF}=\overset{\frown}{BF}$。
Tappan(1864)	《平面与立体几何专论》	因为点 B 落在点 A 处,所以 $\overset{\frown}{AF}=\overset{\frown}{BF}$。
Olney(1877)	《初等几何专论》	因为半径 CA 与 CB 重合,所以线段 DA 和 DB 重合,于是得 $\overset{\frown}{AF}=\overset{\frown}{BF}$。

18.5 垂径定理的应用

垂径定理及其推论是证明线段相等、角相等、垂直关系的重要依据,同时也为进行圆的有关计算和作图提供了方法和依据。不管在数学内部还是外部,垂径定理都有广泛的应用,下面介绍早期几何教科书中的一些典型例题。

18.5.1 数学上的应用

(一) 尺规作图

垂径定理在数学上的第一类应用是尺规作图。

例 1 过不共线三点 A、B 和 C 作圆。(Thomson, 1844, p. 69)

根据命题"垂直平分弦的直线过圆心",分别作线段 AB 和 BC 的垂直平分线,其交点 O 即所作圆的圆心。

例 2 平分给定的一段弧 $\overset{\frown}{AB}$。(Thomson, 1844, p. 65)

根据命题"垂直平分弦的直线平分弦所对的弧",作线段 AB 的垂直平分线,与 $\overset{\frown}{AB}$ 交于点 E,则点 E 平分 $\overset{\frown}{AB}$。

例 3 平分给定角 $\angle AOB$。(Thomson, 1844, p. 65)

以点 O 为圆心、任意长为半径作弧,与 $\angle AOB$ 的两边分别交于点 A、B,连结 AB,根据命题"垂直于弦且过圆心的直线平分弦所对的圆心角",过圆心 O 向 AB 所引垂线即为 $\angle AOB$ 的平分线。

(二) 几何证明

垂径定理在数学上的第二类应用是几何证明。

例 4 在圆 O 内,弦 AB 与直径 CD 相交,过点 D、C 分别作 AB 的垂线,垂足分别为

点 E、F，证明 $AE=BF$。(Sykes & Comstock, 1918, p. 112)

如图 18-9，延长 DE 与 $\odot O$ 交于点 G，连结 CG，过圆心 O 作 CG 的垂线，垂足为点 M，与弦 AB 交于点 N，则四边形 $GEFC$ 为矩形。因为 $MG=MC$, $AN=NB$，所以 $AE=BF$。

例 5 BP 为圆 O 的直径，A 为圆 O 上任一点，连结 AP，过点 O 作 $OR\parallel AP$，交圆周于点 R，证明 R 平分 $\overset{\frown}{AB}$。(Strader & Rhoads, 1927, p. 134)

如图 18-10，因为 $\angle BAP=90^\circ$, $OR\parallel AP$，所以 $OR\perp AB$，因此 OR 平分 AB 和 $\overset{\frown}{AB}$。

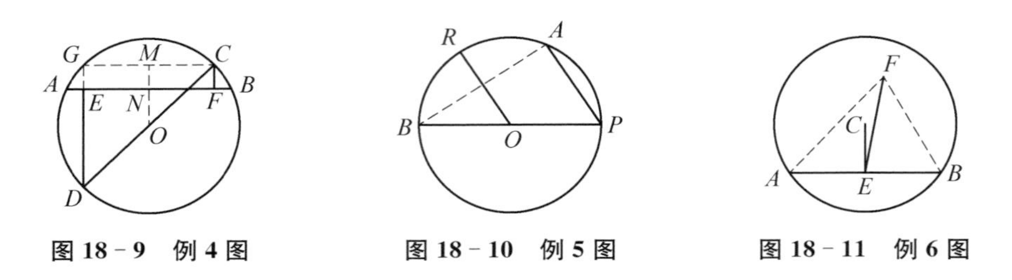

图 18-9 例 4 图　　图 18-10 例 5 图　　图 18-11 例 6 图

例 6 证明：圆的任意一条弦的垂直平分线过圆心。(Farnsworth, 1933, p. 114)

如图 18-11，CE 为弦 AB 的垂直平分线，证明圆心在 CE 上。假设圆心不在 CE 上，则取 CE 外一点 F 为圆心。连结 EF、FA、FB，易知 $\triangle FAE\cong\triangle FBE$，从而 $EF\perp AB$，所以 EF 与 CE 重合，假设不成立。

利用例 6 的结论可以证明更多与垂径定理相关的结论，如(Farnsworth, 1933, p. 114)：

例 7 证明：平分弧与弧所对弦的直线过圆心。

例 8 证明：同时平分具有公共端点的劣弧和优弧的直线过圆心。

(三) 轨迹确定

垂径定理的第三类应用是轨迹问题的求解。

例 9 确定圆内任意一组平行弦的中点形成的轨迹。(Smith, 1909, p. 103)

如图 18-12，任取其中一条弦 AB，其中点为 C，连结 OC 并向两端延长，与圆周交于点 E、F，则 $EF\perp AB$，因此 EF 垂直于这组平行弦，由垂径定理知，EF 平分这组平行弦。所以，满足该条件的轨迹是垂直于这组平行弦的直径。

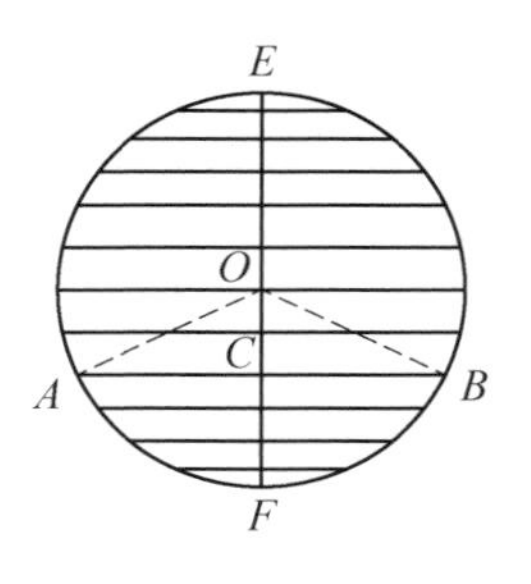

图 18-12 例 9 图

例 10　确定过两定点 A、B 的圆的圆心形成的轨迹。(Smith，1909，p. 103)

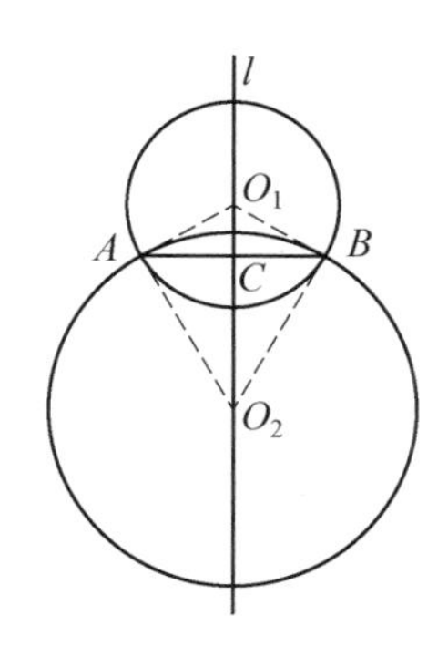

图 18－13　例 10 图

如图 18－13，任取一过点 A 和 B 的圆 O_1，则点 O_1 在线段 AB 的垂直平分线 l 上。任取 AB 垂直平分线上的一点 O_2，因为 $O_2A=O_2B$，所以以 O_2 为圆心、O_2A 为半径的圆过定点 A、B。所以，满足该条件的轨迹是两定点所确定线段的垂直平分线。

18.5.2　在现实生活中的应用

（一）建筑工程上的应用

例 11　确定圆心的仪器

木匠或建筑师在作业时经常需要确定某些圆形物体的圆心，Strader & Rhoads (1927)给出了一种用来确定圆心的仪器。如图 18－14，长杆 OC 平分 $\angle AOB$，且 $OA=OB$。将该仪器平置于需要测量的圆形物体之上，当点 A 和 B 恰好与圆周接触时，长杆 OC 过圆心，标记长杆所在直线 OC，转换任意角度，重新放置仪器，再次标记长杆所在直线 O_1C_1，则两直线的交点即为圆形物体的圆心。

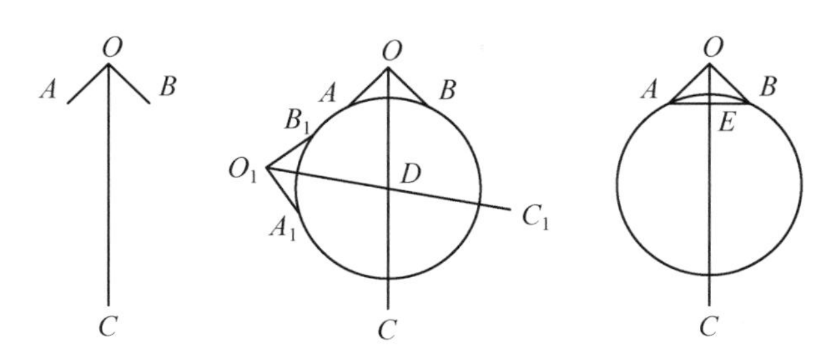

图 18－14　确定圆心的仪器

事实上，连结 AB，与 OC 交于点 E，易知 $AE=EB$，$\angle AEO=\angle BEO=90^\circ$。根据垂径定理的推论(弦的垂直平分线过圆心，见例 6)可知，圆心 D 在直线 OC 上。二次测量之后，直线 OC 和 O_1C_1 交于点 D。

例 12　设计窗户

一位建筑师计划设计一扇窗户，底部是矩形，上部是弓形，并且弓形的弦长等于矩形的宽。如果矩形长 AD 为 10 英尺，宽 AB 为 5 英尺，窗高 MF 为 11.8 英尺，求窗户弓形部分弧长所在圆的半径。(Farnsworth，1933，p. 247)

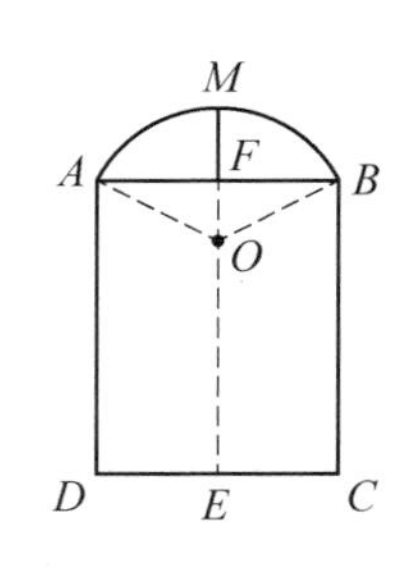

图 18－15　设计窗户

如图 18－15，弓形 AMB 为 $\odot O$ 的一部分，在 $\odot O$ 中，由垂径定理可知，OM 平分弦 AB，在 $\mathrm{Rt}\triangle AOF$ 中，根据勾股定理，得 $OA^2=\left(\frac{1}{2}AB\right)^2+(OM-MF)^2$，计算得半径 $OA\approx 2.64$ 英尺。

例 13　确定弧形铁轨半径

一位铁路测量员想确定一段弧形铁轨所在圆的半径，他先测量了铁轨上两点 A、B 之间的距离，然后测量了弦 AB 中点 M 到弧 AB 中点 C 之间的距离 CM，假如 AB 为 100 英尺，CM 为 2 英尺，请计算这段弧形铁轨所在圆的半径。(Mallory & Stone, 1943, p. 334)

如图 18－16，连结 CM 并延长，在延长线上取一点 O 为圆心，连结 OA、OB，则有 $OA=OB$，$CO\perp AB$，$MA=MB$，设 $\odot O$ 的半径为 r，在 $\mathrm{Rt}\triangle AMO$ 中，由勾股定理，得 $r^2=\left(\frac{1}{2}AB\right)^2+(r-CM)^2$，计算得半径 $r=626$ 英尺。本题涉及垂径定理的推论：平分弦及其所对弧的直线过圆心(见例 7)，并且垂直于弦。

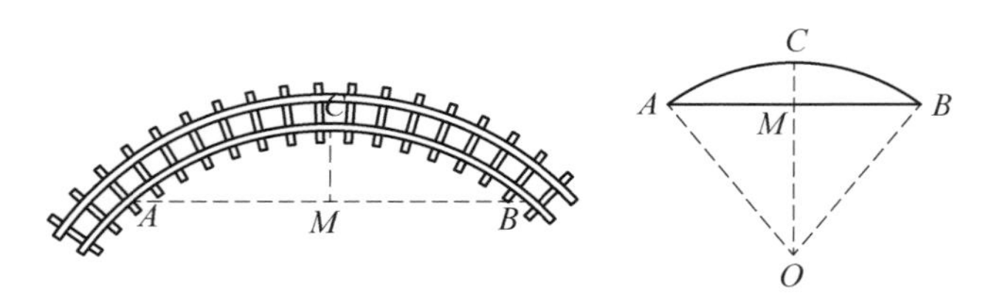

图 18－16　确定弧形铁轨半径

(二) 测量上的应用

例 14　测量地球半径

Farnsworth(1933)给出了一个简单且有趣的测量地球半径的方法：取三根长度均为 h 的木杆，在沙滩上等间距插放，使三根木杆处在同一条直线上，由于地球表面是一个曲面，所以中间的一根木杆会比两边的木杆略高一点。

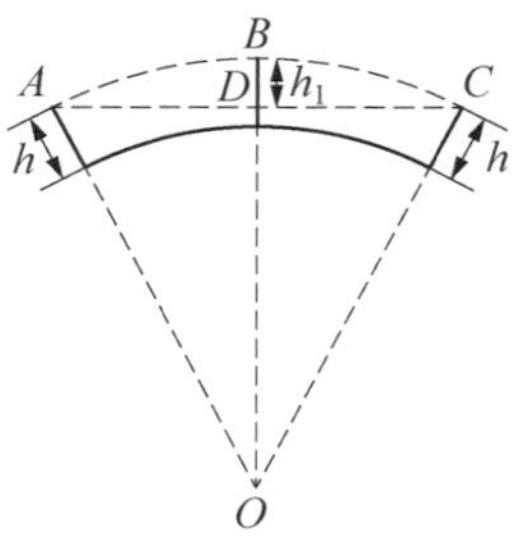

图 18－17　测量地球半径

如图 18－17，三根杆的顶端分别是点 A、B、C，测量员站在 A 杆处水平测望 C 杆，视线为 AC，记录视线 AC 落在 B 杆上的位置 D 处，测量 BD 的距离为 h_1，AD 的距离为 d。显然，点 D 平分线段 AC，且 $BD\perp AC$，根据垂径定理的推论

(弦的垂直平分线过圆心)可知,球心 O 位于 BD 的延长线上。

设地球半径为 R,则 $OA=OC=R+h$, $AD=\frac{1}{2}AC$, $OD=R+h-h_1$,在 $\mathrm{Rt}\triangle AOD$ 中,$AO^2=AD^2+OD^2$,再代入具体数值,可求出半径 R 的值。

例 15 确定子午线

Stone & Millis(1916)提出一种通过太阳的等距投影确定子午线的方法。如图 18-18,一根铅垂线悬挂在点 S 处,随着一天中太阳的移动,铅垂线的影子从 SW 移动到 SE。观察者在正午前后的等间隔时间点(如上午 10:30 和下午 1:30)分别进行观测,同时记下铅垂线影子所在直线 SW 和 SE,然后在地面上确定以点 S 为圆心的圆,直线 SW 和 SE 与圆 S 交于点 W 和点 E。在冬至或夏至这天,WE 正好是一条东西方向的直线。此时,如果取线段 WE 的中点 M,则有 $SM\perp WE$, SM 所在的直线即为子午线。这里应用了垂径定理的推论:平分弦(非直径)的直径垂直于弦。

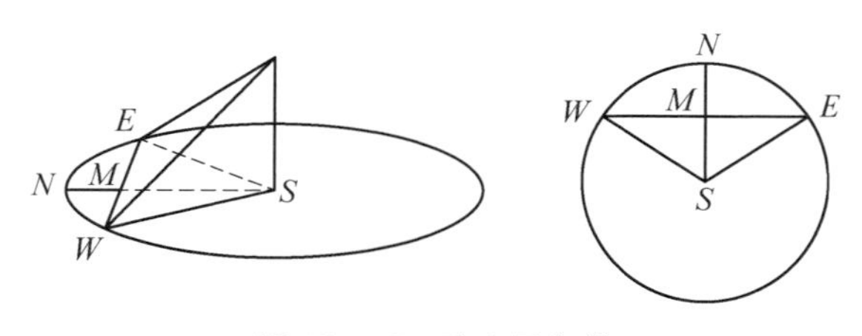

图 18-18 确定子午线

18.6 结论与启示

以上我们看到,与今日教科书相比,早期教科书呈现的垂径定理在形式和内容上都更为丰富。但由于受《几何原本》的影响,18 世纪到 19 世纪上半叶的教科书大多只对垂径定理进行严格的演绎证明,几乎不涉及定理的应用。Perkins(1855)首次采用实验操作法论证垂径定理,尽管论证过程有瑕疵,但说明这个时期的部分教科书编者已经开始重视实验几何了。到了 20 世纪初,受培利运动的影响,数学教育开始摆脱欧几里得的束缚,关注几何的实际应用,大部分教科书都开始提供与垂径定理有关的应用和练习。

美英早期几何教科书为 HPM 视角下的垂径定理教学提供了丰富的教学素材和教学启示。

(1) 构建知识之谐。在垂径定理的教学过程中,需要学生综合运用轴对称、勾股定理、全等三角形、相似三角形、等腰三角形、轨迹、尺规作图等知识和技能,各知识点内容联系紧密,有利于帮助学生构建和谐完整的平面几何的知识系统。

(2) 彰显方法之美。从"弦被平分"到"弧被平分",早期教科书呈现了丰富多样的证明方法,在教学过程中教师可以让学生分组讨论,自主探究垂径定理的证明方法,以圆这一几何图形为载体,让学生感受数学证明的方法之美。

(3) 实现能力之助。在定理的证明方面,无论是演绎推理还是实验操作,都对逻辑推理素养的培养有一定的价值。在定理的推广方面,教师可以让学生探究"直线过圆心""直线平分弦""直线平分弧""直线垂直于弦"四个条件之间的关系,进一步培养学生的逻辑推理素养。在定理的应用方面,例 14 从"球"到"圆"的转化,例 15 从立体几何到平面几何的过渡,不仅有利于学生建立平面与立体之间的联系,而且有利于学生直观想象素养的发展。

(4) 展示文化之魅。在建筑、工程、测量等领域,垂径定理发挥着不可或缺的作用。例 11—例 15 体现了垂径定理在现实生活中的应用价值,有利于学生感受数学与现实生活之间的密切联系,感悟数学文化的多元性。

(5) 达成德育之效。由"垂直"到"平分"显而易见,但几何学习不能仅仅满足于直观。早期教科书对垂径定理的探求和证明体现了数学家一丝不苟、实事求是、追求完美的治学态度,有利于学生养成有条不紊、严谨有据、由因及果的思维习惯,向学生传递了数学背后的理性精神。

参考文献

黄延林(2016). 关注推理还要关注推理的阶段性——议"垂径定理"的教与学. 数学通报,55(02):30 - 33.

孙芳(2014). 过程比结果更重要——"垂径定理"教学过程及其设计反思. 数学教学通讯,(25):9 - 11.

陶然(2015). 优选"数学现实",注重变式教学——以"垂径定理"教学为例. 中学数学,(20):29 - 30.

杨昌兰(2017). 基于素养立意的初中数学课堂教学设计——以"垂直于弦的直径"(第 1 课时)为例. 中学数学教学参考,(30):12 - 14.

中华人民共和国教育部(2011). 义务教育数学课程标准(2011 年版). 北京:北京师范大学出

版社.

Bonnycastle, J. (1789). *Elements of Geometry*. London: J. Johnson.

Brooks, E. (1865). *The Normal Elementary Geometry*. Philadelphia: Sower, Barnes & Potts.

Farnsworth, R. D. (1933). *Plane Geometry*. New York: McGraw-Hill Book Company.

Hunter, T. (1872). *Elements of Plane Geometry*. New York: Harper & Brothers.

Leslie, J. S. (1809). *Elements of Geometry*. Edinburgh: James Ballantyne & Company.

Mallory, V. S. & Stone, J. C. (1943). *New Plane Geometry*. Chicago: B. H. Sanborn & Company.

Olney, E. (1877). *A Treatise on Special or Elementary Geometry*. New York: Sheldon & Company.

Robinson, H. N. (1850). *Elements of Geometry, Plane and Spherical Trigonometry, and Conic Sections*. Cincinnati: Jacob Ernst.

Perkins, G. R. (1855). *Plane and Solid Geometry*. New York: D. Appleton & Company.

Playfair, J. (1824). *Elements of Geometry*. New York: E. Duyckinck & George Long.

Rossignol, A. (1787). *Elements of Geometry*. London: J. Johnson.

Smith, E. R. (1909). *Plane Geometry*. New York: American Book Company.

Stone, J. C. & Millis, J. F. (1916). *Plane Geometry*. Chicago: B. H. Sanborn & Company.

Strader, W. W. & Rhoads, L. D. (1927). *Plane Geometry*. Philadelphia: The John C. Winston Company.

Sykes, M. & Comstock, C. E. (1918). *Plane Geometry*. Chicago: Rand McNally & Company.

Tappan, E. T. (1864). *Treatise on Plane and Solid Geometry*. Cincinnati: Sargent, Wilson & Hinkle.

Thomson, J. B. (1844). *Elements of Geometry*. New Haven: Durrie & Peck.

Wormell, R. (1882). *Modern Geometry*. London: T. Murby.

19 与圆有关的角

刘梦哲[*]

19.1 引言

数学概念是构建数学大厦的基石，而数学定理则是构建数学大厦的支柱和骨架。正所谓万丈高楼平地起，只有练就扎实的数学基本功，学生才能在今后的数学学习中行稳致远。

与圆有关的角作为“圆”的重要内容，其所包含的圆心角、圆周角以及弦切角的概念和定理不容小觑。《义务教育数学课程标准（2011 年版）》要求学生能理解圆、弧、弦、圆心角、圆周角的概念，了解等圆、等弧的概念；探索圆周角与圆心角及其所对弧的关系，了解并证明圆周角定理及其推论（中华人民共和国教育部，2011）。在现行人教版和苏科版数学九年级上册教科书中，先介绍圆心角的概念及其定理，后介绍圆周角的概念及圆周角定理，但并未涉及弦切角概念。在沪教版数学九年级下册（拓展二）的教科书中，用“与圆有关的角”一节，完整介绍了圆心角、圆周角和弦切角的内容。

HPM 视角下的数学教学对于学生理解知识、掌握技能以及增进对数学过程与方法的理解起到了十分重要的作用。然而，手头无史料却成为阻碍教师在教学过程中开展 HPM 实践的一大原因。教师对与圆有关角的历史知之甚少，相关的 HPM 课例付之阙如。鉴于此，本章聚焦圆心角、圆周角和弦切角，对美英早期几何教科书进行考察，希望从中获得恰当的教学素材和思想启迪，为今后的课例研究提供参考。

---

* 华东师范大学教师教育学院硕士研究生。

19.2　早期教科书的选取

选取 1829—1948 年间出版的 87 种美英几何教科书作为研究对象,以 20 年为一个时间段进行统计,其出版时间分布情况如图 19 - 1 所示。

关于圆心角、圆周角和弦切角的内容主要位于“圆”“直线和圆”“角度测量”“圆和正多边形”等章中。其中,圆心角和圆周角的概念大多位于“圆”一章的“定义”一节,圆心角定理大多位于“圆心角”一节,而圆周角定理和弦切角定理大多位于“角度测量”一节。

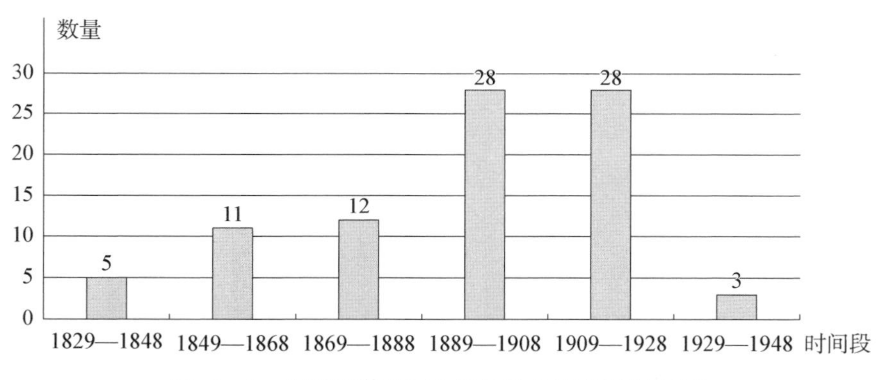

图 19 - 1　87 种美英早期几何教科书的出版时间分布

19.3　圆心角的概念

在 58 种给出圆心角基本概念的教科书中,定义方法可以分为邻边定义、静态定义和顶点定义 3 类,具体分类情况见表 19 - 1。

表 19 - 1　圆心角概念的定义分类

类别	基本概念	代表性教科书	数量
邻边定义	两条半径所夹的角。	Olney(1886)	27
静态定义	以圆心为顶点、两边为半径的角。	Schuyler(1876)	21
顶点定义	以圆心为顶点的角。	Perkins(1855)	10

图 19－2 为圆心角定义的时间分布情况。19—20 世纪，有超过半数的几何教科书中并没有直接给出圆心角的概念，只是在圆心角定理中涉及“the angle at the centre”一词。到了 20 世纪以后，没有给出圆心角概念的教科书越来越少，而越来越多的教科书会在“圆”一章的“定义”一节中给出圆心角的概念，同时，定义方法也逐渐呈现出多样化的趋势。不难发现，采用邻边定义的教科书逐渐增多，而采用顶点定义的教科书逐渐减少。现行人教版、沪教版、苏科版教科书中把圆心角定义为顶点在圆心的角，即顶点定义，所以多数早期教科书中对于圆心角的定义方法与现行教科书中的定义方法并不一致。

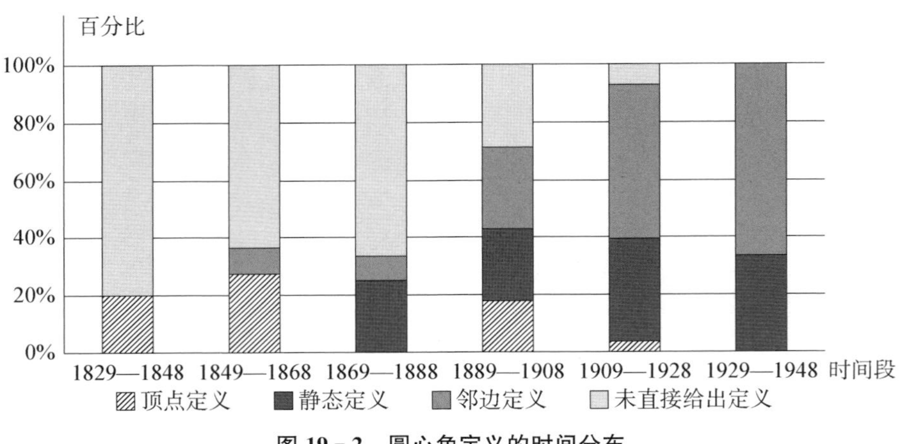

图 19－2　圆心角定义的时间分布

19.4　圆心角定理

所谓圆心角定理，即在同圆或等圆中，相等的圆心角所对的弧相等，相等的弧所对的圆心角相等。因此，证明圆心角定理则需证明两个命题，即

命题 1　在同圆或等圆中，相等的圆心角所对的弧相等；

命题 2　在同圆或等圆中，相等的弧所对的圆心角相等。

19.4.1　命题 1 的证明

有 64 种教科书证明了命题 1，证明方法可以分为叠合法、弧弦关系法和比例法 3 类。

（一） 叠合法

有 57 种教科书采用叠合法来证明这一命题，即通过两个扇形顶点和半径的重合，来证明圆心角所对弧相等。如图 19－3(a)，在两个半径相等的圆中，$\angle O=\angle O_1$，将 $\odot O_1$ 置于 $\odot O$ 之上，使得点 O 与 O_1、射线 OA 与 O_1A_1、OB 与 O_1B_1 重合。又因为 $OA=O_1A_1$，$OB=O_1B_1$，所以点 A 与点 A_1 重合，点 B 与点 B_1 重合，因此 $\overset{\frown}{AB}=\overset{\frown}{A_1B_1}$。若相等的两个圆心角在同一个圆中，则利用上述结论，它们所对的弧各等于同一等圆中与其相等的圆心角所对的弧，故彼此相等。(Schuyler, 1876, p. 102)或如图 19－3(b)所示，将扇形 OA_1B_1 绕圆心 O 旋转，使其与扇形 OAB 重合，由此也可以完成证明。(Hayward, 1829, pp. 35—36)

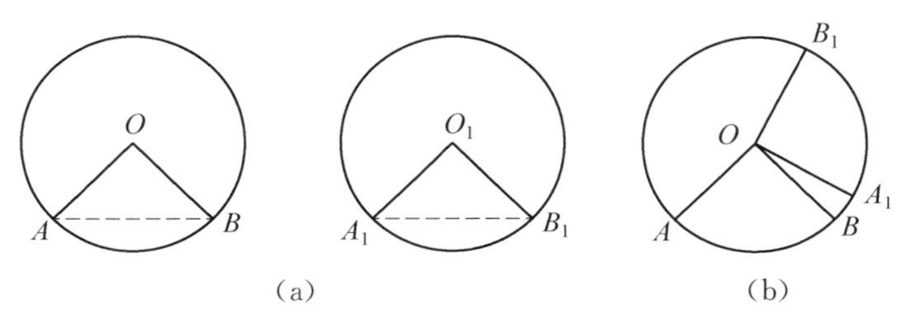

图 19－3 命题 1 的证明

（二） 弧弦关系法

在同圆或等圆中，圆心角所对弦相等，则所对弧也相等。有 5 种教科书采用了这一方法。在图 19－3(a)中，连结 AB、A_1B_1，因为 $\angle O=\angle O_1$ 且 $OA=O_1A_1$，$OB=O_1B_1$，所以 $\triangle OAB\cong\triangle O_1A_1B_1$。由此可以得到弦 $AB=A_1B_1$，于是 $\overset{\frown}{AB}=\overset{\frown}{A_1B_1}$。(Legendre, 1863*, pp. 73—74)

（三） 比例法

有 2 种教科书利用以下命题来证明命题 1 和命题 2："在同圆或等圆中，弧长之比等于圆心角之比。"对于该命题，Legendre(1863)将两个圆心角分成可公度和不可公度两种情形加以证明。假设两个圆心角可公度，它们分别含有 m 和 n 个公共度量单位，于是，分别将它们 m 等分和 n 等分，它们所对弧也可 m 等分和 n 等分，故圆心角之比等于弧长之比。假设两个圆心角不可公度，则将较小的角放入较大的角中，再通过反证法得到同样的结论。

---

* 勒让德的《几何基础》1861 年及以前诸版本均采用了叠合法，而 1863 年及以后诸版本均采用了弧弦关系法。

如图 19－3(a)，因为 $\angle O=\angle O_1$，即两个圆心角大小之比为1∶1，所以 $\angle O$ 和 $\angle O_1$ 所对弧长之比也为 1∶1，即$\overset{\frown}{AB}=\overset{\frown}{A_1B_1}$。(Grund，1830，pp. 130—131)

19.4.2 命题 2 的证明

有 57 种教科书证明了命题 2，证明方法可以分为叠合法、弧弦关系法、反证法、比例法、圆周角法和逆定律法 6 类。

(一) 叠合法

类似于命题 1 的证明，通过平移和旋转使两扇形重合后同样可以证明命题 2。有 46 种教科书采用了叠合法，其中 27 种选择从半径重合出发，14 种选择从弧重合出发，5 种仅提及这一方法。

在同圆或等圆中(图 19－3(a))，如果将圆心 O 和 O_1 以及半径 OA 和 O_1A_1 重合放置，因为$\overset{\frown}{AB}=\overset{\frown}{A_1B_1}$，所以点 B 和 B_1 也重合，于是半径 OB 和 O_1B_1 重合，从而 $\angle O=\angle O_1$。(Schuyler，1876，p. 102)

如果将 $\overset{\frown}{AB}$、$\overset{\frown}{A_1B_1}$ 重合放置，那么点 A 与点 A_1 重合，点 B 与点 B_1 重合。又因为两圆半径相等，即 $OA=O_1A_1$，$OB=O_1B_1$，所以圆心 O 和 O_1 也重合，于是 $\angle O=\angle O_1$。(Failor，1906，p. 81)

(二) 弧弦关系法

有 4 种教科书采用了这一方法。如图 19－3(a)，因为 $\overset{\frown}{AB}=\overset{\frown}{A_1B_1}$，所以由命题"在同圆或等圆中，圆心角所对弧相等，则所对弦也相等"知，$AB=A_1B_1$。又因为 $OA=O_1A_1$，$OB=O_1B_1$，所以 $\triangle OAB\cong\triangle O_1A_1B_1$，于是 $\angle O=\angle O_1$。(Legendre，1863，pp. 73—74)

(三) 反证法

通过假设在同圆或等圆中，等弧所对圆心角不相等，再利用命题 1 中的结论即可导出矛盾。有 3 种教科书采用了此方法，例如，Loomis(1849)。

如图 19－4，假设 $\angle AOB\neq\angle A_1O_1B_1$，不妨设 $\angle AOB>\angle A_1O_1B_1$。于是可以在$\overset{\frown}{AB}$ 上找到一点 C，使得 $\angle AOC=\angle A_1O_1B_1$。由命题 1 可知，$\overset{\frown}{AC}=\overset{\frown}{A_1B_1}$，而$\overset{\frown}{AB}=\overset{\frown}{A_1B_1}$，所以$\overset{\frown}{AB}=\overset{\frown}{AC}$，这就与 $\angle AOB>\angle AOC$ 矛盾，所以 $\angle AOB=\angle A_1O_1B_1$。

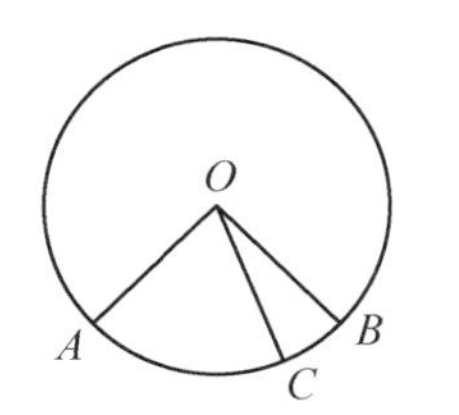

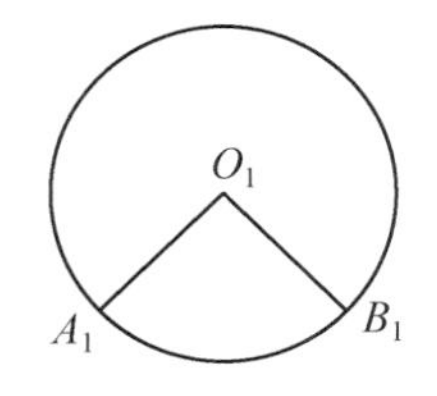

图 19-4　利用反证法证明命题 2

（四）比例法

有 2 种教科书采用了比例法。在同圆或等圆中，因为圆心角所对的弧相等，即两弧长度的比值为 1，而圆心角的比值等于其所对弧长的比值，所以两弧所对圆心角也相等。（Grund，1830，pp. 130—131）

（五）圆周角法

Playfair(1829)利用圆周角定理证明命题 2。如图 19-5，假设 $\angle C$、$\angle C_1$ 是锐角，因为$\overset{\frown}{AB}=\overset{\frown}{A_1B_1}$，由圆周角定理可知，$\angle C=\angle C_1$，又因为 $\angle O=2\angle C$，$\angle O_1=2\angle C_1$，所以 $\angle O=\angle O_1$。假设 $\angle D$、$\angle D_1$ 是钝角，因为 $\angle D=\angle D_1$ 且 $\angle D+\angle C=180°$，$\angle D_1+\angle C_1=180°$，所以 $\angle C=\angle C_1$，于是 $\angle O=\angle O_1$。

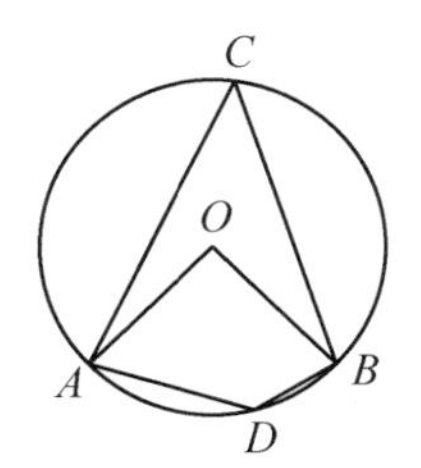

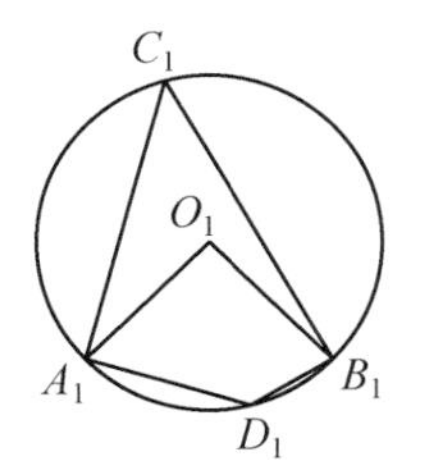

图 19-5　利用圆周角法证明命题 2

（六）逆定律法

所谓逆定律(law of converse)是指：若 $A>B\Rightarrow X>Y$，$A=B\Rightarrow X=Y$，$A<B\Rightarrow X<Y$，则其逆命题也成立，即 $X>Y\Rightarrow A>B$，$X=Y\Rightarrow A=B$，$X<Y\Rightarrow A<B$。显然，在同圆或等圆中，圆心角与其所对弧之间的关系也能满足上述定律，因此当圆心角所对的弧相等时，圆心角也对应相等。Beman & Smith(1900)采用了这一方法。

19.4.3　圆心角定理证明方法的演变

以 20 年为一个时间段进行统计，图 19-6 给出了命题 1 不同证法的时间分布情况。除去 1929—1948 年这一教科书样本数量较少的时间段，不难发现，命题 1 的证法相对单一，叠合法在 19—20 世纪的教科书中一直占据主流，而其余方法很少出现。

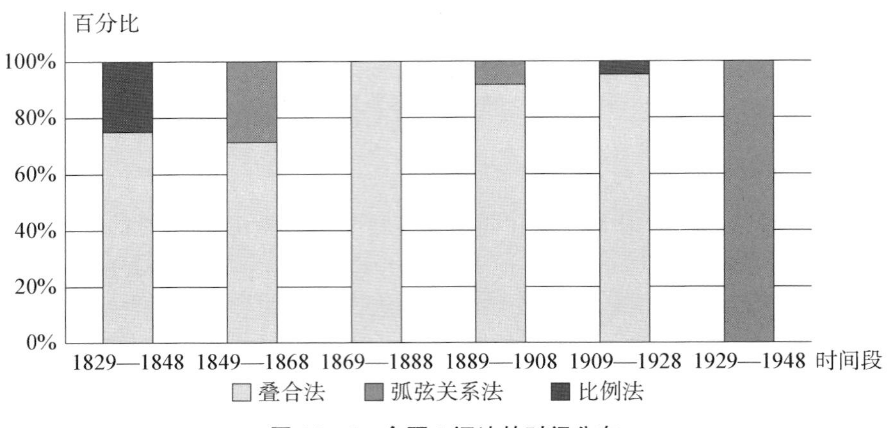

图 19－6　命题 1 证法的时间分布

仍以 20 年为一个时间段进行统计，图 19－7 给出了命题 2 证法的时间分布情况。同样除去 1929—1948 年这一时间段可以看出，证明方法的演变呈现出由多元走向单一，最终又回归多元的趋势。虽然命题 2 的证法呈现百家争鸣的局面，但从总体上看，叠合法仍占据主流，其余方法还属“小众”。其次是反证法，这是中学阶段常见的一种证明方法，学生运用命题 1 可以很自然地导出矛盾，从而证明命题 2。

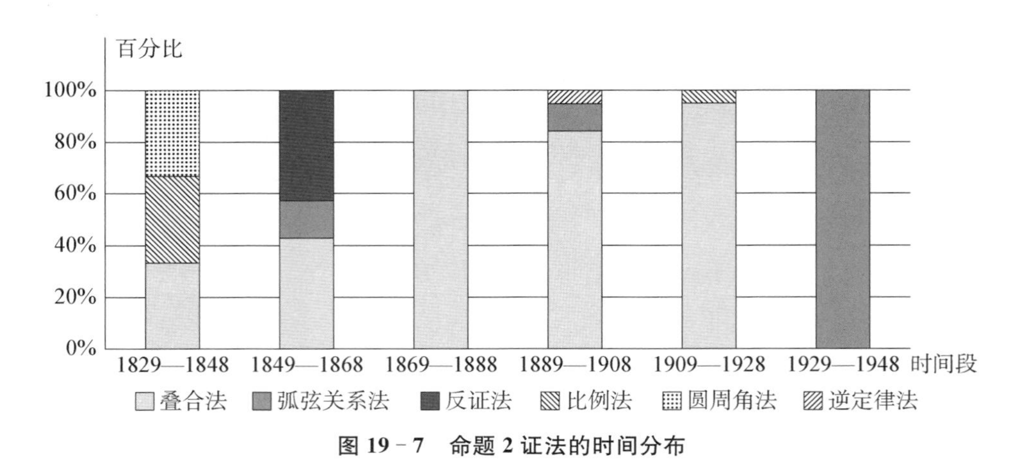

图 19－7　命题 2 证法的时间分布

从历史的角度看，早至《几何原本》中全等三角形判定定理的证明，近至集合中交集的概念，无一不体现叠合的思想，可以说叠合法的历史源远流长。与此同时，通过图形的平移或旋转，学生可以从直观的角度掌握图形的性质。类比历史，联系现实，因而在证明圆周角定理时，超过八成的教科书都使用了叠合法。

19.5　圆周角的概念

在 87 种美英早期几何教科书中，除 5 种没有给出圆周角概念外，其余 82 种通常将圆周角称为“an inscribed angle”或“an angle inscribed in a circle”，并给出了详细解释。圆周角概念的定义方法可以分为静态定义、邻边定义和动态定义 3 类。表 19－2 是圆周角概念的定义分类情况。

表 19－2　圆周角概念的定义分类

类别	基本概念	代表性教科书	数量
静态定义	顶点在圆周上且两边为弦(割线)的角。	Olney(1886)	58
邻边定义	在圆周上相交的两条弦所夹的角。	Davies(1841)	17
	内接在圆上的两直线所夹的角(当一条边的两端都在圆上，我们称其为内接)。	Loomis(1849)	2
动态定义	从圆上同一点出发的两条弦所夹的角。	Playfair(1829)	5

以 20 年为一个时间段进行统计，图 19－8 为圆周角定义的时间分布情况。从图中可以看出，从 1829 年开始的 120 年中，教科书通常采用圆周角的静态定义。由于早期教科书大多采用角的静态定义，即“具有公共端点的两条不重合的射线组成的图形叫做角”，因而用顶点和邻边来描述圆周角概念也就显得顺理成章了。

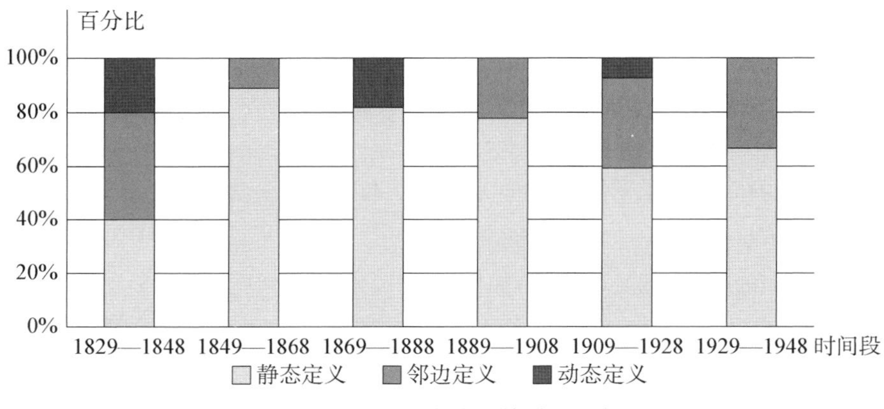

图 19－8　圆周角定义的时间分布

19.6 圆周角定理

有 78 种教科书将圆周角定理表述为"圆周角等于其所对弧的一半"，9 种教科书将其表述为"一条弧所对的圆周角等于这条弧所对圆心角的一半"，后者与现行教科书的表述一致。在美英早期几何教科书中，证明上述定理的方法可以分为三角形外角法、平行线法和弦切角法 3 类。

19.6.1 三角形外角法

在 86 种给出圆周角定理证明过程的教科书中，有 93%的教科书利用了三角形外角定理。如图 19-9，在 $\odot O$ 上任取一个圆周角 $\angle BAC$，于是可以分三种情况进行讨论，即圆心 O 在 $\angle BAC$ 的边上、内部和外部。(Wentworth, 1880, pp. 94—95)

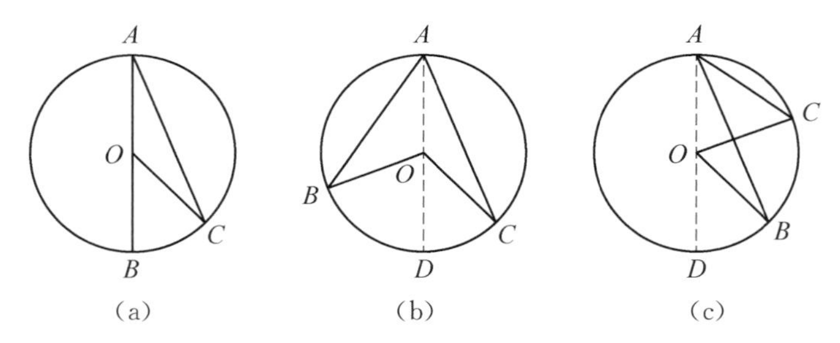

图 19-9 利用三角形外角法证明圆周角定理

对于图 19-9(a)，即圆心 O 在 $\angle BAC$ 的边 AB 上的情况。连结 OC，因为 $OA = OC$，所以 $\angle BAC = \angle C$，于是，由三角形外角定理可知，$\angle BOC = \angle BAC + \angle C = 2\angle BAC$。对于图 19-9(b) 的情况，因 $\angle BOD = 2\angle BAD$，$\angle DOC = 2\angle DAC$，故 $\angle BOC = 2\angle BAC$。同理，对于图 19-9(c) 的情况，也可得 $\angle BOC = 2\angle BAC$。

19.6.2 平行线法

有 3 种教科书采用了平行线法，即过圆心作与圆心角一边的平行线，进而完成证明。

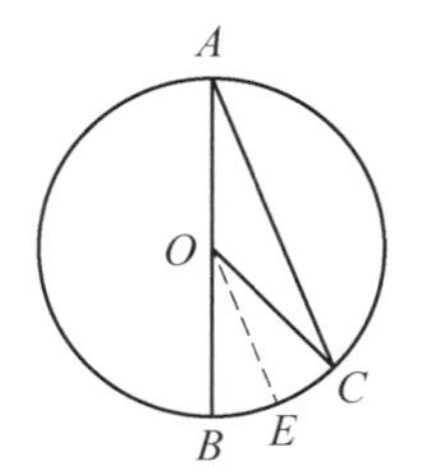

图 19-10 利用平行线法证明圆周角定理

对于圆周角一边过圆心的情形，如图 19-10，过圆心 O 作 $OE \parallel AC$，于是 $\angle BAC = \angle BOE$，$\angle C = \angle COE$。又因为 $OA = OC$，所以 $\angle BAC = \angle C$，于是 $\angle BAC = \angle BOE = \angle COE$，故 $\angle BOC =$

$2\angle BAC$。其他两种情形的论证同19.6.1节。(Tappan, 1885, pp. 49—50)

19.6.3 弦切角法

有3种教科书利用弦切角定理来证明圆周角定理。其中,2种教科书采用了Perkins(1850)的做法。

如图19-11(a),由弦切角定理可知,$\angle BAD$ 等于$\overset{\frown}{BCA}$所对圆心角的一半,$\angle CAD$ 等于$\overset{\frown}{CA}$所对圆心角的一半,作差得 $\angle BAC$ 等于$\overset{\frown}{BC}$所对圆心角的一半。

另一种方法为Grund(1830)所采用。如图19-11(b),因为 $\angle BOA = 2\angle BAE$,$\angle COA = 2\angle CAD$,$2(\angle BAE + \angle BAC + \angle CAD) = 360°$,故得 $\angle BOC = 360° - (\angle BOA + \angle COA) = 360° - 2(\angle BAE + \angle CAD) = 2\angle BAC$。

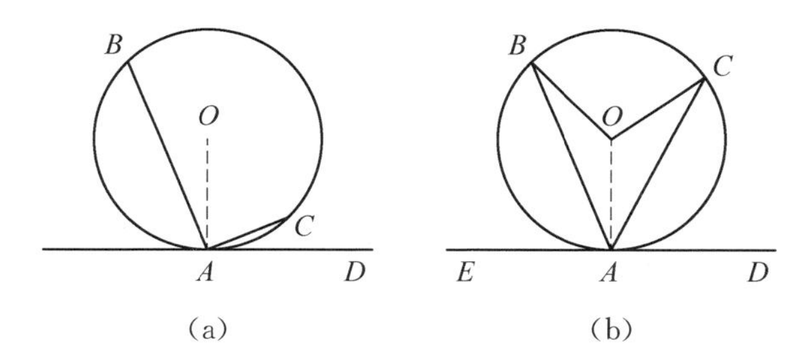

图19-11 利用弦切角法证明圆周角定理

19.6.4 圆周角定理证明方法的演变

以20年为一个时间段进行统计,图19-12给出了圆周角定理证明方法的时间分布情况。由图可知,利用三角形外角法证明圆周角定理一直是教科书中的主流方法,

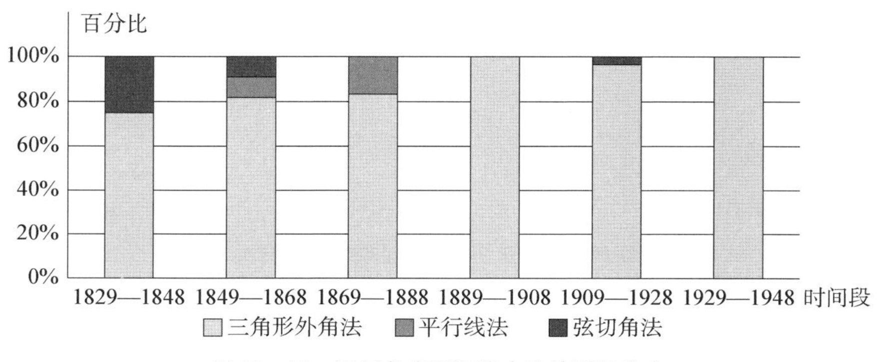

图19-12 圆周角定理证明方法的时间分布

这主要源于以下两点原因。第一，这一方法相比于其他两种方法，只需用到简单的三角形知识而无需添加辅助线或利用后续知识，因而更符合学生已有的知识基础。第二，受来自于历史上的一些书籍的影响，例如，欧几里得在《几何原本》中也采用了同样的方法。这一证法与现行教科书上的证明方法也相契合。与此同时，由于大多数教科书通常是按照圆周角定理到弦切角定理的顺序进行编排，所以利用弦切角定理证明圆周角定理的做法并不多见。

19.7 弦切角

美英早期几何教科书并没有直接给出弦切角的概念，而只是在弦切角定理中有所提及。87 种教科书中，有 54 种在定理或证明中将弦切角定义为"由一条切线和一条过切点的弦所夹的角"；有 32 种并未指出弦切角的顶点在圆周上，而是将弦切角定义为"由切线和弦所夹的角"，并在图中指明弦切角；另 1 种则并未涉及弦切角定理。

有 74 种教科书将弦切角定理表述为"弦切角的大小等于其所夹弧的一半"，10 种教科书将其表述为"弦切角的大小等于它所夹的弧所对圆心角的一半，等于它所夹的弧所对的圆周角"，后者与现行教科书的表述相契合。在 84 种证明弦切角定理的教科书中，证明方法包括 4 类，即圆周角法、平行线法、垂径定理法和动态法，具体分类情况如图 19－13 所示。

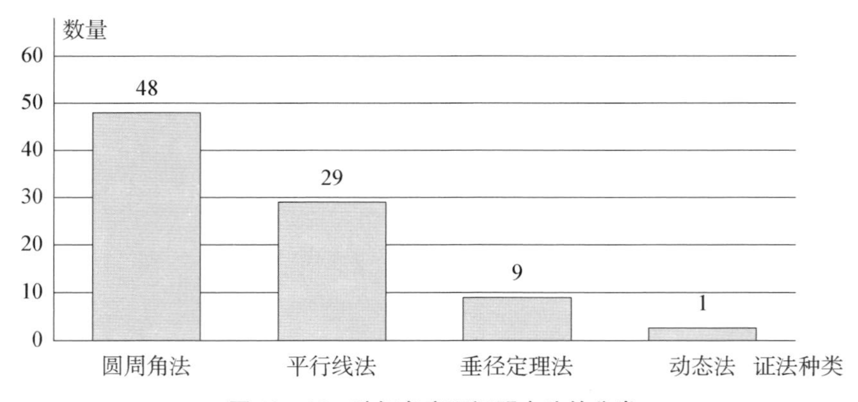

图 19－13　弦切角定理证明方法的分类

19.7.1 圆周角法

超过半数的教科书在证明弦切角定理时，不约而同地用到了圆周角定理的 3 个推论——推论 1:同弧或等弧所对的圆周角相等;推论 2:直径所对圆周角是直角;推论 3:圆内接四边形的对角互补。

有 44 种教科书只用到了推论 1。如图 19 - 14(a),因 $2\angle BAD=180^\circ$, $\angle BOC=2\angle BAC$,故得 $\angle AOC=180^\circ-\angle BOC=2\angle BAD-2\angle BAC=2\angle CAD$。再由圆周角定理的推论 1 可知,$\angle CAD$ 等于$\overset{\frown}{AC}$ 所对的圆周角。同理可证 $\angle EAC$ 等于$\overset{\frown}{AFBC}$ 所对的圆周角。(Perkins, 1855, p. 50)

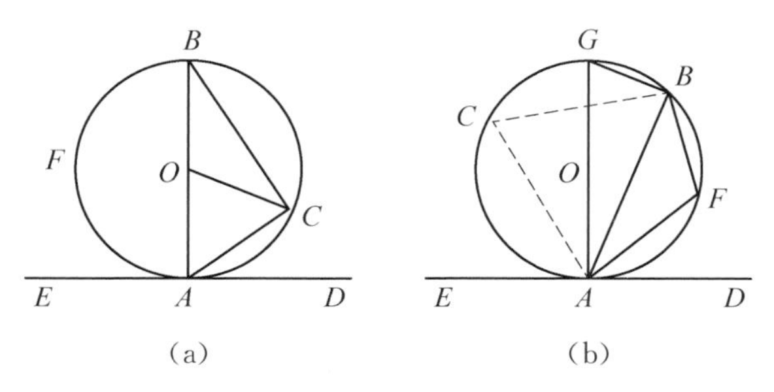

图 19 - 14 利用圆周角法证明弦切角定理

有 4 种教科书利用了圆周角定理的 3 个推论。如图 19 - 14(b),因为 $\angle ABG=90^\circ$,所以 $\angle AGB+\angle GAB=90^\circ$,又因为 $\angle GAB+\angle BAD=90^\circ$,所以 $\angle AGB=\angle BAD$,再由圆周角定理的推论 1 可知,$\angle BAD$ 等于$\overset{\frown}{AB}$ 所对的圆周角。同理,由圆周角定理的推论 3 可知,$\angle BCA+\angle BFA=180^\circ$,又因为 $\angle BAD+\angle BAE=180^\circ$,所以 $\angle BFA=\angle BAE$,即 $\angle BAE$ 等于$\overset{\frown}{ACGB}$ 所对的圆周角。(Young & Schwartz, 1915, p. 114)

19.7.2 平行线法

Tappan(1864)过弦的另一端作切线的平行线,把弦切角转化成了圆周角,随后运用圆周角定理完成证明。有 27 种教科书采用了这一方法。如图 19 - 15(a),过点 B 作 BC //

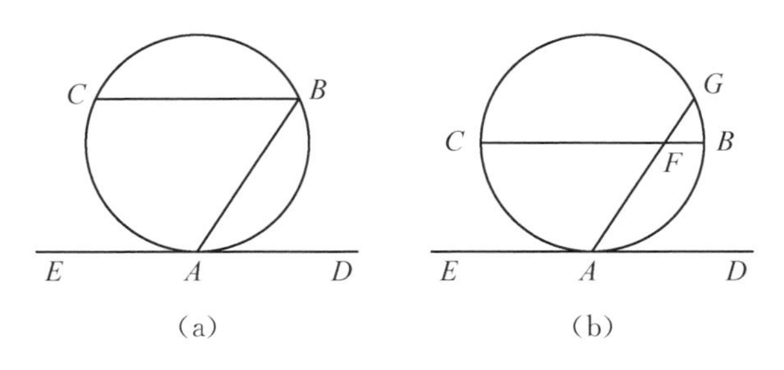

图 19 - 15 利用平行线法证明弦切角定理

ED，则 $\angle BAD = \angle B$。因为 $\overset{\frown}{AB} = \overset{\frown}{AC}$，且 $\angle B$ 等于 $\overset{\frown}{AC}$ 所对的圆周角，所以 $\angle BAD$ 等于 $\overset{\frown}{AB}$ 所对的圆周角。又因为 $\angle EAB = 180° - \angle BAD$，所以 $\angle EAB$ 等于 $\overset{\frown}{ACB}$ 所对的圆周角。

有 2 种教科书则是作一条与弦相交的平行线进而完成证明。如图 19－15(b)，作 $BC \parallel ED$，交 AG 于点 F，则 $\angle GFB = \angle GAD$。因为 $\angle GFB$ 等于 $(\overset{\frown}{AC} + \overset{\frown}{BG})$ 所对的圆周角，且 $\overset{\frown}{AB} = \overset{\frown}{AC}$，所以 $\angle GFB$ 等于 $\overset{\frown}{AG}$ 所对的圆周角，所以 $\angle GAD$ 等于 $\overset{\frown}{AG}$ 所对的圆周角。因 $\angle GAE$ 是 $\angle GAD$ 的邻补角，故可得相应结论。(Milne, 1899, p. 106)

19.7.3 垂径定理法

Robinson(1850)运用垂径定理来证明弦切角定理：如图 19－16，过圆心 O 作弦 AC 的垂线，垂足为点 G，并交 $\overset{\frown}{AC}$ 于点 F。连结 OA、OC，因为 $\angle CAD + \angle OAC = 90°$，$\angle AOG + \angle OAC = 90°$，所以 $\angle CAD = \angle AOG$。又由垂径定理可知，$\angle COG = \angle AOG$，所以 $\angle AOC = 2\angle CAD$。又由圆周角定理可知，$\angle AOC = 2\angle ABC$，故 $\angle CAD = \angle ABC$。

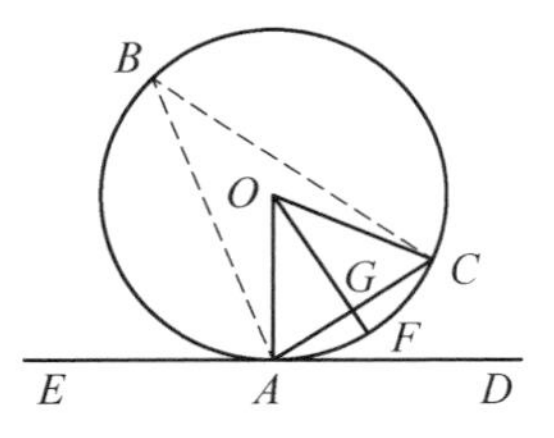

图 19－16 利用垂径定理法证明弦切角定理

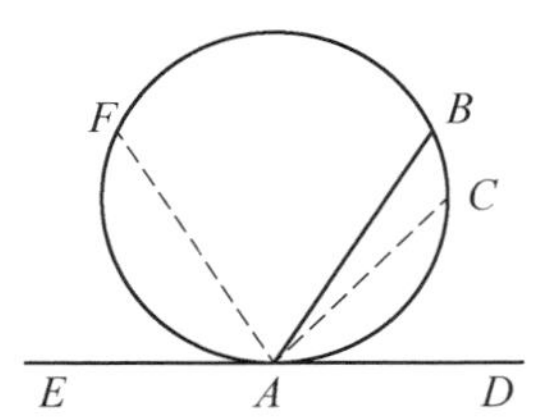

图 19－17 利用动态法证明弦切角定理

19.7.4 动态法

Schuyler(1876)利用动态法来证明弦切角定理。如图 19－17，让射线 AB 绕点 A 按顺时针方向旋转到 AC 的位置，$\angle BAC$ 等于 $\overset{\frown}{BC}$ 所对的圆周角，当 AB 旋转到切线 AD 的位置时，$\angle BAD$ 等于 $\overset{\frown}{BA}$ 所对的圆周角。同理，可以让射线 AB 绕点 A 逆时针旋转，可知 $\angle EAB$ 等于 $\overset{\frown}{AFB}$ 所对的圆周角。

19.7.5 弦切角定理证明方法的演变

以 20 年为一个时间段进行统计，图 19－18 给出了弦切角定理证明方法的时间分布情况。由图可见，证明方法由单一走向多元，又从多元走向单一，但即使是在多元时期，多数教科书依然以圆周角法为主。其次是平行线法，从19世纪中叶开始，采用这一方法的教科书逐步增多，到了20世纪几乎和圆周角法平分秋色。欧几里得在《几何原本》中已利用圆周角定理证明弦切角定理，与此同时，教科书的编写顺序也让圆周角法变得水到渠成。但不难发现，平行线法也非常简洁，运用平行线，将弦切角转化为圆周角，这其中所蕴含的化归思想，在中学数学中也十分常见。

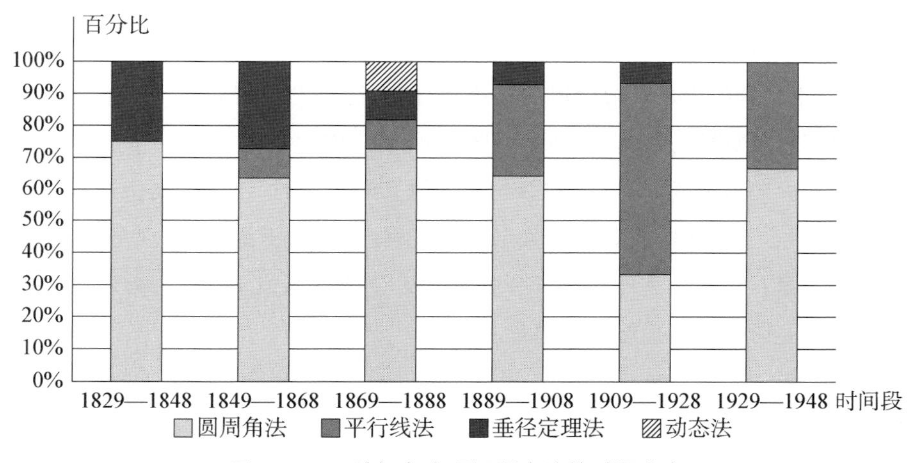

图 19－18　弦切角定理证明方法的时间分布

19.8　教学启示

综上所述，在与圆有关的角这一主题上，美英早期几何教科书为我们呈现出圆心角、圆周角和弦切角的多种定义方式以及圆心角定理、圆周角定理和弦切角定理的多种证明方法，这些方式和方法为今日教学带来了诸多启示。

第一，在引入圆心角、圆周角和弦切角的概念时，可以先让学生尝试从这几个角的名字出发进行描述，随后向学生指出圆中这三个角的位置并让学生予以补充，最后教师对不同的定义方法进行总结和完善。这样循循善诱的教法，一方面给予了学生今后自学概念的方法，更重要的是让学生体会知识的发生过程，有助于构建知识之谐。

第二，在证明圆心角定理、圆周角定理和弦切角定理时，教科书上单一的证明方法可能会束缚学生的思维，形成思维定势，这并不符合创新性人才培养的要求。教师可以引导学生一题多思、一题多解、一题多变，在掌握教科书中的证明方法之后，开展小组探究活动，尝试使用不同的工具来证明这些定理。一方面，“头脑风暴”式的数学课堂有利于培养学生数学发现和创造能力，提高学生分析问题和解决问题的能力，最终开拓学生的思路，发展学生的智力。另一方面，学生在探究中能加深对这几个定理的理解，在豁然开朗时体会到成功所带来的喜悦，有助于营造探究之乐。

第三，抽丝剥茧，深入挖掘定理证明背后的数学思想。例如，采用叠合法证明圆心角定理中的类比思想，利用三角形外角定理证明圆周角定理中的分类讨论思想，采用平行线法证明弦切角定理中的化归思想等，无疑是数学课堂上的宝贵思想养料。这一切不仅使原本枯燥的定理学习变得精彩纷呈，同时还有助于培养学生的数学抽象、逻辑推理、直观想象等核心素养，有助于彰显方法之美、实现能力之助。

第四，在介绍圆心角、圆周角和弦切角的概念和定理时，可以借助微视频，展示各国数学家探索这三类角的概念和有关定理的过程，追溯知识源流，呈现多元文化。与此同时，数学家对于数学真理的不懈追求与热爱，有助于激发学生学习数学的兴趣，体会数学背后的理性精神，最终达成德育之效。

参考文献

中华人民共和国教育部(2011). 义务教育数学课程标准(2011 年版). 北京：北京师范大学出版社.

Beman, W. W. & Smith, D. E. (1900). *New Plane and Solid Geometry*. Boston: Ginn & Company.

Davies, C. (1841). *Elements of Geometry*. Philadelphia: A. S. Barnes & Company.

Failor, I. N. (1906). *Plane and Solid Geometry*. New York: The Century Company.

Grund, F. J. (1830). *Elementary Treatise on Geometry*. Boston: Carter, Hendee & Company.

Hayward, J. (1829). *Elements of Geometry*. Cambridge: Hilliard & Brown.

Legendre, A . M. (1863). *Elements of Geometry and Trigonometry*. New York: Barnes & Burr.

Loomis, E. (1849). *Elements of Geometry and Conic Sections*. New York: Harper & Brothers.

Milne, W. J. (1899). *Plane and Solid Geometry*. New York: American Book Company.

Olney, E. (1886). *Elementary Geometry*. New York: Sheldon & Company.

Playfair, J. (1829). *Elements of Geometry*. Philadelphia: A. Walker.

Perkins, G. R. (1850). *Elements of Geometry*. New York: D. Appleton & Company.

Perkins, G. R. (1855). *Plane and Solid Geometry*. New York: D. Appleton & Company.

Robinson, H. N. (1850). *Elements of Geometry, Plane and Spherical Trigonometry, and Conic Sections*. Cincinnati: Jacob Ernst.

Schuyler, A. (1876) *Elements of Geometry*. Cincinnati: Wilson, Hinkle & Company.

Tappan, E. T. (1864). *Treatise on Plane and Solid Geometry*. Cincinnati: Sargent, Wilson & Hinkle.

Tappan, E. T. (1885). *Elements of Geometry*. New York: D. Appleton & Company.

Wentworth, G. A. (1880). *Elements of Plane and Solid Geometry*. Boston: Ginn & Heath.

Young, J. W. & Schwartz, A . J. (1915). *Plane Geometry*. New York: Henry Holt & Company.

20 相似三角形的判定

孔雯晴*

20.1 引言

相似三角形是几何课程的重要内容，是从恒等变换到相似变换的一个转折点，体现了从特殊到一般的数学思想。早在公元前3世纪，古希腊数学家欧几里得就在《几何原本》第6卷中记载了关于相似三角形判定的命题。《义务教育数学课程标准(2011年版)》要求学生"了解相似三角形的判定定理：两角相等的两个三角形相似；两边成比例且夹角相等的两个三角形相似；三边成比例的两个三角形相似。了解相似三角形判定定理的证明。"在此基础上，部分现行教科书中包含了其他的判定定理。例如，沪教版教科书类比全等三角形给出直角三角形相似的判定定理(HL定理)，人教版教科书同样采用类比思想将其作为思考题。在不同教科书中，关于相似三角形判定定理的证明有详有略，如苏科版和北师大版教科书中的定理证明过程较完整，沪教版和人教版教科书中的部分定理证明由学生自行探索完成。已有的教学案例大多采用和教科书类似的方式开展相似三角形判定定理的教学，主要有类比全等三角形的判定定理进行猜想或从三角形中边和角的条件进行探究，鲜有HPM视角下的教学设计。

翻开历史的画卷，我们发现相似三角形的判定方法多种多样，其证明方法也丰富多彩。因此，本章聚焦相似三角形的判定，对1760—1925年间出版的美英几何教科书进行考察，以试图回答以下问题：美英早期几何教科书中含有哪些相似三角形的判定定理？证明方法有哪些？

---

* 华东师范大学教师教育学院硕士研究生。

20.2 早期教科书的选取

从相关数据库中选取 82 种美英早期几何教科书，其中，73 种出版于美国，9 种出版于英国。以 30 年为一个时间段进行统计，这些教科书的出版时间分布情况如图 20－1 所示。

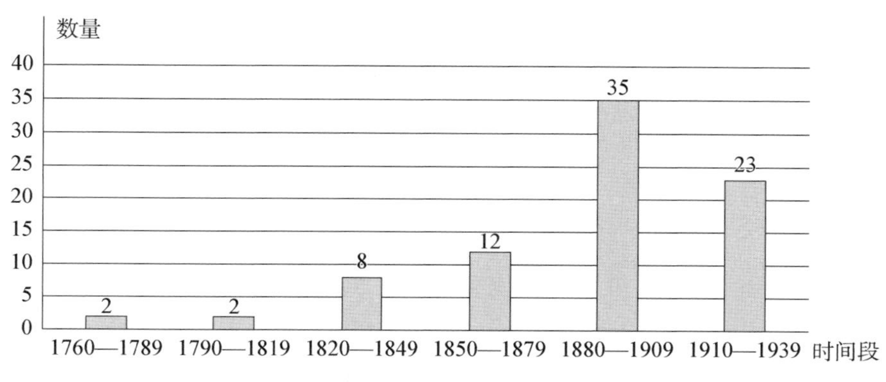

图 20－1 82 种美英早期几何教科书的出版时间分布

在 82 种教科书中，部分教科书并没有明确的章节划分，仅以命题的形式罗列知识内容。“相似三角形的判定”主要位于“比例”“比例和相似”“比例和相似多边形”“相似图形”“相似多边形”和“测量、比例和相似图形”等章中，早期教科书大多把“比例”和“相似”置于同一章中，将“相似”内容建立在“比例”的基础上，这与现行教科书的处理方式一致。

20.3 相似三角形的判定定理

20.3.1 判定定理的种类

考察发现，在早期几何教科书中，相似三角形的判定方法均以定理或推论的形式呈现，82 种教科书中共出现了以下 16 种判定方法。

方法 1 平行于三角形一边的直线与另两边相交，所构成的三角形与原三角形相似（下文简称“平行分割”定理）；

方法 2 对应角分别相等的两个三角形相似（下文简称“三角”定理）；

方法3 两角相等的两个三角形相似(下文简称“两角”定理);

方法4 两边成比例且夹角相等的两个三角形相似(下文简称“两边夹一角”定理);

方法5 三边成比例的两个三角形相似(下文简称“三边”定理);

方法6 各边分别相互垂直或平行的两个三角形相似(下文简称“垂直或平行”定理);

方法7 直角三角形斜边上的高将直角三角形所分出的两个三角形与原直角三角形相似(下文简称“高线分割”定理);

方法8 两个三角形中有一个角对应相等,其夹另一个角的对应边成比例,第三个角的类型相同(都是锐角、都是直角或都是钝角),则两个三角形相似(下文简称“边边角”定理);

方法9 两个三角形中有一个角对应相等,其夹另一个角的对应边成比例,则第三个角相等或互补,当相等时两个三角形相似;

方法10 两个三角形中有一个角对应相等,该角的邻边和对边成比例,且对边比邻边长或和邻边相等,则两个三角形相似;

方法11 底角或顶角相等的两个等腰三角形相似;

方法12 一个锐角相等的两个直角三角形相似;

方法13 相似于同一个三角形的两个三角形相似;

方法14 等边三角形相似;

方法15 两条直角边分别对应成比例的两个直角三角形相似;

方法16 斜边和直角边对应成比例的两个直角三角形相似。

《几何原本》给出了“三角”“两边夹一角”“三边”“边边角”和“高线分割”这5个判定命题,早期教科书对这5个命题的沿用情况互有不同。由图20-2可以看出,超过九成的教科书给出了“三角”“两边夹一角”和“三边”这3个判定定理,超过七成的教科书含有“高线分割”定理,而仅有4种教科书给出“边边角”定理。

方法9、10与方法8有相同之处,都是以有一个角对应相等、该角的邻边和对边成比例为前提,而第三个条件在“角”或“边”的限制上有所差别。其中,McMahon(1903)在方法9中未明确指出第三个角相等时两个三角形相似。

值得一提的是,Betz & Webb(1912)是给出判定方法数量最多的教科书。在此书中,上述方法3、6(平行和垂直分开)、11、12和14是“三角”定理的推论,由此可见,这

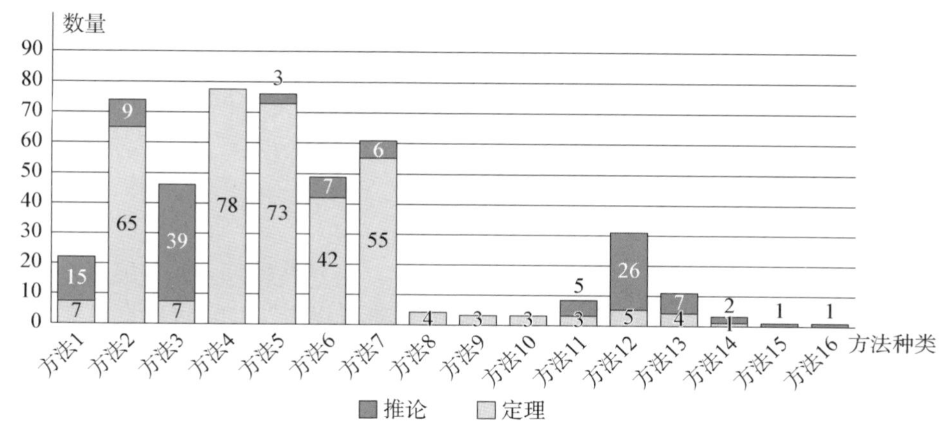

图 20-2　相似三角形判定方法作为推论或定理的数量分布

5 种判定方法的本质就是三角形的角对应相等。在“两边夹一角”定理后有两个推论，分别是上述方法 15 和 16，显然前者是“两边夹一角”定理在直角三角形中的特殊情形，后者可由勾股定理得到前者。

20.3.2　判定定理的演变

以 30 年为一个时间段进行统计，图 20-3 呈现了相似三角形判定定理的时间分布情况，“三角”定理、“两边夹一角”定理和“三边”定理一直是主流的判定定理。可以看出，判定定理的种类是随着时间的推移逐渐丰富起来的。“边边角”定理在 19 世纪

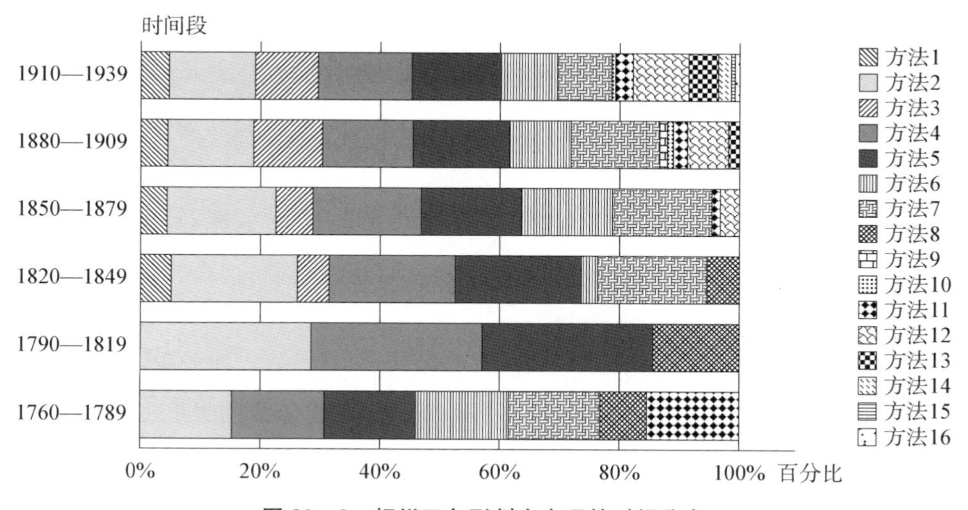

图 20-3　相似三角形判定定理的时间分布

40 年代之后就消失了，"平行分割"和"两角"等其他判定定理逐渐占据一定的比重。20 世纪 10 年代后，判定定理呈现多元化的态势。

20.4 相似三角形判定定理的证明

"平行分割""三角""两角""两边夹一角""三边""垂直或平行"和"高线分割"这 7 个判定定理出现的频次较高。其中，"高线分割"定理可以由"三角"定理直接推出，因此本章梳理前 6 个定理的证明方法("两角"定理与"三角"定理又可合并)。"三角""两边夹一角"和"三边"这 3 个判定定理证明方法的分类大致相同，为避免重复和便于阅读，下文将一起整理统计。

下述证明多次利用了《几何原本》第 6 卷命题 Ⅵ.2："若一条直线平行于三角形的一边，则该直线截另两边所得线段成比例；若三角形两边被分割成成比例的线段，则分点连线平行于三角形第三边。"该命题的第一部分即"三角形一边平行线定理"，第二部分为该定理的逆定理。

20.4.1 "平行分割"定理的证明

有 5 种教科书证明了"平行分割"定理，由于定理在书中所处的位置不同，产生两类不同的证明方法：用定义证明(3 种)和用"三角"定理证明(2 种)。

(一) 用定义证明

如图 20-4，已知 $DE \parallel BC$。过点 E 作 $EF \parallel AB$，交 BC 于点 F，则四边形 $DBFE$ 是平行四边形，由三角形一边平行线定理，得 $\frac{AD}{AB}=\frac{AE}{AC}$，$\frac{AE}{AC}=\frac{BF}{BC}$，由于 $DE=BF$，则 $\frac{AD}{AB}=\frac{AE}{AC}=\frac{DE}{BC}$，即 $\triangle ABC$ 和 $\triangle ADE$ 对应边成比例，由定义证得 $\triangle ADE \backsim \triangle ABC$。(Perkins, 1855, p. 77)

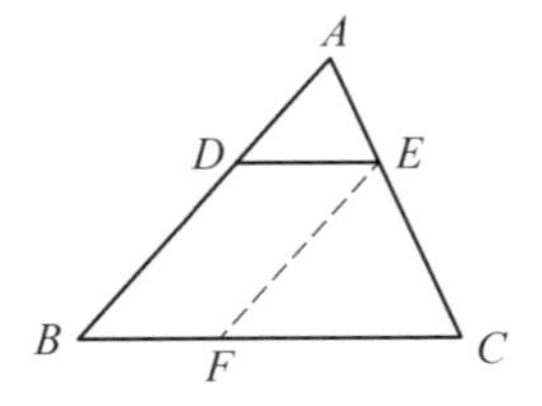

图 20-4 用定义证明

(二) 用"三角"定理证明

如图 20-5，已知 $DE \parallel BC$。由 $DE \parallel BC$ 可知，$\angle ADE=\angle ABC$，$\angle AED=\angle ACB$，$\angle A$ 是公共角，由"三角"定理知，$\triangle ADE \backsim \triangle ABC$。(Robbins, 1915, p. 157)

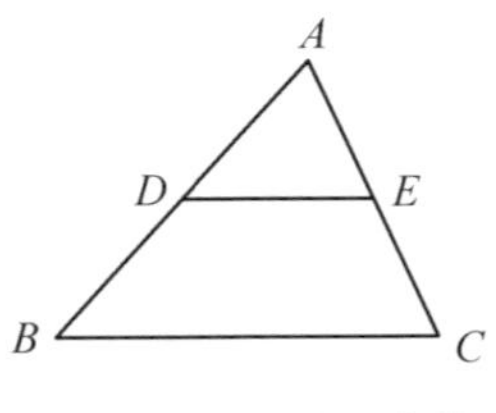

图 20-5 用"三角"定理证明

20.4.2 “三角”“两边夹一角”和“三边”定理的证明

Walker(1829)和 Palmer & Taylor(1915)直接定义“对应角相等的三角形相似”，未提及边的关系，即默认“三角”定理的合理性。通过考察，这 3 个判定定理的证明大致可分成欧几里得证法、叠合法、一等边与一平行线法、二等边法、定义法和反证法 6 类。采用各类证法的教科书数量如表 20－1 所示。

表 20－1 采用各类证法的教科书数量

	欧几里得证法	叠合法	一等边与一平行线法	二等边法	定义法	反证法
“三角”定理	7	38	3	18	2	0
“两边夹一角”定理	2	36	7	23	0	0
“三边”定理	14	0	13	43	1	1

（一） 欧几里得证法

欧几里得证法指的是《几何原本》中的证明。

（1）“三角”定理

如图 20－6，在 $\triangle ABC$ 和 $\triangle DEF$ 中，已知 $\angle A=\angle D$，$\angle B=\angle E$，$\angle C=\angle F$。将 BC 和 EF 置于同一直线上，点 B 和点 F 重合。延长 CA 和 ED 交于点 G，易证四边形 $AGDB$ 是平行四边形，则 $AB=GD$，$GA=DF$，再由“三角形一边平行线定理”，可得 $\frac{BC}{EF}=\frac{GD}{DE}=\frac{AB}{DE}$，$\frac{BC}{EF}=\frac{AC}{GA}=\frac{AC}{DF}$，由定义知，$\triangle ABC \backsim \triangle DEF$。（Loomis, 1869, pp. 70—71）

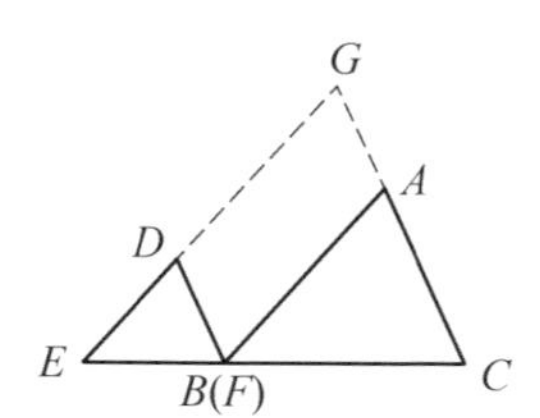

图 20－6 欧几里得证法（“三角”定理）

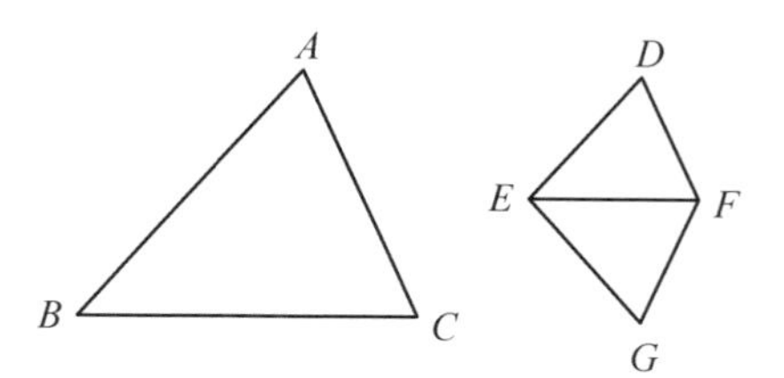

图 20－7 欧几里得证法（“两边夹一角”定理和“三边”定理）

（2）“两边夹一角”定理

如图 20－7，在 $\triangle DEF$ 和 $\triangle ABC$ 中，已知 $\angle DEF=\angle B$，$\frac{DE}{AB}=\frac{EF}{BC}$。作 EG 使得

$\angle FEG=\angle B$，作 FG 使得 $\angle EFG=\angle C$，EG 与 FG 交于点 G，由“三角”定理知，$\triangle GEF \backsim \triangle ABC$，于是$\dfrac{EG}{AB}=\dfrac{FG}{AC}=\dfrac{EF}{BC}$，得 $EG=ED$，又因为 $EF=EF$，$\angle FEG=\angle FED$，所以 $\triangle GEF \cong \triangle DEF$，所以 $\triangle DEF \backsim \triangle ABC$。（Palmer & Taylor，1915，p. 204）

（3）“三边”定理

如图 20－7，在 $\triangle ABC$ 和 $\triangle DEF$ 中，已知$\dfrac{DE}{AB}=\dfrac{DF}{AC}=\dfrac{EF}{BC}$。与(2) 中的证明类似，可得 $\triangle GEF \backsim \triangle ABC$，则$\dfrac{GE}{AB}=\dfrac{GF}{AC}=\dfrac{EF}{BC}$，再由已知条件，可得 $GF=DF$，$GE=DE$，则 $\triangle GEF \cong \triangle DEF$，所以 $\triangle DEF \backsim \triangle ABC$。（Palmer & Taylor，1915，p. 203；Stone & Millis，1916，p. 107）

（二） 叠合法

如图 20－8，平移 $\triangle DEF$ 使 $\angle D$ 与 $\angle A$ 重合，点 E 和 F 分别落在线段 AB 和 AC 上。

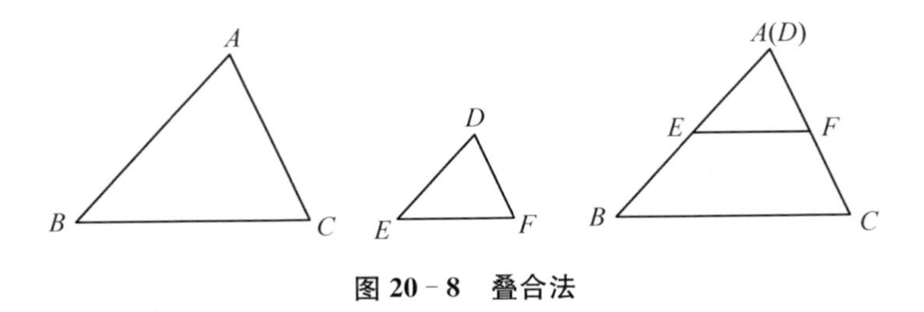

图 20－8 叠合法

（1）“三角”定理

已知 $\angle A=\angle D$，$\angle B=\angle E$，$\angle C=\angle F$。由已知条件中的角相等，可证 $EF \parallel BC$，由“三角形一边平行线定理”，得$\dfrac{DE}{AB}=\dfrac{DF}{AC}$，再平移 $\triangle DEF$ 使 $\angle E$ 与 $\angle B$ 重合，同理可证$\dfrac{EF}{BC}=\dfrac{DE}{AB}$，由定义可证 $\triangle DEF \backsim \triangle ABC$。（McMahon，1903，p. 286）

（2）“两边夹一角”定理

已知 $\angle A=\angle D$，$\dfrac{AB}{DE}=\dfrac{AC}{DF}$。由“三角形一边平行线定理”的逆定理，可证 $EF \parallel BC$，再证 $\triangle DEF \backsim \triangle ABC$。（Wells，1886，p. 127）

（三） 一等边与一平行线法

如图 20－9，在线段 AB（假设 $AB > DE$）上截取 $AG = DE$，过点 G 作 $GH \parallel BC$，交 AC 于点 H。证明思路都是先通过 $GH \parallel BC$ 证明 $\triangle AGH \backsim \triangle ABC$，再证明 $\triangle AGH \cong \triangle DEF$，从而 $\triangle DEF \backsim \triangle ABC$。证明 $\triangle AGH \cong \triangle DEF$ 的方法见表 20－2。

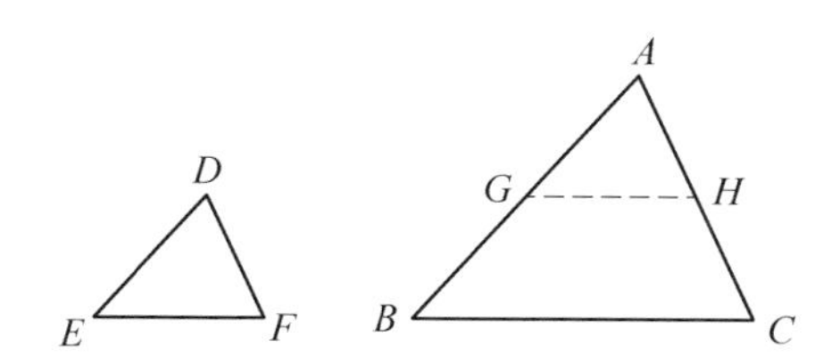

图 20－9 一等边与一平行线法和二等边法

表 20－2 证明 $\triangle AGH \cong \triangle DEF$ 的方法

“三角”定理	根据 ASA 定理证明 $\triangle AGH \cong \triangle DEF$。
“两边夹一角”定理 （设 $\angle A = \angle D$，$\frac{DE}{AB} = \frac{DF}{AC}$）	由 $\triangle AGH \backsim \triangle ABC$，可得 $\frac{AG}{AB} = \frac{AH}{AC}$，结合已知条件可知，$DF = AH$，由 SAS 定理证明 $\triangle AGH \cong \triangle DEF$。
“三边”定理	由 $\triangle AGH \backsim \triangle ABC$，可得 $\frac{AG}{AB} = \frac{AH}{AC} = \frac{GH}{BC}$，结合已知条件可知，$DF = AH$，$EF = GH$，由 SSS 定理证明 $\triangle AGH \cong \triangle DEF$。

（四） 二等边法

如图 20－9，分别在线段 AB 和 AC（假设 $AB > DE$）上截取 $AG = DE$，$AH = DF$，连结 GH。与上述（三）类似，证明 $\triangle AGH \cong \triangle DEF$ 和 $\triangle AGH \backsim \triangle ABC$，从而得 $\triangle DEF \backsim \triangle ABC$。

（1）“三角”定理

已知 $\angle A = \angle D$，$\angle B = \angle E$，$\angle C = \angle F$。先由 SAS 定理证明 $\triangle AGH \cong \triangle DEF$，得到对应角相等，结合已知条件，证明 $GH \parallel BC$，再证 $\triangle AGH \backsim \triangle ABC$。(Lyman，1908，p. 126)

（2）“两边夹一角”定理

已知 $\angle A = \angle D$，$\frac{DE}{AB} = \frac{DF}{AC}$。先由 SAS 定理证明 $\triangle AGH \cong \triangle DEF$，于是 $AG =$

DE，$AH=DF$，则$\dfrac{AG}{AB}=\dfrac{AH}{AC}$，由“三角形一边平行线定理”的逆定理，可证$GH \parallel BC$，再证$\triangle AGH \backsim \triangle ABC$。（Milne，1899，p. 156）

（3）“三边”定理

已知$\dfrac{DE}{AB}=\dfrac{DF}{AC}=\dfrac{EF}{BC}$。先证$\triangle AGH \backsim \triangle ABC$，则$\dfrac{AG}{AB}=\dfrac{AH}{AC}=\dfrac{GH}{BC}$，结合已知条件，可证$EF=GH$，从而得$\triangle AGH \cong \triangle DEF$。关于$\triangle AGH \backsim \triangle ABC$的证明，Wentworth(1899)等16种教科书直接利用了方法4，Ibach(1882)等21种教科书利用“三角形一边平行线定理”的逆定理来证明$GH \parallel BC$。

（五）定义法和反证法

有个别教科书采用了定义法和反证法，其中，由于教科书对相似图形的定义不同，所以判定定理的证明方法也随之改变。

（1）“三角”定理

Tappan(1864)定义相似图形为：“连结一个图形中的点的直线所形成的任意角都在另一个图形中有相等且位置相似的角与之对应，则称这两个图形相似。”编者采用上述定义来证明“三角”定理。如图20－10，在$\triangle ABC$和$\triangle DEF$中，$\angle A=\angle D$，$\angle B=\angle E$，$\angle ACB=\angle DFE$。任作两条直线，分别交AB和BC于点G和H，交AB和AC于点I和R。连结IC和GR。在$\triangle DEF$中，过点F作直线FL，交DE于点L，使$\angle EFL=\angle BCI$，则易知$\angle ELF=\angle BIC$，于是又可得$\angle DLF=\angle AIC$，$\angle DFL=\angle ACI$。过点L作直线LM，交DF于点M，使$\angle FLM=\angle CIR$，则易知$\angle LMF=\angle IRC$。过点M作直线MN，交DE于点N，使得$\angle LMN=\angle IRG$。则易知$\angle LNM=\angle IGR$，于是又可得$\angle DNM=\angle AGR$，$\angle DMN=\angle ARG$。由GH和IR的任意性得$\triangle ABC \backsim \triangle DEF$。

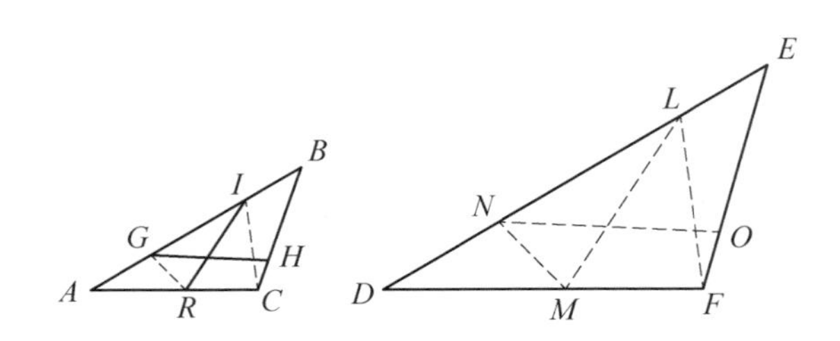

图20－10　定义法(折线段分割三角形)

Beman & Smith(1895)则用“位似”定义相似。如图 20－11，在$\triangle A_1B_1C_1$和$\triangle A_2B_2C_2$中，$\angle A_1=\angle A_2$，$\angle C_1=\angle C_2$。将$\triangle A_2B_2C_2$置于$\triangle A_1B_1C_1$之上，使$\angle C_2$与$\angle C_1$重合，顶点C_1和C_2重合于点O。过点O任作射线交A_2B_2于点X_2，交A_1B_1于点X_1。因$\angle A_2=\angle A_1$，故$A_2B_2 /\!/ A_1B_1$，于是有$OA_1:OA_2=OB_1:OB_2=OX_1:OX_2=t$，且$OA_1$和$OB_1$上的任意点在$OA_2$和$OB_2$上均有对应点。因此，$\triangle A_1B_1C_1 \backsim \triangle A_2B_2C_2$。

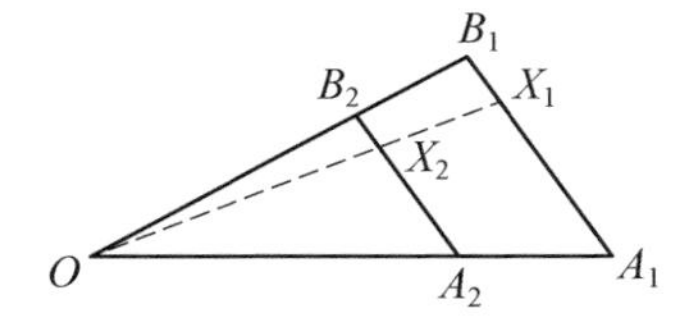

图 20－11 定义法(位似)

(2)“三边”定理

如图 20－12，Petersen & Steenberg(1880)用“位似”定义相似，已知$\frac{DE}{AB}=\frac{DF}{AC}=\frac{EF}{BC}=m$，构造新的$\triangle D_1E_1F_1$与$\triangle ABC$位似，且$\frac{D_1E_1}{AB}=\frac{D_1F_1}{AC}=\frac{E_1F_1}{BC}=m$，再证$\triangle D_1E_1F_1 \cong \triangle DEF$。

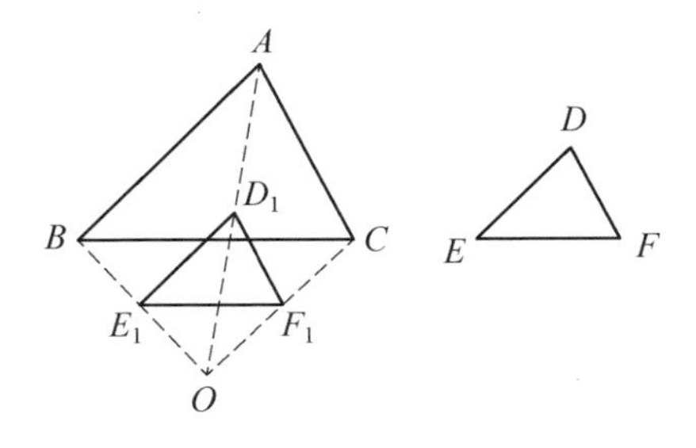

图 20－12 定义法(位似)

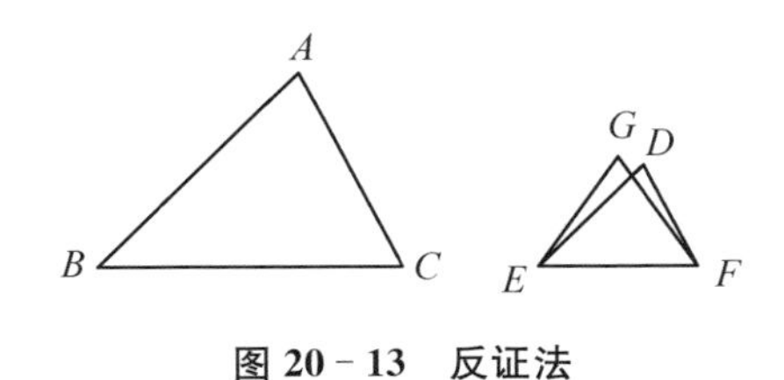

图 20－13 反证法

如图 20－13，Perkins(1847)采用了反证法。当$\frac{DE}{AB}=\frac{DF}{AC}=\frac{EF}{BC}$时，若$\triangle ABC$与$\triangle DEF$不相似，则取异于$D$的点$G$，使得$\triangle ABC \backsim \triangle GEF$，则$\triangle ABC$和$\triangle GEF$是等角的，且$\frac{GE}{AB}=\frac{GF}{AC}=\frac{EF}{BC}$，则$DE=GE$，$DF=GF$，这是不可能的(《几何原本》第1卷命题Ⅰ.7)，所以$\triangle ABC \backsim \triangle DEF$。

(六) 小结

叠合法、一等边与一平行线法和二等边法都具备了“平行分割”定理的图形特征，一等边与一平行线法和二等边法的核心思路都是在大三角形内构造一个新的三角形，令其与小三角形全等且与大三角形相似，叠合法省去了其中证明全等的过程。在证明过程中，关于“通过平行证明新的三角形与大三角形相似”部分，在20.4.1小节中呈现了两类方法：用相似三角形的定义和用“三角”定理，且在20.4.1小节中证明的“平行分割”定理是第三类方法。采用不同证明方法的教科书数量分布见表20-3，由于绝大部分早期几何教科书将“三角”定理放在第一位置，所以这些教科书大多利用相似三角形定义进行证明。由此可见，“平行分割”定理的位置适合放在前面，为后续定理的证明提供便利，这与部分现行教科书的编排顺序吻合。

表20-3　由平行证明三角形相似的证明方法及教科书数量

证明方法	三角	两边夹一角	三边
用相似三角形的定义证明	54	0	0
用“三角”定理证明	0	44	32
用“平行分割”定理证明	3	12	18

20.4.3　“垂直或平行”定理的证明

该定理的证明方法有假设法和等角法。其中，有22种教科书采用了假设法，12种教科书采用了等角法，5种教科书在证明垂直时采用了假设法，证明平行时采用了等角法。

（一）假设法

引理　当两个角的两边分别平行或相互垂直时，那么这两个角相等或互补。

如图20-14，在$\triangle ABC$和$\triangle DEF$中，根据引理，有以下几种可能性：①$\angle A+\angle D=180^\circ$，$\angle B+\angle E=180^\circ$，$\angle C+\angle F=180^\circ$；②$\angle A=\angle D$，$\angle B+\angle E=180^\circ$，$\angle C+\angle F=180^\circ$；③$\angle A=\angle D$，$\angle B=\angle E$，$\angle C=\angle F$。因为$\triangle ABC$和$\triangle DEF$的内角总和不超过$360^\circ$，所以第3种可能性成立。则$\triangle ABC$和$\triangle DEF$是等角的，所以$\triangle ABC\backsim\triangle DEF$。（Brooks，1901，p. 171）

（二）等角法

如图20-14(b)，当对应边互相垂直时，延长ED和DF，分别交AB和AC于点H和G，则$EH\perp AB$，$DG\perp AC$，易证$\angle DFE=\angle ACB$（都与$\angle EFG$互补），$\angle EDF=\angle A$（都与$\angle HDG$互补），则三角对应相等，所以$\triangle ABC\backsim\triangle DEF$。如图20-14(c)，当对应边相互平行时，利用同位角和内错角易证三个角对应相等，则$\triangle ABC\backsim$

$\triangle DEF$。（Wentworth，1899，p. 152）

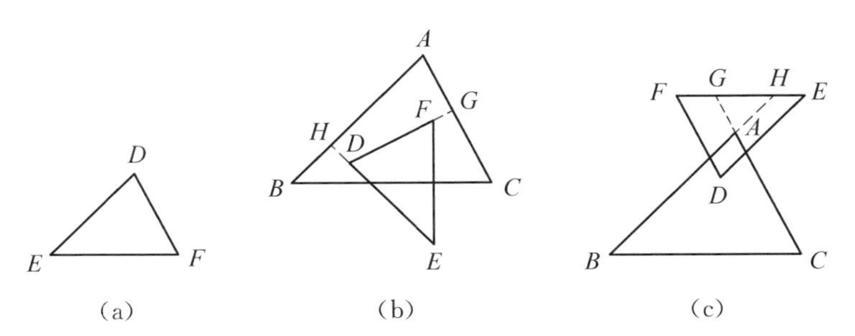

图 20-14　假设法和等角法

20.4.4　各判定定理之间的逻辑关系

根据上述不同的证明方法可知，部分判定定理可由其他判定定理加以证明。图 20-15 给出了各判定定理之间的逻辑关系，三大定理的顺序是“三角”定理、“两边夹一角”定理和“三边”定理。

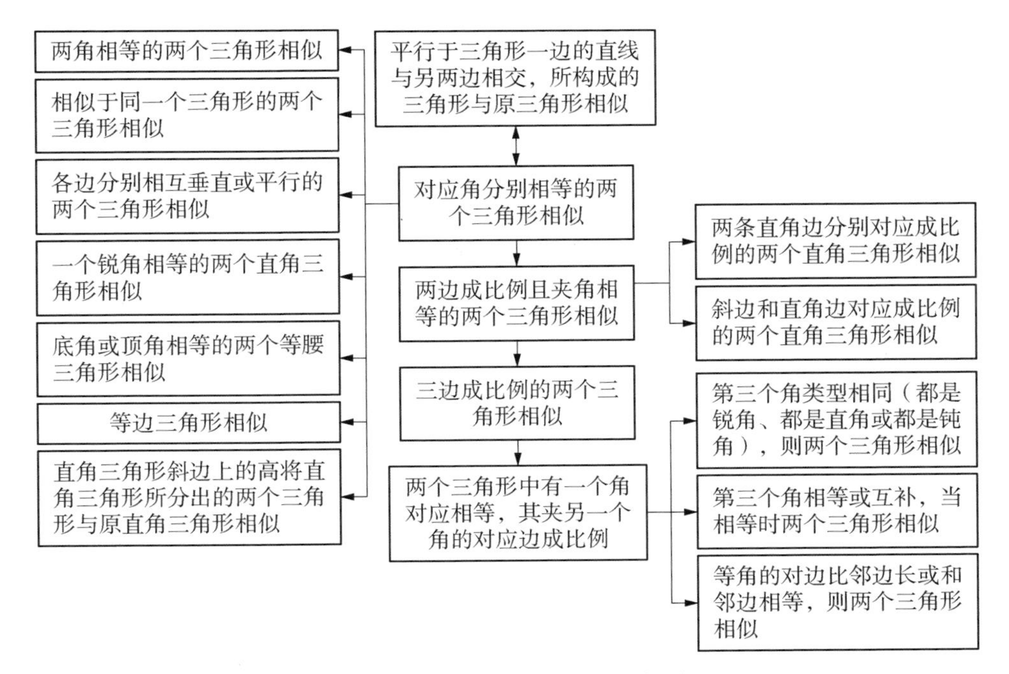

图 20-15　各判定定理之间的逻辑关系

20.5 结论和启示

综上所述，早期几何教科书中的“三角”定理、“两边夹一角”定理和“三边”定理是相似三角形的主流判定定理。在历史的长河里，判定定理逐渐呈现多样化。早期几何教科书中定理的证明方法也比现行教科书更丰富，三大定理的证明包括“欧几里得证法”“叠合法”“一等边与一平行线法”“二等边法”“定义法”和“反证法”。判定定理的演变过程和证明方法的丰富性对今天相似三角形判定定理的教学有所启示。

首先，在早期几何教科书中，“两角”定理逐渐出现、作为“三角”定理的推论，甚至替代“三角”定理，现行教科书采用的也是“两角”定理。这启示了在学生通过相似三角形的定义探索判定条件时，教师要引导学生思考命题中“条件”的数量为什么是恰到好处的，缺失就不能达到判定的要求，多余就变得累赘，加强学生对判定条件的认识。

其次，“高线分割”定理在早期几何教科书中出现的频次仅次于三大定理，同时它是推导出射影定理的重要定理。虽然射影定理在《义务教育数学课程标准(2011 年版)》中已不作要求，但关于比例线段的题目常会涉及这一知识点，教师可以在教学中补充“高线分割”定理和射影定理，扩充学生的知识储备，简化学生的答题过程。

再次，教师在设计相似三角形判定定理的教学时，可以参照逻辑关系图(图 20－15)，把“平行分割”定理作为铺垫，以“三角”定理、“两边夹一角”定理、“三边”定理为主线，再拓展“边边角”定理和相似的传递性，最后追问学生三大定理在直角三角形、等腰三角形和等边三角形等特殊三角形中的情况，锻炼学生的数学语言表达能力。除此以外，教师可以引导学生通过类比全等三角形的判定方法推理得到相似三角形的判定方法，使学生更好地把握知识的内在联系，掌握类比的数学思想方法。

最后，在现行教科书中，如人教版教科书中仅呈现利用“一等边与一平行线法”证明“三边”定理，苏科版教科书利用“叠合法”证明“两角”定理，利用“一等边与一平行线法”证明“两边夹一角”定理和“三边”定理。每种教科书最多呈现一类方法证明单个定理，但课堂不应局限在教科书的篇幅中，教师应当让学生成为课堂的主人，合作探究证明方法。学生在添加辅助线时会遇到一定的困难，教师可以带领学生观察“平行分割”定理的基本图形结构，启发学生猜想，引导学生发现新构造的三角形在大三角形和小三角形之间起的“桥梁”作用，帮助学生深入理解知识，实现“能力之助”。学生能够在观察、猜想和归纳的过程中获得“探究之乐”，在证明方法的分享交流中发现“方法之美”，增强学习数学的信心。

参考文献

中华人民共和国教育部(2011). 义务教育数学课程标准(2011 年版). 北京：北京师范大学出版社.

Beman, W. W., Smith, D. E. (1895). *Plane and Solid Geometry*. Boston: Ginn & Company.

Betz, W., Webb, H. E. (1912). *Plane Geometry*. Boston: Ginn & Company.

Brooks, E. (1901). *Plane Geometry*. Philadelphia: Christopher Sower Company.

Heath, T. L. (1908). *The Thirteen Books of Euclid's Elements*. Cambridge: The University Press.

Ibach, F. (1882). *Elements of Plane Geometry*. Philadelphia: E. H. Butler & Company.

Loomis, E. (1869). *Elements of Geometry, Conic Sections, and Plane Trigonometry*. New York: Harper & Brothers.

Lyman, E. A. (1908). *Plane Geometry*. New York: American Book Company.

McMahon, J. (1903). *Elementary Geometry: Plane*. New York: American Book Company.

Milne, W. J. (1899). *Plane Geometry*. New York: American Book Company.

Palmer, C. I. & Taylor, D. P. (1915). *Plane Geometry*. Chicago: Scott, Foresman & Company.

Perkins, G. R. (1847). *Elements of Geometry*. Utica: H. H. Hawley.

Perkins, G. R. (1855). *Plane and Solid Geometry*. New York: D. Appleton & Company.

Petersen, J. & Steenberg, R. (1880). *Text-book of Elementary Plane Geometry*. London: Sampson Low, Marston, Searle & Rivington.

Robbins, E. R. (1915). *Robbins's New Plane Geometry*. New York: American Book Company.

Stone, J. C. & Millis, J. F. (1916). *Plane Geometry*. Chicago: B. H. Sanborn & Company.

Tappan, E. T. (1864). *Treatise on Plane and Solid Geometry*. Cincinnati: Sargent, Wilson & Hinkle.

Walker, T. (1829). *Elements of Geometry*. Boston: Richardson, Lord & Holbrook.

Wells, W. (1886). *The Elements of Geometry*. Boston: Leach, Shewell & Sanborn.

Wentworth, G. A. (1899). *Plane Geometry*. Boston: Ginn & Company.

21 圆幂定理

刘梦哲*

21.1 引言

圆幂定理是相交弦定理、割线定理和切割线定理的统称，它们揭示了过同一点的弦、切线和割线之间存在的比例关系。圆幂定理作为初中平面几何“直线和圆”一章中的重要定理之一，有着极其广泛的应用。

回溯历史，早在公元前 3 世纪，欧几里得就在《几何原本》第 3 卷中运用等面积法证明了相交弦定理（命题Ⅲ. 35）和切割线定理（命题Ⅲ. 36）（欧几里得，2014，pp. 89—92）。18 世纪，法国数学家勒让德摈弃等面积法，改用相似三角形法证明圆幂定理（Legendre，1834，pp. 94—95）。在历史长河中所呈现的各类证明方法，不仅可用于解题，其背后所蕴含的数学思想，更是我们的教学目标之一。

在《义务教育数学课程标准（2011 年版）》中，关于圆幂定理的教学内容和教学要求已经被删去，因而在现行人教版和北师大版教科书中也难觅其踪迹。但是，在沪教版数学九年级下册（拓展二）的教科书中，依然保留了圆幂定理的内容。“圆”作为初中阶段平面几何的最后一部分知识，学生已经学习了有关相似三角形的知识，因而教科书中运用相似三角形来证明圆幂定理。圆幂定理作为学生解题的好帮手，部分教师在课堂中仍然会予以补充，但是教师在实践中往往会遇到不知道怎么教、怎么教得好的困境。本章对美英早期几何教科书进行考察，希望从中获得关于圆幂定理的历史素材，并为今日教学提供参考。

* 华东师范大学教师教育学院硕士研究生。

21.2　早期教科书的选取

选取 1829—1948 年间出版的 80 种美英几何教科书作为研究对象，以 20 年为一个时间段进行统计，其出版时间分布情况如图 21－1 所示。

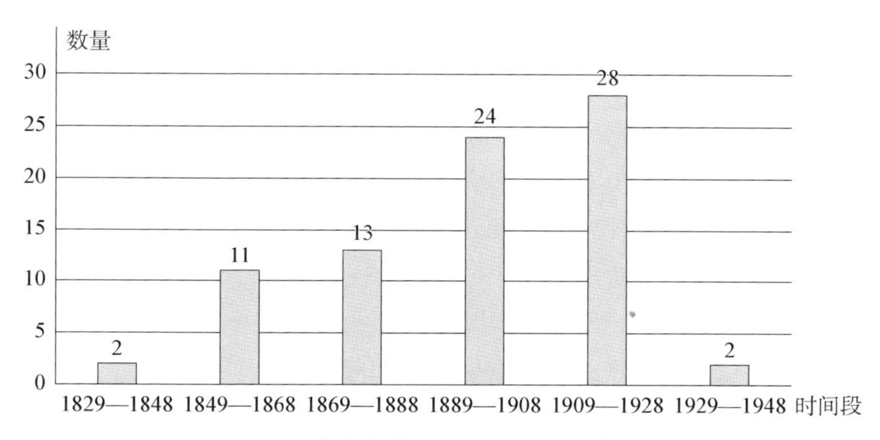

图 21－1　80 种美英早期几何教科书的出版时间分布

在 80 种几何教科书中，圆幂定理所在的章主要包括“相似多边形”“比例线段”“比例线段与相似形”“圆”“数值性质”等，其中出现最多的是在“相似多边形”一章中。由此可见，早期几何教科书往往会利用相似多边形对应边成比例这一性质来证明圆幂定理。

21.3　圆幂定理

圆幂定理包括相交弦定理、割线定理和切割线定理。在 80 种教科书中，有 68 种教科书给出了所有圆幂定理的完整证明过程，有 4 种教科书将证明过程留给了学生，有 1 种教科书让学生通过测量得到圆幂定理。

21.3.1　相交弦定理

有 74 种教科书给出了相交弦定理的证明，证明过程全都运用了相似三角形。如图 21－2，$\odot O$ 中的弦 AB 与 CD 相交于点 P，连结 AC 和 BD。因为 $\angle CAB$ 和 $\angle CDB$

都是$\overset{\frown}{BC}$所对的圆周角，$\angle ABD$ 和 $\angle ACD$ 都是$\overset{\frown}{AD}$所对的圆周角，由圆周角定理可知，$\angle CAB=\angle CDB$，$\angle ACD=\angle ABD$。于是 $\triangle APC \backsim \triangle DPB$，因此$\frac{AP}{DP}=\frac{PC}{PB}$，或即 $AP \cdot PB=DP \cdot PC$。(Perkins, 1855, p. 102)我们把相交弦定理概括为：在圆的两条相交弦中，每条弦被交点分成的两条线段长的乘积相等。

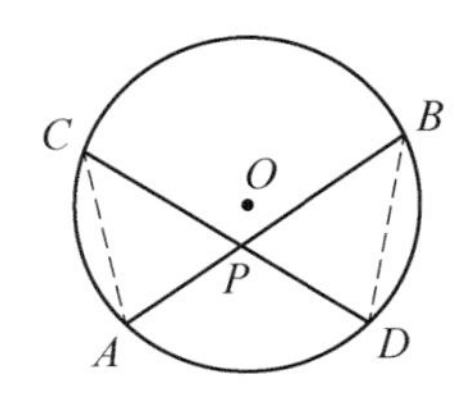

图 21-2　相交弦定理的证明

21.3.2　割线定理

所谓割线定理，即从圆外一点引圆的两条割线，这一点到每条割线与圆交点的两条线段长的乘积相等。有 70 种教科书给出了割线定理的证明，其中，37 种利用相似三角形进行证明，33 种利用切割线定理进行证明。

（一） 构造相似三角形

类似于相交弦定理的证明，运用圆周角定理，也可证明两个三角形相似，进而得到比例线段。(Perkins, 1855, p. 103) 如图 21-3，$\odot O$ 的两条割线 AEB、AFC 交于圆外一点 A，得到弦 BE、CF，以及有关线段 AE、AF、AB、AC。

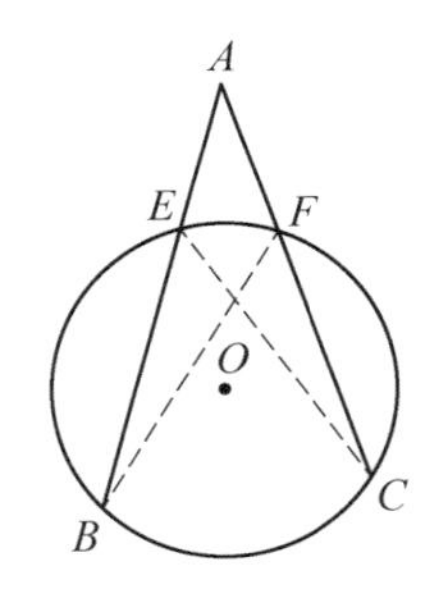

图 21-3　构造相似三角形证明割线定理

因为 $\angle ABF$、$\angle ACE$ 是$\overset{\frown}{EF}$所对的圆周角，所以 $\angle ABF=\angle ACE$。又因为 $\angle A$ 是公共角，所以 $\triangle ABF \backsim \triangle ACE$，于是$\frac{AB}{AC}=\frac{AF}{AE}$，即 $AE \cdot AB=AF \cdot AC$。

（二） 利用切割线定理

切割线定理揭示了从圆外一点引圆的切线和割线时，该点到割线与圆交点的两条线段长的乘积为定值，这个定值即为切线长的平方。如图 21-4，过点 A 作 $\odot O$ 的一条切线 AD，切点为 D。则由切割线定理，$AD^2=AF \cdot AC$，$AD^2=AE \cdot AB$，所以 $AE \cdot AB=AF \cdot AC$。易见，利用切割线定理，还可以证明切线长定理。(Sharpless, 1879, pp. 126—127)

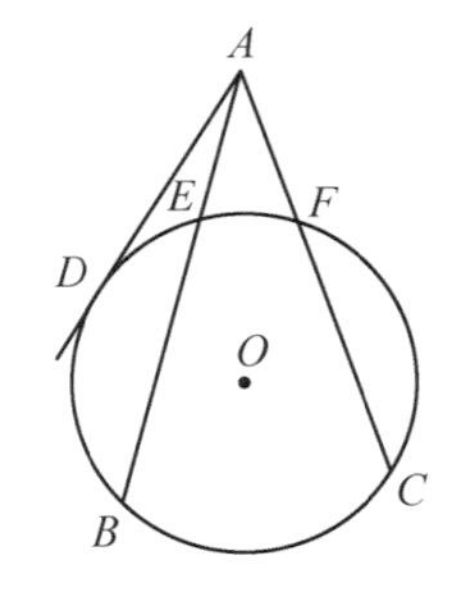

图 21-4　利用切割线定理证明割线定理

21.3.3　切割线定理

所谓切割线定理，即从圆外一点引圆的切线和割线，切线长是该点到割线与圆交点的两条线段长的比例中项。有 71 种教科书给出切割线定理的证明,证明方法分为构造相似三角形和利用割线定理两类。

(一) 构造相似三角形

有 64 种教科书利用相似三角形来证明切割线定理。如图 21-5, A 为 $\odot O$ 外一点, AB 是 $\odot O$ 的一条切线,切点为 B, AD 为 $\odot O$ 的一条割线, AD 交 $\odot O$ 于点 C 和 D。

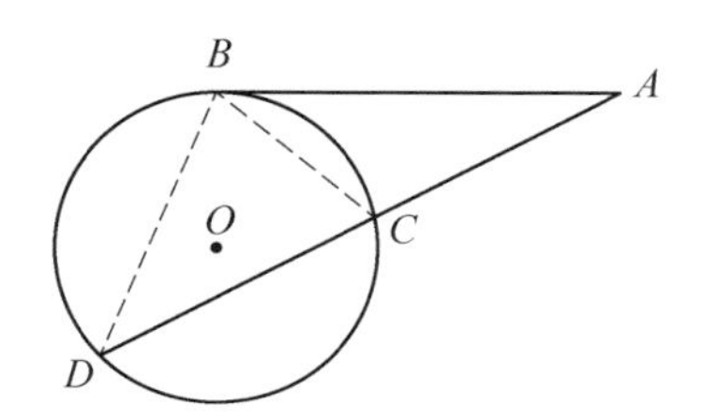

图 21-5 构造相似三角形证明切割线定理

连结 BD 和 BC,由弦切角定理可知, $\angle ABC=\angle ADB$,又因为 $\angle A$ 是公共角,所以 $\triangle ABC \backsim \triangle ADB$,于是 $\dfrac{AB}{AC}=\dfrac{AD}{AB}$,即 $AB^2=AC\cdot AD$。(Perkins, 1855, p. 103)

(二) 利用割线定理

Benjamin(1858)将切线看作是由割线旋转而得,于是运用割线定理即可完成证明。如图 21-4,将割线 AEB 绕点 A 按顺时针方向旋转直至 AB 与 $\odot O$ 相切于一点 D,此时 $AE=AB=AD$。于是由割线定理,得 $AE\cdot AB=AF\cdot AC$,从而可得 $AD^2=AF\cdot AC$。

21.4 圆幂定理证明方法的演变

证明圆幂定理的方法有 3 类,包括:

证法 1 利用相似三角形证明圆幂定理;

证法 2 利用相似三角形证明相交弦定理和切割线定理,再利用切割线定理证明割线定理;

证法 3 利用相似三角形证明相交弦定理和割线定理,再利用割线定理证明切割线定理。

以 20 年为一个时间段进行统计,图 21-6 给出了圆幂定理证明方法的时间分布情况。除去1929—1948年这一教科书样本数量较少的时间段,可以看出,证法1和证法3早已出现在19世纪上半叶的教科书中,但随着时间的推移,出现的频次逐渐减少;而证法2在19世纪中叶的教科书中首次出现,在接下来的100年中,出现的频次逐步提高,并在20世纪之后的美英几何教科书中占据主流。我们认为,这样一种趋势背后有其更深层的原因。

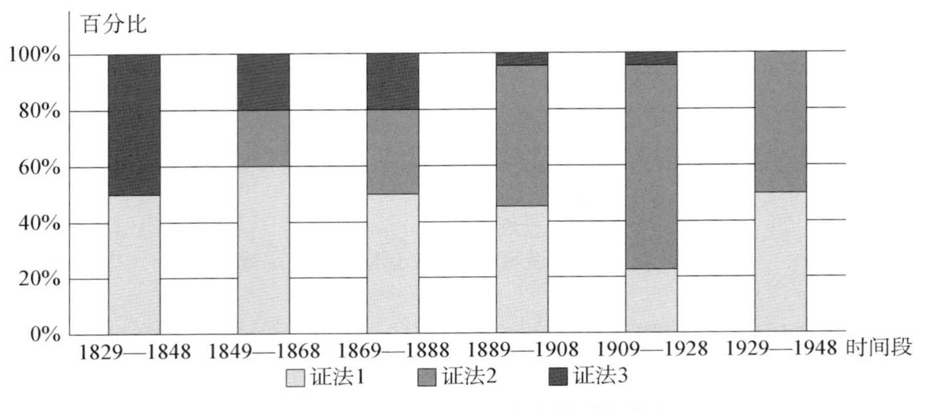

图21-6 圆幂定理证明方法的时间分布

从历史的角度来看,19世纪以前,欧几里得的《几何原本》是大多数学校的几何教科书。然而,在1813年,几位年轻的英国数学家在剑桥成立了名为"分析学会"的团体,旨在鼓励英国人学习法国的高等数学,呼吁人们正视欧陆特别是德国、法国数学家在分析领域取得的巨大成就,这场运动的影响也波及美国。于是,勒让德的几何教科书在美国学校中被广泛使用,这也是许多美英早期几何教科书采用勒让德的相似三角形法来证明圆幂定理的原因之一。

从知识编排的角度来看,教科书通常以圆周角定理、弦切角定理和圆幂定理的顺序来安排内容,与此同时,圆幂定理大多出现在"相似多边形"一章中,因而运用圆周角定理和弦切角定理来证明相似三角形进而得到圆幂定理也显得顺理成章,这也契合了现行沪教版教科书中的证明方法。

从学生心理序的角度来看,美英早期几何教科书中的圆幂定理通常又是以相交弦定理、切割线定理和割线定理的顺序展开,因此学生则会考虑从已经学过的切割线定理出发去证明割线定理。运用切割线定理的推论,即从圆外一点引圆的割线,这一点到割线与圆的交点的两条线段长的乘积为定值,一方面学生免去构造相似三角形进而直接证明割线定理,使得证明过程更加简洁流畅,符合学生的认知水平,另一方面这一推论也可以帮助学生很好地理解“幂”的含义。因此,这一方法在 20 世纪的美英早期几何教科书中占据主流。

21.5 圆幂定理的应用

在漫长的数学发展史上,圆幂定理有着诸多应用。当我们翻开美英早期几何教科书,首先就能看见圆幂定理在现实生活中的应用。例如,Robinson(1868)中有如下问题:“特内里费岛上有一座山,山的垂直高度约为 3 英里,当船距离山顶 154 或 155 英里时可以看见山顶,问地球的直径为多少?”此时,将问题用数学语言可以描述为:如图 21-7,在 $\odot O$ 中,AB 为直径,延长 AB 至点 C,过点 C 作 $\odot O$ 的切线,切点为 D,已知 $BC=3$ 英里,$CD=154.5$ 英里,则直径 AB 长为多少?利用切割线定理可以写出 $CD^2=BC\cdot AC$,于是代入数据计算,可得 $AB=7\,953.75$ 英里。

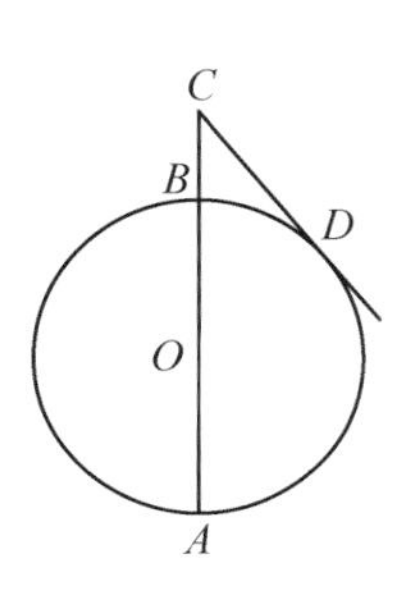

图 21-7 特内里费岛问题

当然,圆幂定理的应用不只局限于现实生活,在数学上的许多构造问题也会用到圆幂定理的相关结论。美英早期几何教科书中最常见的两类与圆幂定理有关的构造问题,即

问题一 求作两条线段的比例中项;

问题二 将给定线段分成两段,使得长线段是整条线段长和短线段长的比例中项。

对于问题一,《几何原本》第 6 卷命题Ⅵ.13 早已提出过一个相同的问题,并用射影定理加以解决(欧几里得,2014, pp. 155—156),但用圆幂定理同样可以解决该问题。如图 21-8,对于给定线段 AE、EB,将这两条线段首尾相连且 A、E、B 三点共线,并以 AB 为直径作 $\odot O$。过点 E 作线段 AB 的垂线,交 $\odot O$ 于点 C、D,由垂径定理知,$CE=ED$。又由相交弦定理可知,$CE\cdot ED=BE\cdot AE$,于是 $CE^2=BE\cdot AE$,即 $CE=\sqrt{BE\cdot AE}$,则线段 CE 即为所求。(Robinson, 1850, p. 81; Perkins, 1855, p. 102)

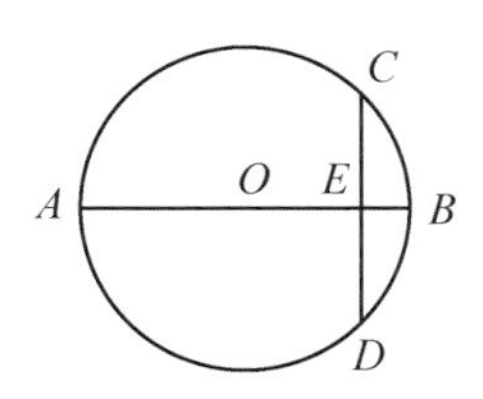

图 21-8 圆幂定理中的构造问题一

对于问题二,如图 21-9,给定线段 AB,作 $BC\perp AB$ 且 $BC=\frac{1}{2}AB$。以点 C 为圆

心、CB 为半径作半圆，交射线 AC 于点 D 和 E。再以点 A 为圆心、AD 为半径作弧，交线段 AB 于点 F，此时线段 AF 和 FB 即为所求(图 21－9)。

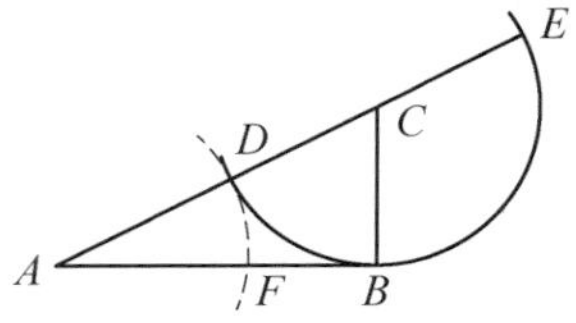

图 21－9　圆幂定理中的构造问题二

由切割线定理可知，$\frac{AB}{AD}=\frac{AE}{AB}$，于是$\frac{AB-AD}{AD}=\frac{AE-AB}{AB}$。又因为 $AD=AF$，$AB-AD=AB-AF=FB$ 以及 $AE-AB=AE-DE=AD$，所以$\frac{FB}{AF}=\frac{AF}{AB}$，即$AF=\sqrt{FB \cdot AB}$。(Robinson，1850，p. 86；Perkins，1855，p. 104；Tappan，1864，pp. 113—114)

古希腊毕达哥拉斯学派信奉“万物皆数”，认为宇宙间的一切现象都能归结为整数或整数之比。而当毕达哥拉斯学派发现有些比，诸如正方形对角线与其一边之比不能用整数之比表达时，他们就感到惊奇不安。(克莱因，2002，pp. 37—38)毕达哥拉斯学派曾用归谬法证明$\sqrt{2}$与 1 不可公度，历史上也出现过许多不同的证明方法，而在教科书中给出了一类运用切割线定理证明正方形对角线与其一边不可公度的方法。

如图 21－10，为了找到正方形 $ABCD$ 的对角线 AC 与边长 AB 的比值，于是以点 C 为圆心、CB 为半径作半圆，并交射线 AC 于点 E 和 F。不难发现，在线段 AC 中减去线段 AB，剩余线段 AE，则问题转化为求 AE 与 AB 之比。由圆幂定理可知，$\frac{AE}{AB}=\frac{AB}{AF}$，因为 $AF-2AB=AE$，所以

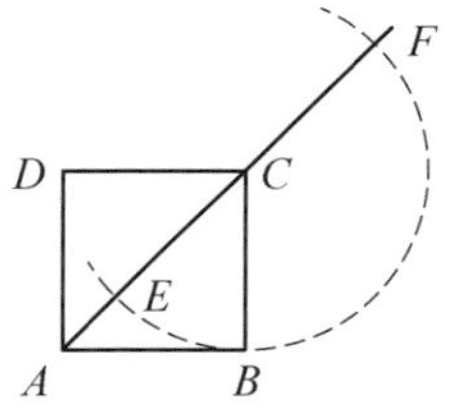

图 21－10　圆幂定理中的不可公度问题

$$\frac{AE}{AB}=\frac{1}{\frac{AF}{AB}}=\frac{1}{\frac{AE}{AB}+2}=\frac{1}{\frac{1}{\frac{AE}{AB}+2}+2}=\frac{1}{\frac{1}{\frac{1}{\frac{AE}{AB}+2}+2}+2}=\cdots。$$

如此以往进行计算，这一算法将永远不会停止，所以正方形对角线与其一边长不可公度。(Loomis，1849，pp. 81—82)

21.6　教学启示

综上所述，历史上出现的圆幂定理的多种证明方法和应用，为今日教学提供了诸

多启示。

(1) 拨开迷雾,探究"幂"的本质所在。在教学过程中,我们首先要让学生理解,为什么要将相交弦定理、切割线定理和割线定理合称为"圆幂定理",以及这其中的"幂"究竟体现在哪里。其实,当我们翻开历史的画卷就可以找寻到答案。在部分美英早期几何教科书中给出过这样一条定理,即从圆内或圆外一点 P 作 $\odot O$ 的一条割线,交半径为 r 的 $\odot O$ 于点 A 和 B,总有 $|PA|\cdot|PB|=|r^2-|OP|^2|$。由此我们也就发现了"幂"之所在。通过了解圆幂定理的由来,不仅有助于学生理解和记忆定理的具体内容,还有利于培养学生数学发现和数学创造的能力。

(2) 咬文嚼数,领略证明方法之精妙。历史上出现了圆幂定理的多类证明方法,为此教师可以设计探究活动。学生集思广益、各抒己见,在小组讨论中既可以提高数学语言表达能力,还能让学生真正成为课堂的主人。与此同时,圆幂定理将数与形紧密地结合在一起,体现了代数与几何的转化思想;两条弦的交点可以分为在圆内和在圆外两种情况,体现了分析问题常用的分类讨论思想;在证明过程中没有条件则创造条件构造相似三角形,体现了解决问题常用的归纳推理思想。在课堂教学中,教师可以向学生渗透圆幂定理中所蕴含的数学思想,这不仅有助于拓展学生的数学思维,培养学生的发散性思维,还有助于培养学生的数学抽象、直观想象、逻辑推理等核心素养。

(3) 辩证统一,体会数学定理的和谐之美。从历史和现实中我们看到了多类证明方法,既有《几何原本》中的等面积法,又有美英早期几何教科书中利用切割线定理和割线定理相互推导,还有我们现在所熟知的相似三角形法。虽然这些证明方法各有不同,但是最后都得到了相同的定理,一方面可以让学生感受到"殊途同归"的魅力,另一方面也可以提高学生学习数学的兴趣,感受数学的简洁美、统一美。

(4) 豁然开朗,领略数学的魅力。学数学就是为了用数学,而简单地套用公式计算并不能达到用数学的要求。要学好数学,就要学会利用相关的数学知识与方法解决一些实际问题。因此,教师可以在圆幂定理的教学中补充联系现实生活的实际问题,也可以补充一些将数与形结合在一起的构造性问题,这样做既有助于培养学生的理性思维,让学生体会到数学在实际生活中的用处,还有助于培养社会所需要的创新型人才。

参考文献

M·克莱因(2002).古今数学思想(第一册).张理京,等,译.上海:上海科学技术出版社.

欧几里得(2014). 几何原本. 兰纪正，朱恩宽，译. 南京：译林出版社.

Benjamin, P. (1858). *An Elementary Treatise on Plane and Solid Geometry*. Boston: J. Munroe & Company.

Legendre, A. M. (1834). *Elements of Geometry and Trigonometry*. Philadelphia: A. S. Barnes & Company.

Loomis, E. (1849). *Elements of Geometry and Conic Sections*. New York: Harper & Brothers.

Perkins, G. R. (1855). *Plane and Solid Geometry*. New York: D. Appleton & Company.

Robinson, H. N. (1850). *Elements of Geometry, Plane and Spherical Trigonometry, and Conic Sections*. Cincinnati: Jacob Ernst.

Robinson, H. N. (1868). *Elements of Geometry, Plane and Spherical*. New York: Ivison, Blakeman, Taylor & Company.

Sharpless, I. (1879). *The Elements* of *Plane and Solid Geometry*. Philadelphia: Porter & Coates.

Tappan, E. T. (1864). *Treatise on Plane and Solid Geometry*. Cincinnati: Sargent, Wilson & Hinkle.

22 轨迹及其相关问题

张佳淳*

22.1 引言

在现行沪教版初中数学教科书中，点的轨迹指的是符合某些条件的所有点的集合，这是对几何图形运动与变化本质特征的一种抽象的、静态的概括。然而，早在19世纪，德国数学家F·克莱因就强调，不应过分重视欧几里得的公理化思想，而忽视运动思想的重要性。1912年，美国几何大纲"十五人委员会"在《关于几何课程大纲的报告》中指出，轨迹概念的教育价值在于(National Committee of Fifteen on Geometry Syllabus, 1912)：

- 突破以往几何课程中被描述为静态的空间概念，在有关轨迹的定理和问题中，均凸显了运动思想的重要地位；
- 几乎所有几何作图问题都建立在一些命题的基础之上，而轨迹为这些命题的陈述提供了一种优雅的语言；
- 有助于培养直观想象能力，强调函数概念的重要性。

时至今日，以上价值仍具有普适性。《义务教育数学课程标准(2011年版)》明确将"图形性质和运动"作为初中几何教学的重要目标之一(中华人民共和国教育部，2011)，使得动态几何问题在初中阶段备受重视。同时，通过轨迹思想构造出的一些图形，成为中学几何课程的基础，包括三种平面基本轨迹(圆、角平分线、垂直平分线)与三种立体轨迹(椭圆、双曲线、抛物线)。

然而，轨迹概念也是中学数学的教学难点。学生往往感到别扭和空洞，难以正确形成轨迹的概念(李绍林，1992)。轨迹问题不同于学生以往熟悉的几何证明与计算题

* 华东师范大学教师教育学院硕士研究生。

题型，需要他们在动中找静，抓住运动过程中的不变量和相等关系(周义琴，2015)。另一方面，三种平面基本轨迹常作为典型的相等关系加以运用，但为什么仅有三种基本轨迹？是否存在其他常用的轨迹？基本轨迹的意义何在？

为了回答上述问题，本章聚焦轨迹概念，对19—20世纪美英几何教科书进行考察和分析，从中总结出轨迹定义和问题，以期为今日教学提供有益的素材和思想启迪。

22.2 轨迹概念的引入

在美英早期几何教科书中，轨迹概念的引入方式主要有“动态发生过程”和“静态条件属性”两种导向。每一种导向下，用以叙述内容的情境又可进一步分为数学情境和现实情境。“动态发生过程”导向强调几何元素“点”以何种方式发生运动，体现图形的动态生成过程。数学情境一般为简单轨迹的例子，如由直线、圆的发生方式引出轨迹含义；现实情境包括铅笔笔尖的运动、地球中心围绕太阳中心的运动等。“静态条件属性”导向强调轨迹的形成原因，即单个条件导致点位置的不确定性，例如，直角坐标系中的横、纵坐标相当于两个条件，可以确定点的位置，若仅有一个条件则只能确定点的轨迹。有的教科书还强调轨迹需要满足条件的纯粹性与完备性。要让学生理解这两个属性难度较大，因此，教师多采用两种情境一同引入。引入方式的典例见表22-1。

表22-1 轨迹概念引入方式典例

类别	情境	具体内容	教科书
动态发生过程	数学情境	把一条线看作一个动点的路径，若这条线满足某个给定的条件，则必须对动点施加相应的条件。例如，如果这条线是一条直线，那么点必须始终沿同一方向运动。可以用若干静止的点来代替动点，用“轨迹”这个词来代替路径。	Wormell(1882)
	现实情境	在用铅笔画一条直线或曲线的过程中，笔尖变成了一个动点，所描出的直线或曲线就是它的轨迹。在几何中，生成的点按一定的规律运动。	Dupuis(1889)
静态条件属性	数学情境	要确定一个点在平面上的位置，需要两个独立的条件。例如，某一点位于一条水平线下方两英寸，且在另一条垂直线右侧一英寸，那么它的位置就是完全固定的。但如果唯一的条件是它在给定水平线下方两英寸，那么它的位置就不是固定的，但它可以沿着给定水平线以下两英寸的直线移动。最后这条线就叫做该点的轨迹。	Newcomb(1889)

续　表

类别	情境	具 体 内 容	教科书
静态条件属性	混合情境	若A班所有学生都在一个房间里(即没有一个学生缺席),并且房间里的所有学生都属于A班(即没有访客在场),则该房间里就包含了A班的所有学生,没有其他学生。同样地,若一条线包含了每一个特定种类的点(这里的"种类"指的是满足某种条件),并且线上的每一点都满足该种类,则这条线就是这些点的轨迹。	Smith(1909)

22.3　轨迹概念的定义

根据定义中的关键词与性质,将教科书中出现的定义方式分为运动定义、静态定义和混合定义3类。其中,仅80种教科书明确轨迹定义的内涵,11种教科书给出了2类定义,1种教科书给出了3类定义。

运动定义着重描述发生过程,将点所需满足的条件视为某种运动规律,将轨迹图形视为动点的路径。静态定义着重抽象概括结果,将符合条件或具有共同性质的点所组成的结果抽象概括为3种形式。一是几何图形,一个轨迹可以由任意数量的几何图形甚至平面、曲面的整体或分离部分组成,在这方面"轨迹"一词比"几何图形"一词具有更广泛的意义(Olney, 1872, pp. 4—5),但大部分教科书将轨迹看成平面几何图形,仅12%的教科书包含空间轨迹的相关内容;二是与现代初中数学教科书相同,归纳为点的集合;三是由于轨迹一词在拉丁语中意为"位置"(place),即把轨迹看成所有满足特定几何条件的点的位置(Wentworth, 1910, pp. 73—74);四是与位置类似,把轨迹看成所有满足特定几何条件的点的排列。所以静态定义还可进一步细分为图形定义、集合定义、位置定义和排列定义。同时,部分教科书作者在定义中强调轨迹的纯粹性与完备性,如表22-2中的Morton(1830)。另外,有7种教科书采用了混合定义,同时包含运动与静态两种定义的要素。各类定义的典例见表22-2。

表22-2　轨迹概念定义方式典例

类别	定义的叙述	教科书
运动定义	为满足某一给定要求而移动的点的路径称为轨迹。	Sykes & Comstock (1918)

续　表

类别	定义的叙述	教科书
图形定义	平面上的轨迹是一条直线、圆周或平面曲线，其中每一点，并且该平面内没有其他点，满足特定的条件。	Morton(1830)
	轨迹是一条线或一个曲面，其上所有点都有一些共同的性质，不与其他点相联系。	Legendre(1834)
集合定义	几何轨迹是所有具有共同性质的点的集合。	Chauvenet(1870)
位置定义	轨迹是所有具有公共属性的点的位置。	Schuyler(1876)
排列定义	完全满足一个给定几何条件的点的排列称为该条件的轨迹。	Auerbach & Walsh (1920)
混合定义	当一个点按某种确定的规律改变其位置时，它会沿着一条叫做它的轨迹的线运动。	Leslie(1809)

通过统计可知，早期几何教科书中的轨迹定义呈现出多样化的特点，但早期教科书是否也与今日教科书一样更青睐于集合定义？为了了解轨迹定义的发展趋势，以20年为一个时间段进行统计，各类定义的时间分布情况如图22-1所示。

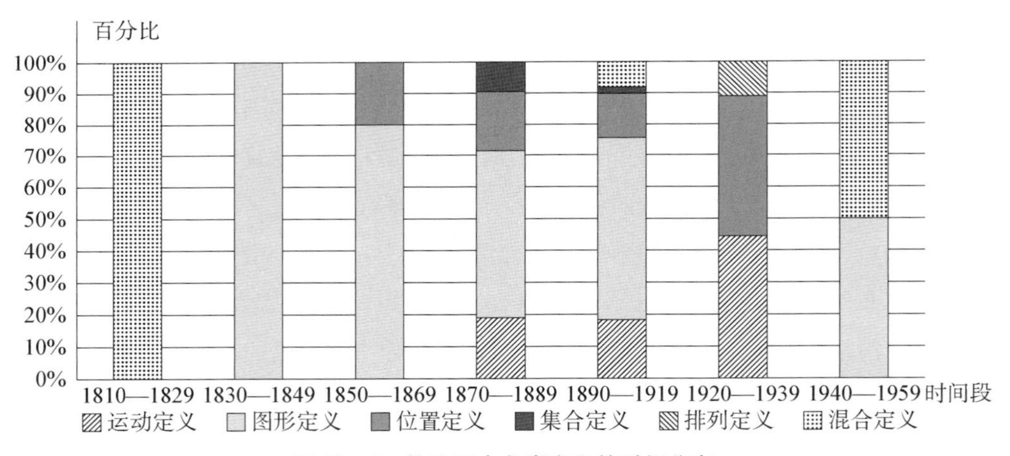

图22-1　轨迹概念各类定义的时间分布

从图中可知，19世纪初期的教科书主要采用混合定义，随后静态定义占据主流地位，其中尤以图形定义与位置定义为主要的定义方式。集合定义仅在1870—1919年短暂出现。运动定义直至19世纪70年代出现，之后呈现递增趋势。总之，早期几何教科书更倾向于通过静态方式进行定义，这种偏好或许与早期几何学家长期以来以严厉而轻蔑的态度拒绝将运动概念引入初等几何有关(Olney, 1872, pp. 4—5)。

22.4　轨迹问题

22.4.1　基本轨迹

为了了解三类基本轨迹在早期几何教科书中的地位，统计以引例、定理、推论和习题等方式呈现的平面轨迹问题的类型与数量，出现次数最多的前10类轨迹如图22－2所示，其中，三大基本轨迹位列前三，其余轨迹图形都是直线型轨迹或圆（弧）型轨迹，其中T4、T9也是目前中学课程中常用的轨迹。这些简单的轨迹也可视为早期教科书中的"基本轨迹"，因其限制条件单一，其解可由著名的几何定理推出。假设有 n 个这类问题，则有 n 个条件，利用交轨法可以产生另外 $\frac{n(n-1)}{2}$ 个轨迹，加上简单问题本身，那么 n 个简单轨迹的解提供了解决 $\frac{n(n+1)}{2}$ 个轨迹问题的方法（Hackley，1847，pp. 97—98）。

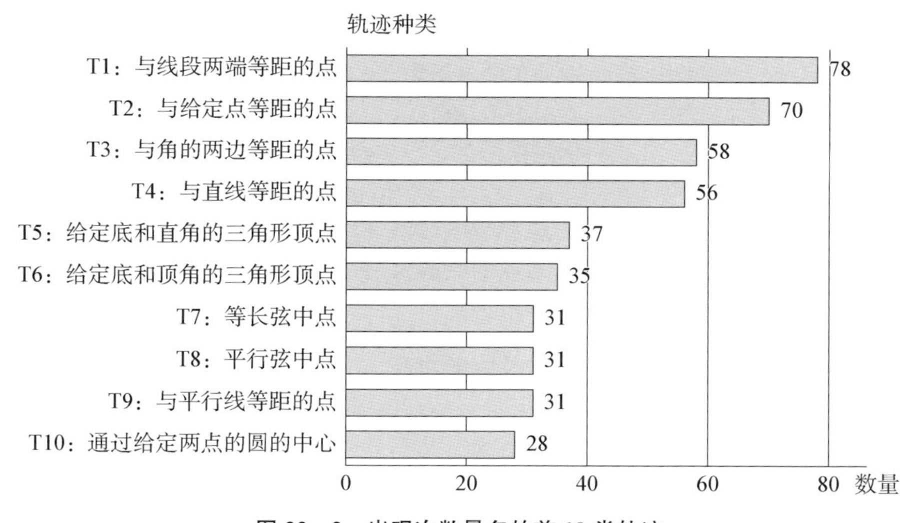

图22－2　出现次数最多的前10类轨迹

22.4.2　轨迹问题

早期几何教科书中还有很多轨迹问题，这些问题或依赖于基本轨迹的识别与运用，或可以利用中学平面几何知识进行解答。根据不同的限制条件，主要分为以下5类。

（一） 与定点有关

限制条件仅围绕定点的问题较少，主要包括以下四个问题：

A1：求通过两定点的圆的圆心轨迹；

A2：求到两定点距离之比为常数的点的轨迹；

A3：求到两定点平方和（差）为定值的点的轨迹；

A4：求到三定点等距离的点的轨迹。

问题A1、A4考察基本轨迹的迁移应用，问题A2与A3源于古希腊阿波罗尼奥斯提出的平面轨迹命题（张佳淳，汪晓勤，2020），涉及垂直平分线的性质、角平分线的性质、等面积法、勾股定理等知识。

（二） 与定直线有关

对于现行教科书中角平分线这一重要基本轨迹，一些早期教科书通过改变条件，提出了角平分线的推广问题：

B1：求到两直线（平行或相交）距离相等的点的轨迹；

B2：求到两非平行线距离之比为定值的点的轨迹。

问题B1是典型的分类讨论问题，若两直线平行，则为轨迹T9；若两直线相交，则轨迹为角平分线。问题B2的轨迹是角的等分线，类比问题B1将条件一般化，还可衍生出“求到两条直线距离之比为定值的点的轨迹”。再将条件“距离之比”改变为“距离之和（差）”，进一步出现如下轨迹问题：

B3：求到两相交线距离之和为常数的点的轨迹；

B4：求到两相交线距离之差为常数的点的轨迹；

B5：求到两直线距离之和为常数的点的轨迹；

B6：求到两直线距离之差为常数的点的轨迹。

通过建立平面直角坐标系，利用点到直线的距离公式可得，问题B3的轨迹是以两定直线为对角线的矩形，问题B4的轨迹是8条射线（江春莲，2011）。

在与定直线相关的问题中，还有一道高频问题，即B7。

B7：从定点画线段到定直线，按给定比例切割线段，求截点的轨迹。

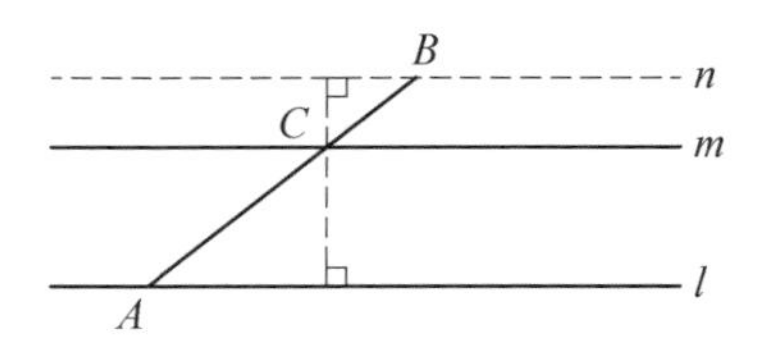

图22－3 问题B7的轨迹

如图22－3，在定点B到直线l的线段AB上取一点C，使得$BC:BA=k$，根据相似三角形的判定及性质，点C到过点B与底边平行的直线n的距离，与

到直线 l 的距离之比恒为 k，则动点 C 的轨迹是与底边平行的直线 m。

（三） 与定线段有关

与定线段有关的轨迹问题常以三角形作为情境，三角形的底为定线段，某个顶点为动点。出现次数最多的前 10 类轨迹中，T5、T6 就是以三角形为情境的问题。问题 T5 还可表述为：到两定点的距离的平方和等于两定点距离的平方的点的轨迹，需要先运用勾股定理的逆定理，判断动点与两定点构成直角三角形，考察圆周角定理及其推论。更多问题见表 22－3，该表中的问题都可以转化为如前所述的轨迹问题，但要注意排除不构成三角形的点。

表 22－3　以三角形为情境的若干问题

轨迹	问　　题	转化	涉及知识点
直线	C1：求给定底和高的三角形顶点的轨迹，或：求给定底且面积相同的三角形顶点的轨迹；	T4	三角形的面积
圆的一部分	C2：求给定底和底边中线的三角形顶点的轨迹；	T2	圆的概念
	C3：求给定底且另外两条边中一条边的长度与底边相同的三角形顶点的轨迹；		
点	C4：求给定底的等边三角形顶点的轨迹；		
直线或圆	C5：求给定底的等腰三角形顶点的轨迹；	T1	等腰三角形的性质
	C6：求底相等且另外两边的比值 k 固定的三角形顶点的轨迹。	A2	垂直平分线的性质、角平分线的性质、等面积法

另外，还有不少问题以平行四边形、任意四边形作为情境，如表 22－4 所示。

表 22－4　以(平行)四边形为情境的若干问题

轨迹	问　　题	涉及知识点
直线	D1：求给定公共底且面积相同的平行四边形的对角线交点的轨迹；	对角线的性质、全等三角形的判定及性质
圆的一部分	D2：平行四边形的底有固定的位置和长度，其邻边有给定的长度，求对角线交点的轨迹；	三角形中位线定理
平行四边形	D3：求平行四边形的(对称)中心点与各边上任意点所连结成的所有线段中点的轨迹；	相似三角形的判定及性质
线段	D4：如果从三角形底边的任意一点开始，分别画两条与另两边平行的线，求这样形成的平行四边形的(对称)中心的轨迹；	对角线的性质

续　表

轨迹	问　　题	涉及知识点
圆弧	D5-1：在一个四边形 $ABCD$ 中，已知 AB、BC、AC、CD，求对角线 BD 中点的轨迹；	三角形中位线定理
	D5-2：求连结两条对角线中点的线段 EF 的中点的轨迹；	
圆的一部分	D6：$ABCD$ 是一个所有边长固定且 AB 边位置固定的平行四边形，求其余三条边的中点的轨迹。	圆的概念、平行四边形的判定与性质

一些教科书为了降低问题 D1 的难度，将其拆分为两个子问题：

(1) 给定底和高度，平行四边形另外两个顶点的轨迹是什么？

(2) 这些平行四边形的对角线的交点的轨迹是什么？

如图 22-4，从对角线交点 E 的某个位置入手，过点 E 作垂线 EG、EF，由全等三角形的判定定理可知，$\triangle DEG$ 与 $\triangle BEF$ 全等，则 $EG=EF$，问题转化为轨迹 T9。

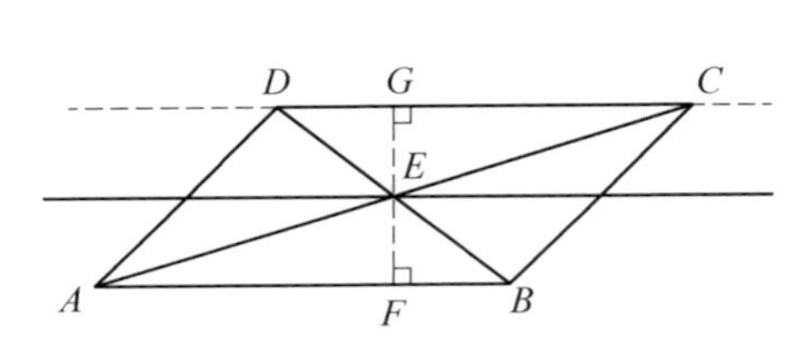

图 22-4　问题 D1 的轨迹

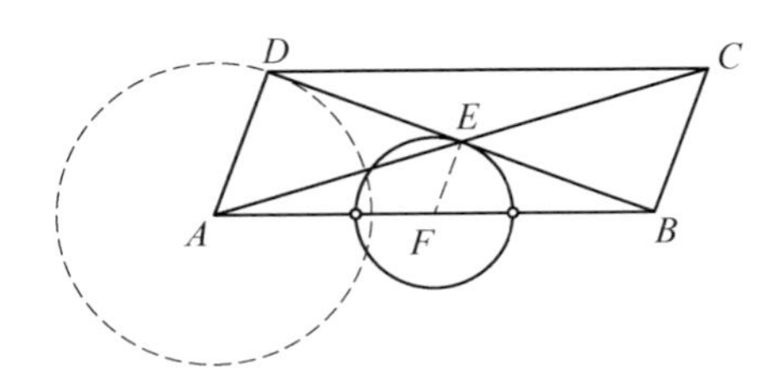

图 22-5　问题 D2 的轨迹

对于问题 D2，如图 22-5，动点 D 的轨迹是圆，连结动点 E 与定线段 AB 的中点 F，利用三角形中位线定理可知，$EF=\frac{1}{2}AD$，所以点 E 的轨迹是以 AB 的中点为圆心、$\frac{1}{2}AD$ 为半径的圆，但圆与线段 AB 的交点除外。

问题 D3 是问题 B7 中比值为 1 的特殊情况，轨迹是与题设中平行四边形相似，且边长为原边长一半的平行四边形，如图 22-6 所示。

对于问题 D4，如图 22-7，由于平行四边形始终有一条对角线连结三角形顶点 A 与底边任意点 B，根据对角线的性质，问题 D4 可转化为问题 D3，但不包括三角形边上的点。

在问题 D5 中，假设$\triangle ABC$ 位置固定，利用三角形中位线定理，关键在于寻找底边长度固定的三角形。对于问题 D5-1，如图 22-8，连结点 F 与 BC 中点 M，$FM=$

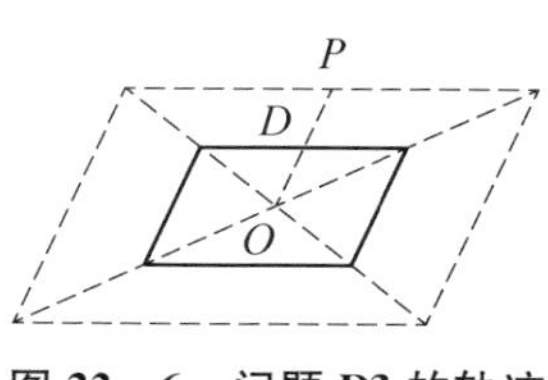

图 22-6　问题 D3 的轨迹

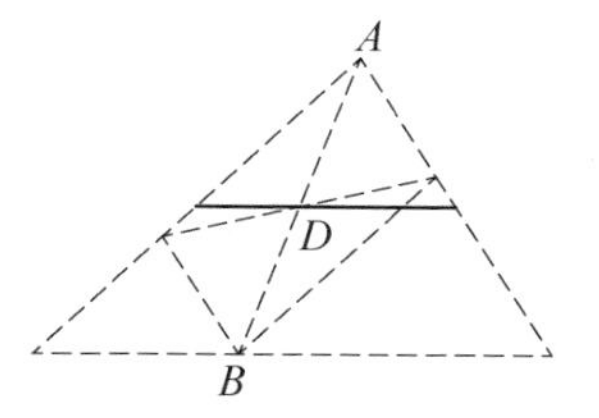

图 22-7　问题 D4 的轨迹

$\frac{1}{2}DC$，需要注意点 D 不能在 $\triangle ABC$ 中，否则 $ABCD$ 无法形成四边形，所以点 F 的轨迹是以 M 为圆心、$\frac{1}{2}CD$ 为半径的圆弧 QRS。对于问题 D5-2，如图 22-9，连结点 O 与 EM 的中点 P，则 $OP=\frac{1}{2}FM$，所以点 O 的轨迹是以 P 为圆心、$\frac{1}{2}FM$ 为半径的圆弧 WOX。

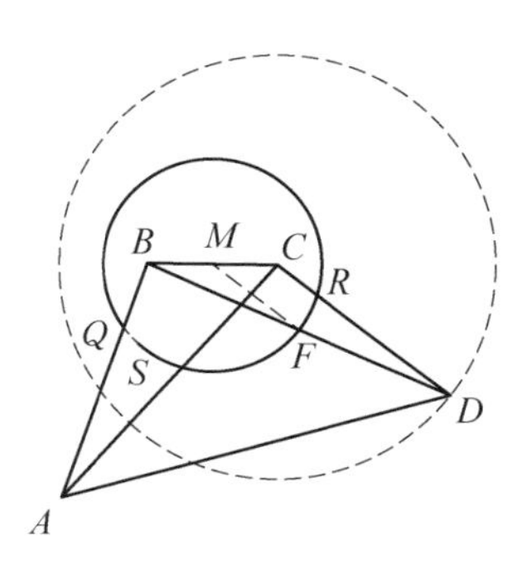

图 22-8　问题 D5-1 的轨迹

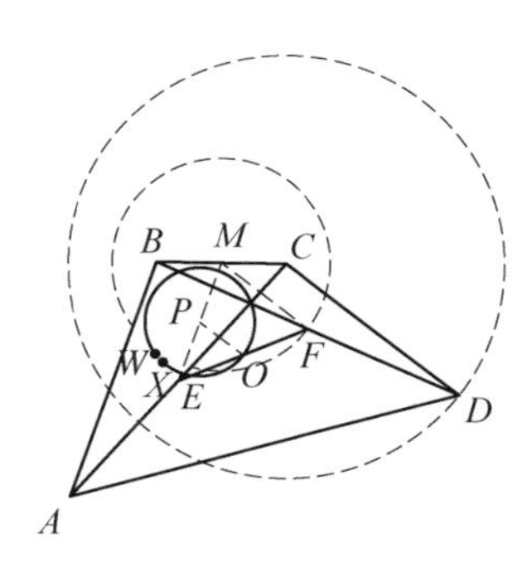

图 22-9　问题 D5-2 的轨迹

问题 D6 中，不难得出边 AD、BC 的中点轨迹都是圆，对于边 CD 的中点 E，如图 22-10，由于点 D 的轨迹是圆，取 AB 的中点 F，连结 EF，由于 $DE \parallel AF$，所以四边形 $AFED$ 是平行四边形，则 $EF=AD$，点 E 的轨迹是以 F 为圆心、EF 为半径的圆，但线段 AB 上的点除外。

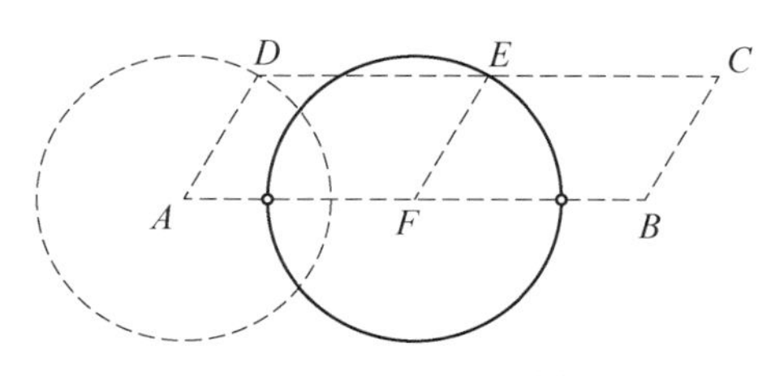

图 22-10　问题 D6 的轨迹

（四） 与定圆有关

早期教科书中，与定圆有关的问题常设置动点为定圆中弦的中点，如轨迹 T7、T8，否则应就点与圆的位置关系进行分类讨论，如表 22-5 所示。

表 22-5　与定圆有关的若干问题

轨迹	问　　题	涉及知识点
圆、圆弧	E1：求经过定点的所有弦的中点的轨迹；	垂径定理的推论、直角三角形斜边中线定理
圆	E2：求到定圆距离相等的点的轨迹；	点到圆心的距离
	E3：求与两个同心圆等距的点的轨迹；	
圆的一部分	E4：过给定圆周上所有点作平行线，并在每条平行线上以圆上的点为端点向同一侧截取给定长度的线段，求线段另一端点的轨迹；	平行四边形的判定及性质
	E5：过定点作一系列同心圆的切线，求切点的轨迹；	圆的切线的性质
圆	E6：过定点 A 作一直线，与定圆 O 交于点 M，按给定比例分割线段 AM，使得 $\frac{AM}{AN}=\frac{m}{n}$，求截点 N 的轨迹。	相似三角形的判定与性质

对于问题 E1，如图 22-11，给定圆 A，CD 为过定点 B 的弦，点 M 为 CD 的中点，O 为线段 AB 的中点。根据垂径定理的推论，$AM\perp CD$，则在 Rt$\triangle AMB$ 中，$OM=\frac{1}{2}AB$。因此，若点 B 在圆上或圆内，轨迹是圆；若点 B 在圆外，轨迹是圆弧，圆的直径均为定点与定圆圆心的连线。

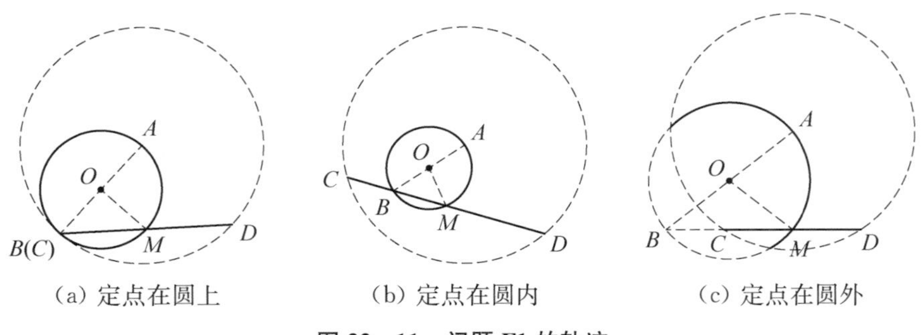

(a) 定点在圆上　(b) 定点在圆内　(c) 定点在圆外

图 22-11　问题 E1 的轨迹

对于问题 E4，如图 22-12，给定圆 A，BC 的长度固定，过定点 A 作 $AO\underline{\parallel}BC$，则四边形 $BCOA$ 是平行四边形，$CO=BA$，所以点 C 的轨迹是以 O 为圆心、AB 为半径的

圆(BC 与 AO 共线时也满足条件),其中点 O 的位置由平行线的方向决定。

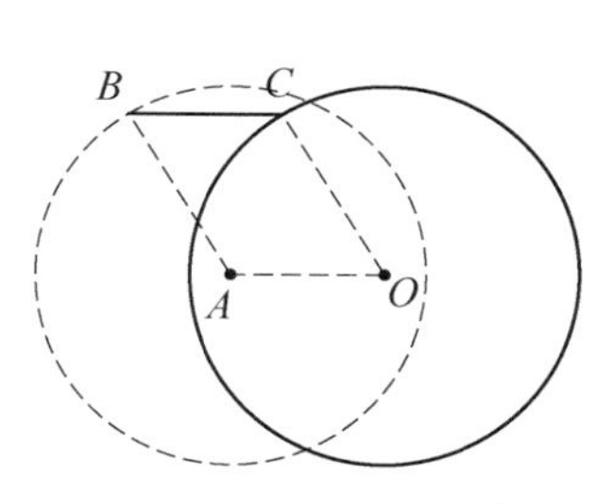

图 22-12 问题 E4 的轨迹

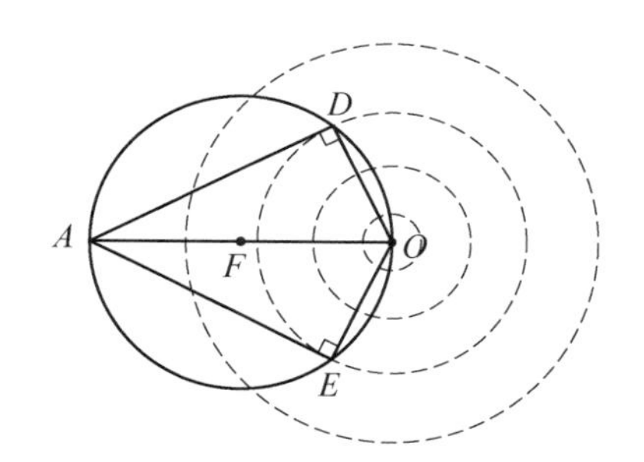

图 22-13 问题 E5 的轨迹

对于问题 E5,可以通过描点法,利用特殊位置,猜想出轨迹。如图 22-13,通过观察几个同心圆的切线与定点 A、同心圆圆心 O 的关系,归纳出任何一个切点 D 都满足切线 AD 与半径 DO 垂直,且点 A、O 间距离固定,由此将问题转化为轨迹 T5,因此点 D 的轨迹是以 AO 为直径的圆,但点 A、O 除外。

对于问题 E6,若定点在圆外,实际是改变问题 B7 的条件,将线段终点由直线上的点变为圆周上的点,如图 22-14,在线段 AO 上取一点 E,使得 $\frac{AO}{AE}=\frac{AM}{AN}=\frac{m}{n}$,则 $\triangle ANE \backsim \triangle AMO$,得 $NE=\frac{n}{m}MO$,则点 N 的轨迹是以 E 为圆心、$\frac{n}{m}MO$ 为半径的圆。同理可得,定点 A 在圆上或圆内时,点 N 的轨迹也是圆。

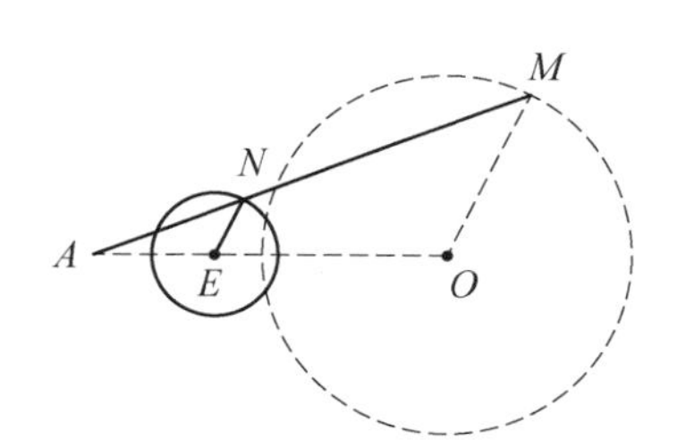

图 22-14 问题 E6 的轨迹

(五) 与圆心有关

在早期教科书中,除了轨迹 T10,还有一些轨迹问题的目标都直指满足条件的所有圆的圆心轨迹,如表 22-6 所示。

表 22-6 与圆心有关的若干问题

轨迹	问题表述	涉及知识点
直线	F1:求给定半径,且与定直线相切的圆的圆心的轨迹;	圆的切线的性质
	F2:求与两平行线相切的圆的圆心的轨迹;	
	F3:求与两直线相切的圆的圆心的轨迹;	

续 表

轨迹	问 题 表 述	涉及知识点
直线的一部分、椭圆、双曲线	F4：求经过定点，与定圆相切的圆的圆心的轨迹；	两圆的位置关系、垂直平分线的性质
抛物线	F5：求经过定点，并与定直线相切的圆的圆心的轨迹。	圆锥曲线的第一定义

其中，问题 F1 转化为轨迹 T4；问题 F2 是问题 F3 的特殊情况，圆与两直线相切，即圆心到两直线的距离相等，转化为问题 B1。

对于问题 F4，如图 22－15，当定点 A 在定圆O 上时，点 A 必为两圆切点，问题可表述为“过定点与定圆相切的圆的圆心的轨迹”，两圆内切或外切，则动点 D 与定点 A、圆心 O 共线，则点 D 的轨迹为直线 AO，但点 A 除外。当定点在圆内时，两圆内切，圆 O 上的另一点为切点，则动圆 D 经过定点 A 与 $\odot O$ 上的任意点 B，则点 D 到点 A、B 的距离相等，且在线段 OB 上，则 $|DA|+|DO|=|DB|+|DO|=|BO|$，点 D 的轨迹是以 A、O 为焦点的椭圆。当定点在圆外时，两圆外切，同理 $\odot O$ 上的任意点 B 为切点，则 $||DO|-|DA||=||DO|-|DB||=|BO|$，此时点 D 的轨迹是以 A、O 为焦点的双曲线。

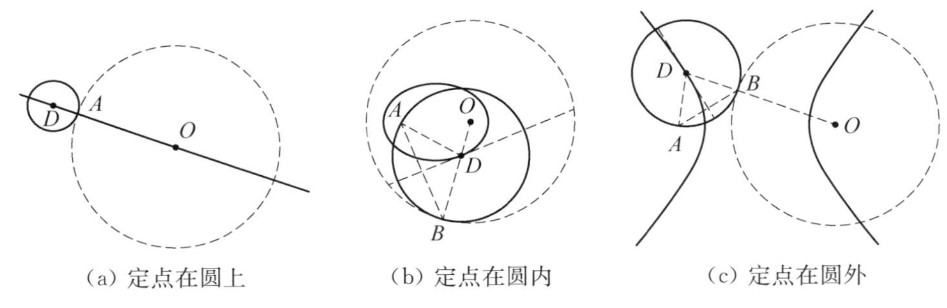

(a) 定点在圆上　(b) 定点在圆内　(c) 定点在圆外

图 22－15　问题 F4 的轨迹

对于问题 F5，如图 22－16，圆心到切线的距离 DB 等于半径 DA（A 为定点），则问题转化为求到定点与定直线距离相等的点的轨迹。由抛物线的第一定义可知，动点 D 的轨迹为以 A 为焦点的抛物线。

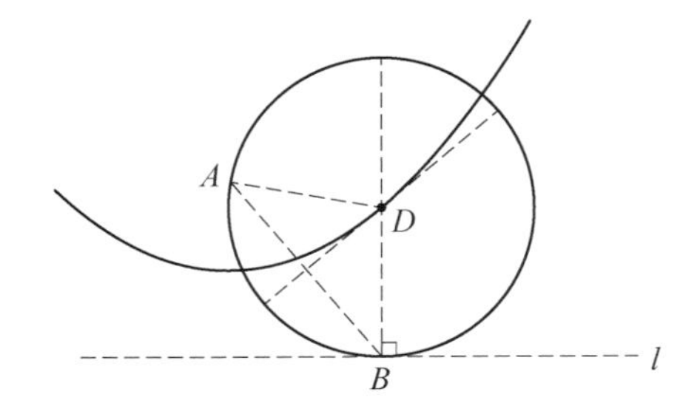

图 22－16　问题 F6 的轨迹

22.5 结论与启示

综上所述，美英早期几何教科书在编写轨迹内容时，主要有两种引入方式，即动态发生过程与静态条件属性，相应地，轨迹定义主要有动态定义、静态定义和混合定义三类。从定义方式的演变来看，早期教科书与今日教科书一样，在定义上更偏向于弱化运动思想，体现数学概念的抽象性与概括性。最后，早期教科书中提供了不少富有探究价值的轨迹问题，从条件看，主要分为与定点有关、与定直线有关、与定线段有关、与定圆有关、与圆心有关；从结果看，可分为直线型、射线型、线段型、圆（弧）型、圆锥曲线型、四边形型、多线交点型等。总之，美英早期几何教科书中轨迹概念及其问题的多样性能为今日教学提供诸多启示。

（1）追溯轨迹之源

从19世纪德国数学家F·克莱因提出的建议，到20世纪中叶“新数运动”对欧氏几何的严厉审视，人们愈发认识到欧氏几何的不足之处在于，研究的图形静止不变，容易掩盖背后的几何规律。为此，动态几何应运而生，它的精髓在于：能在变动状态下保持几何规律不变（吴华，周玉霄，2010）。因此，轨迹概念始于人们用运动的观点看待数学问题，终于对“几何规律不变”的静态规则的刻画。由此可见，虽然轨迹概念产生于运动变换思想，最终人们还是习惯依托欧氏几何的公理化体系进行表达和论证。

另一方面，通过考察美英早期几何教科书可知，基本轨迹早在19—20世纪的教科书中大放异彩，其“基本”二字的意义，一是基本轨迹本身对应中学数学课程中的基本图形；二是很多轨迹问题可以转化为基本轨迹，从早期教科书中可以看到，除了三种基本轨迹外，与直线、平行线等距的点的轨迹，也应用广泛；三是基于基本轨迹，利用交轨法可以滚雪球式地衍生出丰富多彩的轨迹问题，丰富平面几何的内容与形式。

（2）体现轨迹之用

解决轨迹问题需要的是一种“依性索图”的解题思路，通过调动学生已有的认知基础，识别点的不变属性，从而求索出轨迹图形。因此，教师可以选择或改编早期教科书中的轨迹问题，构建问题串，串联相似三角形、全等三角形、直角三角形、中位线、对角线、平行四边形、垂径定理、切线、勾股定理、圆锥曲线等中学数学知识，或将某一类型的限制条件、某一类型的轨迹、某一基本轨迹的使用等作为一系列子问题间的暗线，体现问题的层次性与系统性。最终，以问题串为抓手，培养直观想象素养、逻辑推理素养和绘图制图能力。

（3）彰显轨迹之魅

轨迹的意义，一方面在于对制图、作图具有指导意义，另一方面，可以让学生看到静态图形背后，动态生成途径的多样性，例如一条直线，可以是给定公共底且面积相同的平行四边形的对角线交点的轨迹，也可以是给定底和高的三角形顶点的轨迹，还可以是与两平行线相切的圆的圆心的轨迹，等等。教师可以通过对比、归纳不同的轨迹问题，揭示“一图多性”，彰显轨迹灵活多变的特征与魅力。

参考文献

常州市中学数学教学研究委员会(1958). 关于初中几何中轨迹教学的建议. 数学通报,(3): 30 - 35.

江春莲(2011). 到两直线距离的和与差为定值的点的轨迹. 数学教学,(4): 11 - 12.

李绍林(1992). “点的轨迹”的教学设计. 中学数学教学参考,(5): 10 - 13.

吴华,周玉霄(2010). 变易理论驱动下的动态几何“变中不变”. 数学教育学报,19(6): 26 - 29.

张佳淳,汪晓勤(2020). 古希腊数学中的平面轨迹问题. 数学教学,(01): 5 - 10+15.

中华人民共和国教育部(2011). 义务教育数学课程标准(2011 年版). 北京: 北京师范大学出版社.

周义琴(2015). 初中生求解动态几何问题的典型错误及归因研究. 重庆: 西南大学.

Auerbach, M. & Walsh, C. B. (1920). *Plane Geometry*. Philadelphia: J. B. Lippincott Company.

Chauvenet, W. (1870). *A Treatise on Elementary Geometry*. Philadelphia: J. B. Lippincott & Company.

Dupuis, N. F. (1889). *Elementary Synthetic Geometry of the Point, Line and Circle in the Plane*. London: Macmillan & Company.

Hackley, C. W. (1847). *Elementary Course of Geometry*. New York: Harper & Brothers.

Legendre, A. M. (1834). *Elements of Geometry and Trigonometry*. Philadelphia: A. S. Barnes & Company.

Leslie, J. S. (1809). *Elements of Geometry*. Edinburgh: James Ballantyne & Company.

Morton, P. (1830). *Geometry, Plane, Solid, and Spherical*. London: Baldwin & Cradock.

National Committee of Fifteen on Geometry Syllabus (1912). Final report of the National Committee of Fifteen on Geometry Syllabus. *Mathematics Teacher*, 5(2): 46 - 131.

Newcomb, S. (1889). *Elements of Geometry*. New York: Henry Holt.

Olney, E. (1872). *A Treatise on Special or Elementary Geometry*. New York: Sheldon & Company.

Schuyler, A. (1876). *Elements of Geometry*. Cincinnati: Wilson, Hinkle & Company.

Smith, E. R. (1909). *Plane Geometry*. New York: American Book Company.

Sykes, M. & Comstock, C. E. (1918). *Plane Geometry*. Chicago: Rand McNally & Company.

Wentworth, G. A. (1910). *Plane Geometry*. New York: Ginn & Company.

Wormell, R. (1882). *Modern Geometry*. London: T. Murby.

23 线面垂直的判定

沈中宇*

直线与平面的位置关系是高中立体几何的重要内容，而直线与平面的垂直判定定理是其中的一个重要定理。现行人教版高中数学教科书通过“折三角形纸片”的活动引入该定理，但并未对定理加以证明。教学实践表明，基于公理化的思想，学生对于教科书的这一处理方法是不满意的。因此，有一个问题就摆在了教师面前：在处理该定理时，如何做到既不失严谨性，同时也让学生易于理解？

本章对 20 世纪中叶之前的 97 种西方几何教科书中的线面垂直判定定理的证明方法作了考察。表 23－1 给出了这 97 种教科书的出版时间分布情况。

表 23－1　97 种西方早期几何教科书的出版时间分布

时间	美国	英国	法国	德国	小计
18 世纪	0	1	3	0	4
19 世纪	47	2	2	1	52
20 世纪	40	0	1	0	41
合计	87	3	6	1	97

我们希望梳理出线面垂直判定定理的各类证明方法，并勾勒出各类方法的演进过程，为今日教科书编写和课堂教学提供借鉴。

23.1 《几何原本》中的线面垂直判定定理

欧几里得在《几何原本》第 11 卷中给出了线面垂直的定义：“若一条直线垂直于平

* 苏州大学数学科学学院博士后。

面上与该直线相交的所有直线，则该直线与平面垂直。”同卷命题Ⅺ.4给出了线面垂直的判定定理：“若一条直线在另两条直线交点处都和它们成直角，则此直线与两直线所在平面成直角。”(Heath, 1908, pp. 277—281)与我们今天的表述有所不同，欧几里得加上了“在两条直线的交点处”这一条件。欧几里得的证明如下。

如图23-1，设直线AB和CD相交于点E，$EF\perp AB$，$EF\perp CD$。在AB上取$AE=EB$，在CD上取$CE=ED$，连结AD和CB，过点E任作直线GEH，分别交AD和BC于点G、H。在EF上任取一点F，连结FA、FG、FD、FC、FH、FB。易证$\triangle AED\cong\triangle BEC$，$AD=BC$，$\angle DAE=\angle CBE$，从而知$\triangle AEG\cong\triangle BEH$，$GE=EH$，$AG=BH$。又易证$FA=FB$，$FD=FC$，且$AD=BC$，得$\triangle FAD\cong\triangle FBC$，$\angle FAG=\angle FBH$，从而得$\triangle FAG\cong\triangle FBH$，$FG=FH$。于是，$\triangle FEG\cong\triangle FEH$，$\angle GEF=\angle HEF=90°$，即$FE\perp GH$。由直线$GEH$的任意性可知，$FE$与已知平面上与它相交的所有直线都成直角。因此，$FE$与平面成直角。

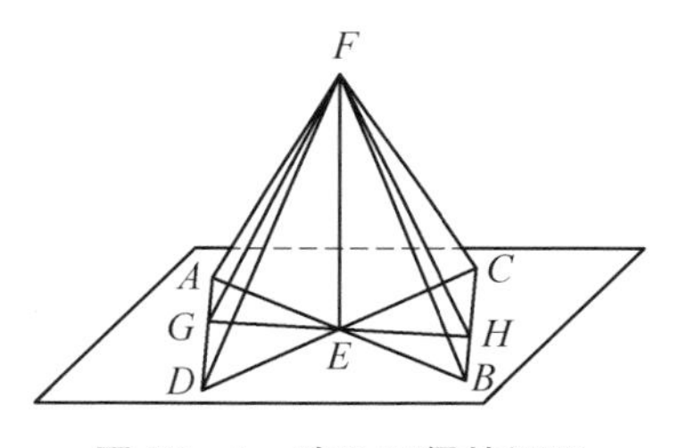

图23-1 欧几里得的证明

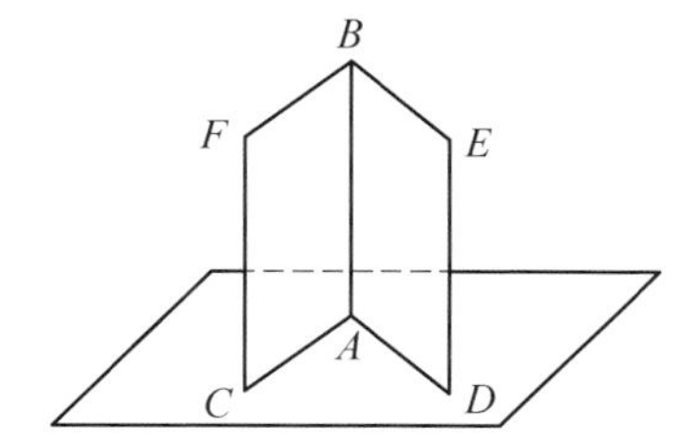

图23-2 克莱罗的解释

欧几里得的上述证明虽然很严谨，但繁琐冗长，涉及五对三角形的全等，显然不太适合于课堂教学，因而与其他定理(如勾股定理)的情形颇为不同，较少为后世教科书编者所沿用。不过，欧几里得的“线面垂直定义”为后世教科书所普遍采用。

23.2 18世纪：勒让德创用新证法

18世纪数学家对线面垂直判定定理的处理方式有三种。法国数学家克莱罗在《几何基础》中并未给出严格的证明，而只作了直观的解释：如图23-2，设想直线AB为长方形$CDEF$对折后的折痕，将所折线段AC和AD分别与平面上过点A且垂直于AB的两条已知直线贴合，则AB与平面垂直。(Clairaut, 1741, p. 154)

苏格兰数学家普莱费尔在其《几何基础》(1795 年初版)中、法国数学家拉克洛瓦(S. F. Lacroix, 1765—1843)在其《几何基础》(1799 年初版)中都完全沿用了欧几里得的证法。(Playfair, 1795, pp. 208—209; Lacroix, 1808, pp. 130—131)

1794 年,法国数学家勒让德在其《几何基础》中采用了新的证明方法。(Legendre, 1800, pp. 155—156)如图 23-3,直线 AC 和 AD 相交于点 A, $AB \perp AC$, $AB \perp AD$,在 AC 和 AD 所在平面上过点 A 任作一条直线 AE,过点 E 作 $EF \parallel AC$,交 AD 于点 F,在 AD 上取点 D,使得 $FD = AF$,连结 DE 并延长,交 AC 于点 C。于是,$DE = EC$。连结 BC、BE 和 BD,在 $\triangle ACD$ 中,

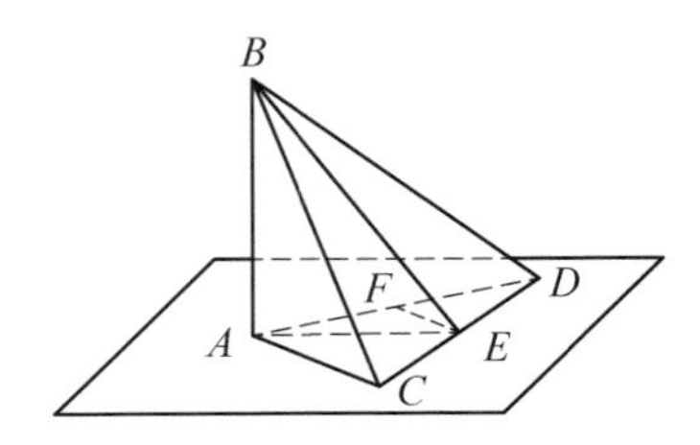

图 23-3　勒让德证法

$$AC^2 + AD^2 = 2AE^2 + 2ED^2。\tag{1}$$

在 $\triangle BCD$ 中,

$$BC^2 + BD^2 = 2BE^2 + 2ED^2。\tag{2}$$

因 $BC^2 - AC^2 = BD^2 - AD^2 = AB^2$,故由(2)-(1),得 $AB^2 + AB^2 = 2BE^2 - 2AE^2$,即 $AB^2 + AE^2 = BE^2$,从而 $AB \perp AE$。由 AE 的任意性知,AB 垂直于平面上过点 A 的所有直线,因而 AB 垂直于该平面。

23.3　19 世纪:证明方法呈现多元化

19 世纪出版的 52 种西方几何教科书中都含有线面垂直的判定定理,共出现了 5 类证法。其中 1 类是勒让德的证法,不再赘述。以下我们介绍其余 4 类证法。此外,有 3 种教科书给出了错误的证明。

23.3.1　欧几里得证法

Grund(1832)沿用了欧几里得的证法。Peirce(1837)试图对欧几里得证法进行简化。仍如图 23-1,在证明 $\triangle AED \cong \triangle BEC$ 后,通过说明 $\triangle AED$ 旋转 180° 后与 $\triangle BEC$ 重合,从而点 G 与点 H 重合,即 FG 和 GE 绕点 E 旋转 180° 后分别与 FH 和 EH 重合,从而证明 $\angle FEG$ 为直角。但这样的简化证明并不严谨。

23.3.2 等腰三角形法

Playfair(1829)采用了新的方法——等腰三角形法。如图 23-4，直线 AC 和 AD 相交于点 A，$AB \perp AC$，$AB \perp AD$，分别在 AC 和 AD 上取点 C 和 D，使得 $AC=AD$，连结 CD。在 AC 和 AD 所在平面上过点 A 任作一条直线 AE，交 CD 于点 E。又取 CD 的中点 F，连结 BC、BD、BE 和 BF。易证 $BC=BD$，于是有 $BE^2-AE^2=BF^2-AF^2=BC^2-AC^2=AB^2$，得 $AB \perp AE$。

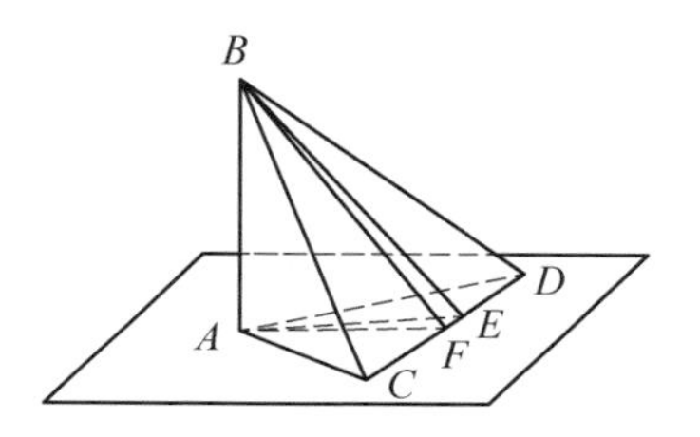

图 23-4　普莱费尔的证法

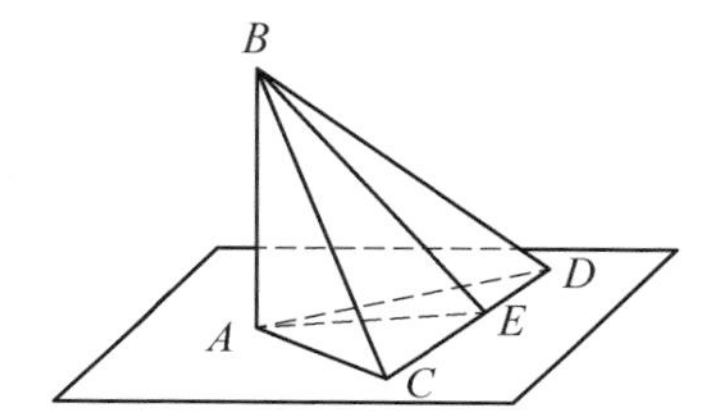

图 23-5　普莱费尔证法之简化

Dupuis(1893)对上述证明作了简化：如图 23-5，无需取 CD 的中点 F，直接在等腰三角形 ACD 和 BCD 中运用斯图尔特(M. Stewart，1717—1785)定理，得 $BC^2-BE^2=AC^2-AE^2=CE\cdot ED$，得 $BE^2-AE^2=BC^2-AC^2=AB^2$，因此，$AB \perp AE$。

23.3.3 对称法

Tappan(1864)创用了一种新方法——对称法。如图 23-6，已知 $AB \perp AC$，$AB \perp AD$。在 AC 和 AD 上各取点 C 和 D，连结 CD，过点 A 在 AC 和 AD 所在平面上任作一条直线，交 CD 于点 E。延长 BA 至点 B'，使 $AB=AB'$，连结 BC、BD、BE、$B'C$、$B'D$ 和 $B'E$。易知 $BC=B'C$，$BD=B'D$，所以 $\triangle BCD \cong \triangle B'CD$，$\angle BCE=\angle B'CE$，从而得 $\triangle BCE \cong \triangle B'CE$，$BE=B'E$，于是得 $AB \perp AE$。因此，AB 垂直于 AC 和 AD 所在平面。

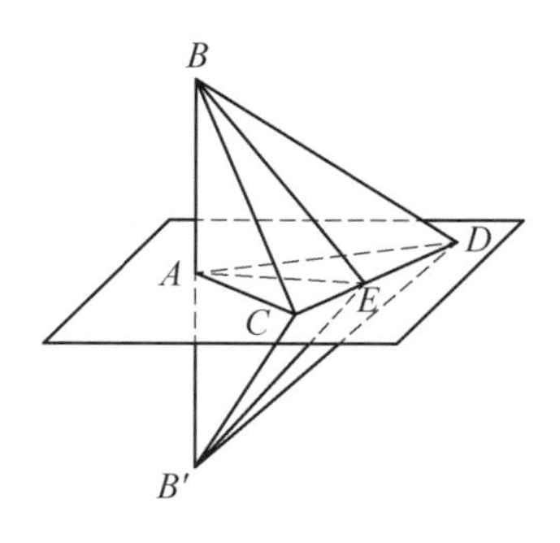

图 23-6　对称法

Wilson(1876)试图对上述方法作出简化。仍如图 23-6，证明 $\triangle BCD \cong \triangle B'CD$ 之后，说明 $\triangle BCD$ 可以通过以 CD 为轴旋转而与 $\triangle B'CD$ 重合，所以 $BE=B'E$。但该简化的证明并不严谨。

Wells(1886)将线面垂直判定定理作为“过一点只能作一条直线与平面垂直”的推论，证法与 Wilson(1876)类似。

23.3.4 引理法

Bartol(1893)首先证明下列引理：“过定点且与定直线垂直的所有直线都位于过该点且与定直线垂直的平面上。”

如图 23－7，设平面 MN 过点 A 且垂直于 AB，AE 为过点 A 且垂直于 AB 的任意直线。假设 AE 不在平面 MN 上，则过 AE 和 AB 有一个平面 BAE。设 AE' 是该平面和平面 MN 的交线，则 $AE' \perp AB$，但已知 $AE \perp AB$，因此，在同一平面 BAE 上，过点 A 有两条不同直线同时垂直于 AB，这是不可能的，因此假设不成立，即 AE 在平面 MN 上。

接着，如图 23－8，设平面 MN 上的直线 AC 和 AD 都过点 A 且垂直于 AB，由引理，它们都在过点 A 且垂直于 AB 的平面上，而过 AC 和 AD 的平面只有一个，即平面 MN。因此，平面 MN 垂直于 AB。上述证明提供了一种新思路，即证明与直线垂直的平面与已知平面重合。

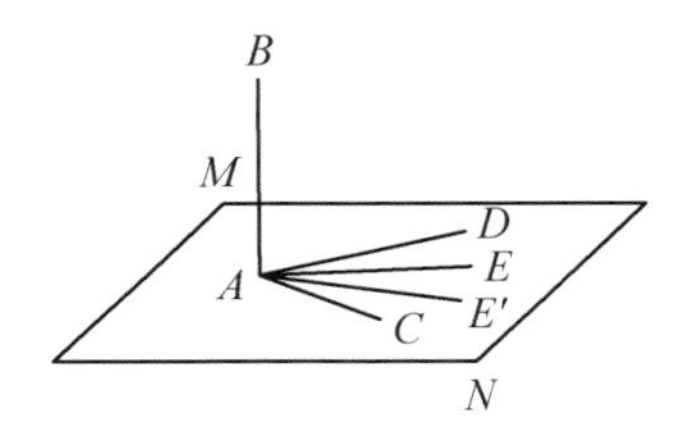

图 23－7　Bartol(1893)中的引理

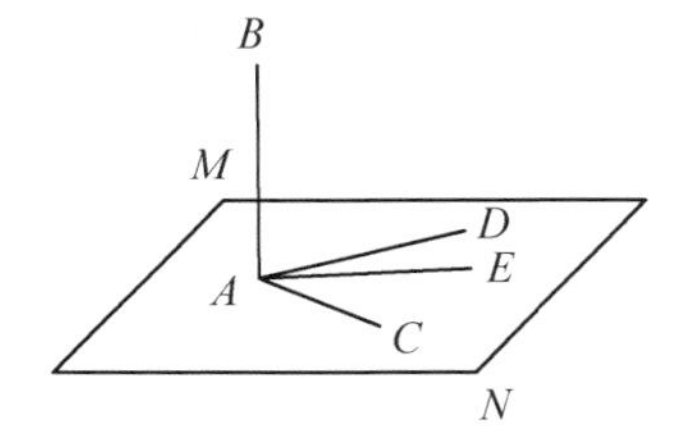

图 23－8　基于引理的证明

23.3.5 错误的证明

Stewart(1891)给出了循环证明。如图 23－9，已知 $AB \perp CK$，$AB \perp EF$，HS 是 CK 和 EF 所在平面上任意一条过点 A 的直线。假设 AB 不垂直于 HS，作 $BI \perp HS$，则 $BI < AB$，但前面已证明，过平面外一点向平面所引线段中，最短的一条为平面的垂线段。因为 AB 是垂线段，故 BI 不能短于 AB。所以 AB 与 HS 垂直，从而与平面垂直。“AB 是垂线段”正是要证明的结论，却同

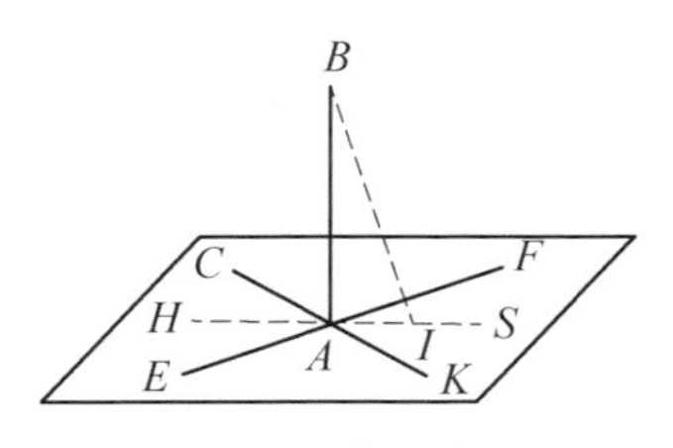

图 23－9　错误的证明

时被当成了条件。

Walker(1829)给出了一种不严谨的证明。仍如图 23－8，设 $AB \perp AC$，$AB \perp AD$，AE 是 AC 和 AD 所在平面上过点 A 的任意一条直线。由于 AC 与 AD 垂直于 AB，所以 AC 绕 AB 旋转而成的平面经过 AD 且垂直于 AB，由于两条相交直线确定一个平面，所以该平面与 AC、AD 所在平面重合，从而 AE 也在该平面上，因此，$AE \perp AB$。此证明实际未加证明地利用了引理法中的引理："过定点且与定直线垂直的所有直线都位于过该点且与定直线垂直的平面上"，所以此证明只是相当于引理法的后半部分。

23.3.6　小结

图 23－10 和图 23－11 分别给出了这一时期各类证法的频数分布以及时间分布情况。从图中可见，整个 19 世纪，线面垂直判定定理的证明呈现多样化的特征，早期的教科书多采用欧几里得证法，到中期，勒让德证法受到青睐，到了后期，对称法后来居上。

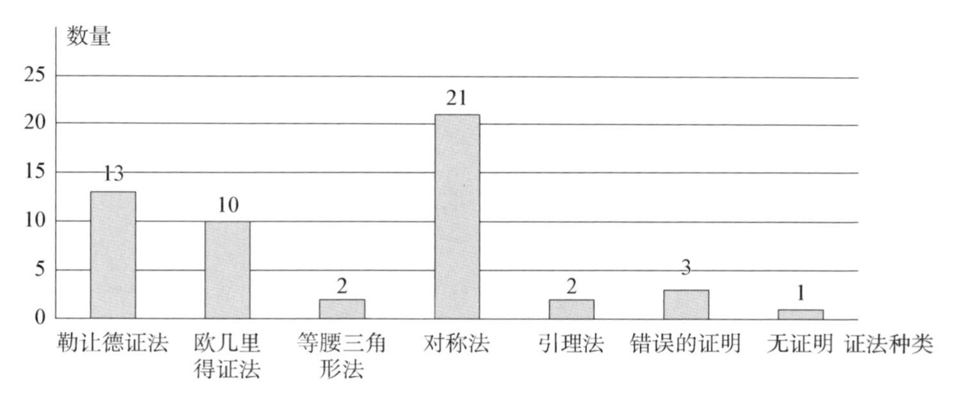

图 23－10　各类证法的频数分布

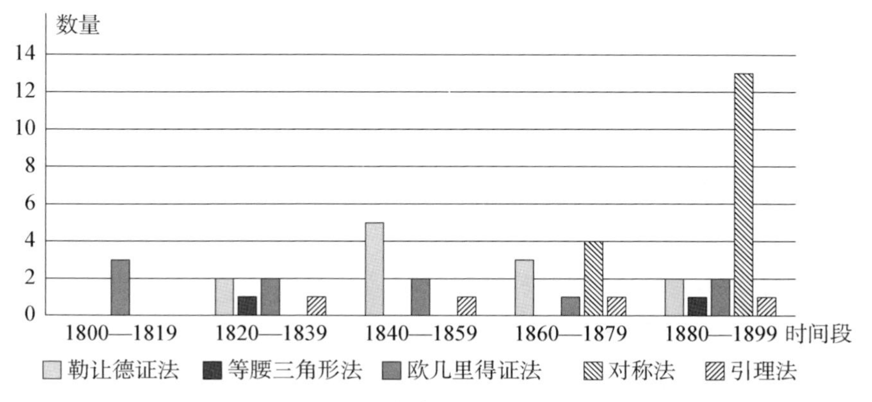

图 23－11　各类证法的时间分布

23.4　20 世纪：证明方法渐趋统一

在我们所考察的 20 世纪以后的 41 种教科书中，其中 38 种都采用了对称法，2 种采用了勒让德证法，而法国数学家阿达玛(J. S. Hadamard, 1865—1963)在《几何学教程》中则给出了一种新的证法。(阿达玛，2011，pp. 17—18)

阿达玛给出证明如下：如图 23 - 12，先证明与两点 B、B' 等距的点的轨迹为 BB' 的中垂面。设 A 为 BB' 的中点，轨迹上的点位于经过 BB' 的一个平面上，且在 BB' 的中垂线上。因此，轨迹是由这些中垂线所形成的。设 C、C' 为轨迹上任意两点，则 $\triangle BCC' \cong \triangle B'CC'$。设 C'' 为直线 CC' 上任一点，易证 $B'C''=BC''$，点 C'' 也位于轨迹上。

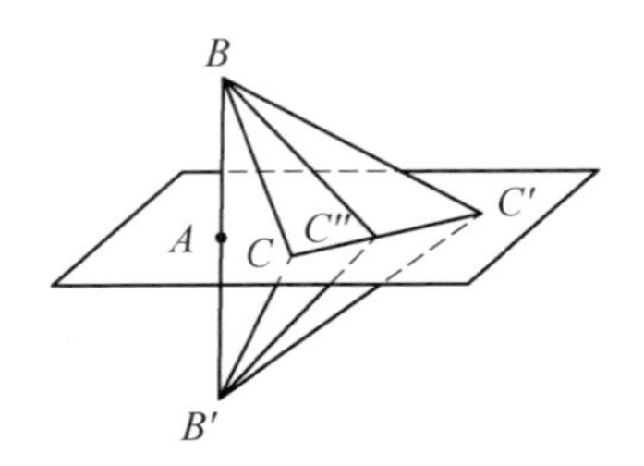

图 23 - 12　阿达玛证法

因此，所求的轨迹具有如下性质：连结其上任意两点的整条直线都包含在其内；含有不共线的三点；不包含空间一切点。因此，轨迹是一个平面，该平面显然过点 A 且与 BB' 垂直。

设直线 AB 垂直于两直线 AC 和 AC'。取 $AB'=AB$，与点 B 和 B' 等距的点的轨迹将包含 AC 和 AC'，所以它将和平面 CAC' 重合，根据上述定理，该平面垂直于 AB。

阿达玛证法在思路上与 19 世纪的引理法相似，都是证明与直线垂直的平面与原来的平面重合，不同的是用中垂面将两个平面联系在了一起，而不是利用反证法。

有 7 种教科书采用了对称法的简洁形式，其中，Betz & Webb(1916)将证明过程中的理由留给读者填充；Sykes & Comstock(1922)则采用了分析法。

在 20 世纪的教科书中，对称法由于其明显的优越性而占据统治地位，阿达玛证法并未被广泛采用。

23.5　结论与启示

以上我们看到，西方早期几何教科书中，线面垂直的判定定理的证明方法主要有 6 类，分别为欧几里得证法、勒让德证法、等腰三角形法、对称法、引理法和阿达玛证法，分属两个传统：欧几里得的传统(证明任意直线与已知直线垂直)和引理法的传统

(垂直于已知直线的平面与已知平面重合)。前者经历了由繁至简的过程：最早的教科书沿用欧氏证法；接着，勒让德创用的新方法取代了旧方法；然后，等腰三角形法登上舞台；最终，对称法脱颖而出，一枝独秀。

在《几何原本》的深刻影响下，逻辑思维的训练是早期几何教科书的主要目标，因此，对于立体几何中的定理，绝大多数西方早期教科书都试图加以严格证明。由于向量方法的引入，今天的学生在学习立体几何时受到的传统几何的逻辑推理训练较少，同时《普通高中数学课程标准(2017 年版 2020 年修订)》提出了逻辑推理素养，如何在高中数学教学中落实逻辑推理素养已成为一个热点话题，立体几何中的定理证明就为逻辑思维的训练提供了绝佳的机会。另一方面，历史上精彩纷呈的证明方法为课堂教学提供了丰富的素材。对称法可以放手让学生自己发现，勒让德证法也可作相应的处理引导学生探究，从而培养学生证明思路的多样性，进一步揭示定理证明背后丰富的数学思想。在学生完成证明之后通过古今联系的策略进行评价，从而培养学生的自信心，同时也渗透了数学文化。

参考文献

阿达玛(2011). 几何学教程. 朱德祥、朱维宗，等，译. 哈尔滨：哈尔滨工业大学出版社.

Bartol, W. C. (1893) *The Elements of Solid Geometry*. Boston: Leach, Shewell, & Sanborn.

Betz, W. & Webb, H. E. (1916). *Plane and Solid Geometry*. Boston: Ginn & Company.

Clairaut, A. A. (1741). *Elemens de Geometrie*. Paris: Lambert & Durand.

Dupuis, N. F. (1893). *Elements of Synthetic Solid Geometry*. New York: Macmillan & Company.

Grund, F. J. (1832). *Elementary Treatise on Geometry* (Part II). Boston: Carter, Hendee & Company.

Heath, T. L. (1908). *The Thirteen Books of Euclid's Elements*. Cambridge: The University Press.

Lacroix, S. F. (1808). *Élémens de Géométrie*. Paris: Courcier.

Legendre, A. M. (1800). *Éléments de Géométrie*. Paris: Firmin Didot.

Peirce, B. (1837). *An Elementary Treatise on Plane and Solid Geometry*. Boston: James Munroe & Company.

Playfair, J. (1795). *Elements of Geometry*. Edinburgh: Bell & Bradfute.

Playfair, J. (1829). *Elements of Geometry*. Philadelphia: A. Walker.

Stewart, S. T. (1891). *Plane and Solid Geometry*. New York: American Book Company.

Sykes, M. & Comstock, C. E. (1922). *Solid Geometry*. Chicago: Rank Mcnally & Company.

Tappan, E. T. (1864). *Treatise on Plane and Solid Geometry*. Cincinnati: Sargent, Wilson & Hinkle.

Walker, T. (1829). *Elements of Geometry*. Boston: Richardson & Lord.

Wells, W. (1886). *The Elements of Geometry*. Boston: Leach, Shewell, & Sanborn.

Wilson, J. M. (1876). *Solid Geometry and Conic Sections*. London: Macmillan & Company.

24 面面平行的判定

沈中宇*

平面与平面的位置关系是高中立体几何的重要内容，而平面与平面平行的判定定理是其中的一个重要定理。现行人教版高中数学教科书通过“观察长方体模型”的活动引入该定理，但并未对定理加以证明。在教学实践中，教师出于后面二面角的计算以及培养学生逻辑推理素养的需要，常常会对该定理加以证明。教师需要思考：在处理该定理时，如何选择不同的证明方法，使得学生易于理解又可以起到培养核心素养的作用？

本章聚焦面面平行的判定定理，对19—20世纪出版的60种美英几何教科书进行考察，希望从中获得对教科书编写和课堂教学的启示。

24.1 欧几里得证法

欧几里得在《几何原本》第11卷中给出了面面平行的定义：“若两平面总不相交，则称它们是平行平面。”同卷命题Ⅺ.15给出了面面平行的判定定理：“如果两条相交直线分别平行于不在同一平面上的另外两条相交直线，则两对相交直线所在的平面平行。”(本章下文简称为“欧氏判定定理2”)，由于没有给出线面平行的概念，与我们今天的表述有所不同，欧几里得使用了“分别平行于另外两条相交直线”这一条件。欧几里得的证明需要用到同卷命题Ⅺ.14：“和同一直线成直角的两个平面是平行的”(本章下文简称为“欧氏判定定理1”)。

如图24-1，设直线AB和两个平面CAD、EBF都成直角，则这两个平面是平行的。如果不平行，则设它们相交于GH，在GH上任取一点K，连结AK、BK。因为

* 苏州大学数学科学学院博士后。

AB 和平面 EBF 成直角，所以 $\angle ABK$ 是直角，同理，$\angle BAK$ 是直角，于是 $\triangle ABK$ 中有两个直角，这是不可能的，所以假设不成立，两个平面平行。(Heath, 1908, p. 296)

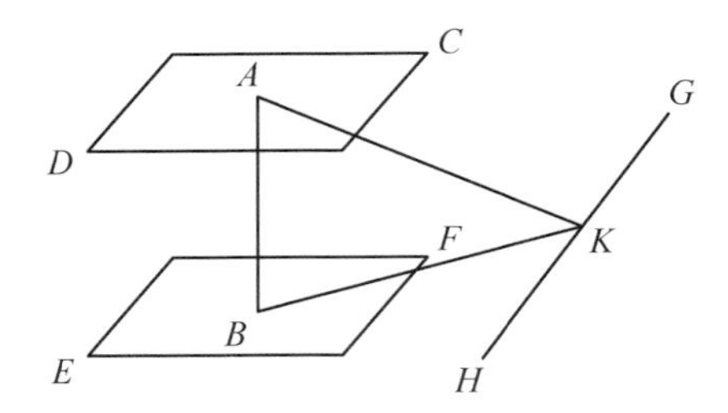

图 24-1　欧氏判定定理 1 的证明

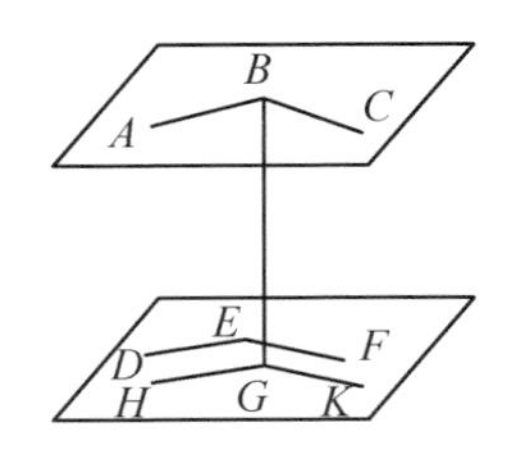

图 24-2　欧氏判定定理 2 的证明

如图 24-2，设两条相交直线 AB、BC 平行于不在同一平面上的另两条相交直线 DE、EF。过点 B 作直线 BG 垂直于经过 DE、EF 的平面，设交点为 G。过点 G 作 $GH \parallel ED$，$GK \parallel EF$。因此 BG 垂直于 GH、GK。因为 GH、GK 分别与 AB、BC 平行，因此 BG 垂直于 AB、BC，因此 BG 垂直于 AB、BC 所在的平面，根据命题 Ⅺ. 14，和同一直线垂直的两平面是平行的，因此命题得证。(Heath, 1908, p. 297)

因为未引入线面平行的概念，所以欧几里得证法显得较为繁琐，后世教科书逐渐对其加以完善。

24.2　勒让德的等距法

勒让德在其《几何基础》中重新表述了欧氏判定定理 2："若不在同一平面上的两个角的对应边分别平行且方向相同，则这两个角相等且它们所在的平面平行。"(Legendre, 1800, pp. 162—163)。如图 24-3，取 $AC=BD$，$AE=BF$，连结 CE、DF、AB、CD、EF，由于 AC 和 BD 平行且相等，所以 $ABDC$ 是平行四边形，同样 $ABFE$ 是平行四边形，从而 $CEFD$ 是平行四边形，CE 与 DF 平行且相等，于是可以证明 $\triangle ACE \cong \triangle BDF$，从而 $\angle EAC=\angle FBD$。又由上已经得出 $AB=CD=EF$，过点 A 作平面与平面 BDF 平行，假设所作平面与 CD、EF 相交于不同于点 C 和 E 的点 G 和 H，则根据平行直线被平行平面所截长度相等，得 $AB=GD=HF$，由于 $AB=CD=EF$，所以点 C 与点 G 重合，点 H 与点 E 重合，三点确定一个平面，所以

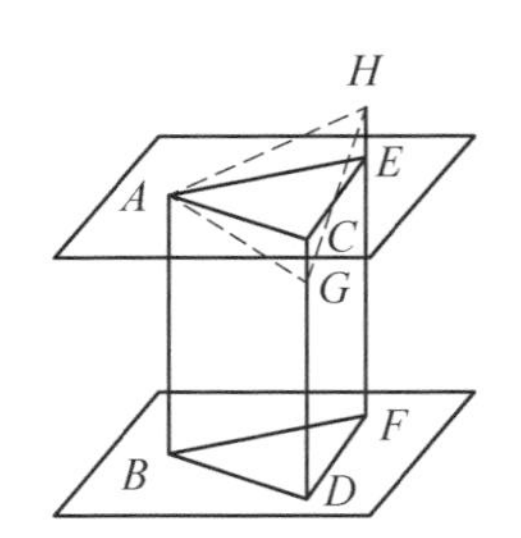

图 24-3　勒让德关于欧氏判定定理 2 的证明

所作平面与平面 ACE 重合，因此命题得证。

根据上述判定定理，勒让德还证明了一个新的判定定理："若不在同一平面上的三条线段两两平行且相等，则由端点连线形成的两个三角形全等，且它们所在平面平行。"

24.3　19 世纪的证明

19 世纪出版的 25 种几何教科书中都含有面面平行的判定定理，共出现了 6 种证法。这 6 种证法可以分为 3 类，第一类属于欧几里得证法及其改进形式，有 3 种证法；第二类属于反证法，有 2 种证法；第三类是等距法。

24.3.1　欧几里得证法

Playfair(1829)沿用了欧几里得证法，值得注意的是，Hayward(1829)给出了欧氏判定定理 1 的另一种证明。如图 24－4，直线 GH 垂直于平面 AA_1B 和平面 CC_1D 并分别交于点 G、H，在平面 AA_1B 内作 GL、GR，过点 H 作 HM、HS 分别平行于 GL、GR，于是，HM、HS 都垂直于 GH，因此它们在平面 CC_1D 内。因为直线 HM、HS 决定平面 CC_1D，直线 GL、GR 决定平面 AA_1B，但直线 HM 和 GL 是平行的，所以平面 AA_1B 和 CC_1D 在 GL 和 HM 方向上不相交。同样地，平面 AA_1B 和 CC_1D 在 GR 和 HS 方向上也不相交，故它们在任意方向上都不相交，因而互相平行。引入"方向"来刻画线线和面面平行是编者的创举。

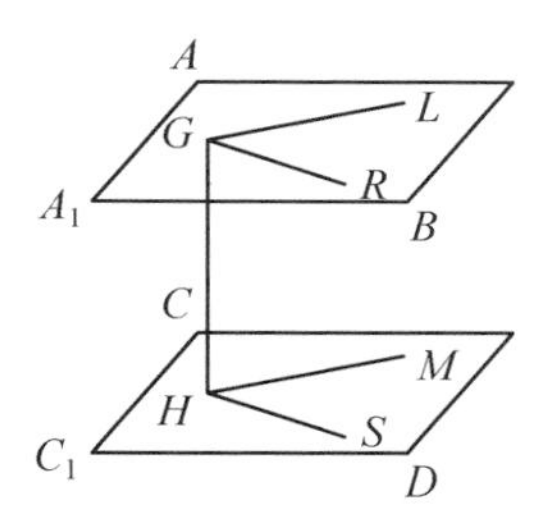

图 24－4　Hayward(1829)关于欧氏判定定理 1 的证明

24.3.2　改进的欧几里得证法一

Tappan(1885)先证明判定定理："若一个角的两边都与一个已知平面平行，则这个角所在平面与已知平面平行。"其证明用到了线面平行的性质定理：若一条直线与一个平面平行，则在该平面上，过任一点都有一条直线与该直线平行。仍如图 24－4，GR、GL 与平面 CC_1D 平行，过点 G 作直线 GH 垂直于平面 CC_1D，垂足为点 H，过点 H 作直线 $HS /\!/ GR$，$HM /\!/ GL$*，因 $GH \perp HS$，$GH \perp HM$，故 $GH \perp GR$，GH

* Tappan(1864)不作平行线，而是在平面 CC_1D 内作 GR 和 GL 的投影。

$\perp GL$，于是有 $GH \perp$ 平面 AA_1B。由欧氏判定定理 1 可知，平面 AA_1B // 平面 CC_1D。

利用上述判定定理，易证明欧氏判定定理 2。

24.3.3 改进的欧几里得证法二

Schuyler(1876)给出了欧几里得证法的另一种改进形式，也用到了线面平行的性质定理。仍如图 24-4，GR、GL 与平面CC_1D平行，过点G作直线$GH \perp$平面CC_1D，垂足为点 H，GR 与GH 确定平面RGH，平面 RGH 与平面CC_1D 相交于HS，由线面平行性质定理知，GR // HS，同理可知，GL // HM，所以$GH \perp GL$，$GH \perp GR$，从而 $GH \perp$ 平面 AA_1B，因此，平面 AA_1B // 平面 CC_1D。

24.3.4 反证法一

Robinson(1868)将欧氏判定定理 2 表述为："若一个平面上的两条相交直线分别平行于另一个平面上的两条相交直线，则这两个平面平行。"如图 24-5，有两个平面 QQ_1R 和 SS_1T，平面QQ_1R包含直线AB和CD，两直线相交于点E，平面 SS_1T 包含直线LM和NO，它们分别与AB和CD平行，则平面 QQ_1R // 平面 SS_1T。假设两个平面不平行，它们必定相交于一条直线，这条直线在平面QQ_1R上，由于直线AB和CD相交，所以它们中至少有一条与交线相交。若AB与交线相交，则由于AB // LM，它们确定一个平面，AB不能与平面SS_1T在直线LM外相交，但AB // LM，因而它们没有公共点。于是AB和CD都不能与交线相交，假设不成立，故平面 QQ_1R // 平面 SS_1T。

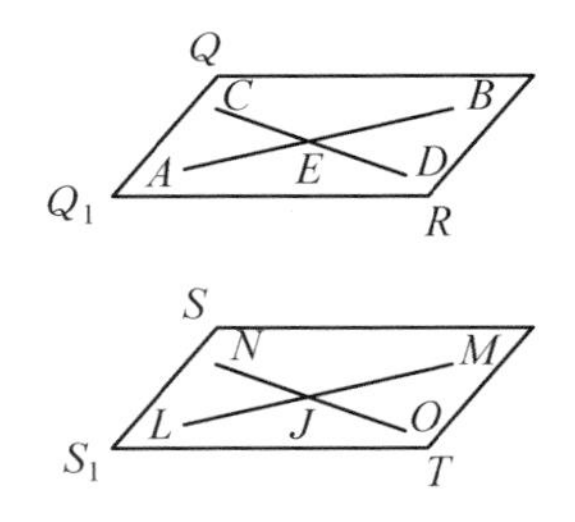

图 24-5 反证法

由于当时没有线平面平行的概念，所以上述证明过程的后半部分实质上证明了直线与平面平行的判定定理，从而使得证明较为繁琐，之后的教科书几乎都将直线与平面平行的判定定理单独列出，不放在此定理的证明中，从而简化了证明，如 Wilson (1880)即采用了这种做法。

24.3.5 反证法二

Thompson(1896)将欧氏判定定理 2 表述为："若两条相交线分别平行于不在同一

平面上的另两条相交线，则第一对直线所在平面与第二对直线所在平面不相交。”编者利用线面平行的性质定理，给出了一种比较简洁的反证法。仍如图 24－5，直线 AB 和 CD 相交于点 E，直线 LM 和 NO 不在 AB 和 CD 所确定的平面上，$AB \parallel LM$，$CD \parallel NO$。假设 AB 和 CD 所在平面 QQ_1R 与 LM 和 NO 所在平面 SS_1T 不平行，则相交于一直线，因 $AB \parallel LM$，故 $AB \parallel$ 平面 SS_1T；但平面 QQ_1R 包含 AB，故 AB 平行于平面 QQ_1R 和 SS_1T 的交线。同理，CD 也平行于平面 QQ_1R 和 SS_1T 的交线。而与同一直线平行的两条直线也互相平行，与 AB 和 CD 相交于点 E 矛盾，所以假设不成立，从而平面 QQ_1R 与平面 SS_1T 不相交。

24.3.6　等距法

一些教科书基本沿用了勒让德的等距法。值得注意的是，部分教科书直接将其作为“两边分别互相平行的两个角相等”的推论，没有给出两平面平行的证明，如 Wentworth(1880)即采用了这种方式。

24.4　20 世纪的证明

所考察的 20 世纪出版的 35 种几何教科书基本沿用了 19 世纪的方法证明欧氏判定定理 2，不过欧几里得证法销声匿迹，改进的欧几里得证法一无人问津，改进的欧几里得证法二不绝如缕，而反证法则异军突起，为绝大部分教科书所采用，还出现了新的反证法（本章下文简称为“反证法三”）。

Nyberg(1929)给出了这一新的反证法。仍如图 24－3，AC、AE 分别与 BD 与 BF 平行，如果两个平面相交，设交线为 MN，则 MN 至少与 AC 或者 AE 中的一条相交，设与 AC 相交，因为 MN 只能与平面 $ABDC$ 有一个交点，则必与 BD 相交于同一点，因此 AC 与 BD 相交于同一点，产生矛盾，因此假设不成立，命题得证。

另外，20 世纪出版的部分教科书开始给出欧氏判定定理 2 的简洁形式，也有教科书对其不加证明。Cowley(1934)将证明理由留给读者填充，Newell & Harper(1918)则没有给出证明过程。

24.5　小结

图 24－6 和图 24－7 分别给出了 19—20 世纪欧氏判定定理 2 各种证法的频数分

布以及时间分布情况。

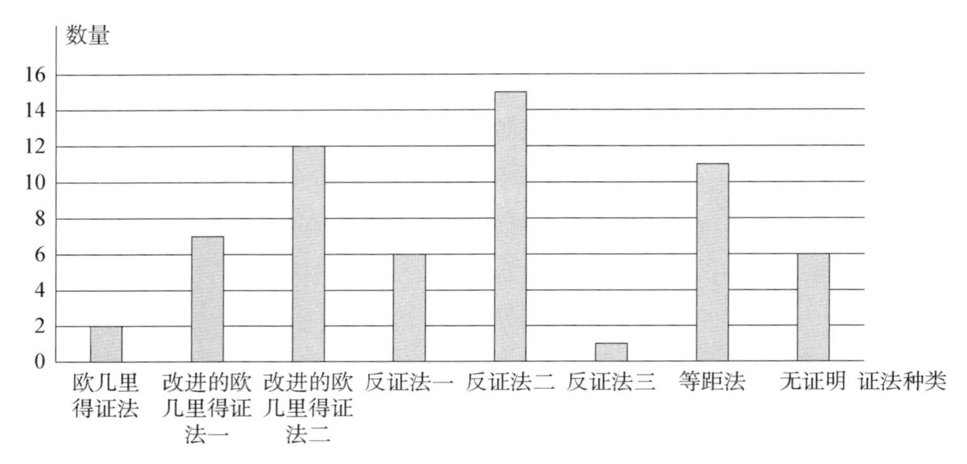

图 24-6　欧氏判定定理 2 各种证法的频数分布

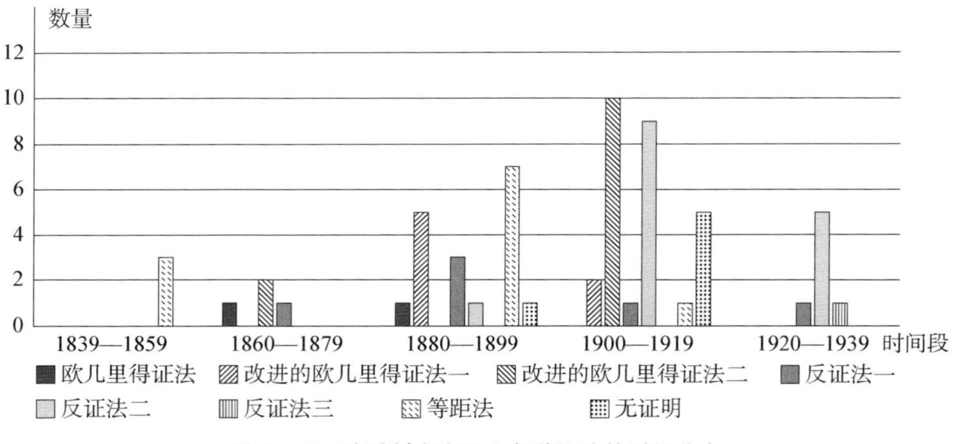

图 24-7　欧氏判定定理 2 各种证法的时间分布

由两图可见，19—20 世纪主要采用的方法是改进的欧几里得证法二、反证法二和等距法，其中前期主要采用的是欧几里得证法和等距法，之后，改进的欧几里得证法开始流行，到了 20 世纪，改进的欧几里得证法二和反证法二并驾齐驱，最后反证法二受到青睐，但也开始出现淡化证明的趋势。

24.5 结论与启示

以上我们看到,美英早期几何教科书中,面面平行判定定理的证法主要有7种,分别为欧几里得证法、2种改进的欧几里得证法,3种反证法和等距法,分属三个传统:欧几里得的传统(利用欧氏判定定理1)、等距法的传统和反证法的传统(由平面相交引出矛盾)。欧几里得证法和反证法都由于线面平行概念和性质的不断完善,从而经历了由繁至简的过程:欧几里得证法由于缺失线面平行的概念从而涉及多条线段;第一种改进方法由于引入这一概念减少了添加辅助线的条数,但仍显得不够直观;而第二种改进方法则利用了线面平行的性质,从而使证明得到优化。第一种反证法也由于缺失线面平行的性质定理从而显得繁琐,而第二种反证法则利用了线面平行性质定理使得证明变得简洁优美。通过这一过程可以让我们看到线面平行的概念和性质在立体几何发展过程中的重要性。

改进的欧几里得证法二和反证法二以简洁取胜,且学生之前已学过线面平行的性质,因此可用于课堂教学。等距法以巧妙取胜,也可用微视频在课堂上加以展示。其余较为繁琐的方法可作为阅读材料,供学生课外学习。

参考文献

Cowley, E. B. (1934). *Solid Geometry*. New York: Silver, Burdett & Company.

Hayward, J. (1829). *Elements of Geometry*. Cambridge: Hilliard & Brown.

Heath, T. L. (1908). *The Thirteen Books of Euclid's Elements*. Cambridge: The University Press.

Legendre, A. M. (1800). *Éléments de Géométrie*. Paris: Firmin Didot.

Newel, M. J. & Harper, G. A. (1918). *Plane and Solid Geometry*. Chicago: Row, Peterson & Company.

Nyberg, J. A. (1929). *Solid Geometry*. New York: American Book Company.

Playfair, J. (1829). *Elements of Geometry*. Philadelphia: A. Walker.

Robinson, H. N. (1868). *Elements of Geometry, Plane and Spherical*. New York: Ivison, Blakeman, Taylor & Company.

Schuyler, A. (1876). *Elements of Geometry*. Cincinnati: Wilson, Hinkle & Company.

Tappan, E. T. (1864). *Treatise on Plane and Solid Geometry*. Cincinnati: Sargent, Wilson &

Hinkle.

Tappan, E. T. (1885). *Elements of Geometry*. New York: D. Appleton & Company.

Thompson, H. D. (1896). *Elementary Solid Geometry and Mensuration*. New York: The Macmillan Company.

Wentworth, G. A. (1880). *Elements of Plane and Solid Geometry*. Boston: Ginn & Heath.

Wilson, J. M. (1880). *Solid Geometry and Conic Sections*. London: Macmillan & Company.

文 化 篇

25 几何中的类比

纪妍琳*

25.1 引言

类比，是指由一类事物所具有的某种属性，推断与其类似的事物也具有相同或相似属性的一种推理方法（顾泠沅，2004）。历史上，阿基米德通过类比得到了关于球的表面积公式的猜想（阿基米德，2010）；欧拉（L. Euler，1707—1783）通过将有限次代数方程根与系数关系类比到无限次方程，从而解决了 17 世纪下半叶的著名数学难题——自然数倒数平方和（汪晓勤，2002）。类比在数学发现的过程中扮演着重要角色，是一种具有创造性的数学思想。

以或然推理（归纳、类比）作出猜想，以必然推理（演绎）作出证明，已逐渐成为数学教学中培养学生创新思维的重要方法。《普通高中数学课程标准（2017 版年版 2020 年修订）》（本章下文简称为《标准》）指出，类比推理是逻辑推理的一种重要形式。从《标准》的逻辑推理素养水平划分中提炼出类比推理能力的具体表现如下（中华人民共和国教育部，2020）：

（1）能够在熟悉的情境中用类比的方法，发现数量或图形的性质、数量关系或图形关系，能理解类比是发现和提出数学问题的重要途径；

（2）能够在熟悉的数学内容中识别类比推理；

（3）知道通过类比推理得到的结论是或然成立的；

（4）能够通过熟悉的例子理解类比推理的基本形式。

根据《标准》，在数学教学中应该给学生创设通过类比获得数学发现的机会，揭示类比在数学发现中的创造性和类比推理结论的或然性，并基于实例帮助学生理解类比

---

* 华东师范大学教师教育学院硕士研究生。

推理的基本形式。然而，高中数学教学中存在“为类比而类比”的形式化倾向、忽视类比推理的或然性、过于强调类比推理结论的唯一性、强调特定数学对象的类比等问题（连四清，佘岩，2015；曹会洲，2013）。究其原因，教师所掌握的有关类比思想的教学素材十分有限。另一方面，随着 HPM 教学理念受到越来越多的关注，HPM 视角下高三数学复习课的教学也逐渐进入人们的视野，而复习课的教学往往需要以数学思想方法为主线展开。为此，我们需要针对类比思想开展深入的历史研究。

本章针对类比思想，对 19 世纪部分美英几何教科书进行考察和分析，从中总结出类比思想在定义概念、生成与证明命题中的应用，以期为高中数学教学，特别是 HPM 视角下的复习课教学提供有用的素材和思想启迪。

25.2 定义中的类比

25.2.1 平面角与二面角

二面角的概念与平面角的概念存在着相似性。有教科书指出，二面角的相关定义可以通过将平面角相关定义中的“直线”“射线”“顶点”分别替换为“平面”“半平面”“棱”得到（Williams, 1916, pp. 276—277）。例如，根据平面上的邻角、直角、内错角、同位角等角的有关概念，可以类比得到二面角的有关概念（Richardson, 1914, pp. 35—37），具体内容见表 25-1。

表 25-1 平面角与二面角相关概念之间的类比

平面上角的相关概念	空间中二面角的相关概念
邻角：在平面上，有一条公共边的两个角互为邻角。	邻二面角：有一条公共棱和一个公共半平面的两个二面角互为邻二面角。
直角：当一条直线与另一条直线相交，形成相等的邻角时，称两条直线互相垂直，此时所形成的角为直角。	直二面角：当一个平面和另一个平面相交，形成相等的邻二面角时，称两个平面互相垂直，此时所形成的二面角为直二面角。
内错角：两条直线 a、b 被第三条直线 c 所截，在截线 c 的异侧，且在两被截直线 a、b 之间的两个角称为内错角。	内错二面角：两个平面 α、β 被第三个平面 γ 所截，在截面 γ 的异侧，且在两被截平面 α、β 之间的两个二面角称为内错二面角。
同位角：两条直线 a、b 被第三条直线 c 所截，在截线 c 的同侧，且在两被截直线 a、b 的同侧的两个角称为同位角。	同位二面角：两个平面 α、β 被第三个平面 γ 所截，在截面 γ 的同侧，且在两被截平面 α、β 的同侧的两个二面角称为同位二面角。

续 表

平面上角的相关概念	空间中二面角的相关概念
同旁内角：两条直线 a、b 被第三条直线 c 所截，在截线 c 的同侧，且在两被截直线 a、b 之间的两个角称为同旁内角。	同旁内二面角：两个平面 α、β 被第三个平面 γ 所截，在截面 γ 的同侧，且在两被截平面 α、β 之间的两个二面角称为同旁内二面角。

25.2.2 圆与球

圆是平面内到定点的距离等于定长的点的集合；球是空间中到定点的距离等于定长的点的集合。由于圆和球的相似性，有的教科书设置练习，要求学生类比圆的有关概念，得到球的相应概念（Palmer & Taylor, 1918, p. 393）。学生可以类比相切圆、圆的公切线和同心圆等概念，得到相切球、球的公切面和同心球等概念，见表 25－2。

表 25－2 圆与球相关概念之间的类比

圆的相关概念	球的相关概念
两圆相切：两个圆有且只有一个公共点。	两球相切：两个球有且只有一个公共点。
圆的公切线：和两个圆同时相切的直线叫做这两个圆的公切线。	球的公切面：和两个球同时相切的平面叫做这两个球的公切面。
同心圆：圆心相同、半径不同的圆称为同心圆。	同心球：球心相同、半径不同的球称为同心球。

25.3 命题中的类比

25.3.1 平面角与二面角

一些教科书指出，二面角和平面角之间存在密切的联系，二面角的性质可以通过类比平面角的性质得到，见表 25－3。

表 25－3 平面角与二面角相关命题之间的类比

平面上角的相关命题	空间中二面角的相关命题
A_1：若一个角的两边与另一个角的两边分别平行，则这两个角相等或互补。	B_1：若一个二面角的两个半平面和另一个二面角的两个半平面分别平行，则这两个二面角相等或互补。

续 表

平面上角的相关命题	空间中二面角的相关命题
A_2：若一个角的两边与另一个角的两边分别垂直，则这两个角相等或互补。	B_2：若一个二面角的两个半平面和另一个二面角的两个半平面分别垂直，则这两个二面角相等或互补。
A_3：角平分线上的点到角两边的距离相等。	B_3：二面角的平分面上的每一点到二面角的两个半平面的距离相等（图 25－1）。
A_4：一条直线与另一条直线相交，所形成的每对邻角之和均为 180°。	B_4：一个平面与另一个平面相交，所形成的每对邻二面角之和均为 180°。
A_5：两条平行线被第三条直线所截，内错角相等，外错角相等，同位角相等，同旁内角互补。	B_5：两个平行平面被第三个平面所截，内错二面角相等，外错二面角相等，同位二面角相等，同旁内二面角互补。

一些教科书要求学生类比平面角的有关命题得出二面角的相应命题（Durell, 1904, pp. 339—341; Slaught & Lennes, 1911, p. 19）；大部分教科书在说明二面角与平面角之间的相似性之后，直接给出二面角的有关命题作为结论，不予证明（Gore, 1908, p. 157）或将证明作为练习（Wentworth & Smith, 1911, p. 294）

类比具有或然性。在不加证明的情况下，早期几何教科书中由类比得出的关于二面角的命题并非全都正确。例如，表 25－3 中的命题 B_2 就是一个假命题。事实上，在图 25－2 所示的情形中，平面 $\alpha\perp$ 平面 γ，平面 $\beta\perp$ 平面 φ，满足命题 B_2 的条件，若平面 $\gamma\perp$ 平面 φ，但平面 α 不垂直于平面 β，则平面 α 与 β 所成二面角和平面 γ 与 φ 所成二面角既不相等也不互补。

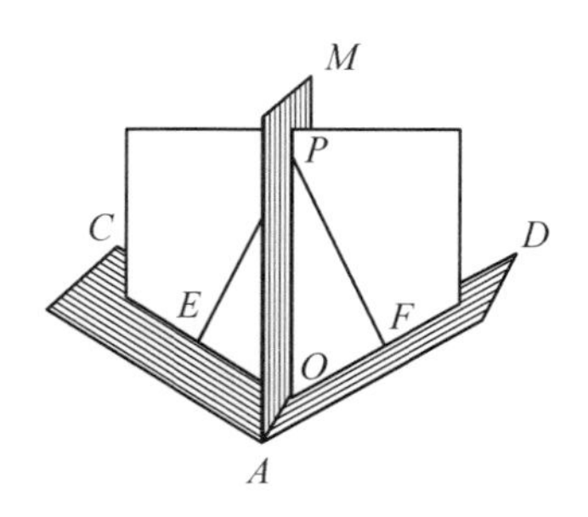

图 25－1　二面角的平分面

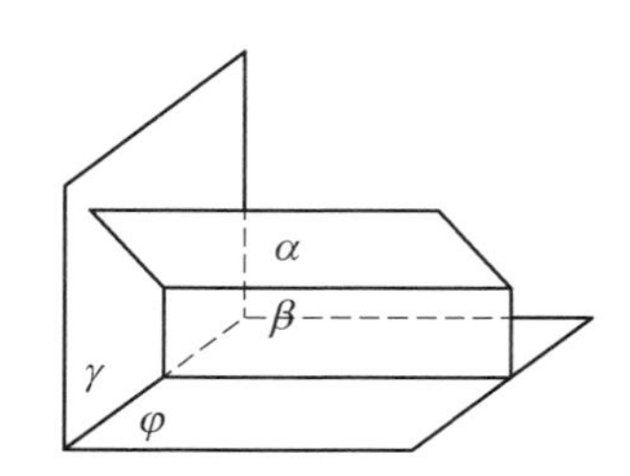

图 25－2　命题 B_2 的反例

25.3.2　卡瓦列里原理中的类比

17 世纪意大利数学家卡瓦列里在《用新方法促进的连续不可分量的几何学》一书

中提出一个定理，今称“卡瓦列里原理”。该原理包含平面和立体两种情形（李文林，1998，p. 260；Beman & Smith，1900，pp. 358—359）：

夹在同一对平行线之间的平面图形，被平行于这两条平行线的任意直线所截，如果截得的线段的长度总是相等，那么这两个平面图形的面积相等；夹在同一对平行平面间的几何体，被平行于这两个平面的任意平面所截，如果截得的两个截面的面积总是相等，那么这两个几何体的体积相等。

其中，立体的情形（图 25－3）就是我们耳熟能详的“祖暅公理”，最早由公元 5 世纪的中国数学家祖暅所提出。

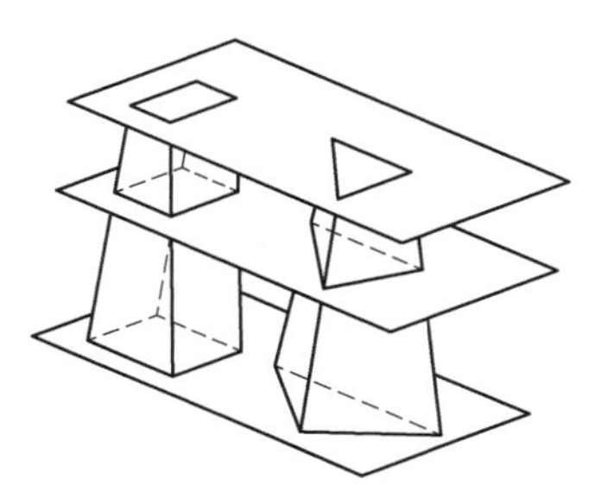

图 25－3　卡瓦列里原理的立体情形

在早期几何教科书中，卡瓦列里原理的立体情形是作为研究几何体体积的重要定理出现的。有的教科书设置练习题，要求学生类比立体情形的卡瓦列里原理，得出“平面情形的卡瓦列里原理”（Beman & Smith，1900，p. 279）。有的教科书指出，学生在根据卡瓦列里原理进行类比推理时可能会得出以下命题（Frame，1948，p. 98）：

夹在两个平行平面间的几何体，被平行于这两个平面的任意平面所截，如果截得的两个截面的周长总是相等，那么这两个几何体的侧面积相等。

事实上，我们可以举出上述命题的反例。如图 25－4，长方体 $ABCD-EFGH$ 和四棱柱 $A'B'C'D'-E'F'G'H'$ 夹在平面 α 与 β 之间，其底面全等。用平行于 α 和 β 的任意平面 γ 截这两个几何体，所得截面的周长均与矩形 $ABCD$ 的周长相等，满足上述命题的条件。设平面 α 与 β 的距离为 h，则 $AE=h$。若 $A'D'$ 垂直于平面 $A'B'F'E'$，则矩形 $ABFE$ 与 $\square A'B'F'E'$ 的面积相等，$A'D' \perp A'E'$。当 $A'B'$ 与 $A'E'$ 不互相垂直时，可

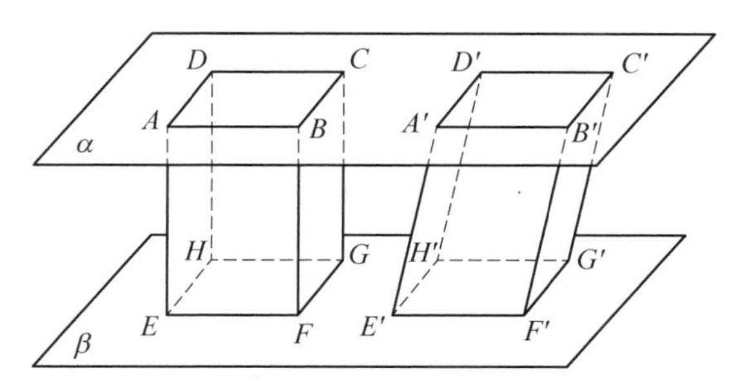

图 25－4　类比卡瓦列里原理得出的假命题

得 $A'E'>h$。由 $AD=A'D'$，得矩形 $A'D'H'E'$ 的面积大于矩形 $ADHE$ 的面积，此时四棱柱 $A'B'C'D'-E'F'G'H'$ 的侧面积大于长方体 $ABCD-EFGH$ 的侧面积。因此，上述命题是假命题。

在强调类比推理具有或然性的同时，教科书设置了相关练习题，要求学生举例说明类似的关于面积的错误结论。

25.3.3 圆与球

一些教科书设置练习题，要求学生通过类比先前学过的有关圆的命题，得出有关球的命题(Sanders, 1903, pp. 340—349)，见表 25－4。

表 25－4 圆与球相关命题之间的类比

圆的相关命题	球的相关命题
当两圆的圆心距大于其半径之和时，两圆相离。	当两球的球心距大于其半径之和时，两球相离。
当两圆的圆心距等于其半径之和时，两圆外切。	当两球的球心距等于其半径之和时，两球外切。
当两圆的圆心距小于其半径之和且大于其半径之差时，两圆相交。	当两球的球心距小于其半径之和且大于其半径之差时，两球相交。
当两圆的圆心距等于其半径之差时，两圆内切。	当两球的球心距等于其半径之差时，两球内切。
当两圆的圆心距小于其半径之差时，两圆内含。	当两球的球心距小于其半径之差时，两球内含。
当两圆相交时，两圆心连线垂直于交点连线。	当两球相交时，两球心连线垂直于交点轨迹所在平面。
当两圆相切时，圆心连线经过切点。	当两球相切时，球心连线经过切点。

25.3.4 三角形与三面角

有公共端点并且不在同一平面的三条射线，以及相邻两条射线间的平面部分组成的图形叫做三面角。组成三面角的射线叫做三面角的棱，这些射线的公共端点叫做三面角的顶点，相邻两棱间的平面部分叫做三面角的面，相邻两棱所构成的角叫做三面角的面角，相邻两个面组成的二面角叫做三面角的二面角(人民教育出版社中小学数学编辑组，1983， p. 130)。

早期教科书指出，关于三面角的许多命题可以通过类比三角形中的相似命题得出(Hobbs, 1921, p. 308)。一些教科书指明，三面角中二面角和面角之间的关系，类似于三角形中角和边之间的关系，三角形的边对应于三面角的面角，三角形的角对应于三面角的二面角(Dupuis, 1909, pp. 41—42)。基于这样的对应,早期教科书给出了三面角的一些命题,见表 25-5。

表 25-5 三角形与三面角相关命题之间的类比

三角形的相关命题	三面角的相关命题
三角形中,角越大,它所对的边越长。	三面角中,二面角越大,它所对的面角越大。
三角形中,边越长,它所对的角越大。	三面角中,面角越大,它所对的二面角越大。
三角形中,若有两边相等,则它们所对的角也相等;若三边两两相等,则三个角也两两相等。	三面角中,若有两个面角相等,则它们所对的二面角也相等;若三个面角两两相等,则三个二面角也两两相等。
三角形中,任意两边之和大于第三边。	三面角中,任意两个面角之和大于第三个面角。

除了上述命题,三角形全等的判定定理等在三面角中也有对应的命题。部分教科书将三面角的上述相关命题作为定理或推论,部分教科书则设置练习题,要求学生类比三角形的相关命题,陈述三面角的类似命题(Schultze & Sevenoak, 1922, pp. 338—339)。

25.3.5 平行四边形与平行六面体

平行六面体是指六个面都是平行四边形的四棱柱。由平行六面体的定义可见,平行六面体与平行四边形之间存在着密切联系。由平行四边形的对角线相互平分,类似地有平行六面体的四条体对角线在各自的中点处相交(熊惠民,2010, p. 202)。类比平行四边形的一些性质,可得到平行六面体的相应性质。例如,在平行四边形中,两条对角线的平方和等于四边的平方和,通过类比,可以得到命题:“在平行六面体中,四条体对角线的平方和等于平行六面体十二条棱的平方和。”(Beman & Smith, 1900, p. 290)这是一个真命题。

25.3.6 三角形与四面体

三角形是平面中边数最少的多边形;四面体是空间中面数最少的多面体。四面体的许多性质可由三角形的有关性质类比得到。例如,在图 25-5 中,$\triangle EBF$ 和 $\triangle ABC$ 的面积之比等于 $(BE \times BF):(BA \times BC)$。类比该结论可得到(Webster, 1908, p. 230):图 25-6 中的四面体 $O-ABC$ 与 $O-A'B'C'$ 的体积之比等于 $(OA \times OB \times OC):(OA' \times OB' \times OC')$。

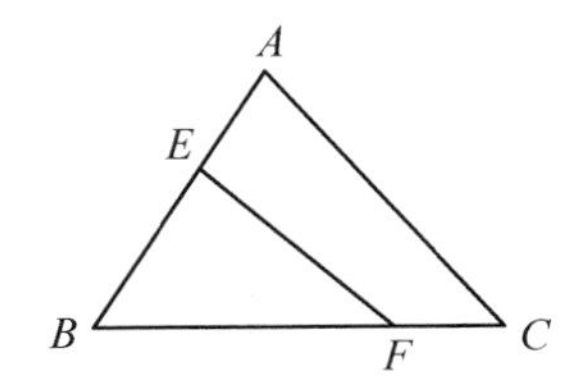

图 25-5　有关三角形的一个命题

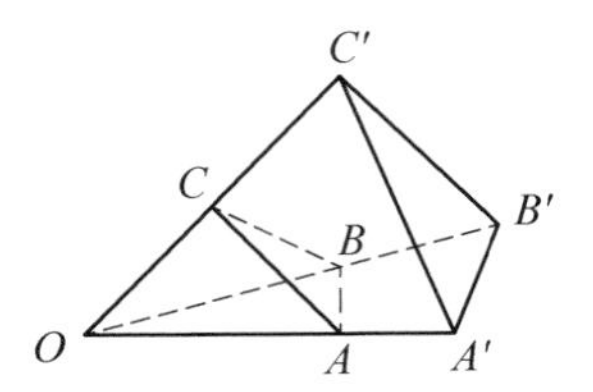

图 25-6　有关四面体的一个命题

25.4　证明中的类比

25.4.1　三角形与三面角

由于三角形和三面角之间的相似性，有关三面角性质的证明，往往与三角形相应性质的证明相似，因此可类比三角形性质的证明，来证明三面角的相应性质。表 25-6 给出了三角形“等边对等角”与三面角“等面角对等二面角”的证明。

表 25-6　三角形“等边对等角”与三面角“等面角对等二面角”的证明之间的类比

<table>
<tr><th>三角形“等边对等角”的证明</th><th>三面角“等面角对等二面角”的证明</th></tr>
<tr><td>在 $\triangle ABC$ 中，$AB=BC$，求证：$\angle A=\angle C$。
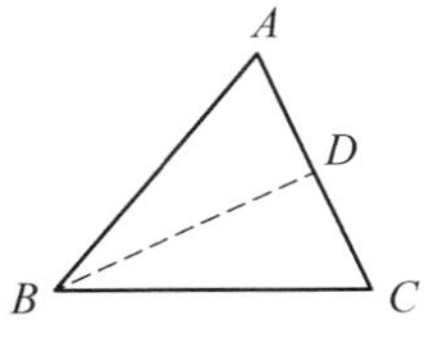

图 25-7　三角形“等边对等角”的证明
如图 25-7，作 $\angle B$ 的平分线 BD 交 AC 于点 D，则 $\angle ABD=\angle CBD$。
又因为 $AB=BC$（已知），
且 $BD=BD$（公共边），
所以 $\triangle ABD\cong\triangle CBD$，
因此 $\angle A=\angle C$。</td><td>在三面角 V-ABC 中，$\angle AVB=\angle BVC$，求证：二面角 $C-VA-B=$ 二面角 $A-VC-B$。
如图 25-8，过 VB 作二面角 $A-VB-C$ 的角平分面交 AC 于点 D，则二面角 $A-VB-D$ $=$ 二面角 $C-VB-D$。
又因为 $\angle AVB=\angle BVC$（已知），
且 $\angle BVD=\angle BVD$（公共面角），
所以三面角 $V-ABD$ 与三面角 $V-CBD$ 全等。
因此二面角 $D-VA-B=$ 二面角 $D-VC-B$，
即二面角 $C-VA-B=$ 二面角 $A-VC-B$。
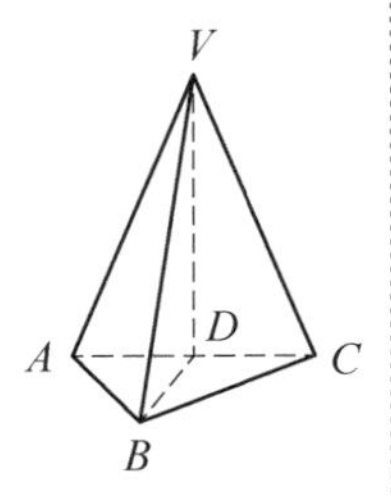

图 25-8　三面角“等面角对等二面角”的证明</td></tr>
</table>

从表中可见，只要将三面角性质证明中的字母 V（三面角的顶点）去掉，就可以得到三角形相应性质的证明。

25.4.2 平行线分线段成比例定理与平行面分线段成比例定理

在平面上，三条平行线截两条直线，所得的对应线段成比例。此命题即为平行线分线段成比例定理，可用相似三角形性质加以证明。将此定理类比到空间中，可得命题："在空间中，三个平行平面截两条直线，所得的对应线段成比例。"如图 25－9，利用面面平行的性质和平行线分线段成比例定理，可以证明该命题。

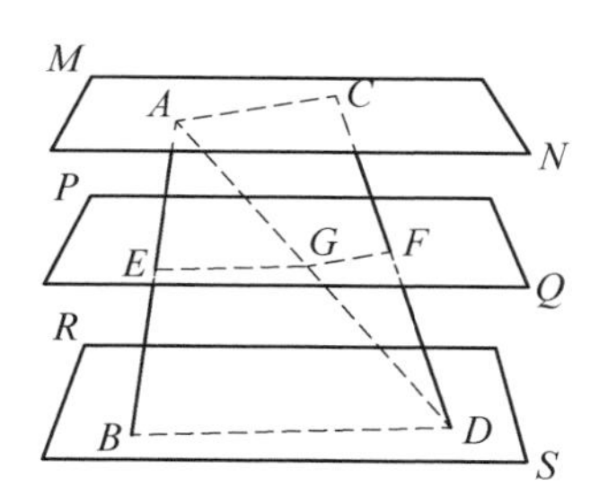

图 25－9 平行面分线段成比例定理

平行面分线段成比例定理是平行线分线段成比例定理的一般化，两定理的表述非常相似。有早期教科书(Wentworth & Smith, 1911, p. 291)给出平行面分线段成比例定理的证明后，提出思考题：两个命题十分相似，为什么平行面分线段成比例定理的证明，不类比平行线分线段成比例定理的证明呢？类比思想的运用往往基于不同数学对象之间的相似属性，而在解决问题的过程中，应该对数学对象的特有属性加以考虑，因此不能盲目进行类比。教科书通过设置问题，让学生思考"为什么不进行证明方法的类比"这一问题，在此过程中明晰平面与空间之间的差异。

25.5 教学启示

25.5.1 针对具体数学对象进行类比

美英早期几何教科书针对平面角与二面角、圆与球、三角形与三面角等具有相似属性的数学对象渗透类比思想。数学思想的培养应该以具体的数学概念、原理或证明作为载体，不能就"思想"谈"思想"。类比思想的渗透需要以合适的数学对象为载体，例如选取三角形与四面体、等差数列与等比数列、圆与椭圆等具有相似属性的数学对象，让学生在定义、定理和证明方法的学习过程中感受类比所具有的创造性。

25.5.2 借助多种方式培养类比思想

美英早期几何教科书在定义、命题和命题证明中渗透类比思想，学生根据教科书的提示或要求，在类比旧概念得到新概念、类比熟悉的命题得出新命题、类比已掌握的证明方法证明新命题的过程中体会类比思想。今日数学教学中，教师可以在新概念、新命题和命题证明的学习过程中渗透类比思想。例如，在学习三棱锥的体积公式时，教师可以引导学生回顾推导三角形面积公式时所用的方法，并将该方法类比到三棱锥中。如图 25－10，平行四边形可以分割成两个全等的三角形，任意三角形可看作由与其等底等高的平行四边形沿对角线分割得到，因此由平行四边形面积公式可推导出三角形面积公式。类似地，三棱柱可以分割成三个体积相等的三棱锥，任意三棱锥可以视为由与其同底等高的三棱锥分割得到，因此由三棱柱体积公式可推导出三棱锥体积公式。（参阅本书第 8 章）

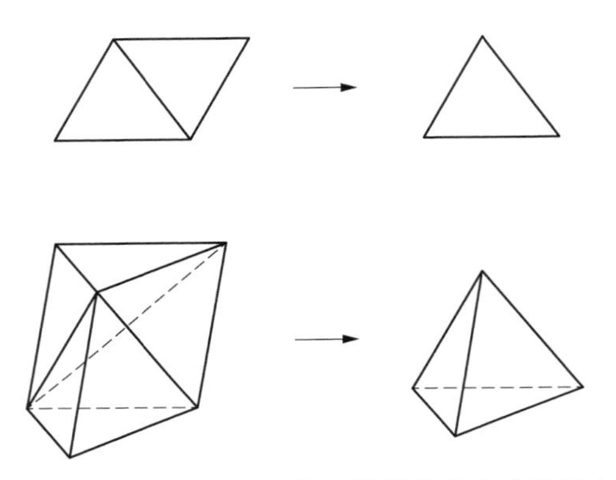

图 25－10　三角形面积公式推导与三棱锥体积公式推导之间的类比

另一方面，许多美英早期几何教科书设置了有关类比推理的练习，在今日数学教学中较为少见。因此，教师在教学中也可从定义的类比、命题的类比和方法的类比三个角度入手，通过设置思考题、设计习题等方式渗透类比思想。

25.5.3　揭示类比存在或然性

美英早期几何教科书中出现了通过类比得出的关于二面角的假命题，这充分说明类比推理的或然性。一些教科书强调，通过类比得出的命题可能是假命题，这一做法可资借鉴。学生在初学立体几何时，也常常会将平面几何中的命题不加限制地类比到空间中，从而得出错误结论。例如，将“平面中过已知点作已知直线的垂线有且仅有一条”类比到立体几何中，得到“空间中过已知点作已知直线的垂线有且仅有一条”的错误命题（顾泠沅，2004，p. 83）。当学生出现类比错误时，教师应对学生运用类比思想的行为给予肯定，同时指明类比推理具有或然性，让学生明确类比推理所得的结论很可能是错误的，必须借助演绎证明才能证明数学发现的正确性。

参考文献

阿基米德(2010). 阿基米德全集. 朱恩宽,等,译. 西安:陕西科学技术出版社.

曹会洲(2013). 论类比推理在高中数学教学中的应用. 中学数学月刊,(01):16-19.

顾泠沅(2004). 数学思想方法. 北京:中央广播电视大学出版社.

李文林(1998). 数学珍宝——历史文献精选. 北京:科学出版社.

连四清,佘岩(2015). 类比推理及其教学探索. 数学通报,54(10):16-18+22.

人民教育出版社中小学数学编辑组(1983). 高级中学课本(试用本)立体几何(甲种本). 北京:人民教育出版社.

汪晓勤(2002). 欧拉与自然数平方倒数和. 曲阜师范大学学报(自然科学版),(4):29-33.

熊惠民(2010). 数学思想方法通论. 北京:科学出版社.

中华人民共和国教育部(2020). 普通高中数学课程标准(2017 年版 2020 年修订). 北京:人民教育出版社.

Beman, W. W. & Smith, D. E. (1900). *Solid Geometry*. Boston: Ginn & Company.

Dupuis, N. F. (1909). *Elements of Synthetic Solid Geometry*. New York: The Macmillan Company.

Durell, F. (1911). *Plane and Solid Geometry*. New York: Charles E. Merrill Company.

Frame, J. S. (1948). *Solid Geometry*. New York: McGraw-Hill Book Company.

Gore, J. H. (1908). *Plane and Solid Geometry*. New York: Longmans, Green, & Company.

Hobbs, C. A. (1921). *Solid Geometry*. Cambridge: G. H. Kent.

Palmer, C. I. & Taylor, D. P. (1918). *Solid Geometry*. Chicago: Scott, Foresman & Company.

Richardson, S. F. (1914). *Solid Geometry*. Boston: Ginn & Company.

Sanders, A. (1903). *Elements of Plane and Solid Geometry*. New York: American Book Company.

Schultze, A. & Sevenoak, F. L. (1922). *Plane and Solid Geometry*. New York: The Macmillan Company.

Slaught, H. E. & Lennes, N. J. (1911). *Solid Geometry*. Boston: Allyn & Bacon.

Webster, W. (1908). *New Solid Geometry*. Boston: D. C. Health & Company.

Wentworth, G. A. & Smith, D. E. (1911). *Solid Geometry*. Boston: Ginn & Company.

Williams, J. H. (1916). *Solid Geometry*. Chicago: Lyons & Carnahan.

26 等腰三角形性质的应用

钱　秦*

26.1 引言

为了适应时代发展对人才培养的需要,《义务教育数学课程标准(2011 年版)》特别指出,在整个数学教育的过程中都应该培养学生的应用意识。应用意识有两个方面的含义:一方面,有意识利用数学的概念、原理和方法解释现实世界中的现象,解决现实世界中的问题;另一方面,认识到现实生活中蕴涵着大量与数量和图形有关的问题,这些问题可以抽象成数学问题,用数学的方法予以解决。(中华人民共和国教育部,2011)

等腰三角形作为一种特殊的三角形,具有一般三角形不具备的独特性质。等腰三角形性质的学习过程本身就是对全等三角形、轴对称图形以及平行线与相交线等知识的综合应用。此外,该内容是研究特殊几何图形的开端,对于学生后续探索直角三角形、特殊的平行四边形等具有重要意义,起着承上启下的作用。(乌日力格,2021;滕媛媛,2020)等腰三角形的性质在数学内部与外部均有广泛的应用,其在数学内部的应用主要体现在几何证明上,现实生活中则广泛应用于建筑、测量、设计等领域。在已有的等腰三角形课例中,数学内部的应用意识得到了较高的重视,但从现实问题出发的应用意识则往往被忽略。

历史上的教科书蕴含着丰富的教学素材。本章聚焦等腰三角形性质,对美英早期几何教科书进行考察,以试图回答以下问题:关于等腰三角形的性质,美英早期几何教科书中有哪些数学与现实生活中的应用?练习与应用呈现怎样的趋势?对今日教学与教科书编写有何启示?

---

* 华东师范大学教师教育学院硕士研究生。

26.2 早期教科书的选取

从有关数据库中选取1800—1939年间出版的93种美英几何教科书作为研究对象，其中75种出版于美国，18种出版于英国。以20年为一个时间段进行统计，这些教科书的出版时间分布情况如图26-1所示。

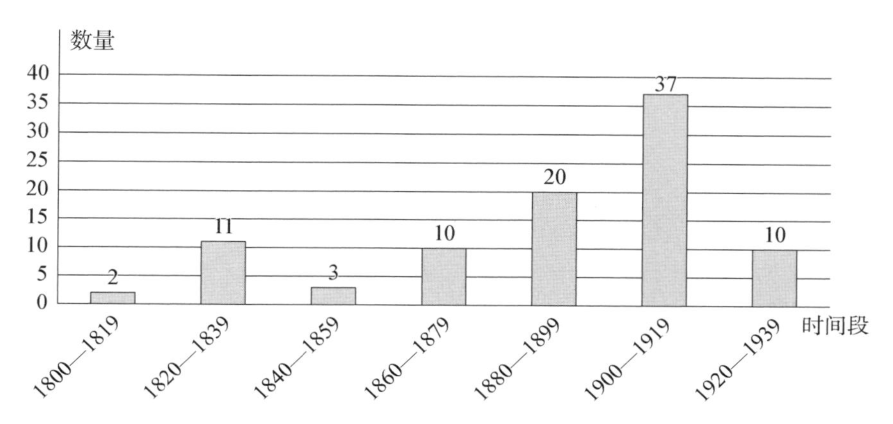

图26-1 93种美英早期几何教科书的出版时间分布

早期几何教科书中的等腰三角形知识不胜枚举，本章拟从等腰三角形性质的应用角度进行深入考察，对早期几何教科书中的典型应用加以分类。

26.3 等腰三角形性质的应用

26.3.1 数学上的应用

“等边对等角”与“三线合一”能够将三角形的边、角关系进行转换，可广泛应用于线段相等、角相等的几何证明过程中。因此，等腰三角形的性质在早期几何教科书中的数学应用主要为几何证明。

（一） 证明SSS定理

现行人教版初中数学教科书并未对SSS定理进行说理，而是直接以基本事实的形式呈现，要求学生会用SSS定理证明三角形全等。事实上，SSS定理的证明需要用到“等边对等角”性质，而我国数学教科书均将等腰三角形性质的有关内容安排在全等三角形判定定理之后的章节中。正因如此，不少学者质疑采用 SSS 定理证明“等边对等角”的方法有循环论证之嫌。（参阅本书第 14 章）下面对美英早期几何教科书中对 SSS 定理的说理过程进行介绍。

例 1 如图 26－2，在 $\triangle ABC$ 和 $\triangle DEF$ 中，$AB=DE$，$AC=DF$，$BC=EF$，求证：$\triangle ABC \cong \triangle DEF$。（Palmer & Taylor，1915，p. 47）

将 $\triangle DEF$ 放在 $\triangle AGC$ 上，使 DF 与 AC 重合，且顶点 E 落在点 G 上，并连结 BG。已知 $\triangle ABG$ 和 $\triangle CBG$ 都是等腰三角形，所以 $\angle x=\angle r$，$\angle y=\angle z$（等边对等角），于是 $\angle x+\angle y=\angle r+\angle z$，即 $\angle ABC=\angle AGC$，故 $\triangle ABC \cong \triangle AGC$（SAS），即 $\triangle ABC \cong \triangle DEF$。

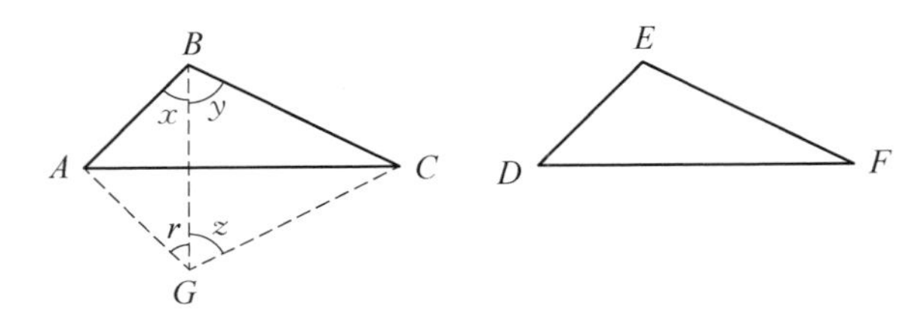

图 26－2　用“等边对等角”证明 SSS 定理

（二）证明角角关系

例 2 如图 26－3，已知 $AC=BC$，D 为 AB 的中点，且 $AE=BF$，求证：$\angle DEF=\angle DFE$。（Palmer & Taylor，1915，p. 40）

因为 $AC=BC$，由等腰三角形两底角相等知，$\angle A=\angle B$。由 D 为 AB 的中点，得 $AD=BD$，又因为 $AE=BF$，所以 $\triangle AED \cong \triangle BFD$（SAS），得 $DE=DF$，由“等边对等角”，得 $\angle DEF=\angle DFE$。

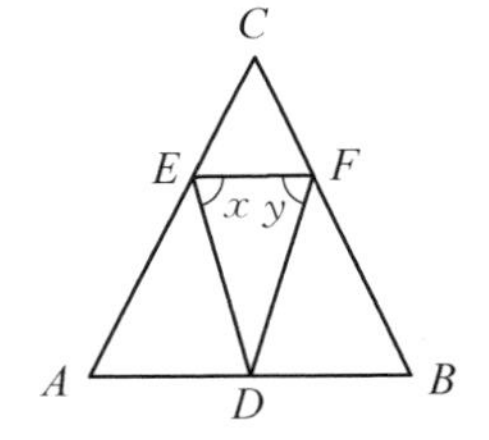

图 26－3　角角关系问题之一

例 3 如图 26－4，$AC=BC$，点 D 和点 E 分别在 CA 和 CB 的延长线上，$\angle EAB=\angle DBA$，试证明：$\angle D=\angle E$。（Schultze & Sevenoak，1913，p. 30）

由“等边对等角”知，$\angle CAB=\angle CBA$。又因为 $\angle EAB=\angle DBA$，所以 $\angle CAE=\angle CBD$，又因为 $AC=BC$，$\angle C$ 为公共角，所以 $\triangle CAE \cong \triangle CBD$（ASA），得 $\angle D=\angle E$。

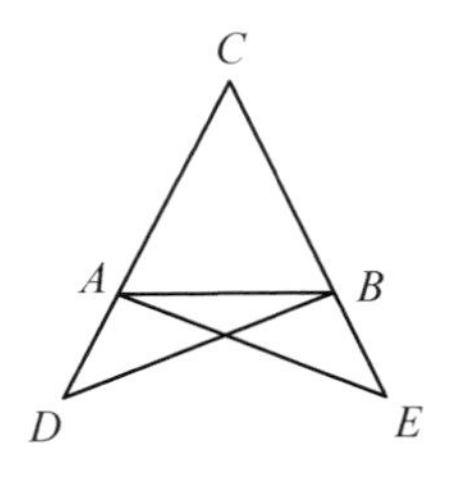

图 26－4　角角关系问题之二

例4 等腰三角形底角平分线所构成的角与底角的外角相等。(Stone & Millis, 1925, p. 57)

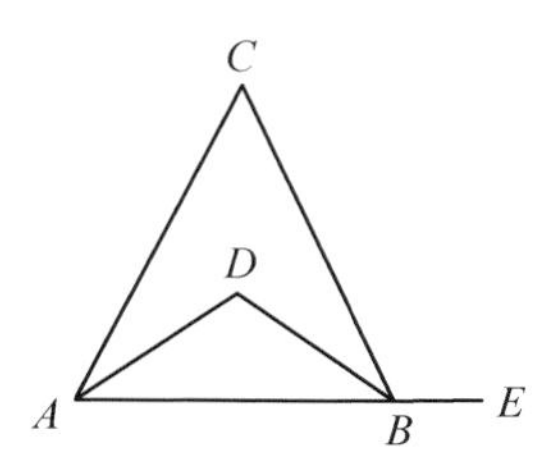

图 26-5 角角关系问题之三

如图 26-5，等腰 $\triangle ABC$ 的两底角相等，即 $\angle CAB=\angle CBA$，又因为 AD 平分 $\angle CAB$，BD 平分 $\angle CBA$，所以 $\angle DAB=\angle DBA=\frac{1}{2}\angle CBA$，所以 $\angle ADB=180^{\circ}-(\angle DAB+\angle DBA)=180^{\circ}-\angle CBA=\angle CBE$。

(三) 证明线线关系

例5 如图 26-6，$AC=BC$，且 $AD=BE$，求证：$\triangle CDE$ 是一个等腰三角形。(Palmer & Taylor, 1915, p. 40)

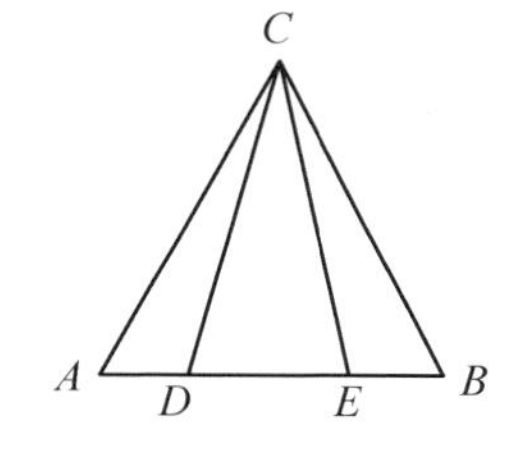

图 26-6 线线关系问题之一

已知 $AC=BC$，由"等边对等角"，得 $\angle A=\angle B$。又因为 $AD=BE$，所以 $\triangle ACD\cong\triangle BCE$(SAS)，得 $CD=CE$，因此 $\triangle CDE$ 为等腰三角形。

例6 证明：等腰三角形顶角的外角平分线平行于底边。(Stone & Millis, 1925, p. 58)

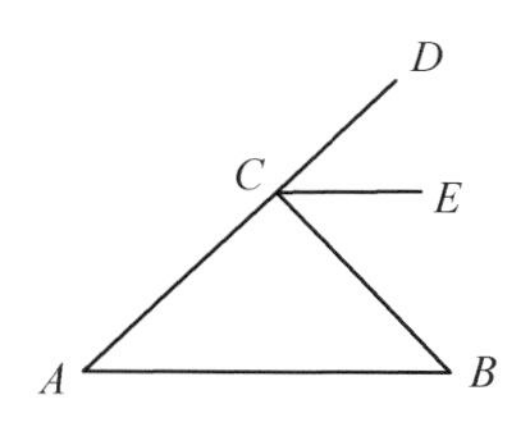

图 26-7 线线关系问题之二

如图 26-7，由三角形外角的相关知识，得 $\angle DCB=\angle CAB+\angle CBA$。由 CE 平分 $\angle DCB$，得 $\angle ECB=\frac{1}{2}\angle DCB$。又因为等腰三角形两底角相等，即 $\angle CAB=\angle CBA$，所以 $\angle ECB=\angle CBA$，得 $CE\parallel AB$(内错角相等，两直线平行)。

例7 图 26-8 展示了一种常见的桁架结构，等腰 $\triangle ABC$ 的顶点 C 与底边 AB 中点 D 的连线 CD 为中柱，DE、DF 分别平分两腰 CA、CB。试证明：$DE=DF$，$CD\perp AB$。(Sykes & Comstock, 1918, p. 42)

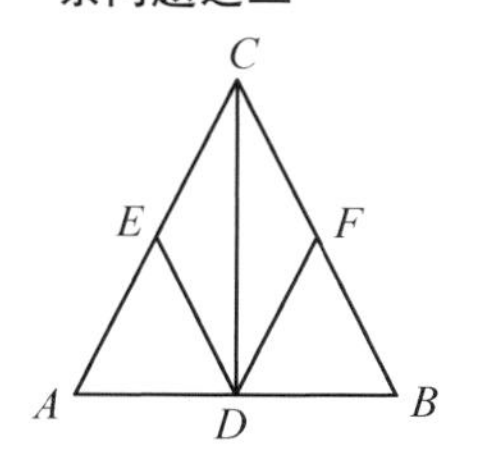

图 26-8 线线关系问题之三

根据题意知，CD 为底边 AB 的中线，由等腰三角形性质，得 $CD\perp AB$，且 CD 平分 $\angle ACB$，即 $\angle ECD=\angle FCD$。E、F 分别为 CA、CB 的中点，则 $CE=\frac{1}{2}AC=\frac{1}{2}BC=CF$。又因为 $CD=CD$，所以 $\triangle CED\cong\triangle CFD$(SAS)，得 $DE=DF$。

(四) 证明线角关系

例8 如图 26-9，$\triangle CAB$ 和 $\triangle DAB$ 为底边相同的两个等腰三角形，试证明：CD

平分$\angle ACB$。(Palmer & Taylor, 1915, p. 40)

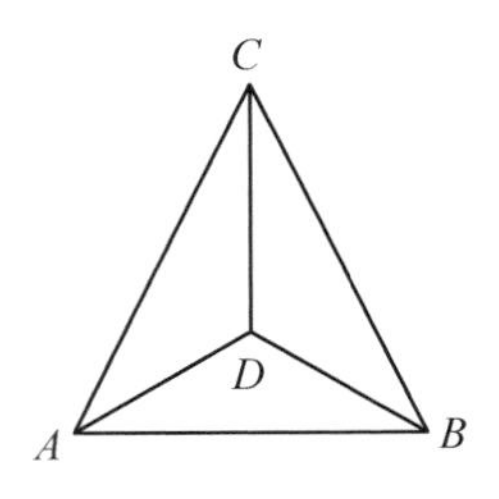

图 26-9 线角关系问题之一

已知$CA=CB$, $DA=DB$,且由等腰三角形性质,得$\angle CAB=\angle CBA$, $\angle DAB=\angle DBA$,根据"等量减等量,差相等"知,$\angle CAD=\angle CBD$。所以$\triangle CAD\cong\triangle CBD$(SAS),得$\angle DCA=\angle DCB$,即$CD$为$\angle ACB$的平分线。

例 9 如图 26-10,$\triangle CAB$和$\triangle DAB$为底边相同的两个等腰三角形,且分布在底边的两侧。试证明:CD平分$\angle ACB$和$\angle ADB$。(Baker, 1903, p. 29)

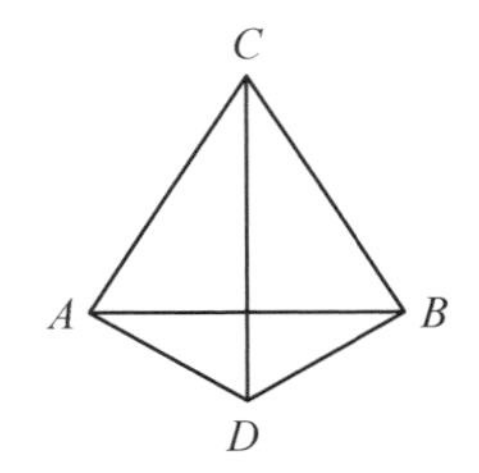

图 26-10 线角关系问题之二

例 9 和例 8 为同一类型的题目,均考察同底的等腰三角形中的边角关系,只是例 8 中的两个等腰三角形位于同侧,而例 9 中的两个等腰三角形位于异侧。同样地,由"等边对等角"知,$\angle CAB=\angle CBA$, $\angle DAB=\angle DBA$,则$\angle CAD=\angle CBD$,所以$\triangle CAD\cong\triangle CBD$(SAS),得$\angle DCA=\angle DCB$, $\angle ADC=\angle BDC$,即CD为$\angle ACB$和$\angle ADB$的平分线。

26.3.2 现实生活中的应用

等腰三角形是轴对称图形,具有对称美,同时也具备三角形的稳定性,是设计、工程、建筑等领域的常用结构。如屋顶、桥梁、衣架、马扎、三脚架等,只要留心观察,在我们的生活中随处可见等腰三角形的影子。

(一) 铅锤水准仪

等腰三角形的"三线合一"性质在生活中有一个典型应用,即铅锤水准仪。铅锤水准仪有着悠久的历史,早在古埃及、古巴比伦时期,古人就巧妙地使用"三线合一"性质制作了铅锤水准仪来判定水平。(汪晓勤,栗小妮,2019, p. 237)

例 10 如图 26-11,铅锤水准仪由等腰三角形框架和一根悬挂在顶点的铅垂线构成,其中AC与BC是相等的边。标记出底边AB的中点M,将铅垂线悬挂在顶点C处。使用这个工具时,调整底边的位置,若铅垂线刚好经过中点M,说明底边是水平的。(Stone & Millis, 1925, p. 57)

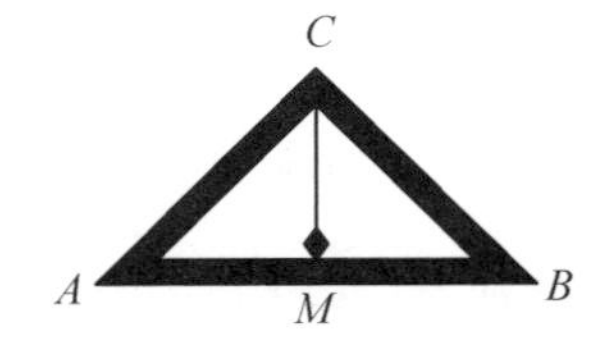

图 26-11 铅锤水准仪

（二） 关于屋顶的应用

例 11　如图 26－12 所示的屋顶被称为“半斜屋顶”，其矢高等于跨度的一半。问：屋顶椽子与水平线成多少度？(Palmer & Taylor, 1915, p. 46)

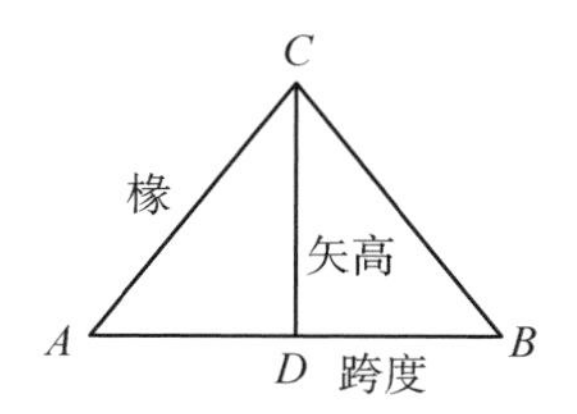

图 26－12　屋顶问题之一

易知 $AD=DC=BD$，$\angle ADC=\angle BDC=90°$，则“半斜屋顶”可以看作由两个等腰直角三角形组成，屋顶椽子与水平线成 45°。

例 12　如图 26－13，AB 与 CB 是屋顶上两根相等的椽子，立柱 FD 和 GE 分别与横梁 AC 垂直于点 D 和点 E，且 $AD=CE$，求证：$FD=GE$。(Wells & Hart, 1916, p. 37)

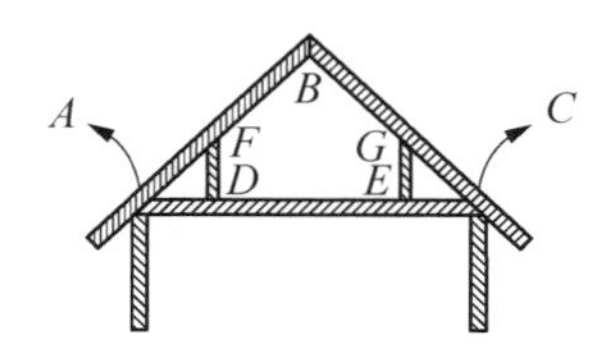

图 26－13　屋顶问题之二

已知 $AB=BC$，则根据“等边对等角”，得 $\angle BAC=\angle BCA$。由 $FD\perp AC$，$GE\perp AC$，得 $\angle FDA=\angle GEC=90°$。又因为 $AD=CE$，所以 $\triangle FDA\cong\triangle GEC$(ASA)，得 $FD=GE$。

（三） 关于测量的应用

例 13　一个人沿着 BC 方向，经过了一个物体 A。在点 B 处，他注意到他的路线与该物体的方向成 45° 角。BC 与 AC 成直角，且他在两个观测点之间走过的距离 BC 已知，求距离 AC。(Auerbach & Walsh, 1920, p. 66)

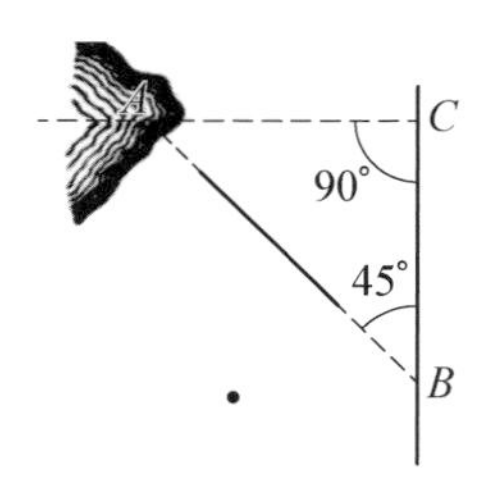

图 26－14　测量问题之一

如图 26－14，易知 $\angle ABC=\angle BAC=45°$，$\triangle ABC$ 为等腰直角三角形，所以 $BC=AC$。

例 14　通过构造等边三角形，可以很容易地测量距离。如图 26－15，为了测量 P_1C，站在 P_1C 方向上的一个较为方便的点 A 处。构造方向 AB 使 AB 与 AC 成 60°，再沿着方向 AB 走到点 B_1 处使 B_1C 与 B_1A 成 60°。易知 $\triangle AB_1C$ 为等边三角形，则 $AB_1=AC$。因为 AP_1 可以直接测量得到，所以可得到 P_1C 的距离。(Auerbach & Walsh, 1920, p. 67)

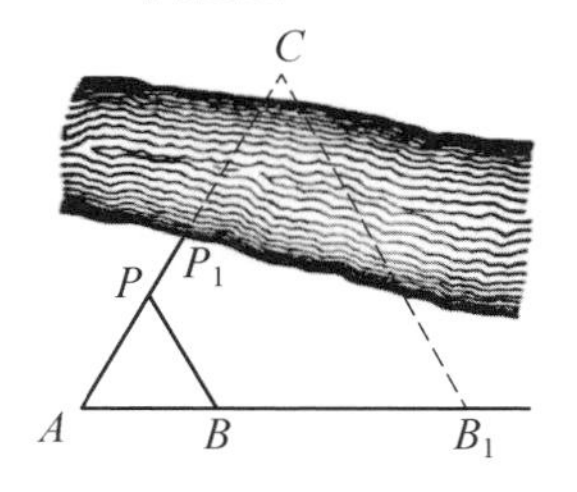

图 26－15　测量问题之二

（四） 其他应用

例 15　如图 26－16，有一建筑，每层高 18 英尺，楼层之间有楼梯。问：铺满一层楼梯需要多少码(1 码＝3 英尺≈0.914 4 米)的地毯？(Palmer & Taylor, 1915, p. 46)

这个楼梯可以抽象、简化为一个等腰直角三角形，所以一层楼梯的水平距离等于楼梯的高。每一级小台阶宽度的总和即为一层楼梯的水平距离，小台阶的高度总和即为一层楼梯的高度。所以，铺满一层楼梯共需 18×2 英尺 $=12$ 码的地毯。

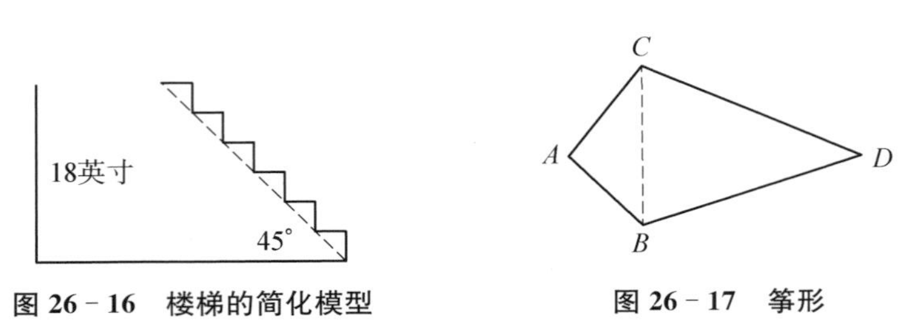

图 26－16　楼梯的简化模型　　**图 26－17　筝形**

例 16　在如图 26－17 所示的筝形中，$AB = AC$，$BD = CD$，求证：$\angle ACD = \angle ABD$。(Stone & Millis，1925，p. 56)

连结 BC，易证 $\angle ACB = \angle ABC$，$\angle DCB = \angle DBC$，则 $\angle ACD = \angle ABD$。

26.4　等腰三角形应用的时间分布

经统计和分析，在所考察的 93 种美英几何教科书中，等腰三角形性质的应用情况大致分为“未设计有关应用”“仅含数学上的应用”和“含数学与现实生活中的应用”3 类。以 20 年为一个时间段进行统计，其时间分布情况如图 26－18 所示。

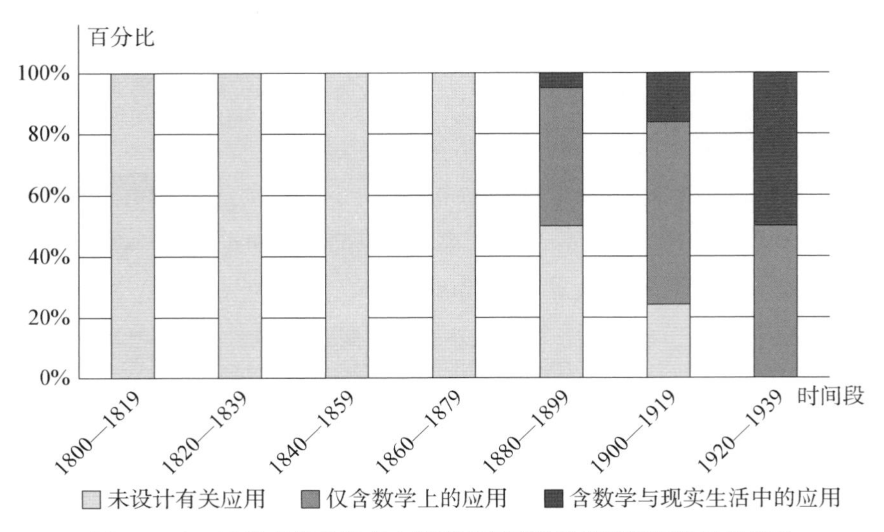

图 26－18　93 种几何教科书中等腰三角形性质应用情况的时间分布

从图中可见，早期的几何教科书深受《几何原本》的影响，19 世纪的几何教科书几乎未涉及等腰三角形性质的任何应用，教科书大多仅对等腰三角形的性质进行严格的演绎证明。从 19 世纪 80 年代开始，数学知识的应用意识普遍得到提升，越来越多的教科书在定理后设计了相关的应用问题来巩固知识，应用问题与生活相结合的程度逐渐提高。到了 20 世纪 20 年代，全部的教科书都设计了练习与应用问题，并且已经有一半的教科书介绍了等腰三角形在现实生活中的应用。

以上几何教科书中等腰三角性质应用情况的转变与数学教育史上的两大事件有关。

一是 20 世纪初的培利运动。1901 年，数学家培利率先呼吁人们进行数学教育改革，要求数学教育从《几何原本》的束缚中解脱出来，更多地利用几何直观，重视实验几何，强调数学的实际应用。培利的主张不仅得到了英国社会的广泛支持，而且对世界各国的数学教育改革起到了积极作用。例如，美国数学家摩尔就是培利观点的忠实拥护者，他强调在教学中要关注数学与科学的联系，重视数学的应用，提倡实验教学。1904 年，德国数学家 F・克莱因起草了《数学教学要目》，并于翌年在意大利的米兰会议上正式公布。他指出，不得过分强调形式训练，也应重视数学知识的实用方面，以展示学生对自然界和社会中的问题进行数学观察的能力。(赵雄辉，1996)1908 年，F・克莱因在其出版的《高观点下的初等数学》一书中再次强调数学的实际应用。

二是美国几何课程改革。自培利运动后，如何权衡数学的逻辑思维训练和实用价值之间的关系，就成了摆在数学教育家面前的难题。1908—1909 年，美国数学与自然科学教师联合会设立“十五人委员会”，致力于几何课程大纲的修订，以期达到形式主义与实用主义之间的平衡，为几何教科书的编写指明方向。“十五人委员会”的最终报告分章节对几何的历史、逻辑体系、教科书中的练习、课程标准等进行了探讨。关于练习的分布、难度，委员会建议每个定理之后都要有及时的练习和应用，要求题目难度适中，但数量与之前相比要有所增加。此外，委员会还就问题的来源进行了介绍，指出在建筑、装饰、设计等领域以及物理、机械等学科中都有丰富的实际应用可以借鉴。(National Committee of Fifteen on Geometry Syllabus, 1912)

19 世纪的教科书注重几何逻辑体系的建立，书中的命题基本都经过严格的证明，却很少涉及命题的应用，直到 19 世纪末各教科书中才零星出现等腰三角形性质的应用。正是在培利运动和美国几何课程改革的共同作用下，20 世纪的数学教育开始重视数学应用，教科书中的练习题也逐渐丰富起来。20 世纪后出版的几何教科书大多包含了等腰三角形性质的相关练习与应用，并且与社会生活的联系愈趋紧密。

26.5 教学启示

等腰三角形在数学上的应用比较灵活，涉及线、角关系的证明等；在生活上的应用主要体现在铅锤水准仪、屋顶等常见的等腰三角形结构中。但考察发现，在给出等腰三角形性质应用的早期教科书中，无一不将应用放在性质之后。荷兰著名数学教育家弗赖登塔尔就曾说过："如果传统的数学教育也涉及数学的应用，那它根据的模式却经常与教学法颠倒。不是从具体问题出发，再用数学方法研究，而是先学数学，再将具体问题作为它的应用。"（弗赖登塔尔，1995， p. 122）

那么，今日教学如何培养学生的应用意识呢？早期几何教科书给我们提供了如下启示。

其一，在引入等腰三角形性质时，可以向学生介绍铅锤水准仪及其在历史上的应用。这样既能使学生产生"为什么铅锤水准仪能判定水平"的疑问，让学生带着问题进入学习，提高学习的积极性，学会从实际问题出发用数学方法解决问题。同时，又能使学生感受到等腰三角形的悠久历史，增加数学课堂的人文色彩。时间允许的前提下，教师还可以安排学生分小组制作简易水准仪，让学生亲自动手操作和探究。

其二，等腰三角形性质的应用部分是对全等三角形、平行线、轴对称变换等知识的综合练习。因此，在该部分的教学过程中，教师应该有意识地对相关知识进行复习，帮助学生构建和谐的平面几何知识体系。

其三，在编写教科书时，适当提高练习中实际应用的比例。等腰三角形在生活中的应用素材相对丰富，它在建筑、工程、设计等领域发挥着不可替代的作用。因此，"等腰三角形的性质"一节是培养应用意识的良好载体。例如，半斜屋顶这种现实中实实在在的模型，能让学生感受到数学与生活的密切联系，从而获得良好的数学体验。当然，也可以布置开放性的作业，让学生自己留意身边的应用并尝试用数学的知识进行解释，进一步发展学生的应用意识。

参考文献

弗赖登塔尔(1995). 作为教育任务的数学. 陈昌平，唐瑞芬，等，编译. 上海：上海教育出版社.
滕媛媛(2020). "等腰三角形"教学设计. 中国数学教育，(09)：25 - 28.

汪晓勤,栗小妮(2019).数学史与初中数学教学——理论、实践与案例.上海:华东师范大学出版社.

乌日力格(2021).课例:三角形家族的壮大——等腰三角形(第1课时).中学数学教学参考,(05):20-22.

赵雄辉(1996).数学教育改革的三次国际性浪潮及其启示.中学数学教学参考,(Z2):16-18.

中华人民共和国教育部(2011).义务教育数学课程标准(2011年版).北京:北京师范大学出版社.

Auerbach, M. & Walsh, C. B. (1920). *Plane Geometry*. Philadelphia: J. B. Lippincott Company.

Baker, A. (1903). *Elementary Plane Geometry*. Boston: Ginn & Company.

National Committee of Fifteen on Geometry Syllabus (1912). Final report of the National Committee of Fifteen on Geometry Syllabus. *Mathematics Teacher*, 5(2): 46-131.

Palmer, C. I. & Taylor, D. P. (1915). *Plane Geometry*. Chicago: Scott, Foresman & Company.

Schultze, A . & Sevenoak, F. L. (1913). *Plane Geometry*. New York: The Macmillan Company.

Stone, J. C. & Millis, J. F. (1916). *Plane Geometry*. Chicago: B. H. Sanborn & Company.

Sykes, M. & Comstock, C. E. (1918). *Plane Geometry*. Chicago: Rand McNally & Company.

Wells, W. & Hart, W. W. (1916). *Plane Geometry*. Boston: D. C. Heath & Company.

27 测量工具的应用

王　娟*

27.1　引言

在数学史上，相似三角形很早就被人们所认识。大约公元前 1600 年，古巴比伦人就已经知道“两个相似直角三角形对应边成比例”这一性质，并利用该性质求解几何问题。公元前 6 世纪，古希腊工程师欧帕里诺斯(Eupalinos)在设计隧道工程时就运用了相似三角形的性质(汪晓勤，2007)；我国汉代数学名著《九章算术》“勾股”章中含有一系列勾股测量问题，均需利用相似三角形性质来解决。虽然数学史上关于相似三角形应用的文献浩如烟海，但是中学教师所掌握的可直接用于课堂教学的材料却极为缺乏。现行教科书在相似三角形的性质和判定定理之后大多涉及定理的应用，人教版、华东师大版教科书设计了泰勒斯测量金字塔的例题；北师大版教科书设计了一个活动课题(旗杆或路灯高度的测量)，并附加了一则关于刘徽与“海岛算经”的历史小故事；浙教版和沪教版教科书都用树高测量问题来体现相似三角形的应用，但并未运用数学史料。

在已有的关于“相似三角形应用”的教学设计中，个别 HPM 视角下的设计主要运用了古代中国和希腊的数学史素材，并未涉及近代西方数学史文献(王进敬，汪晓勤，2011)。大多数教学设计虽然都很重视实际应用，但除了泰勒斯测量金字塔等个别例子，很少涉及数学史。(倪昀倩，2014；黄健等，2018；尹慧敏，2018；于建营，2019；姜小红，2019)

为此，我们选取 16 世纪欧洲具有代表性的三种关于测量的文献——巴托里的《测量之术》(Bartoli, 1564)、贝里(S. Belli, ？—1580)的《测量之书》(Belli, 1570)和费奈乌斯的《数学之源》(Finaeus, 1532)进行考察，以试图回答以下问题：16 世纪数学家是如

---

* 浙江省杭州闻涛中学教师。

何利用有关测量工具进行测量的？测量方法有哪些类型？从中能得到什么教学启示？

27.2 16世纪的测量工具

27.2.1 表

表(拉丁文名 baculus,英文名 staff)是西方最古老的一种测量工具,如图 27-1 和图 27-2,它由一根已知长度的直杆做成,利用日光投影这一自然现象,构造两个相似直角三角形,进而确定所测物体的高度。

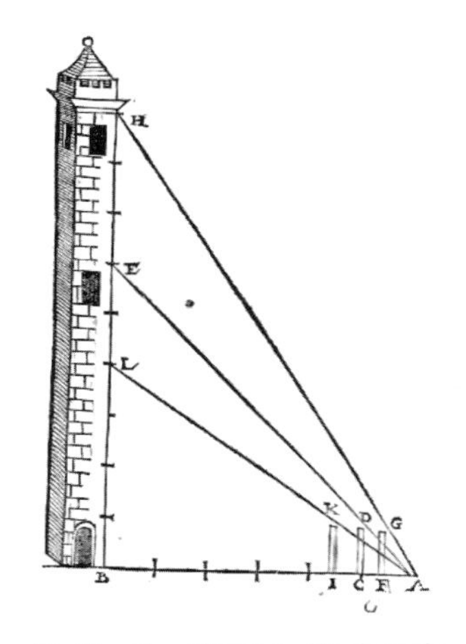

图 27-1 《测量之术》中的表

图 27-2 《测量之书》中的表

27.2.2 平面镜

平面镜(拉丁文名 speculum,英文名 mirror)本身并非专门的测量仪器,后来逐渐成为借作此用的简单工具(Smith, 1923, pp. 344—356),如图 27-3 所示。人们使用平面镜,是利用光的反射这一物理特性,通过构造一对相似直角三角形来完成测量的。

27.2.3 矩尺

和平面镜一样,矩尺(拉丁文名 norma 或 gnomon,英文名 carpenter's square)也是一种简单测量工具。如图 27-4,矩尺由相互垂直的一长尺、一短尺构成,呈"L"形,尺上带有刻度。有的矩尺上还系有权线,使用时权线自然下垂。有的矩尺没有权线,测量时可以与表搭配使用。

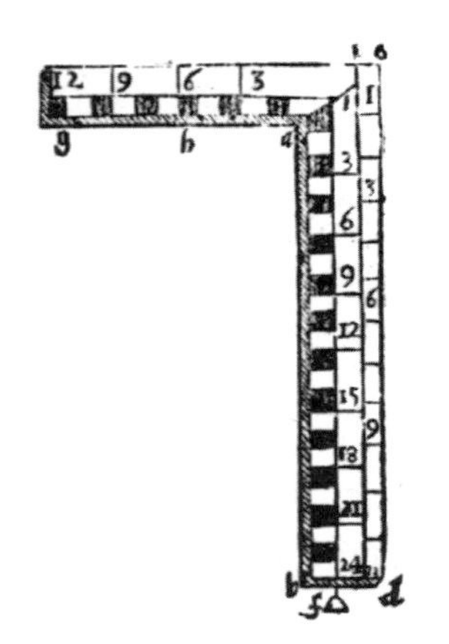

图 27－3 《数学之源》中的平面镜测高法 图 27－4 《测量之术》中的矩尺

27.2.4 十字杆

十字杆（cross-staff）亦称几何杆（geometric cross）、雅各布杆（拉丁文名 baculus Jacobi，英文名 Jacob's staff）或测量杆（拉丁文名 baculus mensorius）（Smith，1923，pp. 344—356）。如图 27－5 所示的十字杆是由一根长约 4 尺的直杆 AB 以及一根与之垂直的滑动横杆 CD 组成，直杆上有刻度，其单位长度等于滑动横杆的长度。十字杆既可以测量建筑物的高度，也可以测量两物之间的距离。

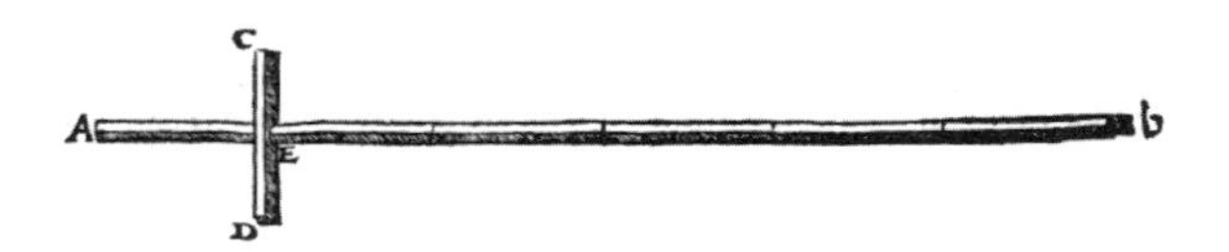

图 27－5 《数学之源》中的十字杆

27.2.5 四分仪

四分仪（拉丁文名 quadrans，英文名 quadrant）形制多样，是一种十分古老的测量仪器，它的出现可以上溯到托勒密（C. Ptolemy，85？～165？）的《天文学大成》（Smith，1923，pp. 344—356）。四分仪上有两种装置，即窥衡（sighting rule）和权线（plumb line），测量时这两种装置可独立使用或搭配使用（潘澍原，2017）。

在窥衡尺的两端附近各立一个完全相同的通光耳，每个通光耳上都钻有两个圆形的通光孔，一大一小，制作时必须保证这两个通光孔的圆心都位于窥衡尺的中心线上，实际测量时，先用两个通光耳上大的通光孔进行粗略观察，然后再用两个小的通光孔进行精确测定。权线末端栓有小锤权，令小锤权自然下垂，受重力作用可以使权线保持竖直。测量时可以选择仪身不动，转动窥衡测望目标并读取相应数据；也可选择转动仪身，用四分仪的直边对准目标物进行测望，然后权线自然下垂而读取相应数据。因此，根据使用方式，四分仪也分为“定仪”“游仪”两种（潘澍原，2017），如图 27－6 所示。

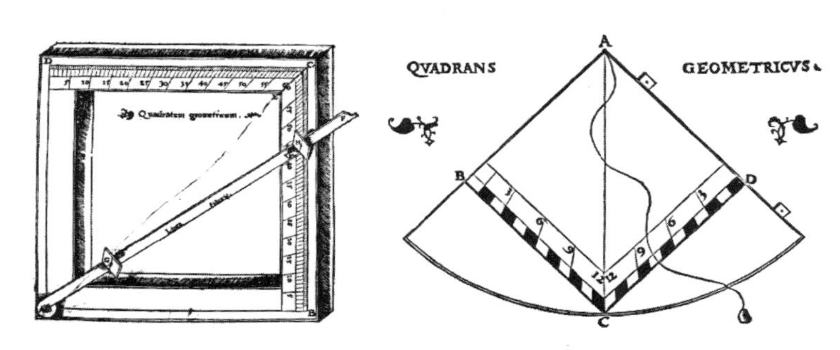

图 27－6 《数学之源》(1532)中的两种四分仪(左为定仪、右为游仪)

27.2.6 鼓面

鼓面(drumhead)是一种测量角度的简单工具，通过测量角度进一步也可以用来测距、测高。如测量到城堡的距离、测量塔的高度等。美国数学史家史密斯在其《数学史》中提到了这种测量工具，文艺复兴时期接连不断的战争推动了测量技术的发展，鼓面就是在这种背景下诞生的(Smith, 1923, pp. 344—356)。

图 27－7 《测量之术》中的鼓面测量方法

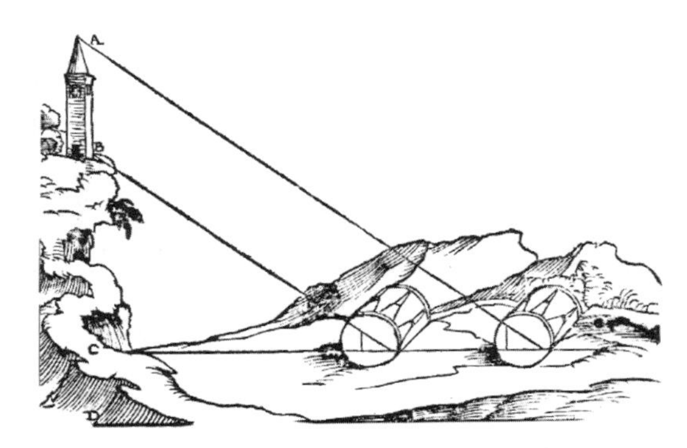

图 27－8 《测量之书》中的鼓面测高法

27.3　测量方法

因为测量环境的不同,所需的测量次数也不一样,在我们所考察的三本书中,出现了一次测量、二次测量和四次测量的情形。

27.3.1　一次测量

这种测量是最简单的,当测量环境比较理想时,测量员可以借助平面镜、矩尺、四分仪等构造一组相似三角形来测量所需的高度、深度、距离。下面一一举例。

情境 1　平面镜测高

如图 27 - 9,测量员要用平面镜来测量建筑物 AB 的高度。将平面镜平置于地平面上,其中心位于点 C。测量员立于与建筑物底部点 B、C 同在一水平线上的点 D 处,调整点 D 的位置,使得从点 E 目视平面镜,恰好能看到建筑物顶部点 A 在平面镜中心 C 处所成的像。测出人目至足底的距离 ED、人到平面镜的距离 CD、建筑物底部到平面镜的距离 BC。根据光的反射原理,$\angle ECD = \angle ACB$,所以 $\triangle ECD \backsim \triangle ACB$,于是得建筑物的高度 $AB = \dfrac{ED \times BC}{CD}$。

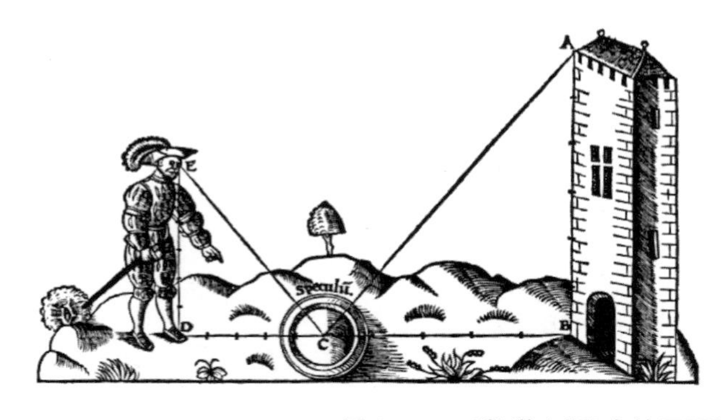

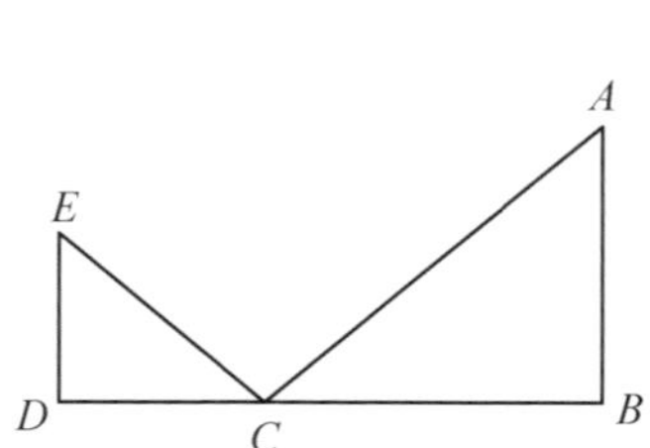

图 27 - 9　《数学之源》中的平面镜测高

情境 2　四分仪测远

如图 27 - 10,测量员要用四分仪测量点 B 和 E 之间的距离,利用窥衡,从点 A 测望点 E,读取 DF 的数据,利用 $\mathrm{Rt}\triangle ADF \backsim \mathrm{Rt}\triangle EBA$,可得 $BE = \dfrac{AB \times AD}{DF}$。

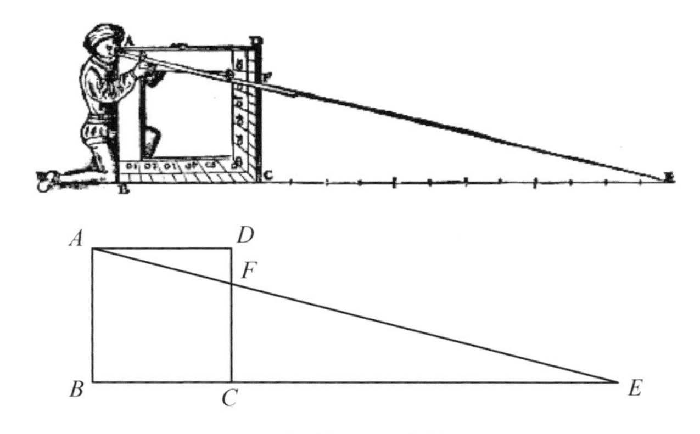

图 27－10　《数学之源》中的四分仪测远

类似地，也可以用四分仪测山坡的长度（图 27－11）。

另一种测远的方法如图 27－12 所示。测量员用含窥衡和权线的四分仪来测点 E 和 F 之间的距离。左手持四分仪，眼睛通过窥衡测望点 F，此时权线自然下垂，与 BC

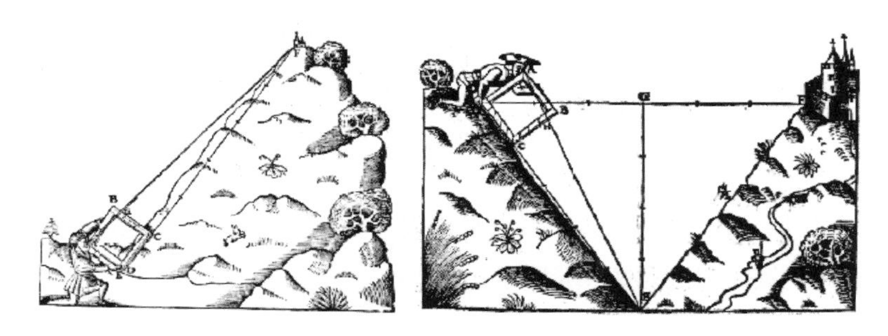

图 27－11　用四分仪测山坡的长度

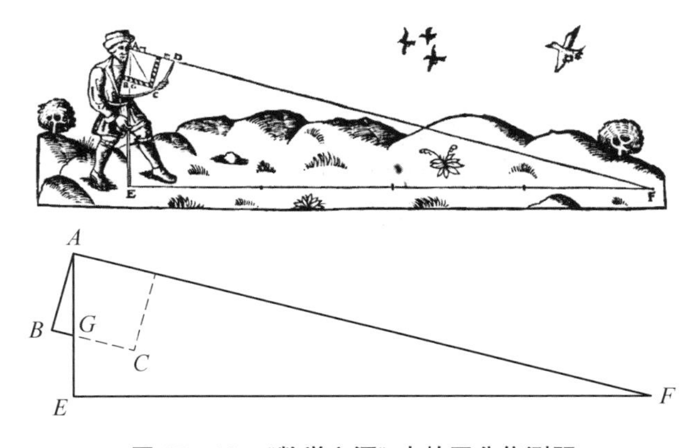

图 27－12　《数学之源》中的四分仪测距

交于点 G，记录 BG 的长度以及人目距地面的高度 AE。因为 $\angle GAB=\angle AFE$，所以 $\triangle ABG \backsim \triangle FEA$，得 $\dfrac{AB}{EF}=\dfrac{BG}{AE}$，从而得所求距离 $EF=\dfrac{AB\times AE}{BG}$。

情境3　四分仪测高

利用四分仪，根据直角三角形的相似性以及测量地与建筑物的距离，可以测出建筑物的高度，如图 27－13 所示。

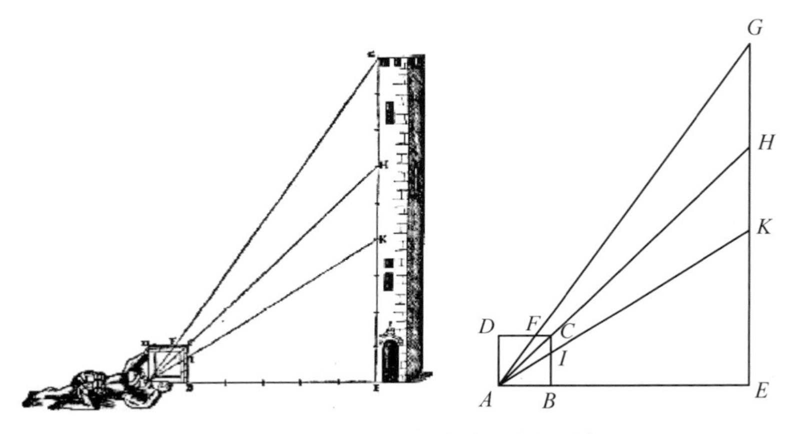

图 27－13　《数学之源》中的四分仪测高

另外，利用四分仪和铅垂线，也可以根据斜三角形的相似性以及山坡的长度来测量山顶上建筑的高度，如图 27－14 所示。

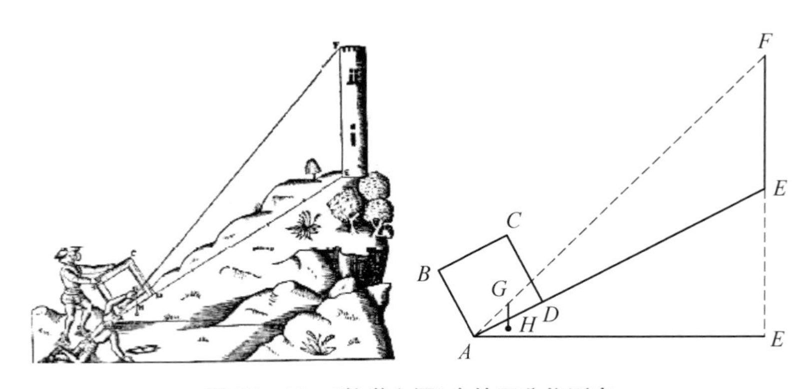

图 27－14　《数学之源》中的四分仪测高

情境4　由影测高

利用四分仪，根据直角三角形的相似性以及建筑物的影长，也可以测出建筑物的高度，如图 27 - 15 所示。

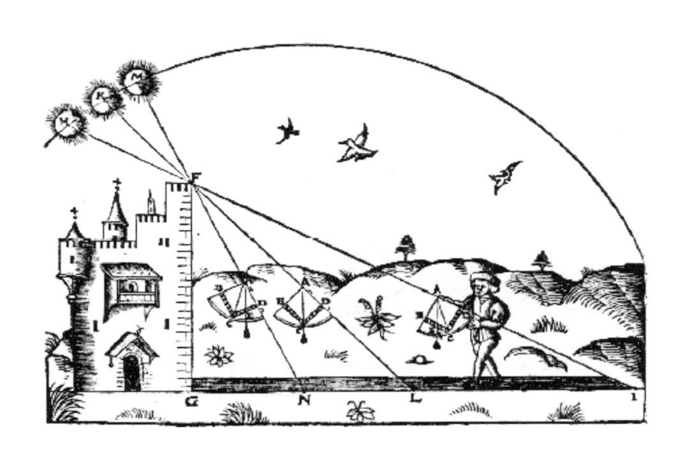

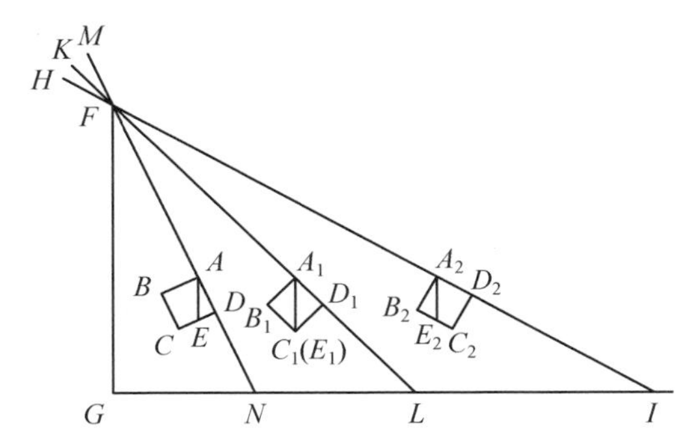

图 27 - 15 《数学之源》中的以影测高

当太阳分别在点 M、K、H 处时，建筑物 FG 的影长分别是 GN、GL、GI，利用 $\triangle ADE \backsim \triangle FGN$，可得$\frac{AD}{DE}=\frac{FG}{GN}$，因此建筑物的高度 $FG=\frac{AD \times GN}{DE}$。同理也能得到 $FG=\frac{A_1D_1 \times GL}{D_1E_1}$ 或 $FG=\frac{A_2B_2 \times GI}{B_2E_2}$。

情境 5 四分仪测深

如图 27 - 16，测量员用四分仪测量一方井的深度，即图中 BG 或 EF 的长度。将四分仪置于方井上的边沿，通过窥衡测望井底点 F，窥衡杆与四分仪的一边 BC 交于点 H，记录 BH 的长度。由 $\triangle ABH \backsim \triangle AGF$，得$\frac{AB}{AG}=\frac{BH}{GF}$，其中 $GF=BE$ 可以直接测得，AB、BH 可从四分仪中读出，故可求得 AG，减去 AB，即得井深 BG。

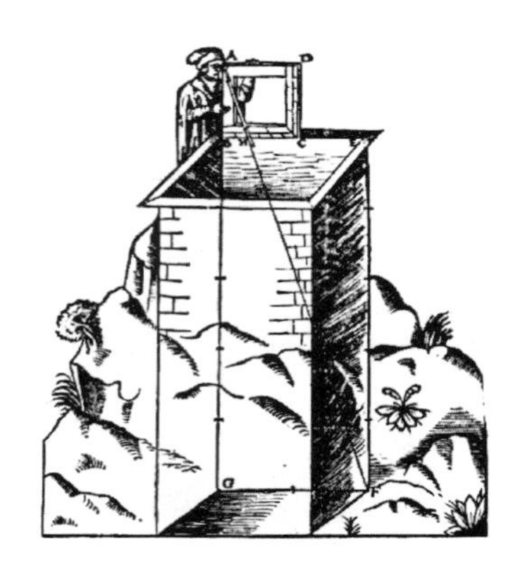

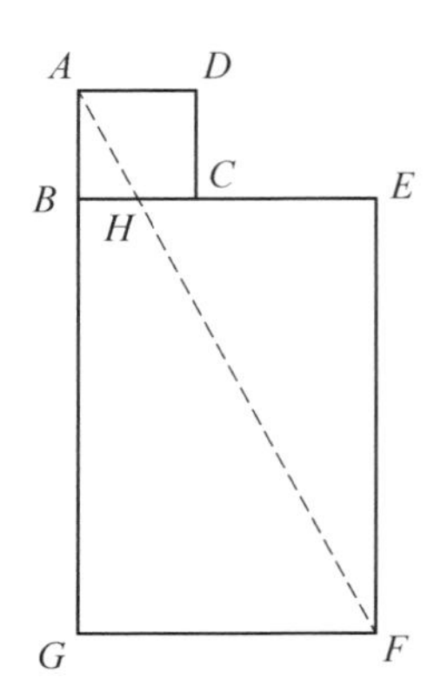

图 27-16 《数学之源》中的四分仪测井深

情境 6 矩尺测远

如图 27-17，测量员想测量点 A 和 B 之间的距离，所用测量工具为矩尺和表。先将表 AC 立于点 A 处，与地面垂直，然后将矩尺置于表上，直角顶点与表顶 C 重合。通过测望，使矩尺一边 CD 指向点 B，此时，矩尺的另一边 CE 对准地面上的点 F，记录 AF 的长度。由 $\triangle FAC \backsim \triangle CAB$，得 $\frac{AF}{AC}=\frac{AC}{AB}$，从而得 $AB=\frac{AC^2}{AF}$。

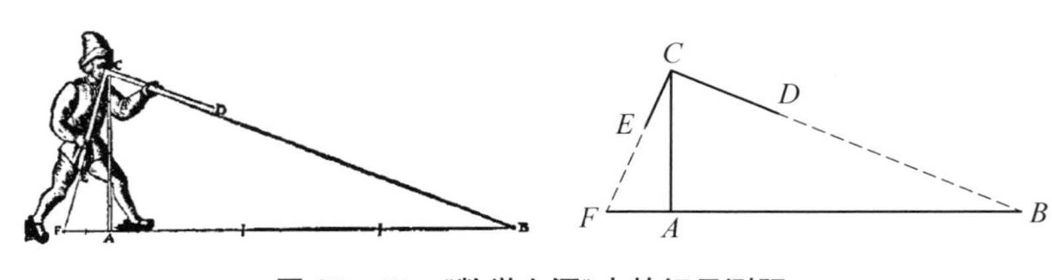

图 27-17 《数学之源》中的矩尺测距

用矩尺测望比只用眼睛测望准确度高，并且表长 AC 是已知的，只需记录 AF 的长度，这种测量方法方便快捷、测量数据少。如果用权线代替表也是可行的，这时表 AC 的长度就等于权线竖直下垂时所对地面上的点到矩尺直角顶点的距离，这个数据是需要另外记录的。

27.3.2 二次测量

现实情境中，测量环境可能并没有那么理想。实际上，测量员经常会遇到一些障碍物，如河流、灌木丛、沼泽地等，测量地与建筑物之间的距离无法直接测得。此时一次测量无法满足测量要求，于是人们想到了进行二次测量，先获得测量地与建筑物之间的距离，进一步再通过计算，得到建筑物的实际高度。

情境 7　四分仪测高

如图 27－18，测量员用四分仪测量远处河对岸的塔楼高度，但是由于河水阻断，无法测得人和塔楼之间的距离。测量员伏身于点 G 处，测望塔楼顶部一点 F，记下 DH 的刻度值，然后，向后挪动四分仪到点 I 处，伏身测望塔楼顶部同一点 F，记录 $D'K$ 的刻度值，并记录向后挪动的距离 IG。由三角形的相似性，易得 $\frac{ID'}{IE}=\frac{D'K}{EF}$，$\frac{GD}{GE}=\frac{DH}{EF}$，因为 $ID'=GD$，由上面两个等式可求得建筑物的高度 $EF=\frac{DH \cdot D'K}{DH-D'K}\times\frac{IG}{GD}$。

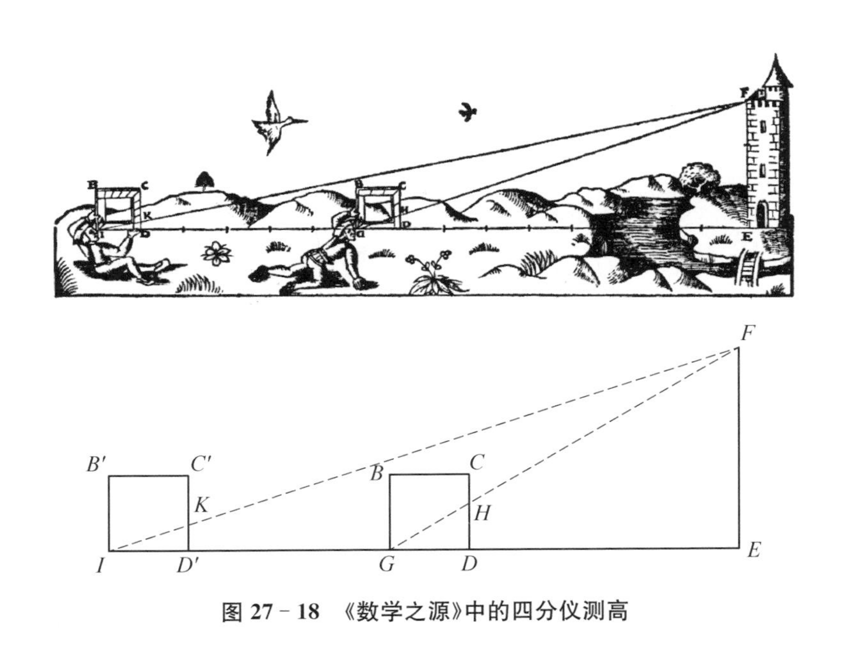

图 27－18　《数学之源》中的四分仪测高

情境 8　鼓面测高

如图 27－19，与情境 5 一样，测量员需要测量远处建筑物的高度，所用测量工具是鼓面，与四分仪相比，鼓面的特点是不仅能测量高度，还可以测量角度。该情境下，建筑物的前方是一块坡地，测量员只能在坡地上测望。此时建筑物底部一点 B 与测量位置在同一水平面，建筑物的底部一点 C 在测量位置水平面以下。因此，测量员需先测地面到建筑物顶部的距离 AB，再加上地面到建筑物底部的距离 BC，其和为建筑物的高度 AC。

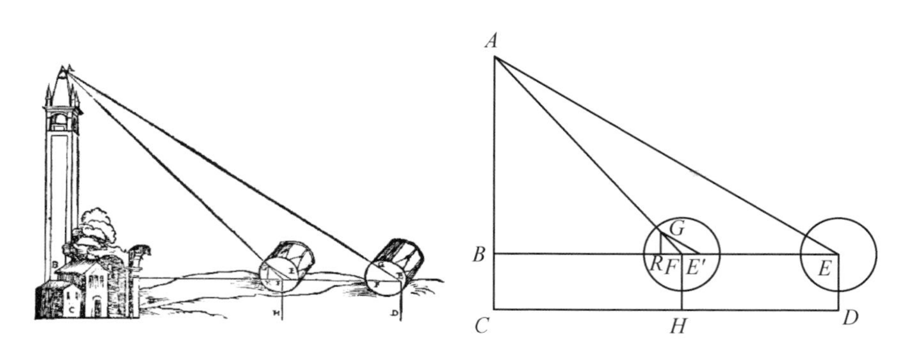

图 27－19 《测量之书》中的鼓面测高

具体操作如下：先将鼓面置于点 D 处，伏身测望建筑物顶部一点 A，记录此时的仰角 $\angle AEB$，然后将鼓面向靠近建筑物的方向挪动至点 H 处，继续伏身测望点 A，在鼓面上标记视线 AF 上的任意一点 G，过点 G 作水平线 EF 的垂线，垂足为点 R。在直线 EF 上取一点 E'，使得 $\angle GE'R=\angle AEB$，此时 $AE \parallel GE'$。测量员需要记录两次测量鼓面移动的距离 DH，以及 GR、$E'F$ 和 BC 的长度。因为 $\triangle GFE' \backsim \triangle AFE$，$\triangle FGR \backsim \triangle FAB$，所以 $\frac{E'F}{DH}=\frac{FG}{FA}$，$\frac{FG}{FA}=\frac{GR}{AB}$，得 $\frac{E'F}{DH}=\frac{GR}{AB}$，从而得 $AB=\frac{DH \times GR}{E'F}$，再加上 BC，即得建筑物的高度。

情境 9 十字杆测距

如图 27－20，测量员想测量河对岸两点之间的距离 FG，使用的工具是十字杆。先立于点 H 处，将十字杆的横杆 DC 滑动到一个刻度（点 E）上，使得人眼在观察目标 FG 时其视线正好被横杆遮住。然后测量员立于点 L 处，将横杆向后滑动一个单位长度（至点 E'），此时横杆 DC 恰好也能遮住目标 FG。于是，根据十字杆的构造原理，可得 FG 等于两次测量位置之间的距离 LH。当然这项工作也可以由两位测量员同时完成，只要标记两个测量员进行测望时所处的位置，然后测量两个位置之间的距离即可。

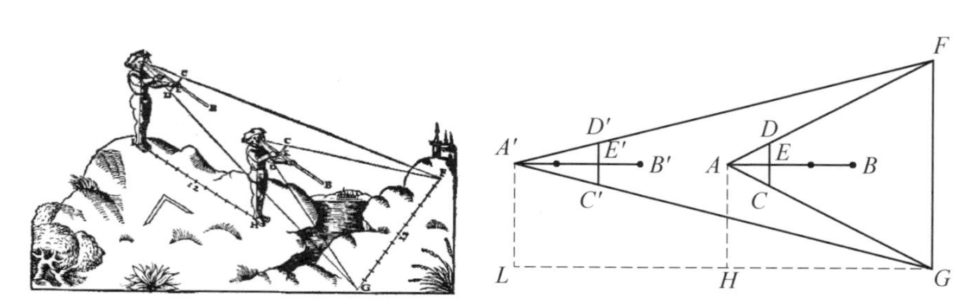

图 27－20 《数学之源》中的十字杆测距

根据十字杆的构造可知，在测量过程中，横杆 DC 滑动一个刻度的距离刚好等于其本身的长度，即 $A'E'-AE=DC=D'C'$，接下来只要说明 LH 等于 FG 即可。根据相似三角形性质可知，$\frac{A'E'}{C'D'}=\frac{LG}{FG}$，$\frac{AE}{CD}=\frac{HG}{FG}$。接着，由第一个等式，可得$\frac{A'E'}{CD}=\frac{LG}{FG}=\frac{LH}{FG}+\frac{HG}{FG}$，由此得$\frac{A'E'}{CD}=\frac{LH}{FG}+\frac{AE}{CD}$，进一步移项、化简，可知$\frac{LH}{FG}=1$，即 $LH=FG$。

27.3.3　四次测量

由上文可知，当建筑物坐落于远处平地时，需要进行二次测量。那么，当建筑坐落于远处高地时，则需要进行四次测量，其原理与二次测量相同，是二次测量情境的复杂版本。

情境 10　四分仪测高

如图 27－21，测量员用四分仪测量远处山上的一个建筑物的高度，受周围地理环境的限制，无法测得人到建筑物的水平距离。第一次测量时，测量员立于点 I 处测望建筑物底部一点 G，此时权线竖直垂下正好过点 C；第二次测量时，测量员立于点 L

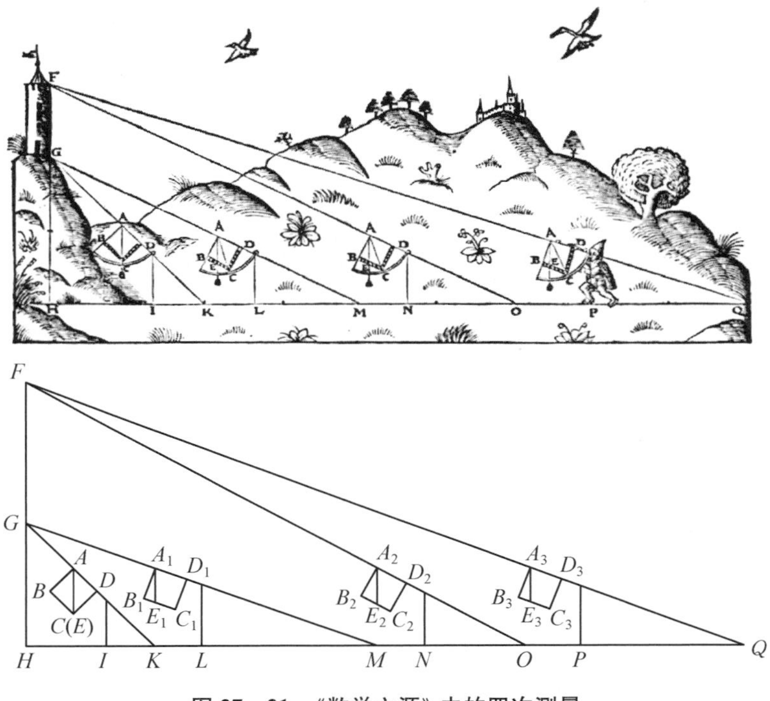

图 27－21　《数学之源》中的四次测量

处，测望建筑物底部同一点 G，此时，权线自然下垂，且与四分仪的一边 BC 交于点 E，记录 BE 的长度。接着，第三、四次测量，测量员分别立于点 N 和 P 处测望建筑物顶上一点 F，分别记录权线所在的位置。前两次测量是为了求得建筑物底部到平地的垂直距离，即 GH 的长度，后两次测量是为求得建筑物顶部到地面的垂直距离，即 FH 的长度。将两次所求相减，即得到建筑物高度 FG。

如图 27－21，矩形 $ABCD$ 和 $A_1B_1C_1D_1$ 代表四分仪，AC 与 A_1E_1 为权线所在的位置，因为 $\triangle ABE \backsim \triangle KHG$，$\triangle A_1B_1E_1 \backsim \triangle MHG$，所以 $\frac{GH}{KH}=\frac{BE}{AB}$，$\frac{GH}{MH}=\frac{B_1E_1}{A_1B_1}$，于是得 $KH=\frac{B_1E_1}{BE-B_1E_1}\times MK$。从而得到建筑物底部与地面的垂直距离 $GH=\frac{BE\times B_1E_1}{BE-B_1E_1}\times\frac{MK}{AB}$。同理，经过第三、四次测量也能得到 FH 的值，则 $FG=FH-GH$。

27.4 教学启示

16 世纪各种测量术都与相似三角形密切相关，人们根据实际需要，构造一组（情境 1—6）、两组（情境 7—9）、四组（情境 10）相似三角形，根据相似三角形对应边成比例这一性质，可以在建筑、勘探、水利、军事等方面有效解决测量问题。在 HPM 视角下的“相似三角形的应用”教学中，16 世纪的测量工具与测量术是理想的教学素材。

（1）教师可以创设测量问题的情境，让学生分组讨论，尝试还原古人的测量方法。一方面，学生可以在这一过程中感受到学习相似三角形知识的必要性；另一方面，学生有机会与古人对话，体验成功的愉悦，树立学习的自信心。

（2）不同地域、不同的文明在同一数学课题上都有其各自的成就与贡献。教师可以利用技术，制作 HPM 微视频，介绍东西方测量的历史，让学生感悟数学文化的多元性。

（3）一次、二次、四次测量的难度依次递增。首先，教师可以设置一次测量的情境，让学生体会“知远求高、知高求远”的含义；在此基础上，设置一定的障碍，如遇河流、险滩，使得“远”不可测，进而需要通过二次测量先求“远”，再测“高”；最后，在二次测量基础上，测量坐落于山上的建筑物，则需要两次先求“远”，再测“高”，即需四次测量。总之，编制习题时，可以根据知识的自然发生过程，注意题目的趣味性、选择合理的难易梯度。

（4）古人在测量的道路上一定不是一帆风顺的，他们克服种种困难、挫折，发明了诸多精巧的测量工具，使得“极远”“极深”“不知距”变得“可测”。了解这一点，学生既能体会数学的价值，也能明白数学学习需要不畏困难、坚韧不拔等品质，从而达成德育之效。

参考文献

黄健，林采露（2018）. 数学文化视角下问题解决式教学——“相似三角形应用举例”教学设计. 中学教研（数学），（07）：4－7.

姜小红（2019）. 相似三角形及应用. 中学数学教学参考，（1－2）：63－65.

倪昀倩（2014）. 变出精彩，提高效率——以“相似三角形的应用”为例. 数学教学通讯，（16）：17－19.

潘澍原（2017）. 明季西方高远测量仪器的引介与影响——以《测量全义》之“小象限”为中心. 自然科学史研究，36（04）：462－488.

王进敬，汪晓勤（2011）. 运用数学史的“相似三角形应用”教学. 数学教学，（8）：22－25.

汪晓勤（2007）. 相似三角形的应用：从历史到课堂. 中学数学教学参考，（9）：54－55.

尹慧敏（2018）. 初中数学教学中建模思想的应用——以“相似三角形的应用”为例. 初中数学教与学，（15）：7－9.

于建营（2019）. 基于核心素养的递进式教学实践研究——以“相似三角形的应用”教学为例. 中学数学教学参考，8：18－20＋26.

Bartoli, C. (1564). *Del Modo di Misvrare*. Venetia: Francesco Franceschi Sanese.

Belli, S. (1570). *Libro del Misvrar*. Venetia: Giordano Ziletti.

Finaeus, O. (1532). *Protomathesis*. Parisiis: Ioannis Petri.

Smith, D. E. (1923). *History of Mathematics* (Vol. 2). Boston: Ginn & Company.

28 轨迹的应用

张佳淳*

28.1 引言

20世纪，欧洲数学家极力主张应该在数学领域中给予运动观点更突出的地位。这是因为，运动作为学生相当熟悉的现象，其抽象化形成的数学概念可以帮助学生理解和欣赏数学。轨迹就是这类概念，例如，打开一本书或一扇门的过程蕴含各种轨迹。它将具体的过程理想化，使得学生能利用已有的几何知识，赋予几何图形在"量"上的精确性(National Committee of Fifteen on Geometry Syllabus, 1912)。所以，轨迹概念与现实生活息息相关。

从历史上看，轨迹很早就被人们所认识。古希腊时期，数学家已经认识到可以利用轨迹来解决三等分角问题。(Merzbach & Boyer, 2011, pp. 62—63)这体现了轨迹在数学学科内部的应用。现行沪教版初中数学教科书通过苹果自由落地、抛出的篮球和悬挂着的钟摆往返摆动等作为生活情境引入轨迹概念，也体现了轨迹在现实生活的应用。

但在教科书的后续内容中，出现较多的是纯数学情境的习题，而轨迹在现实生活中的应用问题却是凤毛麟角。在已有的关于平面轨迹的教学案例中，个别 HPM 视角下的教学设计主要运用了古希腊时期的数学史材料(马艳荣，汪晓勤，2018；张佳淳，汪晓勤，2020)，几乎没有涉及有关轨迹应用的数学史素材。究其原因，适用于课堂教学的历史素材的匮乏，造成了"巧妇难为无米之炊"的现状。

数学的社会角色、数学美以及数学与人类其他知识领域之间的联系等是基于数学史的数学文化的重要内涵(汪晓勤，2018)，因此，在提倡将数学文化融入数学课堂教学

* 华东师范大学教师教育学院硕士研究生。

的今天，对数学主题背后的历史文化素材进行挖掘和整理，是教学实践的必然需求。鉴于此，本章对美英早期几何教科书进行考察，以试图回答以下问题：轨迹概念在数学和现实生活中有哪些方面的应用？轨迹概念有什么教育功能？我们从中能获得什么教学启示？

28.2 早期教科书的选取

从有关数据库中选取19—20世纪出版的89种美英几何教科书作为研究对象，其中72种出版于美国，17种出版于英国。以20年为一个时间段进行统计，这些教科书的出版时间分布情况如图28-1所示。

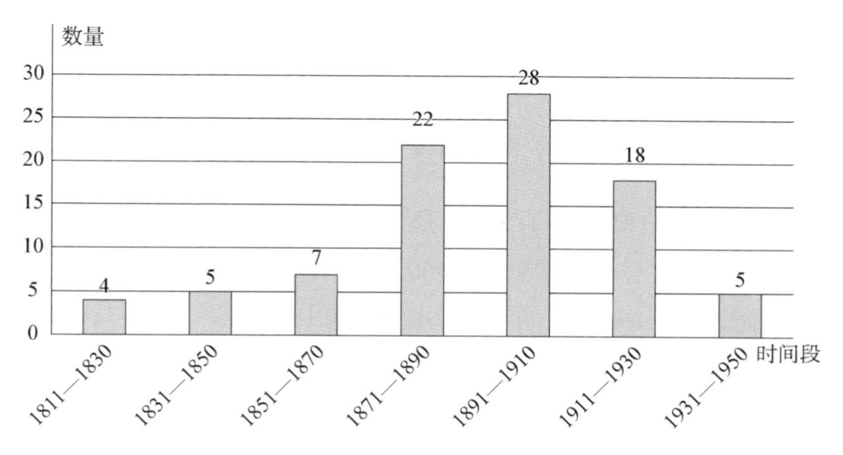

图28-1 89种美英早期几何教科书的出版时间分布

接着，分别从数学内部和外部两方面考察轨迹的应用，尤其关注圆、直线等可用轨迹思想作出的基本图形的应用，从中提取早期教科书关于轨迹思想及相关应用的素材。

28.3 数学内部的应用

在早期几何教科书中，关于轨迹在数学学科内部的应用主要是三角形、圆等基本图形的作图。

例1 已知底，且三角形顶点到底边的垂直距离和两边之比给定，如何作出三角形？（Cresswell, 1819, p. 341）

作图过程涉及两种轨迹，一是由于三角形顶点到底边的垂直距离固定，所以三角形顶点的轨迹是与底边平行的直线；二是与两给定点距离之比固定的点的轨迹是直线或圆，再由交轨法最终确定三角形顶点所在位置，从而完成三角形的作图。

例 2 如图 28－2，若给定弦 AB，且已知弦 AB 与圆一条切线所成角的大小等于 $\angle C$，如何作出这个圆？（Hopkins, 1902, p. 135）

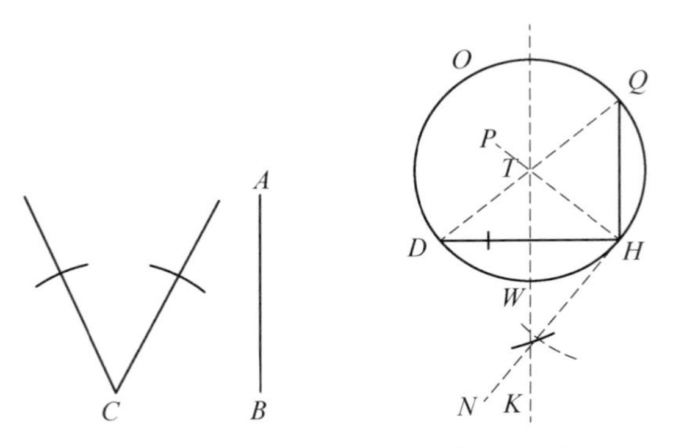

图 28－2 构造圆的条件(左)与过程(右)

作图过程也涉及两种轨迹，首先，令 $DH = AB$，过弦的一个端点 H，作弦切角 $\angle DHN$ 等于给定角 $\angle C$，从而确定切线所在位置，再过点 H 作 $PH \perp HN$，则已知切点和切线位置的圆的圆心的轨迹，是过切点且与切线垂直的直线 PH。其次，DH 为弦，则通过两定点的圆心的轨迹，是弦的垂直平分线，其与 PH 的交点就是圆心所在位置。

28.4 数学外部的应用

28.4.1 生产技术上的应用

轨迹思想及定理在生产技术上的应用主要有两方面的例子。第一，体现在职业技术工人利用轨迹思想，将平面几何作图法应用于实际工作中。

例 3 检验是否为半圆的工具

例如，Slaught & Lennes(1910)在圆周角定理相关内容之后，设计了“轨迹问题”专题练习，其中包括如下一题：在制作芯盒时，制模师使用如图 28－3 所示的直角工具来测试芯盒是否为标准的半圆。这种方法正确吗？请作出证明。

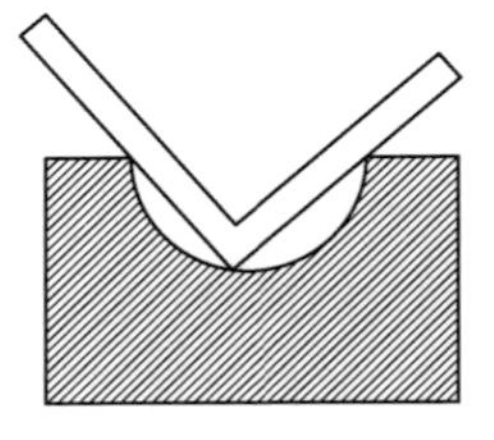

图 28－3 直角工具

有5种教科书提及木匠利用底边给定的直角三角形顶点所成轨迹为圆的原理，来确定铸件的曲线是否为标准的半圆，这一问题也出现在现行人教版九年级上册数学教科书中，作为圆周角定理一节的课后习题。可见，这一检测工件早在19世纪就为人们所使用。

例4 画弧的工具

将直角工具中三角形顶角的角度从直角推广到更一般的情况，固定成一定角度的两块木板则可以用来画任意圆弧。如图28-4，将两个销钉A和B固定在地面上，其距离AB不得大于角架ACB的两边之和。底边AB保持不变，将角架的棱角$\angle C$移动一圈，移动过程中保持角架两边CA、CB紧靠销钉，则在点C处用笔即可画出圆弧(Green, 1858, p. 49)。这种不利用圆心和半径作图的方法具有便利性，且不会在圆心处留下一个孔洞，破坏制品的美感与使用，因此常用来在金属锅或光学玻璃上画圆或圆弧，也用于在地图上标出经纬线。

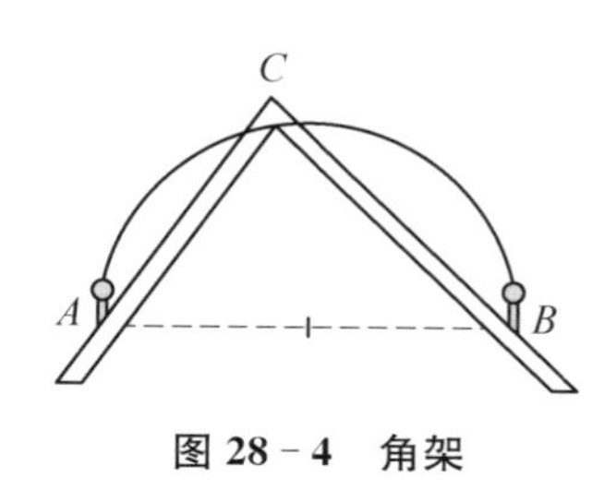

图28-4 角架

例5 画平行线的工具

除了画圆，木匠还用一种叫做量规(gauge)的工具来画一条与木板边缘平行的直线。如图28-5，量规由两个互相垂直的结构组成，结构A所代表的木杆上有一个标记点P，在结构A上套着另一部件B，部件B可以根据需要用螺钉调整其与点P的距离。画图时，将量规的部件B放在木板的边缘，移动量规，则点P所成的标记线与木板边缘平行(Stone & Millis, 1916, p. 89)，其中涉及的原理是与一条定直线距离相等的点的轨迹是与定直线平行的直线。

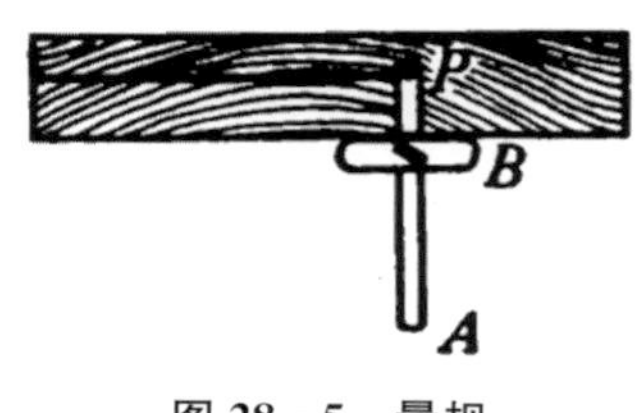

图28-5 量规

轨迹在生产技术中另一方面的应用体现在车辆制造工程中。

例6 车辆制造

使得火车、自行车等交通工具的主动轮与相邻轮连结起来且同步转动的方法体现了轨迹定理(Wormell, 1882, p. 73)。如图28-6，$AA'O'O$是一个所有边长固定且边OO'位置固定的平行四边形，则另外两个

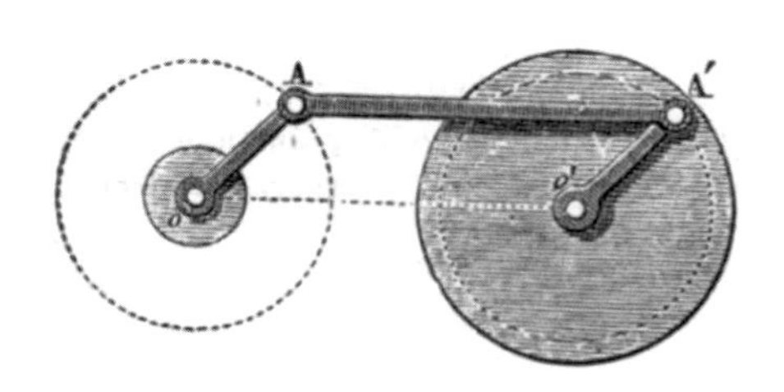

图28-6 火车车轮上的平行连杆

顶点 A、A'的轨迹是分别以 O、O'为圆心的等圆。上述原理表明，制造一根横杆 AA'，其长度等于 OO'，在点 A、A'处与绕固定点 O、O'转动的等长杆子 OA、$O'A'$连结，就可以使车轮同步转动起来。

28.4.2 建筑工程上的应用

1912 年，美国几何大纲“十五人委员会”在其报告中指出，工业设计和建筑装饰充满了细节，这些细节可以作为几何问题的来源，且问题可分为三种：(1)作图问题；(2)证明题；(3)计算题。(National Committee of Fifteen on the Geometry Syllabus, 1912) Palmer & Taylor(1915)指出，在平面几何中研究轨迹的最大意义是可以通过轨迹实现成像和作图，而不是研究轨迹定理的证明。考察早期几何教科书可以发现，利用轨迹作图早就是建筑本身及其装饰图案的一种设计方法。

例 7 设计装饰图形

涉及几何装饰的工业产品包括瓷砖、地板、装饰画、门、窗等。最常见的是通过组合圆、圆弧型等轨迹形成装饰图案。第一类是以等边三角形为基础的圆弧型轨迹的组合。如图 28－7，$\overset{\frown}{AB}$、$\overset{\frown}{AC}$ 和 $\overset{\frown}{BC}$ 是分别以等边三角形的三个顶点 C、B、A 为圆心的弧，$\overset{\frown}{ADFC}$、$\overset{\frown}{BDEC}$ 和 $\overset{\frown}{AEFB}$ 是半圆，每个半圆又与 $\overset{\frown}{AB}$、$\overset{\frown}{AC}$ 和 $\overset{\frown}{BC}$ 中的两段弧相切(Stone & Millis, 1916, p. 166)。这一图形常作为装饰教堂窗户的图案，例如图 28－8 所示为芝加哥第四长老会教堂(Fourth Presbyterian Church)的窗户图案(Slaught & Lennes, 1910, p. 93)。

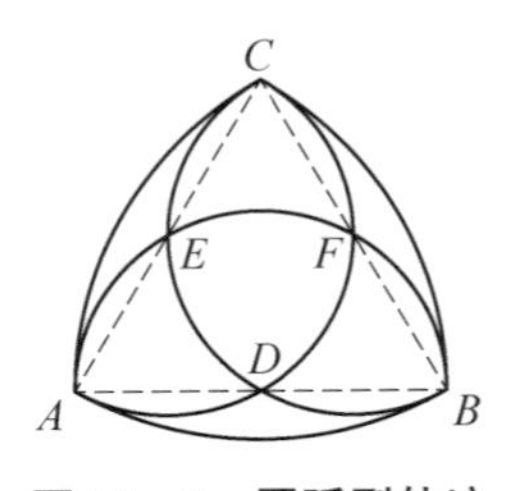

图 28－7 圆弧型轨迹的组合

图 28－8 芝加哥第四长老会教堂窗户图案

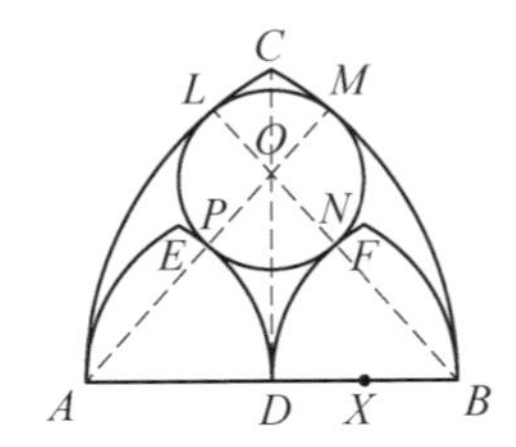

图 28－9 圆与圆弧型轨迹的组合

第二类是以等边三角形为基础的圆与圆弧型轨迹的组合。如图 28－9，$\overset{\frown}{AC}$、$\overset{\frown}{BC}$ 是分别以等边三角形的顶点 B、A 为圆心的弧，CD 为三角形的高，则图形 ABC 称为等边拱。类似地，以 AD 和 BD 为底，画出等边拱形 AED 和 DFB。$\odot O$ 是与 $\overset{\frown}{AC}$、

$\overset{\frown}{CB}$、$\overset{\frown}{DE}$、$\overset{\frown}{DF}$ 同时相切的圆。(National Committee of Fifteen on the Geometry Syllabus, 1912)同时,这个图形中还包含以下轨迹命题:

(1) 与 $\overset{\frown}{CA}$ 和 $\overset{\frown}{CB}$ 同时相切的所有圆的圆心的轨迹,是线段 CD,端点 C 除外;

(2) 与 $\overset{\frown}{DE}$ 和 $\overset{\frown}{DF}$ 同时相切的所有圆的圆心的轨迹,是线段 CD 上的线段 HD,端点 D 除外,点 H 是过点 E 垂直于 ED 的直线与 CD 的交点;

(3) 与 $\overset{\frown}{CB}$ 和 $\overset{\frown}{ED}$ 同时相切的所有圆的圆心的轨迹,是△ABC 中以点 A 为圆心、$\frac{3}{4}AB$ 为半径的圆弧。

这一图形曾出现在芝加哥联合公园教堂的门上,如图 28－10 所示,类似的图案亦出现在英国林肯大教堂中,如图 28－11 所示。(Slaught & Lennes, 1910, pp. 109—110)

图 28－10　芝加哥联合公园教堂的门上图案

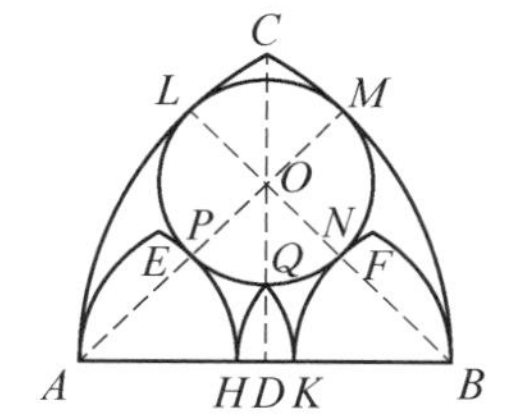

图 28－11　英国林肯大教堂的装饰图案

第三类是以正方形为基础的圆与圆弧型轨迹的组合。这一类型结构经常出现在瓷砖地板的设计中,如图 28－12,在正方形 $ABCD$ 中,共包含有 6 个存在相切关系的半圆。这一结构也曾出现在罗马镶嵌画中(Slaught & Lennes, 1910, p. 92),如图 28－13 所示。

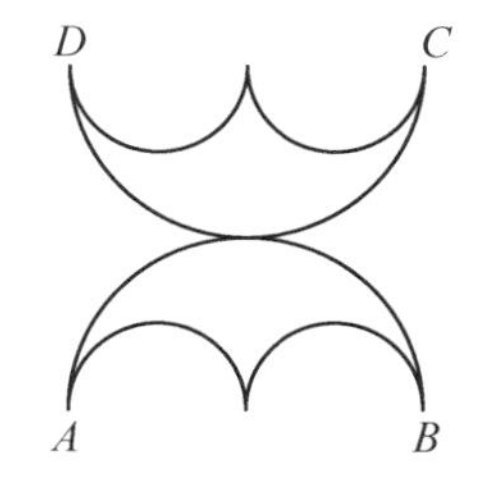

图 28－12　以正方形为基础的轨迹组合(a)

图 28－13　罗马镶嵌画

更复杂的图案如图 28－14 所示，左图为基本图形，右图为左图的镶嵌形成的地板图案。由于整个图形具有对称性，只需研究以 HS 为边的小正方形中，圆与圆弧型轨迹的组合方式。$\odot N$ 与小正方形的边 SH 相切。$\overset{\frown}{ORQ}$ 和 $\overset{\frown}{OKL}$ 是分别以小正方形的顶点 S、H 为圆心，边 HS 的一半为半径的弧。最后，再以 LN 和 NQ 为直径画半圆弧 $\overset{\frown}{LMN}$ 和 $\overset{\frown}{NPQ}$。（National Committee of Fifteen on Geometry Syllabus，1912）

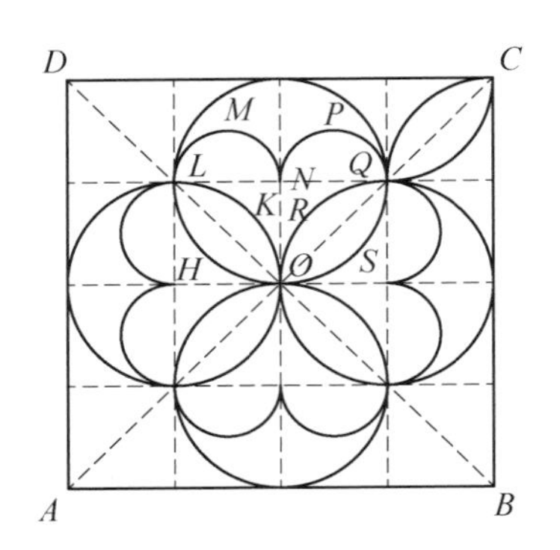

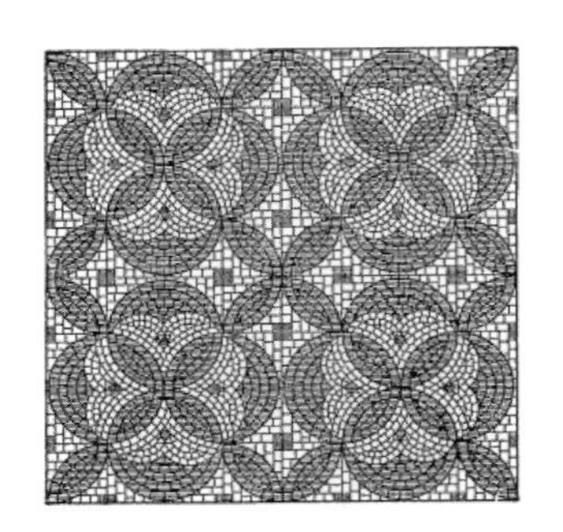

图 28－14　以正方形为基础的轨迹组合(b)

第四类是以正方形为基础的圆型轨迹的组合。如图 28－15，以正方形的对称中心为圆心，有一大一小的同心圆，大圆与正方形各边相切，有一系列小圆与两同心圆相切，同时每一个小圆与相邻的小圆相切。（Long & Brenke，1916，p. 156）

图 28－15　以正方形为基础的轨迹组合(c)

例 8　设计建筑物

直线型与圆（弧）型轨迹的组合图形常作为建筑物本身的一部分，例如威尼斯总督宫和米兰马焦雷医院（Ospedale Maggiore）的墙体构造（Slaught & Lennes，1910，pp. 151—152），都是在两条平行线之间构造圆、半圆和等边拱，如图 28－16 和图 28－17 所示。根据图 28－16，可以提出轨迹问题：求与直线 CD 和等边拱相切的圆的圆心的轨迹。

从 $\odot H$ 着手，$AQ=2PH$，因为 $\odot H$ 与以 A 为圆心、AQ 为半径的圆相切，所以两圆心距离 $AH=3PH$。因此 $HQ^2=AH^2-AQ^2=5PH^2$，即 $HQ:PH=\sqrt{5}:1$，所以与直线 CD 和等边拱相切的圆的圆心的轨迹，是与两平行线距离之比为定值的点的轨迹。同理可以针对图 28－17 提出类似的轨迹问题。

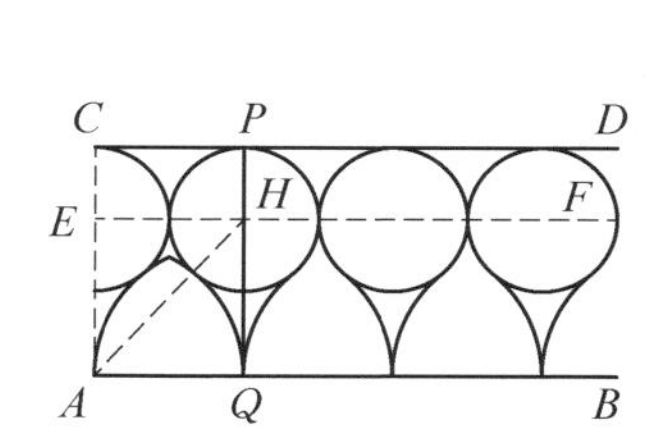

图 28－16　威尼斯总督宫

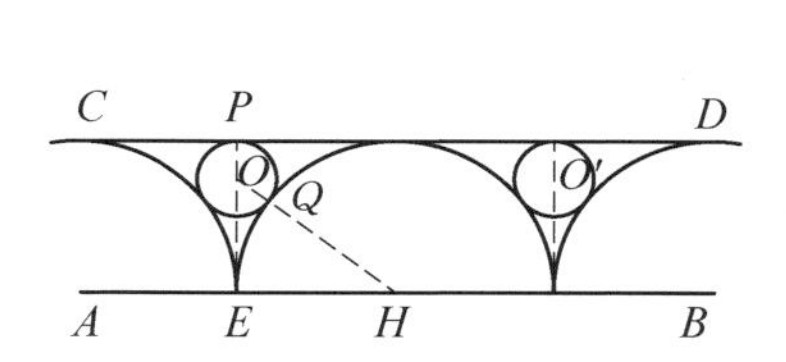

图 28－17　米兰马焦雷医院

若两平行线与水平线垂直，则此类直线型与圆弧型轨迹的组合常常构成典型的拱券。Strader & Rhoads(1927)提及拱券半径的长度和圆心的位置取决于轨迹问题中所学到的事实。最简单的拱券如图 28－18 所示，顶部是一个半圆。第二种常用拱券又称“四心拱”，如图 28－19，先确定两等圆$\odot A$、$\odot B$ 的圆心，再确定两个小的等圆$\odot C$、$\odot D$ 的圆心，$\overset{\frown}{EG}$、$\overset{\frown}{GF}$、$\overset{\frown}{HE}$、$\overset{\frown}{FI}$ 围成拱券的顶部。其他拱券诸如圆弧形拱、半圆形或罗马拱、马蹄形拱、葱形拱等如图 28－20 所示。

图 28－18　简单拱

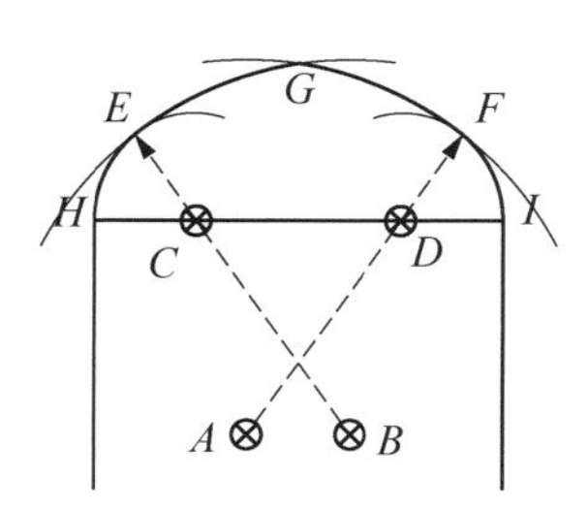

图 28－19　四心拱

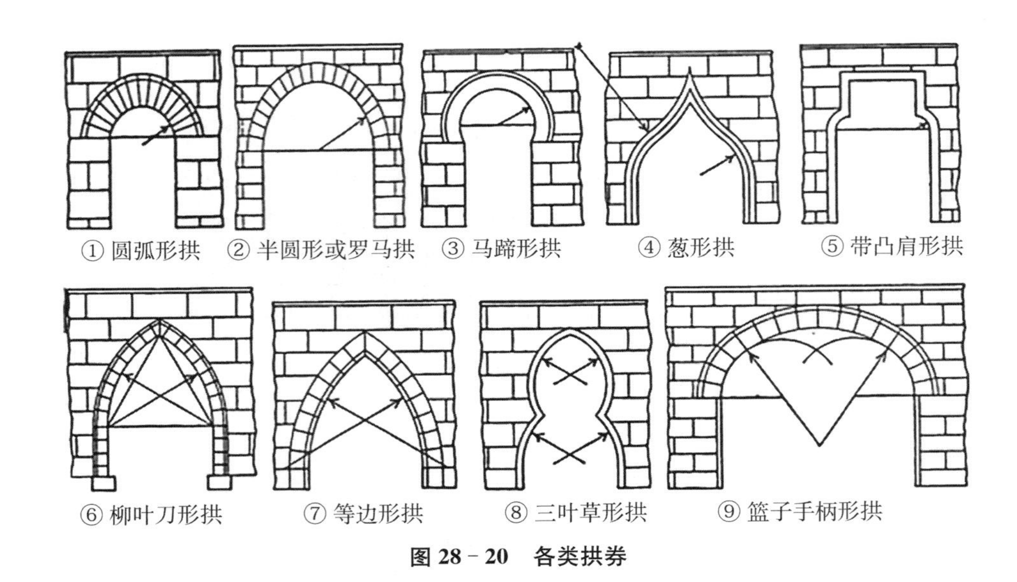

图 28－20　各类拱券

在凯撒统治时期建造的古罗马高架渠融合了上述两种设计类型，显示出最大的强度和最少的用料，是罗马人在工程建筑方面的杰作。如图 28－21，桥高 180 英尺，由三层罗马拱组成。由下到上，分别由 6、11、35 个石拱组成。第二层石拱宽度均为 75 英尺，最底层中除了一个石拱的宽为 75 英尺，其他石拱的宽均为 60 英尺。(Strader & Rhoads，1927，p. 347)

图 28－21　古罗马高架渠

28.4.3　日常生活中的应用

在早期几何教科书中，有不少融入生活情境的轨迹问题，充分反映了轨迹概念在日常生活中的应用。

例 9 简单的生活问题

表 28 - 1 汇总了可以转化为常见轨迹的若干轨迹问题，其中不仅有平面轨迹问题，也包含简单的空间轨迹问题。

表 28 - 1 融入生活情境的轨迹问题

条件	轨迹	问 题
1 个给定点	圆	离你的学校(或家)1 英里远的房子在哪里? 或：距离你所站位置 1 英里的地方在哪里?
		声音的传播速度约为 1 100 英尺/秒。如果一门大炮从某一地点发射，求 3 秒后所有听到这一炮声的人的轨迹。
		求手表分针(或时针)顶端的轨迹。
		剪刀上的螺栓将两片刀片始终固定在一起，求一对剪刀打开时，刀片尖端的轨迹。
		求门打开时，旋转的门把手上的点的轨迹。
	垂直平分线	电线杆要与两所房子的距离相等，求电线杆所在位置的轨迹。
1 条定直线	直线	离笔直的马路 100 英尺的房子在哪里?
		汽车在平直路上向前移动时，求车轮轮毂中心的轨迹。
2 条定直线	角平分线	电线杆与两相交直线的距离相等，求电线杆所在位置的轨迹。
	直线	一艘摩托艇在两岸中间的一条笔直的运河上行驶，求船的轨迹。
1 条定长线段	圆	梯子靠在墙上，一个人站在正中间的一级上。如果梯子滑下来，求这个人的脚的轨迹。
1 个矩形	圆弧	在一个矩形的房子前面，种植树木的方式是将每棵树的底部与距离房子最近的两个角连结起来，形成一个直角。这些树位于哪里?
		如果每棵树的底部和房子最近的两个角落之间的线都围成一个 40° 角，那么这些树是如何定位的呢?
1 个定圆	圆	在城市地图上，求距离“英里圈”200 英尺的房子的轨迹。
		求离圆塔外墙 10 英尺的树根的轨迹。
1 个定平面	平面	求离桌面 2 英寸的点的轨迹。
2 个定平面		在一个长方形的房间里，求与两面墙等距的点的轨迹。

还有教科书提出需要利用交轨法解决的轨迹问题，如例 10、例 11。

例 10 如果有两个发光点，它们可照亮的最远点所成的轨迹是以发光点为圆心，半径分别为 3 和 4 的圆，求在它们所在平面可以同时被两个发光点照亮的点的轨迹。

Bush(1909)提出一个体现趣味性的“海盗藏宝问题”，其中共有 7 处宝藏，分别对应 7 个轨迹问题，如例 11。

例 11　海盗藏宝问题

假设《海盗图》(书中未呈现)对海盗埋藏的宝藏的位置作了如下描述，请你按要求在图中画出宝藏所在位置。(提示：给定的线为实线，轨迹为虚线)

(1) 第一处宝藏距离一棵橡树半英里，同时距离一棵栗树四分之三英里。

问：什么时候有两个可能的地点？什么时候没有？

(2) 第二处宝藏距离一个半径一英里的圆形池塘岸边四分之一英里，同时距离一个相邻的笔直的海滩半英里。

问：什么时候会有 8 个这样的地点？

(3) 第三处宝藏与橡树和栗树的距离相等，同时离邻近的一个半径是四分之一英里的圆形池塘的岸边 1.5 英里。

问：什么时候会有 4 个这样的地点？

(4) 第四处宝藏与收费公路和山谷公路等距，同时也与橡树和栗树等距。

(5) 以收费公路的收费站点为原点，第五处宝藏位于与收费公路所在直线的正方向成 60°的直线上，同时穿过橡树；并且与收费公路所在直线的负方向成 45°的直线上，同时穿过栗树。假设这些树满足：(a)在收费公路上，(b)远离公路。

(6) 第六处宝藏是在学校的收费公路上，也在一条穿过橡树且平行于山路的路上。

(7) 第七处宝藏在穿过橡树且与橡树、栗树连线段垂直的直线上，同时离橡树一英里。

Betz & Webb(1912)试图让学生提出数学问题，见例 12。

例 12　问题提出

(1) 打开一本书或一扇门会给你什么轨迹问题？如果换成一个秋千呢？一个钟摆呢？一个发动机的调速器呢？一个时钟呢？

(2) 针对如图 28－22 所示的“锯齿形”屋顶，你能提出什么轨迹问题？

(3) 什么是交轨法？请你自己编一个问题，使得这个问题的答案是由两个相交的轨迹找到的。

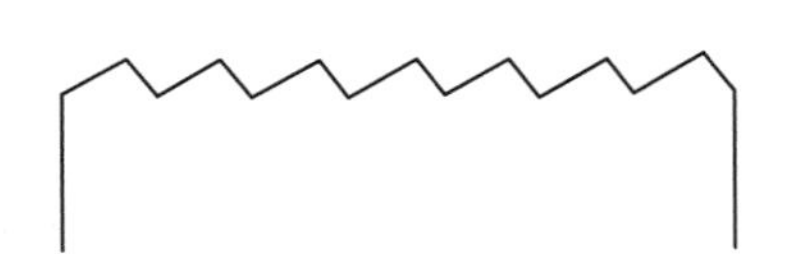

图 28－22　“锯齿形”屋顶

28.5 结论与启示

以上我们可以看到,19—20世纪的人们已经意识到,轨迹概念在数学学科内部与外部的应用都切实有效。学科外部的应用体现轨迹与日常生产、生活中的众多现象密切相关,涉及生产技术、建筑工程、生活经验等领域。从美英早期几何教科书中梳理得到的素材蕴含多元的教育价值,对今日教学有诸多启示。

其一,早期教科书中的轨迹应用,体现了不同时空、地域的人们对轨迹概念价值的高度认可,体现了轨迹的社会角色以及在审美娱乐方面的表现。所以,与轨迹应用相关的数学史可以充分展示文化之魅。教师可以直接采用或借鉴改编史料,利用基于数学史料的数学问题营造探究之乐;探究过程有助于培养学生数学抽象、逻辑推理、直观想象等素养,实现能力之助;还可以设置数学教学任务,让学生利用生活经历编制与轨迹相关的数学问题。在学生解答轨迹问题的过程中,需要综合运用勾股定理、垂直平分线、角平分线、圆周角定理、圆与切线、尺规作图等知识和技能,几乎囊括中学几何课程的半壁江山,促成中学几何的知识体系的完善与丰满,构建知识之谐。

其二,轨迹的应用反映了数学与现实生活、科学技术、人文艺术的关系,说明数学在社会生活、娱乐生活、职业生活中的不可或缺。所以轨迹应用是培养学生用数学的眼光观察世界的绝佳的教学素材,教师可以让学生进行数学写作,启发学生思考数学外部的轨迹甚至人生的轨迹,揭示数学背后的人文精神。教师还可以让学生利用轨迹进行艺术畅想,利用轨迹绘制人物卡通画像、建筑装饰图形、雕塑等,并说明其中所用的轨迹图形,向学生传递数学的人文价值,彰显数学文化的德育之效。

参考文献

马艳荣,汪晓勤(2018). 基于数学史的高中数学问题串初探. 中学数学教学参考(高中版),(4): 7-10.

张佳淳,汪晓勤(2020). HPM视角下的“轨迹”课例研究. 上海课程教学研究,(Z1): 75-80.

汪晓勤(2019). 基于数学史的数学文化内涵课例分析. 上海课程教学研究,(2): 37-43.

Betz, W. & Webb, H. E. (1912). *Plane Geometry*. Boston: Ginn & Company.

Bush, W. N. (1909). *The Elements of Geometry*. New York: Silver, Burdett & Company.

Cresswell, D. (1819). *A Supplement to the Elements of Euclid*. London: G. & W. B.

Whittaker.

Green, H. (1858). *Gradations in Euclid*. Manchester: John Heywood.

Hopkins, G. I. (1902). *Inductive Plane Geometry*. Boston: D. C. Heath & Company.

Long, E. & Brenke, W. C. (1916). *Plane Geometry*. New York: The Century Company.

Merzbach, U. C. & Boyer, C. B. (2011). *A History of Mathematics*. New Jersey: Wiley.

National Committee of Fifteen on Geometry Syllabus (1912). Final report of the National Committee of Fifteen on Geometry Syllabus. *Mathematics Teacher*, 5(2): 46 - 131.

Palmer, C. I. & Taylor, D. P. (1915). *Plane and Solid Geometry*. Chicago: Scott, Foresman & Company.

Slaught, H. E. & Lennes, N. J. (1910). *Plane Geometry*. Boston: Allyn & Bacon.

Stone, J. C. & Millis, J. F. (1916). *Plane Geometry*. Chicago: B. H. Sanborn & Company.

Strader, W. W. & Rhoads, L. D. (1927). *Plane Geometry*. Philadelphia: The John C. Winston Company.

Wormell, R. (1882). *Modern Geometry: A New Elementary Course of Plane Geometry*. London: Thomas Murby.

29 勾股定理的应用

韦润蓉*

29.1 引言

数学是研究现实世界空间形式和数量关系的学科，对社会繁荣和经济发展起着决定性的重要作用，它不仅来源于生活，更运用于生活，从日常小事到浩渺无际的宇宙空间，没有哪一样能绝对离得开数学的方法和原理。因此我们对数学研究得越深入，对现实世界的规律性就能把握得越清楚。相应地，如何在数学课程中体现数学的应用价值，如何将数学应用融入数学课程，也就成了数学教育研究的重要课题之一（汪晓勤，2017）。

勾股定理作为几何学最重要的定理之一，也是利用代数思想解决几何问题的工具，它不仅体现了数形结合的思想，而且在测量、建筑和工程设计方面应用广泛。除此之外，在《义务教育数学课程标准（2011 版）》中也明确要求学生探索勾股定理及其逆定理，并能用它们解决一些简单的实际问题。因此教师在勾股定理的授课中，要注意引导学生将其与实际生活相结合，将生活中的问题融入数学模型中，培养学生的创新意识和应用意识，而不是仅仅抽象地停留在定理的证明上。在已有的勾股定理课例中，虽然有部分教师已经能够将《九章算术》中的问题作为教学引入，以引起学生的探索兴趣，但例子单一，且在利用新知解决问题阶段缺乏将几何学与现实生活应用建立联系的意识。

为了研究教科书中的数学文化内涵，需要回顾历史来获得启发，而不能仅仅局限于现行教科书。那么，在平面几何教学的历史上，有哪些以现实生活为背景的应用？这些应用有何演变规律？导致演变的动因是什么？为了回答上述问题，本章聚

* 华东师范大学教师教育学院硕士研究生。

焦勾股定理的实际应用,对英美早期几何教科书进行考察,以期为今日教学提供思想启迪。

29.2 早期教科书的选取

从有关数据库中选取1730—1969年间出版的120种美英几何教科书作为研究对象,以40年为一个时间段进行统计,其出版时间分布情况如图29-1所示。

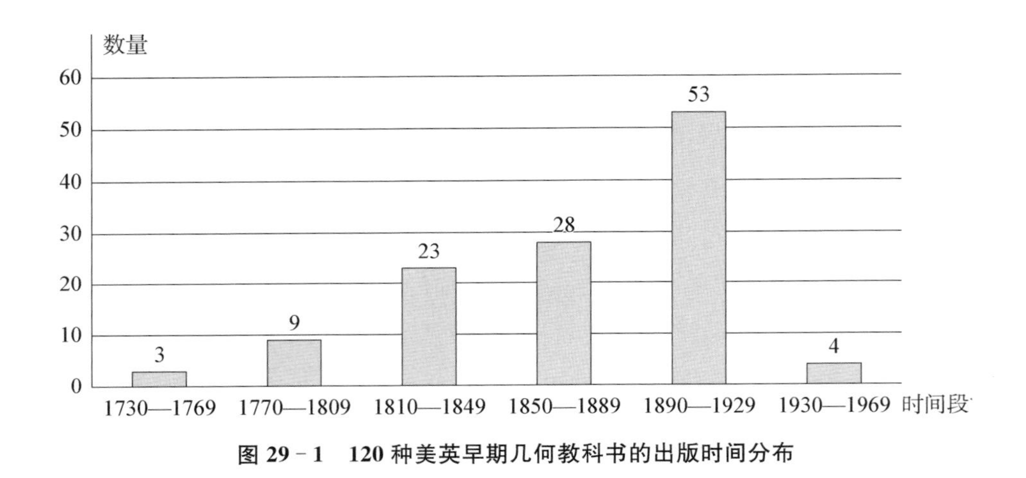

图29-1 120种美英早期几何教科书的出版时间分布

对教科书中有关勾股定理的练习题进行详细解读和分析,从中提取应用类问题,并加以分类。

29.3 勾股定理的实际应用

勾股定理源于测量实践,早在公元前2世纪的天文典籍《周髀算经》中就有记载。如今,在距离测量、面积计算、房屋屋顶设计等建筑和工程领域也随处可见勾股定理的应用,但大多数属于已知两边数值求第三边的问题,也有少部分应用属于已知两边关系和第三边数值,求未知两边的问题。下面介绍美英早期几何教科书中关于勾股定理在实际应用方面的一些典型例题。

29.3.1　距离测量

例 1　旅行者 A 与 B 于早上八点一同从客栈出发，A 沿着西北方向出发，速度为每小时 6 英里，B 以每小时 8 英里的速度沿着东北方向出发，中午 12 点时，问 A 与 B 相距多少英里？(Wormell, 1882, p. 149)

如图 29－2，A 与 B 分别沿着西北与东北方向前行，可知两人行走的路线夹角为 $90°$，经过 4 小时，A 共行走了 24 英里，而 B 行走了 32 英里，根据勾股定理，可以算出两者相距 40 英里。

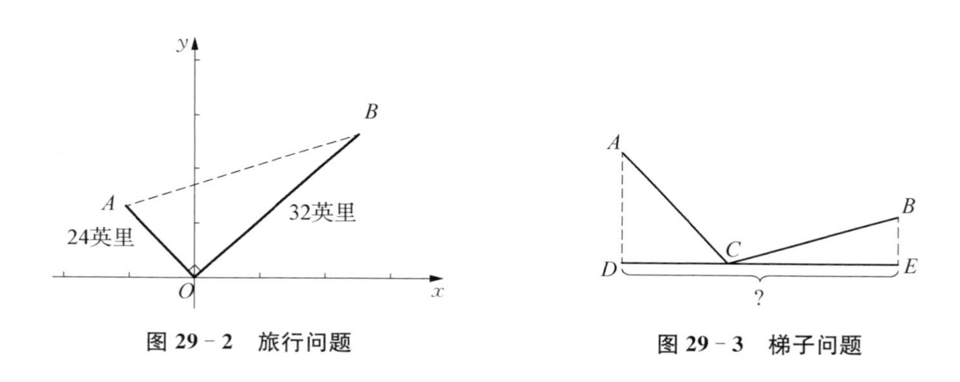

图 29－2　旅行问题　　图 29－3　梯子问题

例 2　道路两侧分别有两扇窗户，左侧窗户离地高度为 10 米，右侧窗户离地高度为 8 米，此时，一长为 13 米的梯子正好到达街道左侧的窗户上，将它翻转到另一侧，即到达街道右侧的窗户上，求该街道的宽度。(Hopkins, 1902, p. 102)

如图 29－3，A、B 分别为窗户所在位置，由题意知，AD 为 10 米，BE 为 8 米，且 AC 与 BC 都为 13 米，$\angle D$ 与 $\angle E$ 都为直角，根据勾股定理可算出，CD 约为 8.31 米，CE 约为 10.25 米，因此街道宽度 DE 约为 18.56 米。

例 3　长为 25 英尺的竹竿斜靠在 15 英尺高的墙上，此时若竹竿顶部向下滑动 1 英尺，则竹竿底部向右滑动大约多长距离？若竹竿底部向右滑动 1 英尺，则竹竿顶部向下滑动大约多长距离？(Strader & Rhoads, 1927, p. 242)

如图 29－4(a)，竹竿 $AB=25$ 英尺，$AE=15$ 英尺，根据勾股定理，可得 $BE=20$ 英尺，当 AD 下滑到 CD 位置时，$CE=14$ 英尺，利用勾股定理，在 $\text{Rt}\triangle CDE$ 中可求得 $DE\approx 20.71$ 英尺，故竹竿底部向右滑动的距离约为 0.71 英尺。如图 29－4(b)，点 B 向右滑动 1 英尺后到达点 D，$ED=21$ 英尺，同理可计算得 $CE\approx 13.56$ 英尺，因此 AC 的长度即竹竿向下移动的距离，约为 1.44 英尺。

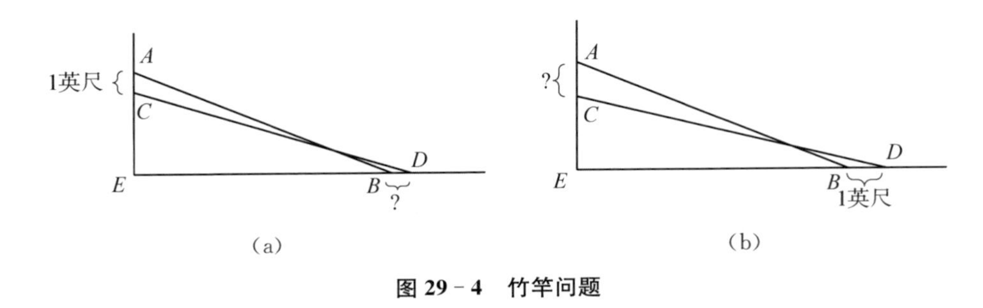

图 29-4 竹竿问题

这类问题有着十分悠久的历史，在古巴比伦泥版书（约公元前 1700 年）上已有记载："长 30 尺的竿子靠墙直立，当上端沿墙下移 6 尺时，下端离墙移动多远？"

29.3.2 高度问题

例 4 如图 29-5，CA 为一棵高度为 75 英尺的树，从点 B 处拦腰折断，顶点 A 正好落在点 D 处，其中点 D 距离点 C 40 英尺，求 BD 的长度。(Palmer & Taylor, 1915, p. 168)

不妨设 BD 的长度为 x，则 BC 的长度为 $75-x$，在 Rt△BCD 中，利用勾股定理，得 $x^2-(75-x)^2=40^2$，通过解方程，可得 $x=48\dfrac{1}{6}$ 英尺。

这类问题属于"已知直角三角形股弦和与勾，求股和弦"问题，最早见于中国汉代数学典籍《九章算术》勾股章："今有竹高一丈，末折抵地，去本三尺，问：折者高几何？"

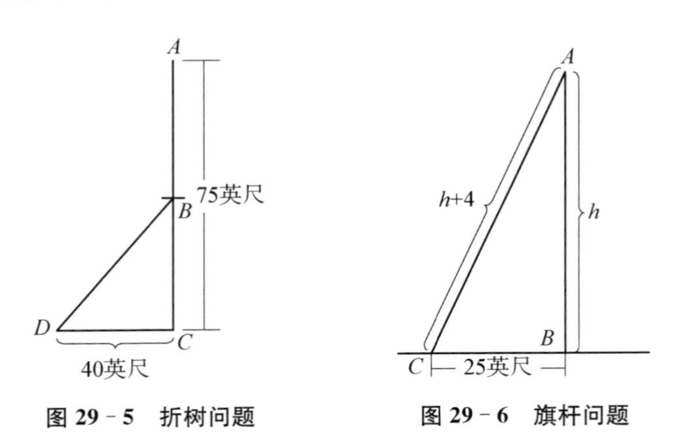

图 29-5 折树问题　　图 29-6 旗杆问题

例 5 一根未知高度的旗杆立在地面上，已知旗杆上的绳索比旗杆长 4 英尺，将绳索拉直置于地面，与旗杆底部的距离为 25 英尺，求旗杆的高度。(Palmer & Taylor, 1915, p. 168)

图 29-6 为该题的简化图，设旗杆高度为 h，则绳长 AC 为 $h+4$，底边 BC 为 25 英

尺，根据勾股定理，可得 $25^2+h^2=(h+4)^2$，解得 $h=76\frac{1}{8}$ 英尺。

例 6 如图 29－7，在一个 10 尺见方的池塘中央长着一棵芦苇，芦苇伸出水面 1 尺。当芦苇被风吹动后，其顶部正好到达池塘一侧的中点处，问：水深几许？(Betz & Webb, 1912, p. 219)

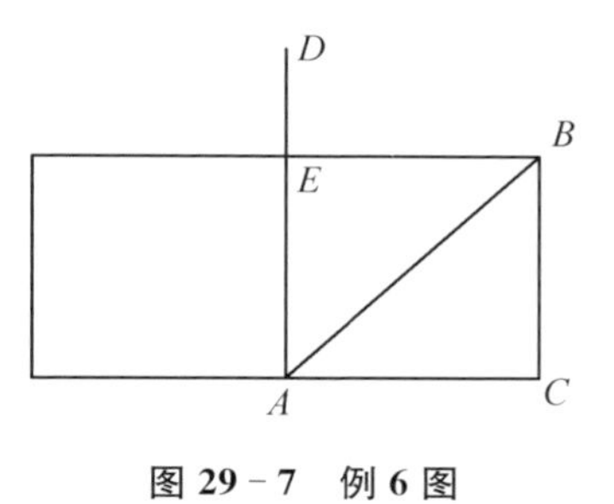

图 29－7 例 6 图

由题意知，池塘中央到边上一侧中点的距离 BE 为 5 尺，芦苇 AD 比水深 AE 长 1 尺，且芦苇根部不动时，顶部正好可移动到点 B 处。不妨设水深 AE 为 x 英尺，则芦苇 AD 的长度为 $(x+1)$ 英尺，根据勾股定理，可得 $5^2+x^2=(x+1)^2$，解得 $x=12$，因此该池塘水深为 12 英尺。

有 5 种教科书都给出了这一应用问题，编者称之为"古老的中国问题"。问题出自《九章算术》勾股章："今有池方一丈，葭生其中央，出水一尺。引葭赴岸，适与岸齐。问：水深、葭长各几何？"例 5 和例 6 属于"已知直角三角形股弦差与勾，求股和弦"问题。

29.3.3 面积计算

例 7 如图 29－8，两条宽为 a 的带子十字相交，求在相交处放置的正方形面积（其中，四个直角顶点都位于正方形对应边的中点处）。(Slaught & Lennes, 1910, p. 146)

已知带子的宽度为 a，即等腰直角三角形 ABC 的斜边长为 a，根据勾股定理可知，两直角边长为 $\frac{\sqrt{2}}{2}a$，且点 A 位于 BD 的中点，因此正方形的边长为 $\sqrt{2}a$，面积为 $2a^2$。

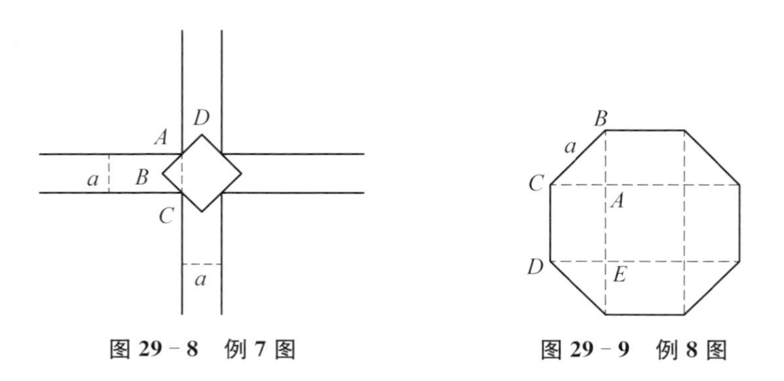

图 29－8 例 7 图　　图 29－9 例 8 图

例 8 如图 29－9，一块运动场地的形状为正八边形，其边长为 a，求该场地的面积。(Slaught & Lennes, 1910, p. 146)

通过辅助线可知，该场地由四个等腰直角三角形、四个长方形和一个正方形组成，其中三角形的斜边长为 a，根据勾股定理可知，直角边长为$\frac{\sqrt{2}}{2}a$，因此，四个三角形的面积之和为 a^2，四个长方形的面积和为 $2\sqrt{2}a^2$，正方形的面积为 a^2，因此该场地的总面积为 $(2+2\sqrt{2})a^2$。

例 9 图 29－10(a)为三条道路相交示意图，道路宽度都为 50 英尺，且其中两条道路相交角度为 30°，其余条件在图中已给出，求阴影部分的面积。(Auerbach & Walsk, 1920, p. 143)

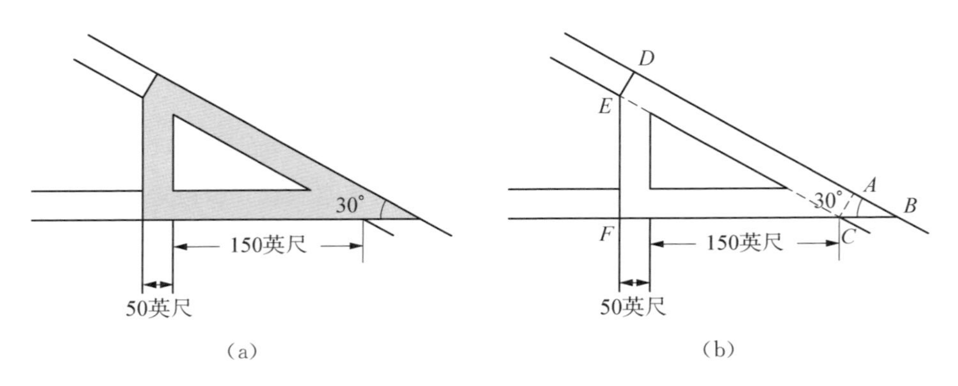

图 29－10 例 9 图

如图 29－10(b)，添加辅助线，已知 $FC=200$ 英尺，且$\angle ECF=30°$，因此在 Rt$\triangle ECF$ 中，$EC=2EF$，不妨设 $EF=x$ 英尺，根据勾股定理，可求得 $x=\frac{200\sqrt{3}}{3}$，于是 $EC=\frac{400\sqrt{3}}{3}$ 英尺。同理，$AB=50\sqrt{3}$ 英尺，因此 Rt$\triangle ECF$ 的面积为$\frac{20\,000\sqrt{3}}{3}$ 平方英尺，矩形 $ACED$ 的面积也为$\frac{20\,000\sqrt{3}}{3}$ 平方英尺，Rt$\triangle ABC$ 的面积为 $1\,250\sqrt{3}$ 平方英尺。又易得三条道路所围的直角三角形的两条直角边的长度分别为 $50(\sqrt{3}-1)$ 英尺和 $50(3-\sqrt{3})$ 英尺，故其面积为 $2\,500(2\sqrt{3}-3)$ 平方英尺。将 Rt$\triangle ECF$、矩形 $ACED$ 和 Rt$\triangle ABC$ 的面积相加，减去三条道路所围直角三角形的面积，即得阴影部分的面积。

29.3.4 屋顶建筑的应用

例 10 如图 29－11，建筑商设计了一个谷仓，谷仓的屋脊比顶楼高出 10 英尺，顶

楼的宽度为24英尺，为了让屋檐有6英尺的长度伸出，求屋顶的椽的长度。(Willis, 1922, p. 161)

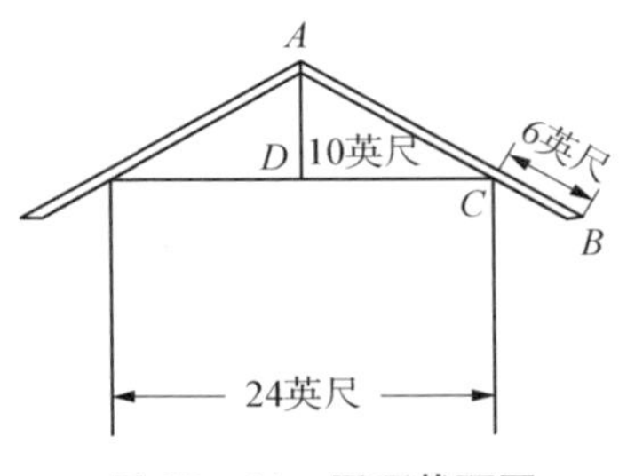

图 29-11 屋顶截面图

由题意知，椽 AB 为所求，Rt$\triangle ADC$ 的两条直角边分别为10英尺和12英尺，根据勾股定理，可以求出 AC 的长度为 $2\sqrt{61}$ 英尺，加上屋檐的长度6英尺，可得该谷仓的椽 AB 的长度为 $6+2\sqrt{61}$ 英尺。

例 11 图29-12为谷仓的屋顶图，该屋顶为轴对称图形，且已知数据均在图上，根据已知的长度，求屋顶的椽以及其他未知部分的长度(即求 AB、BC 和 BD 三边的长度)。(Palmer & Taylor, 1915, p. 168)

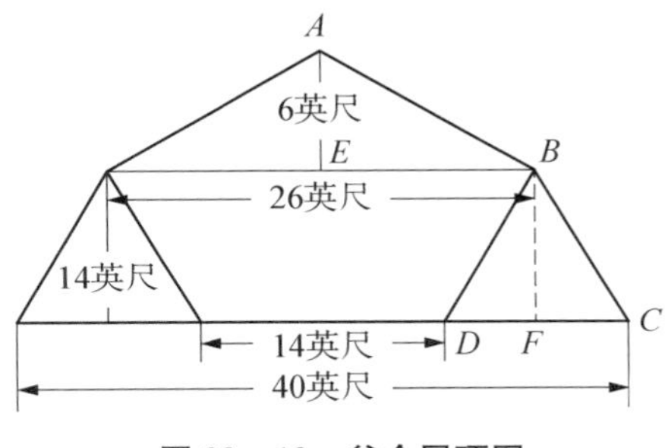

图 29-12 谷仓屋顶图

由图可知，在Rt$\triangle ABE$ 中，$AE=6$ 英尺，$EB=13$ 英尺，根据勾股定理，可得 $AB=\sqrt{205}$ 英尺。$DF=6$ 英尺，且 $BF=14$ 英尺，因此求得 $BD=2\sqrt{58}$ 英尺，同理可得，$BC=7\sqrt{5}$ 英尺。

例 12 图29-13(a)为房屋侧面图，屋脊处为直角，且两椽的倾斜程度相同，都为45°，墙高分别为12英尺和16英尺，两墙间隔20英尺，分别求屋顶上两椽的长度。(Dupuis, 1889, p. 132)

如图29-13(b)，延长 BD 和 AC 交于点 E，由题意知，$\angle ABD$ 为45°，所以 $\triangle ABE$ 和 $\triangle CDE$ 均为等腰直角三角形，所以 $CD=DE=4$ 英尺，$BE=24$ 英尺，根据勾股定理可知，$CE=4\sqrt{2}$ 英尺，$AE=12\sqrt{2}$ 英尺，因此椽 $AB=12\sqrt{2}$ 英尺，椽 $AC=8\sqrt{2}$ 英尺。

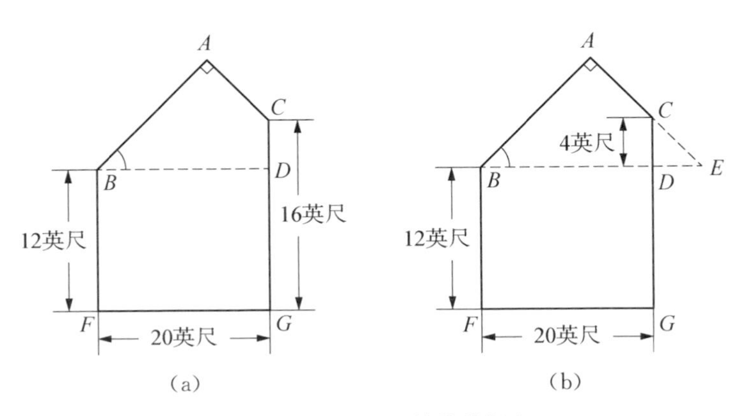

图 29-13 求屋顶的椽的长度

29.3.5 其他应用

例 13 工程中建造垂线。(Beman & Smith, 1899, p. 113)

该方法在古代已经被寺庙与金字塔的建造者所熟知,并且在某些野外工程作业中依旧被使用。如图 29-14,要在地面上建造垂线,首先在地面上打两个木桩 A 和 B,并将其距离分为 12 个单位长度,然后在两个木桩上系 24 个单位长度的绳索,将绳索从距离点 A 9 个单位长度处提起,将绳索拉紧并将拉紧后到达的位置记为 C 点,此时 AC 的长度为 9 个单位,BC 的长度为 15 个单位。由于 $9^2+12^2=15^2$,因此可知 $AC\perp AB$。

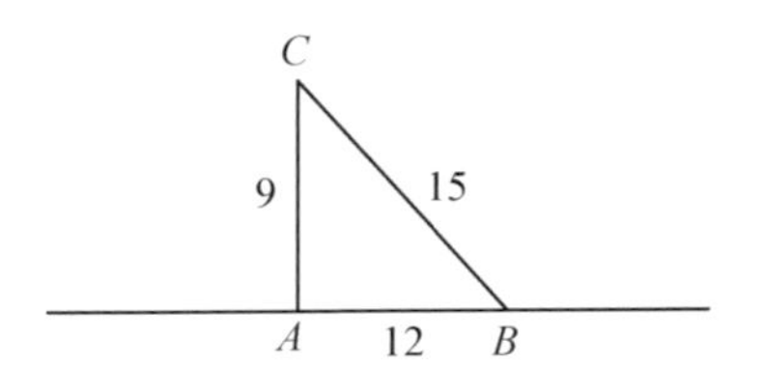

图 29-14 垂线构造

例 14 射程问题:海岸上有一门防御炮,射程范围为 10 英里,距离海岸 8 英里处,有一艘船沿着海岸线以每小时 18 英里的速度向前行驶,问:该船在防御炮射程范围内的时间是多少?(Betz & Webb, 1912, p. 218)

如图 29-15,设防御炮在海岸上的点 A 处,直线 BC 为小船所在的射程范围。因为半圆为防御炮的射程范围,所以 $AB=10$ 英里,由题意知,$AD=8$ 英里,根据勾股定理,可计算得 Rt$\triangle ABD$ 的直角边 $BD=6$ 英里,因此,小船在射程范围内的路程为 12 英里,所花时间为 $\dfrac{2}{3}$ 小时。

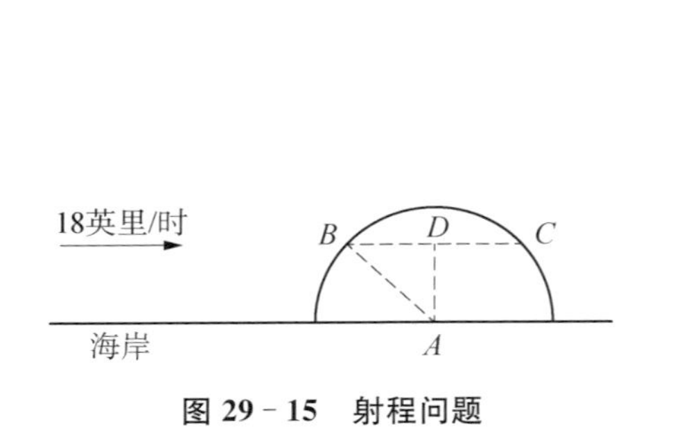

图 29-15 射程问题

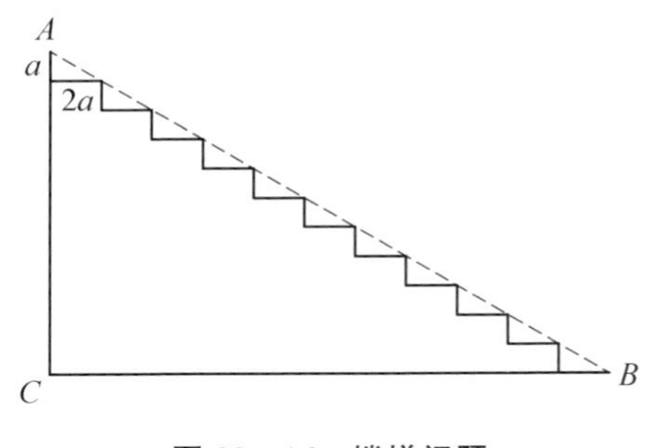

图 29-16 楼梯问题

例 15 如图 29-16,楼梯共有 11 级台阶,每级台阶宽度为 $2a$,高度为 a,为了保护该楼梯,需要用多长的木板覆盖在上面?(Betz & Webb, 1912, p. 224)

如图 29-16,可知该题所求为 AB 的长度,11 级台阶的宽度之和为 $22a$,与 BC 的长度相等,同理可知,11 级台阶的高度和为 $11a$,与 AC 的长度相等,利用勾股定理,

$AC^2+BC^2=AB^2$，最终易得 AB 即木板的长度，为 $11\sqrt{5}a$。

29.4　勾股定理应用的发展

120 种教科书在时间上横跨三个世纪，以 40 年为一个时间段进行统计，勾股定理实际应用占比的时间分布情况如图 29 - 17 所示。

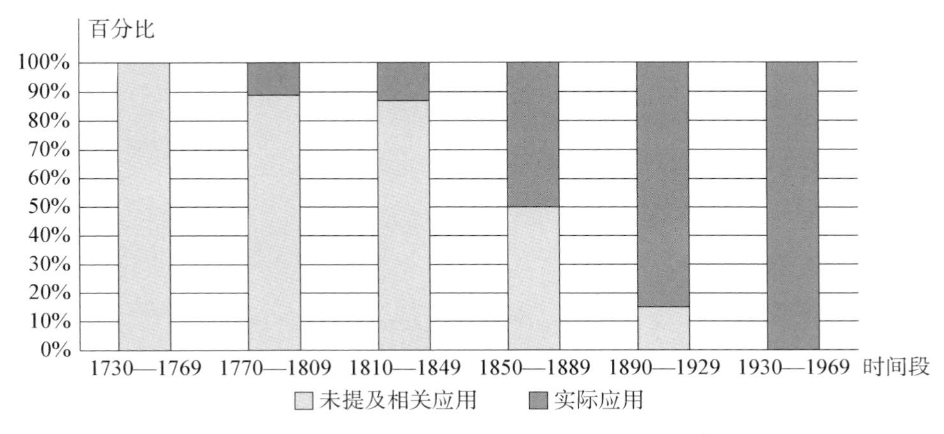

图 29 - 17　勾股定理实际应用占比的时间分布

除 1730 年和 1930 年因样本数量较少，参考价值不大外，由图可知，美英早期几何教科书在提及勾股定理时，由于受欧几里得《几何原本》的影响，多将重点放在其证明或几何应用上，而很少出现实际应用。直至 19 世纪 50 年代，实际应用才开始占据一席之地，但此时的实际应用大多只是纯粹的代数计算，仅仅用来巩固定理的学习而忽略了与现实生活的联系。到 20 世纪初，实际应用开始在教科书中频繁出现，且与航海、测量和建筑设计等方面联系起来，加深了学生对几何学应用价值的理解。

导致这些变化的原因可以追溯到 20 世纪初的培利运动。英国数学家培利在题为"数学的教学"的报告中提出，数学不仅要重视实验几何，更要强调其实用部分，认为数学既要以应用科学为基础，又要推动应用科学的发展。他的这一观点影响了当时世界范围内的数学教育改革，英国也随之将实用数学列入了考试科目。美国数学史家和数学教育家史密斯也强调了数学的实用价值，即"数学与人类活动的几乎每一个分支密切相关，无论这种活动是体力上的，还是脑力上的"（汪晓勤，2010），这些观点也对美国的教育改革产生了重要影响。此外，1912 年，美国几何大纲"十五人委员会"也在其报告中提出，应在几何课程的实用价值与逻辑思维之间寻求平衡（National Committee of Fifteen on Geometry Syllabus，1912），这些观念都深刻地影响了当时教科书的编写，也使得更多的实际应用开始出现在教科书的练习题中，进一步反映了数学的应用价值和培养了学生的数学应用意识。

29.5 结论与启示

勾股定理在早期的美英几何教科书中，不仅仅是证明方法在不断更新，其应用和推广也在持续发展，一方面加强了几何与代数之间的关联，另一方面也将数学作为基础学科与实际生活联系起来，凸显了几何学的广泛应用和实际价值。勾股定理应用的演变与推广，也为我们今日教学提供了诸多启示。

首先，在数学这门学科的教学过程中，要注意培养学生的应用意识和解决实际问题的能力。数学不是一门孤立的学科，而是与我们的日常生活密切相关，涉及航天、建筑、航海等多个领域，数学中的几何与代数也是密不可分的。对于数学的学习，不能只停留在教科书中的概念和公式，更应该引导学生将所学的数学思想和思维应用到实际生活中，培养他们敢于解决问题和不断创新的能力，这就要求教师在课堂教学中适当地让学生带着问题去学习，并且多联系实际，与学生共同探讨各种应用问题的解法。

其次，关于勾股定理实际应用方面的探究，不同国度、不同时期的教科书都有着各自的不同之处，教师应该海纳百川，汲取有价值的数学素材和数学思想，而不是仅仅局限于现行教科书或者本国教科书。与此同时，向学生展示东西方的不同文化以及数学的发展历史，也能够让学生感受文化的多元性，培养学生对数学的兴趣。

最后，美英早期几何教科书对我国教科书的编写也有一定的参考价值。数学教育与其历史息息相关，从勾股定理应用的历史发展中可以看出时代前进的步伐。随着科技的发展，数学在实际应用方面的要求也越加凸显。借鉴美英教科书的特点，我国在编写教科书时可以从不同的领域中挖掘潜在的数学元素，并根据相关的素材编写实际应用问题，同时融入本国的元素，使其更利于培养研究型和应用型的复合人才。

参考文献

汪晓勤(2010). 史密斯：杰出的数学史家、数学教育家和人文主义者. 自然辩证法通讯，32(01)：

98－107＋128.

汪晓勤(2017). HPM：数学史与数学教育.北京：科学出版社.

Auerbach, M. & Walsh, C. B. (1920). *Plane Geometry*. Philadelphia: J. B. Lippincott.

Beman, W. W. & Smith, D. E. (1899). *New Plane Geometry*. Boston: Ginn & Company.

Betz, W. & Webb, H. E. (1912). *Plane Geometry*. Boston: Ginn & Company.

Dupuis, N. F. (1889). *Elementary Synthetic Geometry of the Point, Line and Circle in the Plane*. London: Macmillan & Company.

Hopkins, G. I. (1902). *Inductive Plane Geometry*. Boston: D. C. Heath & Company.

National Committee of Fifteen on Geometry Syllabus (1912). Final report of the National Committee of Fifteen on Geometry Syllabus. *Mathematics Teacher*, 5(2): 46－131.

Palmer, C. I. & Taylor, D. P. (1915). *Plane Geometry*. Chicago: Scott, Foresman & Company.

Slaught, H. E. & Lennes, N. J. (1910). *Plane Geometry*. Boston: Allyn & Bacon.

Strader, W. W. & Rhoads, L. D. (1927). *Plane Geometry*. Philadelphia: The John C. Winston Company.

Willis, C. A. (1922). *Plane Geometry*. Philadelphia: B. Blakiston's Son & Company.

Wormell, R. (1882). *Modern Geometry*. London: T. Murby.

30 几何学的教育价值

沈中宇[*]　邹佳晨[**]

30.1　引言

几何学是一门古老的数学分支，最初因土地丈量的实践而诞生于古埃及，后来古希腊数学家欧几里得在《几何原本》中采用公理化思想处理几何命题，使得几何学发展成一门演绎科学。在欧洲中世纪，主要由教会学校承担了教育的任务，学习内容由“七艺”构成，包括逻辑、文法、修辞、算术、几何、音乐和天文，其中几何内容仅仅是一些几何定义与简单的尺规作图。由于中世纪几何课程的局限性，《几何原本》第1卷命题Ⅰ.5在中世纪被称为“驴桥定理”，意为愚人通不过的桥。数学家吉伯特（Gerbert，946—1003）改进了当时的几何教学，用几何原理解决一些测量问题，强调几何学的应用价值。随着大学的建立，几何教学因《几何原本》进入大学课程而有所改观。16—17世纪，几何教学开始进入中学。18世纪，学校开始使用几何教科书，但其内容大多是实用性的或仅仅是《几何原本》的修订本。法国数学家勒让德在《几何基础》中率先采用了与《几何原本》不同的体例，产生了广泛的影响。19世纪，中学几何教学更加系统化，并逐渐将几何应用排除在外。到19世纪末，几何学的实用价值受到了质疑，人们甚至只关注几何学对记忆力的训练。（Stamper，1909）20世纪初，英国数学家培利发表题为“数学的教学”的演讲，提出数学教育应摆脱《几何原本》的束缚，重视实验几何、几何应用、测量和计算，由此引发著名的培利运动。（Cajori，1910）受培利运动的影响，英国开始出版新的几何教科书，将几何与算术、代数结合起来，强调几何与现实生活之间的联系。（Mammana & Villani，1998）在美国，数学教育界开始致力于几何课

* 苏州大学数学科学学院博士后
** 华东师范大学教师教育学院教师，华东师范大学数学科学学院博士研究生。

程的改革，在形式主义和实用主义之间寻找平衡（National Committee of Fifteen on Geometry Syllabus, 1912），此后一段时间内，美国的几何教科书开始注重几何学的实际应用价值。

在当代，数学的教育价值始终是数学教育界讨论的重要课题之一。《普通高中数学课程标准（2017 年版 2020 年修订）》（本章下文简称为《标准》）将落实六个核心素养作为数学课程的主要目标，又指出，数学课程应体现数学的科学价值、应用价值、文化价值和审美价值（中华人民共和国教育部，2020），再次引发人们对数学学科育人价值、数学核心素养内涵的思考和广泛讨论。

数学教育的历史提供了丰富的思想养料，从历史的视角来探讨数学的育人价值，能够为当今的数学教学和教科书编写提供启示和参考。为此，本章聚焦初等几何学，考察美英早期几何教科书中有关几何教育价值的观点，以试图回答以下问题：美英早期几何教科书中呈现的几何教育价值观有哪些？这些观点是否随着时间的推移而发生变化？早期教科书如何体现这些教育价值观？

30.2 研究方法

本章采用质性文本分析法作为研究方法，具体方法为主题分析法，一共分为 7 个阶段：第一阶段为初步分析文本，标记出重要文本段，写备忘录；第二阶段为创建主要的主题类目；第三阶段为初步编码过程；第四阶段为编辑归属于同一类目的所有文本段；第五阶段为根据数据归纳创建子类目；第六阶段为二次编码过程，使用详尽的类目系统对所有数据进行编码；第七阶段为基于类目进行分析，呈现研究结果。（Kuckartz, 2014）

30.2.1 文本选取

从 18 世纪 70 年代到 20 世纪 60 年代的 200 年间出版的美英早期几何教科书中选取 90 种作为研究对象，其中 71 种出版于美国，19 种出版于英国。以 20 年为一个时间段进行统计，这些教科书的出版时间分布情况如图 30－1 所示。

所考察的 90 种教科书中，有 53 种同时包含平面几何与立体几何，25 种只包含平面几何，8 种只包含立体几何，另外，有 3 种兼含几何学与三角学，2 种兼含几何学与微积分。

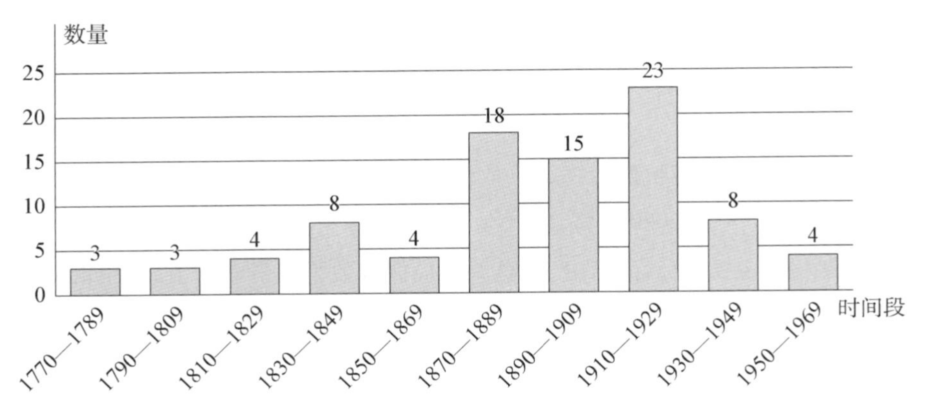

图 30-1　90 种美英早期几何教科书的出版时间分布

本章关注美英早期几何教科书中有关几何教育价值的观点，因此选取每本教科书中出现几何教育价值观论述的内容作为记录单位，其相关论述出现于前言、正文引言或正文起始部分（第一章的开篇），其分布如表 30-1 所示，可见大部分出现在教科书的前言部分。

表 30-1　几何教育价值观在 90 种教科书中的位置分布

所在位置	前言	正文引言	正文起始
教科书数量	69	14	7

另外，出现在正文起始部分的小节标题有"线与面""本学科的重要性及其困难""几何学在中学的目标与实现途径""第一原则"和"几何导引"等。

30.2.2　文本编码

首先，基于选取的 90 种几何教科书中相关的记录单位，对其提到的几何教育价值观进行编码，确定主题类目。接着，根据主题类目得到几何教育价值观的分类，阅读 90 种教科书中呈现的几何教育价值观，将其归于恰当的类目。然后，分析同一类目中的所有文本段，归纳创建每一主题类目下的子类目，从而得到每一个几何教育价值观的子类目。最后，将每个主题类目下已编的文本段再归类到界定的子类目中。

30.2.3　文本分析

在文本编码完成后，开始文本分析。根据研究问题，采用三种分析形式，分别是：

对主题类目及其子类目进行分析，对主题类目之间的关联性进行分析，对所选的案例进行深度诠释。

首先呈现主题类目及其子类目的分类结果，即回答美英早期几何教科书中呈现的几何教育价值观有哪些，这些教育价值观有哪些主题类目与子类目，并对这些主题类目与子类目进行解释，从而回答第一个研究问题。其次，分析主题类目之间的关联性，根据时间顺序，对其时间上的分布情况进行统计和分析，从而得到这些几何教育价值观在历史上的演变过程，回答第二个研究问题。最后，对所选的案例进行深度诠释，根据所得几何教育价值观的主题类目，再次深度阅读呈现这些观点的教科书，研究它们在教科书中的具体体现，回答第三个研究问题。

30.3 几何教科书的几何教育价值观

通过统计分析，可以将几何教育价值观分为思维训练、实际应用、知识基础、品质培养、数学交流、审美情趣六类。

其中，思维训练包括数学抽象能力、逻辑推理能力、空间想象能力三个子类目；实际应用包括几何学在天文学、地理学、工程学、建筑学等领域的应用；知识基础包括数学基础与跨学科基础；品质培养涵盖对理性精神、培育远见、锤炼意志和感悟文化等方面意志品质的培养；数学交流是指使用清晰、精确和简洁的语言和形式表达；审美情趣即培养学生对美感的欣赏和鉴别能力。

统计发现，90 种教科书中涉及六类几何教育价值观的编码共 204 条，其分布如图 30－2 所示。由此可见，提到最多的几何教育价值观是思维训练，占 37.3%，其次是实际应用，占 32.8%，其他价值观中，数学交流占 11.3%，知识基础占 10.3%，品质培养占 5.9%，审美情趣最少，占 2.5%。

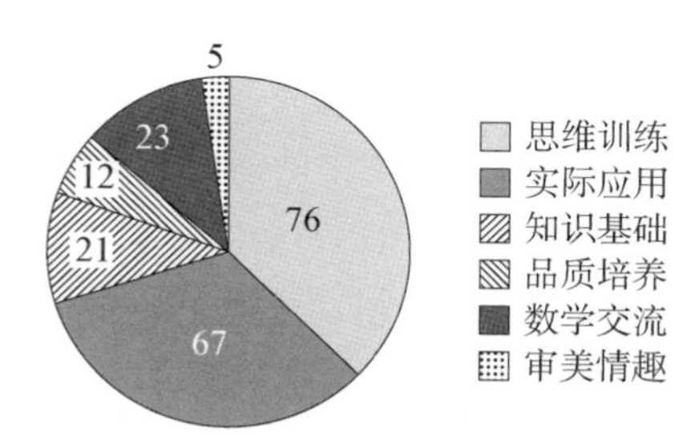

图 30－2　90 种教科书中六类几何教育价值观的分布

下面我们对这六类几何教育价值观作具体分析。

30.3.1 思维训练

古希腊时期，思维训练被视为几何学的主要教育价值。如伊索克拉底(Isocrates，前436—前338)认为，几何学习不能立即造就一个演讲家或商业家，它更是一种训练思维的手段并为哲学的学习做准备。(Heath，1921)柏拉图(Plato，前428—前347)只强调数学在思维训练上的价值而不重视其实用价值，认为几何学的价值在于它能将灵魂引向真理。(柏拉图，1986)

考察发现，共有72种几何教科书提及思维训练的教育价值，具体又分为三个子类目，分别是逻辑推理能力、数学抽象能力、空间想象能力，其编码数量分别为62条、5条与9条。

由此可见，绝大多数教科书强调几何学在培养逻辑推理能力上的价值。Lardner(1840)指出，作为大众教育一部分的几何教育有两个独特的目标，其中首要目标是提升推理能力。Potts(1845)提到，几何学很早就被称为是一门十分重要的训练思维的科目，作者引用17世纪法国数学家帕斯卡对几何学的评价："几何学几乎是唯一被所有人公认为真理的学科，其原因之一是几何学家遵循逻辑推理的规则，包括用能表达清楚的术语来定义模糊的术语、不出现模糊或模棱两可的术语、不在定义中用未知的术语等。"Loomis(1858)则强调，几何学的最终目标并非造就一个个成功的数学家，而是培养各学科领域的优秀推理者；为达到该目标，不仅要求学习者能给出逻辑推理的主要步骤，还能用自然的顺序给出每一步的详细推理。Potts(1860)提出，通过几何学的训练，人的头脑变得更加聪慧，人们可以利用合情推理和演绎推理来进行调查和验证。Hawkes，Luby & Touton(1922)特别强调几何学在培养合情推理能力方面的价值，认为学习立体几何的益处之一是使用和发展科学想象。作者希望学生不仅仅将几何学视为通过逻辑联结的一串定理，还是一门促进反思和猜想的学科。

抽象性是数学的基本特点之一，不少教科书编者认识到几何学在数学抽象能力培养上的价值。Legendre(1834)认为，几何学中的命题是普适性的真理，应该用一般化的语句来陈述，而不是依靠特定的图形；用特定的图形来辅助理解几何命题，虽然对于初学者来说消除了理解抽象性质的困难，但也削弱了他们的抽象能力，而这正是学习几何学的主要目标之一。Smith(1850)也强调几何学对抽象能力培养的重要性，他引用英国哲学家培根(F. Bacon，1561—1626)的话："法式的创造是一切知识中最值得追求的。"这里培根所说的"法式"是指绝对显示的法则和规定性,是物质中的单纯性质和单纯活动的法则。

Palmer & Taylor(1918)指出,立体几何在思维训练上的价值在于它培养了空间直觉和空间想象能力,这与学生所生活的三维世界的物体非常符合,与平面几何不同,立体几何中最重要的功能在于空间能力的训练。Betz & Webb(1912)提出,几何学使学生获得对空间关系的深刻见解,同时也给予学生更高的分类技能。

30.3.2 实际应用

文艺复兴时期,数学的实用价值受到了知识界的广泛讨论和普遍认同。英国数学家和天文学家约翰·迪伊(J. Dee, 1528—1608)在《几何原本》英译本的前言中总结了数学在航海、建筑、音乐、绘画、力学、天文学、占星术等 30 多个不同领域中的应用(Katz, 1998)。英国数学家雷科德(R. Recorde, 1510—1558)在其几何教科书《知识之途》中,用诗歌的形式罗列了一份应用几何学的行业清单:木匠、石匠、铁匠、鞋匠、钟表匠、雕刻工、油漆工、刺绣工、织布工、画师、裁缝,以及轮船、磨粉机、马车、犁的设计和制造者(Fauvel & Gray, 1987)。真可谓:大千世界,几何无处不在;芸芸众生,无人不用数学!

共有 44 种教科书提及几何学在现实生活中的应用价值。可分为五个子类目,其中有 24 条编码只提到几何学的一般应用,另有 43 条编码涉及几何学在生活中的具体应用,有几何学与天文学、几何学与地理学、几何学与建筑学和几何学与工程学。其子类目编码的分布情况如图 30-3 所示。

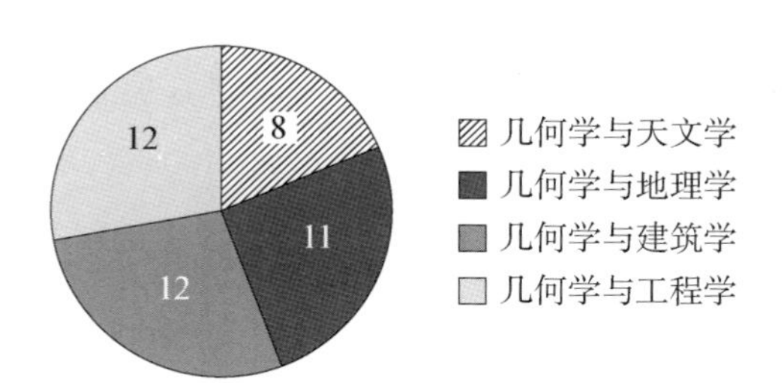

图 30-3 44 种教科书中四类实际应用价值的分布

一些教科书强调几何学在生活中的一般应用,如 Spencer(1877)提到,几何学可分成实用几何与理论几何,实用几何相对于理论几何就相当于算术对于代数的价值,因此,就像算术学习先于代数,实用几何的学习也应先于理论几何,人们并不因为算术在代数之前学习而贬低它，也不应该忽视实用几何，算术能够提升智力，几何更加如此，因为与数字相比，我们更容易看到面与面、线与线之间的关系，因此，教学时应注重实用几何的价值。

一些教科书论及几何学在天文学领域的应用。如 Le Clerc(1805)指出，几何学不但有用，而且必要，通过几何学，天文学家可以测量天空的宽度、行星的移动、季节的运行及持续时间。

有教科书提到了几何学对地理学的价值。如 Keith(1835)提到："如果没有几何学，人们就不能划分和规划地产；借助几何学，人们才能对王国、港口和海岸实施测量，并绘制出地图；几何学帮助陆地上的战士和海上的水手，让堡垒更坚固，让宫殿更美观。"

部分教科书提到了几何学在工程学方面的应用。如 Lardner(1840)提到，没有几何学，我们不可能踏出地球表面去探索宇宙，甚至不能了解我们地球自身的大小和尺寸，更不用说机械的相互运作或其对身体的影响，实际上，很少有哪一门自然科学无需以几何学为探索工具。

部分教科书提到了几何学在建筑学方面的价值。如 Slaught & Lennes(1918)提到，工程师用几何学原理使得建筑设计既确保安全又赏心悦目，如三角形的稳定性被用于桥梁、房屋和其他建筑结构上；任一本百科全书中有关"桥梁"一词，特别是"悬梁桥"和"桁架桥"，正是由于几何学公式才成为可能；几何学也用于建筑装饰设计，如圆和其他几何图案用于教堂的圆花窗、走廊、拱顶、地面、瓦片等，数不胜数。

30.3.3 知识基础

柏拉图在《理想国》中提到，几何学是进一步学习其他高等知识的基础(柏拉图，1986)。达芬奇认为，数学乃一切学科的基础。(Cajori, 1928)有 18 种教科书提出了几何学对于巩固知识基础的价值。此主题类目可分为数学基础和跨学科基础两个子类目，其编码数量分别为 5 条和 16 条。

几何学是后续数学学习的基础。Marks(1871)指出，学校教育的首要目标是教会学生离开学校后还能继续学习，因此学校应教授足够的科学分支，让学生在离开学校后还能继续学习这些分支。因此，儿童 14 岁以前就应学习几何知识，如果儿童离校时只有算术而没有几何知识，他就不懂科学的基本原理，而这些原理是以后学习更高等数学知识的基础。

更多的教科书强调几何学是跨学科学习的基础。Herbert(1872)指出，一个人从小开始学数学无疑是很有益的，因为数学的推理方式以及几何和代数学习中所需的思维训练，能够开拓思维，并赋予思想以自由，为其他学科的学习打下基础；几何学被教授了两千多年，在各个时代都被认为是科学的基础。Hawkes, Luby & Touton(1922)声称，对于今后不再学数学的学生来说，立体几何适合于充当初等数学学习的终点，它不仅广泛应用于其他学科，而且还可以让那些不曾进入科学领域的学生得以领略该领域的风貌。

30.3.4 品质培养

公元2世纪，古希腊天文学家托勒密在其《天文学大成》前言中指出，数学学习有助于提升人的品质。(Cajori, 1928)有12种教科书提到了几何学对于品质培养的价值，此主题类目具体可分为四个子类目，分别是热爱真理、培育远见、锤炼意志和感悟文化，其分布如图30-4所示。

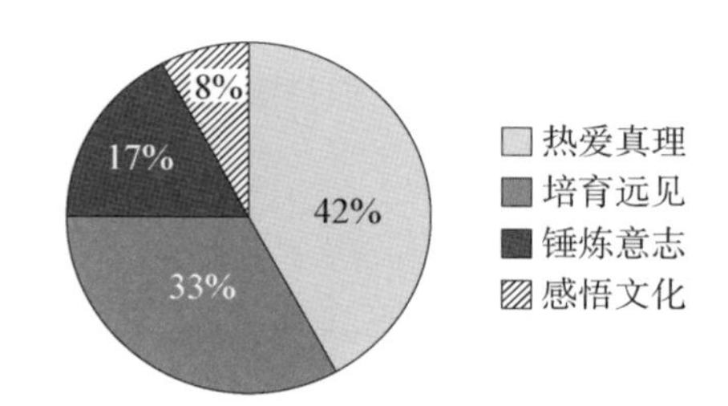

图30-4 12种教科书中四类品质培养价值的分布

Hunter(1872)认为，几何学习能激起人们对真理本身的热爱。Young(1915)认为，几何学习可以发展学生对几何学问题的洞察力。Robbins(1915)也指出，几何学习培育学生既能领会命题作用，又能理解命题推理过程的远见卓识。Sykes & Comstock(1922)认为，教育的一个重要目标就是训练人们通过对问题的分析更好地应对困难。Ford(1913)认为，应当将几何学视为一种文化现象，而不是一个形式化的学科，因为几何是人类的一种活动，兼具逻辑和学术的形态，几何教师应重视这一价值。

30.3.5 数学交流

德国哲学家和数学家沃尔夫(C. Wolf, 1679—1754)在其《数学词典》中指出，没有数学，人就没有清晰的思想，从而不能作出清晰的书面表达。(Cajori, 1928)有15

种教科书认识到几何学在培养学生数学表达上的价值，此主题类目可以分为三个子类目，分别为表达的清晰性、表达的精确性和表达的简洁性，其编码数量分别为 8 条、14 条和 1 条。

Hunter(1872)指出，几何学在很大程度上培养表达的清晰性、精确性和简洁性。

在清晰性方面，Slaught & Lennes(1918)指出，没有什么学科能像几何学那样促使学生正确地思考并准确地陈述他是如何思考的，清晰的思考需要清晰的表达，清晰的表达反过来促进其思考。清晰地思考和表达可能成为一种思维习惯，而几何学是发展这些习惯的最有效的学科之一。

在精确性方面，Baker(1903)提出，演绎几何教导人们精确地思维，否则，在课堂中就有可能得到任何三角形都是等腰三角形的结论，两条看起来明显不一样长的线段会被证明相等；事实上，除了思维的精确性，作图也要精确，只有得到精确的作图之后，学生才会发现不精确就意味着失败。Gore(1908)提到，学习几何学的目的之一就是激励学生精确和准确地表达。Sharpless(1879)声称，欧几里得在《几何原本》中给出的方法有时候是复杂的并有所省略，这个问题在立体几何中尤其明显，但是多年的经历说明，对这些方法的教学是有好处的，学生可以更加精确和科学地思维。

30.3.6 审美情趣

在审美情趣方面，托勒密曾指出，数学让人爱美(统一、秩序、对称、简洁)。(Cajori, 1928)16 世纪英国数学家比林斯利(H. Billingsley，约 1532—1606)在《几何原本》英文版序言中称："许多艺术都能美化人们的心灵，但没有哪门艺术能比数学更加有效地修饰和美化人们的心灵。"(Billingsley, 1570)

有 4 种教科书提到了几何学在审美情趣方面的价值，此主题类目包含美感熏陶和美化心灵两个子类目，其编码数量分别为 4 条和 1 条。

在美感熏陶方面，如 Spencer(1877)所说，几何学带给人们对美的事物的欣赏与鉴别能力。Smith(1923)也提到，几何学促成了人们对科学之美的鉴赏。

在美化心灵方面，如 Brown(1879)指出，外显的对称性建立了与内在情感本质的联系，这些本质是人类存在的奥秘之一。思想和感受的融合逐渐在脑海中显现，直、平、曲这些特征的出现仿佛是某些潜意识的再现。作者引用李维斯的话："看到一条直线，其上有美、趣味、情感和心灵本身，这是因为，像欣赏所有的美一样，从某种程度上，是心灵看到了心灵。"正如哲学家阿里斯提波(Aristippus，约前 435—前 350)的感受一样，当他遭遇海难之后，发现沙地上的一个圆形，他说："让我们尽情欢呼，我看到了美丽心灵。"这里经验先验地教会人们真知，为几何学的公理基础作出了最好的诠释。

30.4　几何教育价值观的演变

以20年为一个时间段，对上面提到的关于几何学的六类教育价值观——思维训练、实际应用、知识基础、品质培养、数学交流、审美情趣进行统计，得到1770—1969这200年间六类教育价值观的时间分布情况，如图30－5所示。

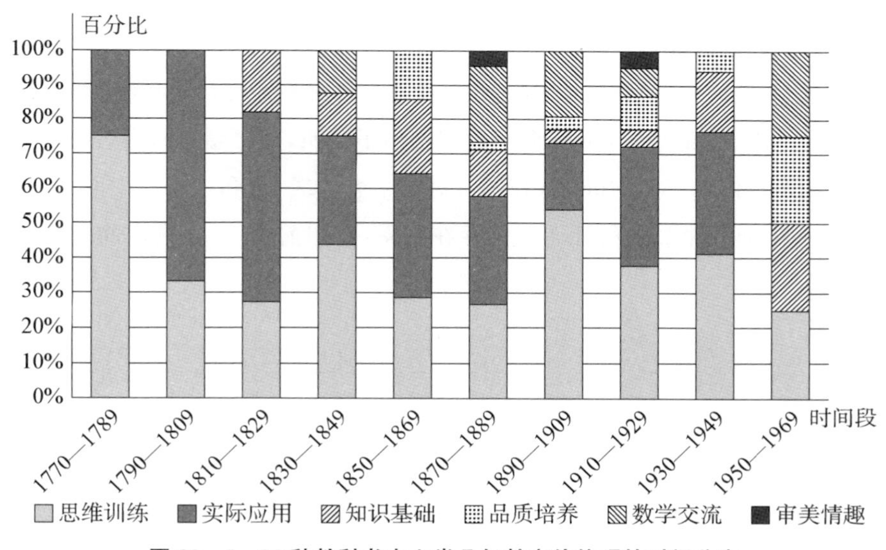

图30－5　90种教科书中六类几何教育价值观的时间分布

从图中可见，思维训练一直是这200年间重点强调的教育价值观，其次是实际应用，知识基础的教育价值观从19世纪开始出现，之后则保持相对稳定，品质培养的教育价值观则在19世纪中叶之前被忽视，其后慢慢受到重视，数学交流的教育价值观从19世纪30年代开始出现，其后比较稳定，审美情趣方面的教育价值观出现最晚，且次数较少。

从年代上看，从1770年到1809年，几何教育价值观比较单一，以思维训练和实际应用为主。从1810年开始，随着几何教学的系统化，知识基础的教育价值观开始出现，与思维训练和实际应用一起成为之后一直出现的三大教育价值观之一。从1830

年到1889年，教育价值观趋向多元化，六类教育价值观都有被提起，且相对来说差距不大，而到了19世纪末，由于几何学更多地为高校入学考试服务，几何学更多成了记忆训练的活动，思维训练的教育价值观异军突起，成为最主要的教育价值观，其他五类教育价值观受到一定的冷落。在20世纪初，受培利运动以及美国课程改革的影响，教育价值观重新变得多元化，20世纪30年代之后，除了思维训练之外，其他的教育价值观开始重新被重视，六类教育价值观慢慢趋于平衡。

30.5 几何教育价值观在教科书中的体现

30.5.1 思维训练

由于受到《几何原本》的深刻影响，几乎所有教科书都将培养学生的逻辑推理能力作为主要目标之一，在每一个几何命题后都给出了证明，且命题与命题之间形成了严密与连贯的逻辑体系。如Hunter(1872)，对第一卷的线、角和三角形中的33个命题都作出了证明，且每个命题的证明之间存在联系，其中前10个命题之间的联系如图30－6所示。

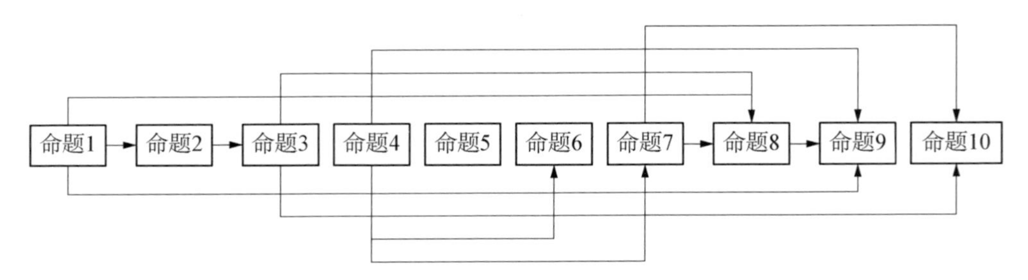

图30－6 前10个命题之间的相互联系

有些教科书在引入一个抽象概念之前，首先介绍其概念的由来，从而培养学生的数学抽象能力，如Palmer & Taylor(1918)在介绍直线的概念之前，首先介绍直线这一表达来自“拉长的亚麻绳”一词或“亚麻布”一词，接着说明，当一根宽松的绳子的长度将比一根拉直的绳子的长度更长，从而引出“两点之间直线最短”这一公理。

为了培养学生的空间想象能力，有的教科书采用了一些辅助工具。如Palmer & Taylor(1918)用硬纸板和帽钉、帽钉和软木塞以及硬纸板模型(图30－7)来帮助学生理解线面关系和空间几何体。

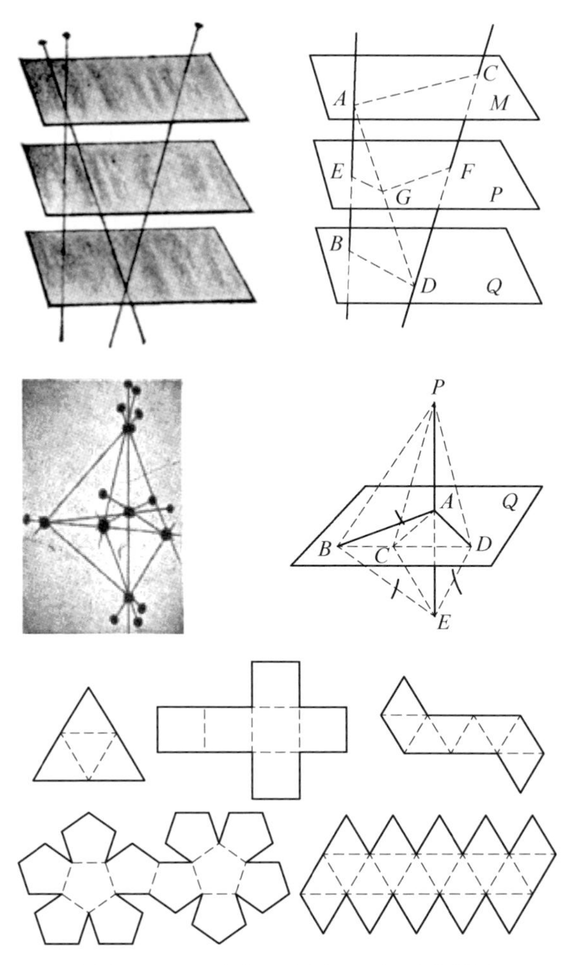

图 30－7 培养学生空间想象能力的模型

30.5.2 实际应用

为了展示几何学的实际应用价值，一些教科书在课后习题中设置有关的练习。Betz & Webb(1912)在有关圆与圆之间位置关系的习题中，设置了一个与天文学有关的问题，其背景为：当月球进入地球的阴影之中时会发生月食，而根据月球进入阴影部分的程度，可以分为月全食和月偏食，要求学生讨论日食发生时，日、地和月之间的相对位置。该书在全等三角形的有关习题中，设置了一道有关地理学的问题，其背景为河流两岸之间距离的测量，可以利用全等三角形的知识，将其转移到另一段距离的测量。

Betz & Webb(1912)在平行线的相关命题之后，给出了一道有关工程制图的练习：T 型尺是在工程制图中常见的工具，利用它可以画出任意间距的一组平行线，请说明其背后所依据的几何定理。该书在“三角形两边之和大于第三边”这一命题之后的练习中，给出了一道有关机械工程的习题：连杆蒸汽机中包含连杆、曲杆和活塞杆等组成部分，当活塞杆在直线上往复运动时，由连杆和曲杆组成的三角形也在不断变化，求其中一边长度的取值范围。

Sykes & Comstock(1918)在等腰三角形相关命题之后的练习中，给出了一道有关建筑装饰设计的习题，即在等腰直角三角形中，让读者构造三边对应相等。接着指出，可以将这一图形作为单元构造图案并应用在装饰设计中。

30.5.3 知识基础

一些教科书通过设置有关练习来体现几何学在其他学科中的应用。Betz & Webb(1912)在平行四边形概念之后的练习中介绍了速度的平行四边形法则，并以船在水流中的运动为例，给出该法则的应用。

Betz & Webb(1912)在介绍圆内接图形相关命题后，在练习中融入有关光学的知识，如将两个平面镜摆放成一定夹角，在这个夹角之间摆放一个物体，镜子中会形成一些物体的像，请读者解释这些像为何都在一个圆周上。

Stone & Millis(1922)在三棱柱性质的练习中，介绍了三棱镜的作用与功能：当一束白光穿过三棱镜后，被分成一条彩虹色的光带；接着让学生回答三棱镜属于哪种类型的棱柱。

30.5.4 品质培养

为了说明几何学对品质培养的价值，有些教科书会在一些定理之后增添一些历史注记，从中渗透几何学中具有的热爱真理、文化熏陶等价值。例如，Hart & Feldman(1912)在证明“等腰三角形底角相等”这一命题之后，给出了一段历史注记：该命题最早由欧几里得在《几何原本》中提出并给出证明，由于欧几里得的证明对于很多初学者来说比较困难，因此它在历史上被称为“驴桥定理”。接着，介绍欧几里得的生平及其事迹并配有画像，引用了欧几里得的名言——“几何无王者之道”，讲述欧几里得的故事：一位学生问欧几里得学了几何学能获得什么实利，欧几里得叫奴隶取来几枚硬币丢给这位学生，让他走人。

Hart & Feldman(1912)在一些轨迹问题之后，介绍了笛卡儿(R. Descartes, 1596—1650)对解析几何的贡献，并追溯了笛卡儿立志从事数学研究的过程：在参军过程中，笛卡儿在一幅海报上发现了一道几何问题并作了解答，从而发现了自己对数学的兴趣，并在之后的20年中致力于数学、哲学等方面的研究。

Hart & Feldman(1912)在有关圆面积与周长的命题之后，介绍了阿基米德求圆面积的方法以及他的生平和数学贡献。特别叙述了阿基米德被杀害的著名故事：他在沙地上作图研究几何问题，罗马士兵走向他时，他请求他们不要弄坏他的圆，无知的士兵用刺刀杀害了他。

30.5.5 数学交流

有些教科书体现了几何学在培养数学交流方面的价值。例如，Sharpless(1879)在有关三角形性质的命题后给出了一个简要的分析，接着让学生写出完整的分析。Milne(1899)建议教师在学生书写证明的同时，让学生口语说明给出每一步的原因，并且注意口语表达的完整性与准确性。

一些教科书在相关知识点之后设置了训练学生表达的练习。例如，Strader & Rhoads(1927)在有关几何轨迹的知识之后设置了相关的练习题，在培养学生口语表达方面，有口语复习题，如让学生口头解释"为什么等边三角形的每一边都大于高？为什么这一论述对于任意三角形不成立？"，在培养学生书面表达方面，有"判断一个命题是否正确或充分，并写下正确的命题""判断一个命题是否正确，若正确，写下支持的证据""判断一个定义是否正确或者使用了恰当的语言，否则，请写出一个良好的定义"等多种类型的练习。

30.5.6 审美情趣

为了说明几何学在发展审美情趣方面的价值，有些教科书在其习题中融入了一些艺术作品的赏析。例如，Sykes & Comstock(1922)在有关对称的命题之后提到对称图形经常被用于装饰之中，设计师在设计中不断采用对称的概念，包括在琉璃瓦的设计中，最后，请读者指出设计师在其中用到的对称元素。又如，Smith(1923)在有关线段比例的命题之后介绍了黄金比并说明其在艺术作品中的应用，还展示了典型的阿拉伯镶嵌图案。

20世纪10年代，大量教科书给出了精彩纷呈的建筑装饰图案。例如，Palmer & Taylor(1918)在圆的作图一节之后介绍了等边哥特拱的作图，并指出，中世纪时哥特拱被引用到建筑之中，很多著名的教堂由于这一设计而变得引人注目，如著名的英国林肯大教堂，之后，编者给出习题，要求读者作出以哥特拱为基础的更复杂的图案。书中展示的各种图案琳琅满目，美不胜收。

30.6 结论与启示

综上所述，美英早期几何教科书所呈现的几何教育价值观可以分成六类，分别是思维训练、实际应用、知识基础、品质培养、数学交流和审美情趣，如图 30-8 所示。其中，思维训练和实际应用是重点强调的教育价值，知识基础是始终关注的教育价值，品质培养的价值在刚开始受到忽视，随后逐渐得到重视，数学交流的价值在后期出现，并变得稳定，审美情趣的价值出现较晚且次数较少。几何教育价值观在教科书中的体现方式有四种，分别是正文呈现、工具辅助、问题融入和文化渗透。

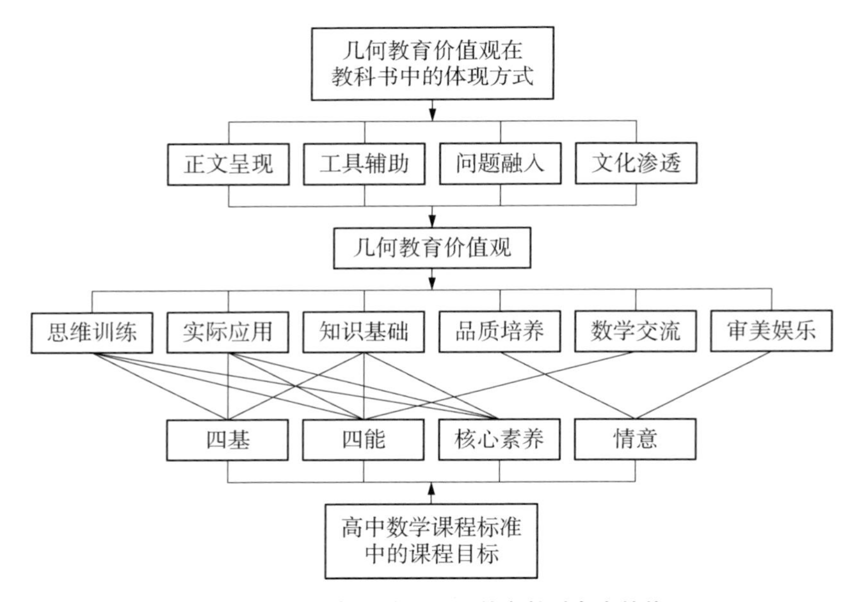

图 30-8 几何教育价值观及其在教科书中的体现

《标准》提出了发展学生“四基”、“四能”、核心素养和情意的课程目标。从美英早期几何教科书对几何教育价值观的阐述中可以看出，几何学的学习体现了以上目标，对于发展学生核心素养具有较大的作用，基于以上分析，得到如下启示。

（一）注重思维训练，兼顾实际应用

思维训练始终是历史上几何学最强调的价值之一，在思维训练方面，几何学具有

逻辑推理能力、数学抽象能力、空间想象能力三方面的价值,《标准》提出了发展学生数学学科核心素养的课程目标,学科核心素养的建置源于核心素养,它既是一门学科对人的核心素养发展的独特贡献和作用,又是一门学科独特教育价值在学生身上的体现和落实,几何学在思维训练方面的三个价值与核心素养中的三个素养正好对应,因此,通过进一步厘清几何学对学生核心素养发展的价值,有助于在学科教育中进一步落实核心素养,形成完善的核心素养培养体系。

同时,在历史上,几何教科书的编写曾经陷入两个极端,即完全实用的和欧几里得《几何原本》的修订版本,因此,思维训练与实际应用的结合在此环境下显得尤为重要。几何性质的顺序不一定是逻辑上的,也应该是心理的,不仅是理论上的,同时也要符合实际。几何学的发展历史告诉我们,历史上几何学的发展与其逻辑上的顺序不同,在欧几里得的《几何原本》中,定义和公理出现在第 1 卷,但这在泰勒斯之后两百多年才由柏拉图和亚里士多德引入,欧几里得依次定义了点、直线和平面,这一顺序是与日常生活中的经验相悖的。就算历史上的数学家,在认识抽象的几何概念时也存在困难,因此几何教学要防止陷入两个极端,两者需要互相交融,共同发展。

(二) 夯实知识基础,关注品质培养

在历史上,算术、几何、三角学和代数依次出现,它们之间互相促进,共同发展,几何学是在后期才发展为一门独立的学科,因此,需要重视几何与其他数学分支的联系。同时,早期的几何学与测量学、天文学一起讲授,直到 19 世纪,由于几何学专门化的趋势,几何学的教学才变得相对独立。因此,不能忽视几何学与其他学科之间的关联,几何中空间想象能力的培养对于科学、技术和工程等学科的学习都非常重要。

在传统注重培养学生知识技能的基础上,历史上人们对几何教育价值观的认识更加多元,除了传统的思维训练、实际应用和知识基础之外,也开始关注几何学对学生品质培养的价值。今天,教育的根本任务是立德树人,在教学中促进学生德育的发展成了新时代数学教育的重要任务和关键课题,德育与学科对象有着十分广泛的联系,几何学在学生品质培养方面具有独特价值,因此可以成为在课堂中落实学科德育的重要载体。

(三) 融入数学交流,体现审美情趣

在几何学的历史中,数学交流始终是不容忽视的价值之一,几何学能够训练学生数学表达的清晰性、精确性和简洁性。随着科学技术的发展,数学广泛地渗透在社会的方方面面,学生在交流中学习数学语言,并运用数学语言表达现实世界。因此,在几

何学的教学中需要有意识地渗透对学生数学交流能力的培养，引导学生用几何语言表达现实世界。在早期几何教科书中已经有训练学生表达的练习，在今天，数学写作在美国已经较为广泛地被用作数学学习的路径，成为美国数学教科书中一类重要的习题形式。因此，可以在教科书的练习中设置相应的数学写作习题，从而发挥几何学在数学交流方面的价值。

几何学在审美情趣方面的价值在历史上较晚才得到人们的认识。事实上，美育在如今的学校教育中具有重要的作用，苏霍姆林斯基(1999)认为，学校的任务在于，把美感和许多世纪以来创造的美变为每个人的心灵的财富，几何学知识的渗透可以使学生更好地欣赏艺术作品，从而促使学生在几何学的学习中提升美学修养。

参考文献

柏拉图(1986). 理想国. 郭斌和，张竹明，译. 北京：商务印书馆.

培根(1984). 新工具. 许宝骙，译. 北京：商务印书馆.

苏霍姆林斯基(1999). 帕夫雷什中学. 赵玮，等，译. 北京：教育科学出版社.

中华人民共和国教育部(2020). 普通高中数学课程标准(2017 年版 2020 年修订). 北京：人民教育出版社.

Baker, A. (1903). *Elementary Plane Geometry*. Boston: Ginn & Company.

Betz, W. & Webb, H. E. (1912). *Plane Geometry*. Boston: Ginn & Company.

Billingsley, H. (1570). *The Element of Geometries*. London: John Daye.

Brown, B. G. (1879). *Geometry, Old and New, Its Problems and Principles*. St. Louis: Slawson & Pierrot.

Cajori, F. (1910). Attempts made during the eighteenth and nineteenth centuries to reform the teaching of geometry. *American Mathematical Monthly*, 17(10): 181 - 201.

Cajori, F. (1928). *Mathematics in Liberal Education*. Boston: The Christopher Publishing House.

Fauvel, J. & Gray, J. (1987). *The History of Mathematics: A Reader*. Hampshire: Macmillan Education.

Ford, W. B. (1913). *Plane and Solid Geometry*. New York: The Macmillan Company.

Gore, J. H. (1908). *Plane and Solid Geometry*. New York: Longmans, Green, & Company.

Hart, C. & Feldman, D. (1912). *Plane and Solid Geometry*. New York: American Book Company.

Hawkes, H. E., Luby W. A. & Touton, F. C. (1922). *Solid Geometry*. Boston: Ginn &

Company.

Heath, T. L. (1921). *A History of Greek Mathematics*. Oxford: The Clarendon Press.

Herbert, T. W. (1872). *Euclid's Elements of Geometry*. London: Bell & Daldy.

Hunter, T. (1872). *Elements of Plane Geometry*. New York: Harper & Brothers.

Katz, V. (1998). *A History of Mathematics: An Introduction*. Massachusetts: Addison-Wesley.

Keith, T. (1835). *The Elements of Plane Geometry*. London: Longman, Rees, Orme, Brown, Green, & Longman.

Kuckartz, U. (2014). *Qualitative Text Analysis: A Guide to Methods, Practice and Using Software*. California: Sage Publications.

Lardner, D. (1840). *A Treatise on Geometry*. London: Longman, Orme, Brown, Green, & Longmans.

Le Clerc, S. (1805). *Nattes's Practical Geometry*. London: W. Miller.

Legendre, A . M. (1834). *Elements of Geometry and Trigonometry*. Philadelphia: A. S. Barnes & Company.

Loomis, E. (1858). *Elements of Geometry and Conic Sections*. New York: Harper & Brothers.

Mammana, C. & Villani, V. (1998). *Perspectives on the Teaching of Geometry for the 21st Century: An ICMI Study*. Dordrecht: Kluwer Academic Publishers.

Marks, B. (1871). *Marks' first Lessons in Geometry*. New York: Ivison, Blakeman, Taylor, & Company.

Milne, W. (1899). *Plane and Solid Geometry*. New York: American Book Company.

National Committee of Fifteen on Geometry Syllabus (1912). Final report of the National Committee of Fifteen on Geometry Syllabus. *Mathematics Teacher*, 5(2): 46 - 160.

Palmer, C. I. & Taylor, D. P. (1918). *Plane and Solid Geometry*. Chicago: Scott, Foresman & Company.

Potts, R. (1845). *Euclid's Elements of Geometry*. Cambridge: The University Press.

Potts, R. (1860). *Euclid's Elements of Geometry*. London: J. W. Parker & Son.

Robbins, E. R. (1915). *Robbins's New Plane Geometry*. New York: American Book Company.

Sharpless, I. (1879). *The Elements of Plane and Solid Geometry*. Philadelphia: Porter & Coates.

Slaught, H. E. & Lennes, N. J. (1918). *Plane Geometry*. Boston: Allyn & Bacon.

Smith, D. E. (1911). *The Teaching of Geometry*. Boston: Ginn & Company.

Smith, D. E. (1923). *Essentials of Plane Geometry*. Boston: Ginn & Company.

Smith, D. E. (1925). *History of Mathematics* (Vol. 2). Boston: Ginn & Company.

Smith, S. (1850). *New Elements of Geometry*. London: R. Bentley.

Spencer, W. G. (1877). *Inventional Geometry*. New York: D. Appleton & Company.

Stamper, A. W. (1909). *A History of the Teaching of Elementary Geometry*. New York: Teachers College of Columbia University.

Stone, J. C. & Millis, J. F. (1922). *Solid Geometry*. Chicago: B. H. Sanborn & Company.

Strader, W. W. & Rhoads, L. D. (1927). *Plane Geometry: A Modern Text*. Philadelphia: The John C. Winston Company.

Sykes, M. & Comstock, C. E. (1922). *Solid Geometry*. Chicago: Rand, McNally & Company.

Young, J. W. (1915). *Plane Geometry*. New York: Henry Holt & Company.

31 几何学的历史

汪晓勤[*]

31.1 引言

19世纪末，美国著名数学史家、HPM先驱者史密斯和卡约黎（F. Cajori，1859—1930）开始关注并介入数学教育领域。1891年，史密斯在密歇根州立师范学院开设数学史课；20世纪初，数学史成了哥伦比亚大学师范学院数学教育方向最重要的博士学位课程；1892年，卡约黎成为美国中学数学课程标准“十人委员会”下属“数学分委员会”的十位委员之一；1908年，史密斯参与创立国际数学教育委员会，并相继担任该委员会的副主席（1908—1920）和主席（1928—1932）；1908和1909年，全美数学与自然科学教师联合会和全美教育协会相继任命了一个几何大纲“十五人委员会”，卡约黎和史密斯成为十五位成员之一。两位数学史家利用自己在数学史方面的学术优势，在各自参编的数学教科书中较多地运用了数学史素材，改变了数学史与数学教科书隔阂的现状，他们的著述对同时代的其他教科书编者产生了一定的影响。从1890年代开始，少数几何教科书开始零星地使用数学史素材。

我们选择1890—1919这三十年间在美国出版的13种教科书（见本章参考文献），对其中的数学史材料进行考察。13种教科书中，几何教科书有12种，综合性教科书1种；2种出版于19世纪末，11种出版于20世纪初和20世纪10年代。

与符号代数相比，几何学拥有更悠久的历史和更丰富的历史文化内涵，因此，19世纪末，使用数学史素材的几何教科书要多于代数教科书。本章通过对几何教科书的考察，以试图回答以下研究问题：13种几何教科书运用了哪些数学史料？它们又是如

* 华东师范大学教师教育学院教授、博士生导师。

何运用这些史料的？数学史料的运用有何特点？

31.2 数学史内容分析

31.2.1 数学人物

Beman & Smith(1899)的附录中，在扼要介绍几何学历史之后，收录了书中出现的从古埃及的阿莫斯(Ahmes，约前 1650 年)到奥地利的维加(G. Vega，1756—1802)共 34 位数学家的生卒年和简介。这一做法是编者贝曼(W. W. Beman，1850—1922)和史密斯的一项创举。

Durell(1911)在扉页上使用了泰勒斯、柏拉图、毕达哥拉斯和欧几里得的画像，并称他们为“几何学的创始人和发现者。”(图 31－1)

图 31－1　Durell(1911)扉页上的数学家画像

Slaught & Lennes(1919)使用了泰勒斯、阿基米德、卡瓦列里、勒让德的画像。(图 31－2)

卡瓦列里

泰勒斯

阿基米德

勒让德

图 31－2　Slaught & Lennes(1919)中的数学家画像

除了数学家的画像外，还有教科书在知识点的历史注解中介绍有关数学家的生平事迹、故事传说，其中也含有画像。表 31－1 给出了 Hart & Feldman(1912)中部分历史注解的信息。

表 31-1 Hart & Feldman(1912)中的部分历史注解

栏目	内容	数学家	生平/轶事	画像
习题	证明“驴桥定理”：等腰三角形底角相等	欧几里得	名言：“几何无王者之道。” 故事：一位学生问欧几里得，学了几何学能获得什么实利，他叫奴隶取来几枚硬币丢给这位学生，让他走人。	
习题	给定两条相互垂直的轴，找出满足条件的点的轨迹	笛卡儿	故事：在荷兰的一个小镇街头，笛卡儿看到一幅海报上写着一道几何难题，他很快将其解出，并因此发现自己对于军队生活没有兴趣。	
正文	圆周角的性质（同弧、半圆、大于半圆、小于半圆的弧所对的圆周角）	泰勒斯	故事：一天，泰勒斯在观星时跌入阴沟，一位老妪对他说：“你连脚底下都看不见，又怎能知道天上在发生什么事呢？”	
正文	勾股定理	毕达哥拉斯	生平：早年师从泰勒斯，游历小亚细亚、埃及，可能还去过巴比伦和印度。回萨莫斯后创建学派，后去意大利南部的克罗顿，建立秘密会社。以五角星为会徽，以服从、克制和纯洁为理想。	
正文	正多边形	高斯	生平：十五岁进卡洛琳学院学习，但教授们都承认，他们所能教的他都已经会了。后就读于哥廷根大学，在数论方面做了重要工作。1807 年成为该大学的天文学教授。	
正文	圆的周长与面积	阿基米德	名言：“给我一个支点，我能撬动整个世界。” 故事：当叙拉古被罗马人攻陷时，阿基米德正在沙地上画图。当罗马士兵走向他时，他请求他们不要弄坏了他的圆。士兵不认识他，便用刺刀杀害了他。罗马主将马塞留斯为他立碑，碑上刻有一个球和外切圆柱。	

续 表

栏目	内容	数学家	生平/轶事	画像
正文	立方体的体积	柏拉图	名言:"不懂几何者免入。" 传说:遭受瘟疫的雅典人赴得罗斯岛祈求神谕,问如何阻止瘟疫。阿波罗神回答说,得罗斯人必须将立方祭坛改大一倍。得罗斯人建造了边长两倍大的新立方祭坛,结果,瘟疫更严重了。于是,他们只好求助于柏拉图。	

31.2.2 图片资料

图片资料指的是历史上数学书(包括手稿)的书影、历史上数学家所使用的测量工具、反映数学主题的绘画作品等。

Wentworth, Smith & Brown(1917)在几何部分,给出了很多关于历史上各种测量工具和测量方法的图片,如四分仪、17世纪数学书中的水准仪、古代星盘、天球仪、16世纪的测量方法,此外还有《几何原本》最早的英译版书影等(图31-3)。这充分体现了数学史家史密斯的风格:无论是教学,还是著书,都十分重视有关数学家和数学历史文献的图片。

Betz & Webb(1916)也采用了一些插图,如丢勒《画家手册》(1525)中反映透视画画法的木刻画,如图31-4所示。

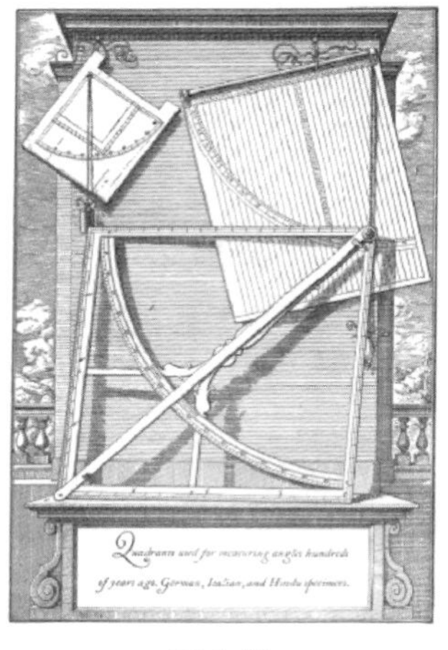

四分仪

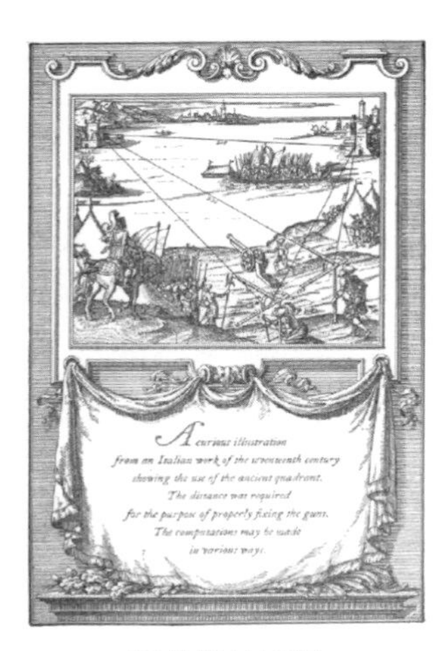

四分仪的应用

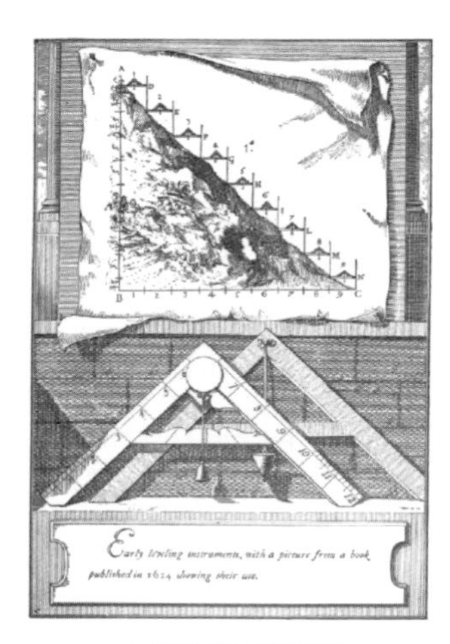

水准仪及其应用

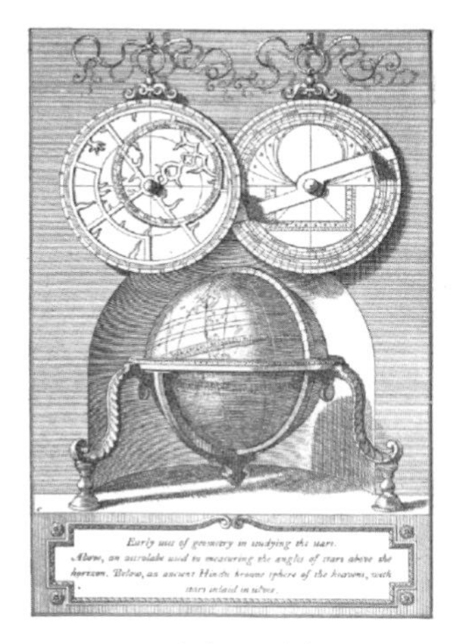

星盘与天球仪

河宽与塔高的测量

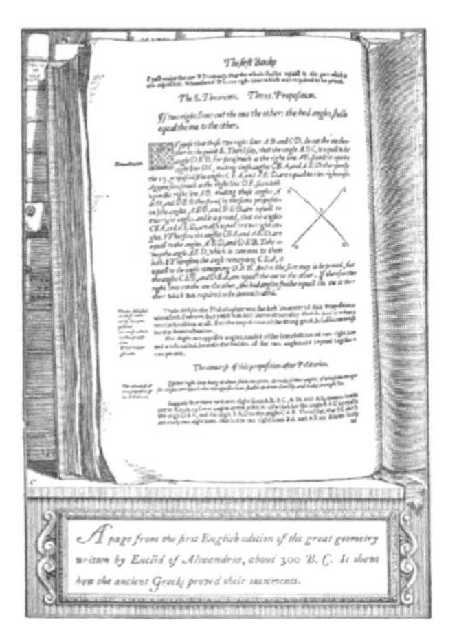

《几何原本》最早的英译版书影

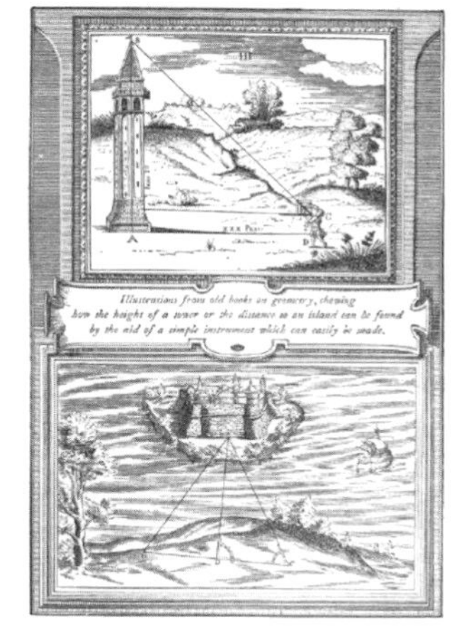

塔高与海岛距离的测量

高度测量

图 31－3　《初中数学》中的插图

图 31－4　艺术家在作花瓶的透视画

31.2.3 术语词源

Beman & Smith(1899)通过构词法，对130多个数学名词的词源进行了分析。表31－2给出了部分例子。

表31－2 Beman & Smith(1900)中的部分数学术语词源

术语	词源	分析	中文译名
commensurable	拉丁语	com：一起；mensurare，测量	可公度的
corollary	拉丁语	corollarium：礼物；购买花环的钱	推论
cylinder	希腊语	kyliein：卷	棱柱
diagonal	希腊语	dia：穿过；gonia：角	对角线
dihedral	希腊语	di：二；hedra：座位	二面的
geometry	希腊语	ge：土地；metron：测量	几何学
hypotenuse	希腊语	hypo：在下方；teinein：伸长	斜边
isosceles	希腊语	isos：相等的；skelos：腿	等腰的
obtuse	拉丁语	ob：在上方；tundere：敲打	钝的
parallel	希腊语	para：在旁边；allelon：彼此	平行的
parallelogram	希腊语	parallelos：平行的；gramma：线	平行四边形
perpendicular	拉丁语	per：通过；pendere：悬挂	垂直的
prism	希腊语	prisma：锯掉的东西	棱柱
projection	拉丁语	pro：向前；jacere：投掷	投影
radius	拉丁语	rod：轮辐	半径
scalene	希腊语	skalenos：不平衡的	不等边的
tangent	拉丁语	tangere：接触	切线
trapezoid	希腊语	trapezion：桌子	梯形
vertex	拉丁语	vertere：翻转	顶点

在数学教科书中补充数学名词的词源分析，这也是编者贝曼和史密斯的一项创举。

31.2.4 数学问题

数学史是一个巨大的宝藏，它不仅提供了丰富多彩的数学问题，而且也为数学问题的编制提供了丰富的素材。早期教科书中的大量习题就是根据历史上的数学问题或材料编制而成的。

Gore(1899)利用古埃及的数学史料来编制数学问题：

- 古埃及人说："作一个正方形，使其边长等于圆的直径的$\frac{8}{9}$倍，则正方形的面积等于圆的面积。"请据此计算圆周率的值。

Robbins(1907)利用希波克拉底定理和阿基米德关于鞋匠刀形的一个命题编制证明题：

- 试证明：若在直角三角形三边上各作半圆，则两个弓月形面积之和等于直角三角形的面积。(图 31－5)
- 试证明：若从半圆上一点向直径引垂线，以垂足分直径所得两线段为直径分别作半圆，则三个半圆所围区域的面积等于以垂线为直径的圆的面积。(图 31－6)

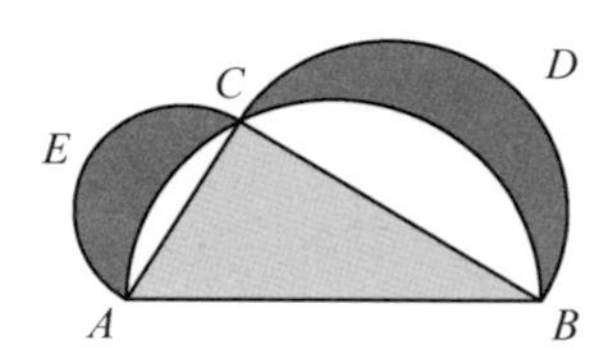

图 31－5　希波克拉底定理

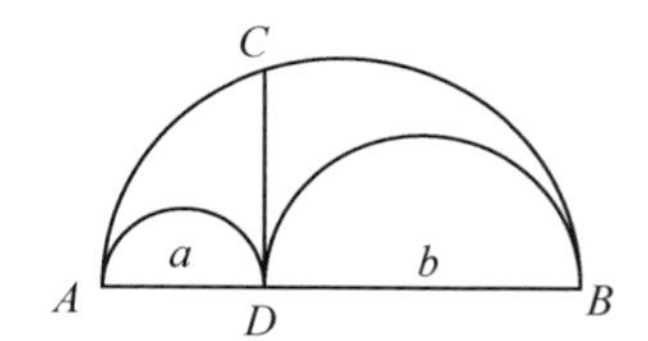

图 31－6　阿基米德"鞋匠刀形"

Hart & Feldman(1912)利用各种数学史料来编制练习题，如：

- 利用图 31－7，证明等腰三角形底角相等。(图 31－7 为欧几里得证明《几何原本》命题Ⅰ.5 所用的图形)
- 如图 31－8，将含有 64 个小方格的正方形剪成Ⅰ、Ⅱ、Ⅲ、Ⅳ四片，再将它们重新拼成含有 65 个小方格的长方形。试利用相似三角形的知识，解释构图中的谬误。(19 世纪的几何谬论：64＝65)

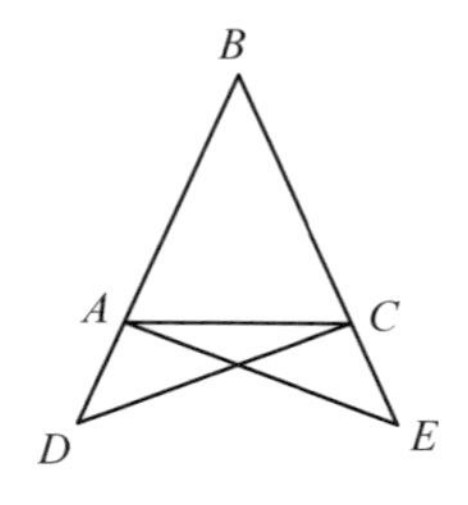

图 31－7　"驴桥定理"的欧氏证明

Betz & Webb(1912)根据数学史料编制了许多数学问题作为习题。如：

- 今有池方一丈，葭生其中央，出水一尺。引葭赴岸，适与岸齐。问：水深几何？(中国汉代《九章算术》)

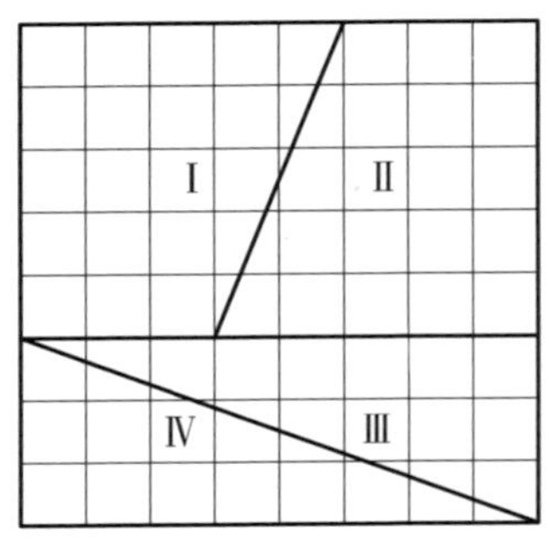

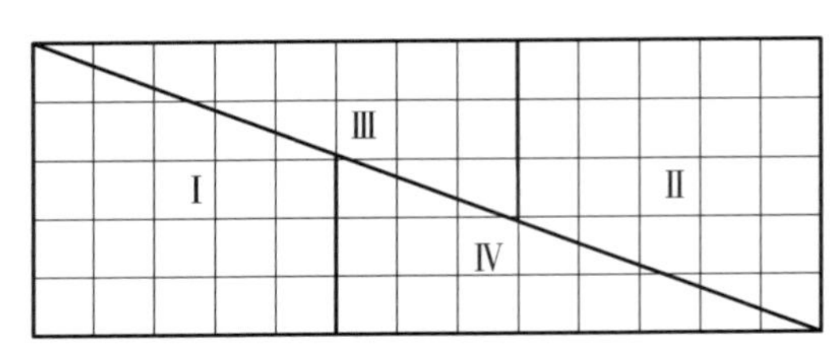

图 31－8　几何谬论：64＝65

● 作一个正方形，使其与已知长方形面积相等。(《几何原本》第 2 卷命题Ⅱ.14)

作者没有采用欧几里得在《几何原本》第 2 卷命题Ⅱ.14 中的作图法，而采用了欧几里得证明勾股定理的方法。如图 31－9，延长 AD 至点 E，使得 $AE=AB$，以 AE 为直径作半圆，交 CD 的延长线于点 F。于是，以 AF 为边长的正方形即为所求。

● 图 31－10 是哥特式建筑中的拱券和圆花窗设计图案，试用尺规作出这幅图形，并对作图法作出解释。

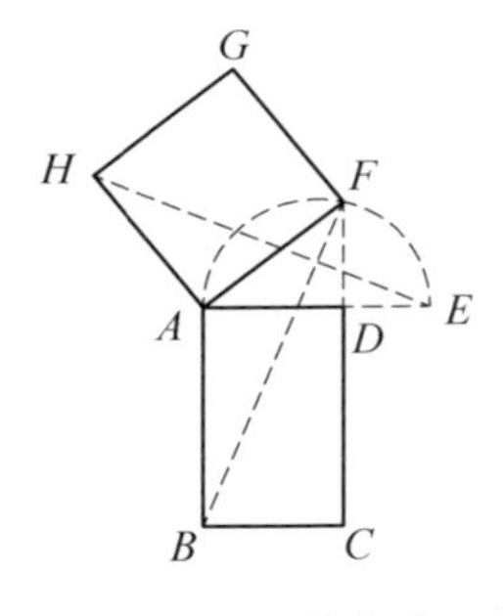

图 31－9　长方形转化为正方形

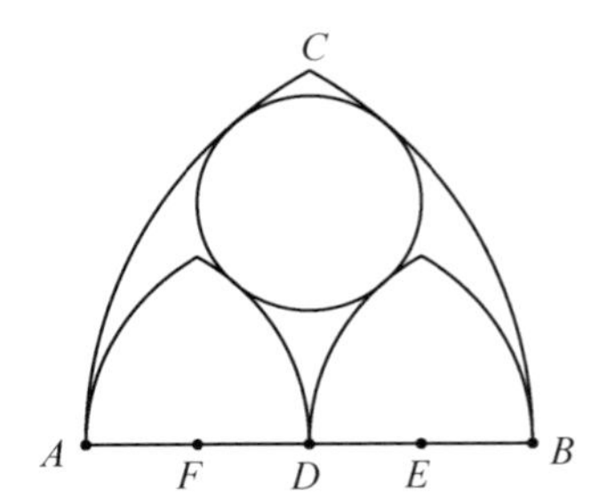

图 31－10　哥特窗的设计

● 据说，米利都的泰勒斯(公元前 6 世纪)发明了一种测量轮船与海岸距离的方法。他的方法被认为是以 ASA 定理为依据的：如图 31－11，有两根杆子 m 和 n 连结于点 A 处，将 m 握于垂直方向，n 指向轮船。然后，以 m 为轴旋转该工具，使 n 指向岸上的目标物 S'，则 $BS=BS'$。试作出解释。

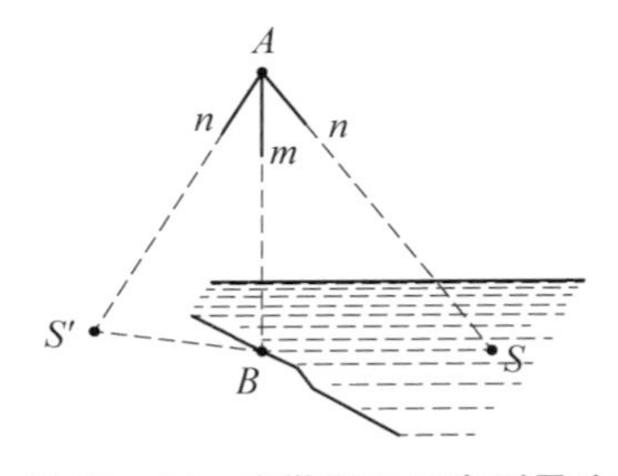

图 31－11　泰勒斯远距离测量法

● 据说，古罗马土地丈量员用下述方法来测河宽：A、B 分别位于河两岸，在岸上取 $AD \perp AB$，取 AD 的中点 E，取 $DF \perp AD$，使得三点 B、E、F 共线。试作图说明上述方法，并说明其正确性。

● 古希腊历史学家修昔底德(Thucydides，约前 460—前 400)通过绕西西里岛航行一周所花的时间来估计岛的面积。他错在哪里？

● 17 世纪波兰数学家科赞斯基(A. A. Kochansky，1631—1700)给出一种圆周长的近似作图法：如图 31-12，AB 为 $\odot O$ 的直径，$AB=2R$，过点 A 作 $\odot O$ 的切线 CD，作 $\angle AOC=30^\circ$，$CD=3R$。证明：BD 约等于 $\odot O$ 的周长之半。

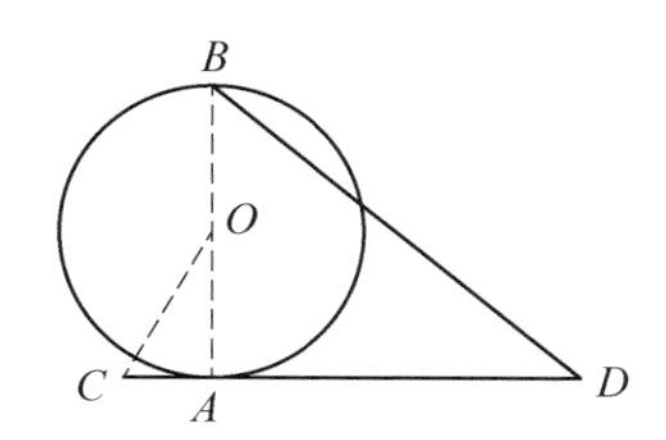

图 31-12　科赞斯基作图法

● 阿基米德曾给出命题：圆面积等于一个三角形的面积，三角形的底边长等于圆周长，高等于半径。利用科赞斯基的作图法，作出这个三角形。

● 古希腊杰出的数学家希波克拉底(Hippocrates，约前 460—前 377)给出化圆为方的方法：如图 31-13，以圆内接正方形的边长为直径分别作半圆，得到的四个弓月形面积之和等于圆内接正方形的面积。试证明之。

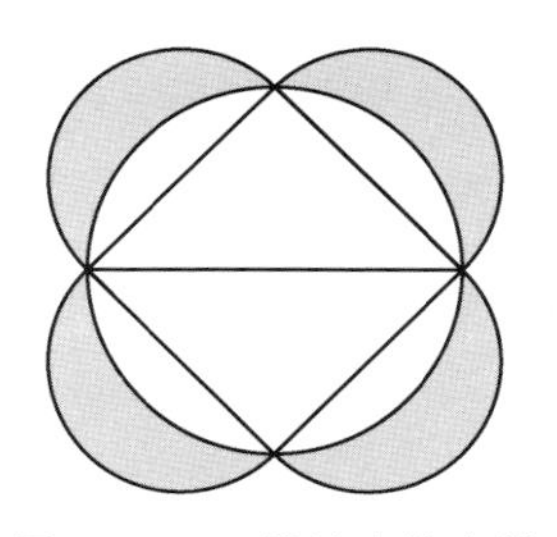
图 31-13　希波克拉底的化圆为方法

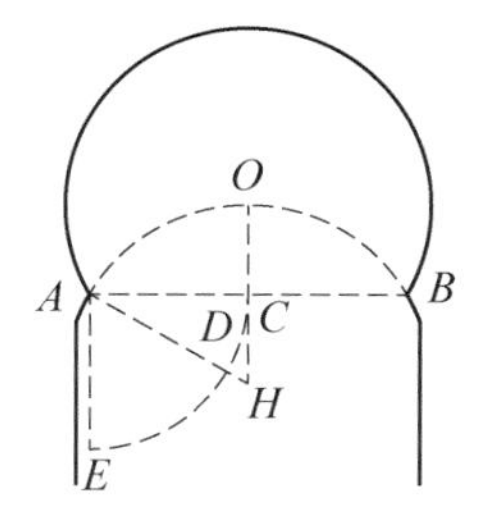

图 31-14　马蹄拱的设计

● 马蹄拱是摩尔建筑的重要特点之一，其作图法如图 31-14 所示。以点 A 为圆心、AC 为半径作四分之一圆，取其三等分点 D，连结 AD 并延长，交 AB 的垂直平分线于点 H。以点 H 为圆心、HA 为半径作圆弧，交 HC 的延长线于点 O。以点 O 为圆心、OA 为半径作圆弧，即得马蹄拱。已知 $AB=2a$，求马蹄拱的弧长、高和面积。

Betz & Webb(1916)中的一些习题也根据历史材料编制而成，例如：

● 归功于瑞士大数学家欧拉的一个立体几何定理说的是：在任一多面体中，棱数等于面数与顶点数之和减去 2。试说明：迄今学过的多面体都满足欧拉定理。

● 已知古埃及大金字塔(即胡夫金字塔)原来是高为 156.4 米、底面边长为 232.2 米的正四棱锥，后来塔顶颓坏，成了高为 147.8 米的正四棱台。不计不规则部分，求棱台上底的面积、侧面积。

Wentworth & Smith(1913)为了说明证明的必要性，在引入部分的习题中运用了德国天体物理学家佐尔涅(J. K. F. Zöllner, 1834—1882)和德国物理学家波根多夫(J. C. Poggendorf, 1796—1877)的错觉图形。如：图 31-15 中，线段 AB 和 CD 在两端是否等距？图 31-16 中，阴影部分下方的三条直线中，哪一条是 AB 的延长线？

图 31-15　佐尔涅错觉图形

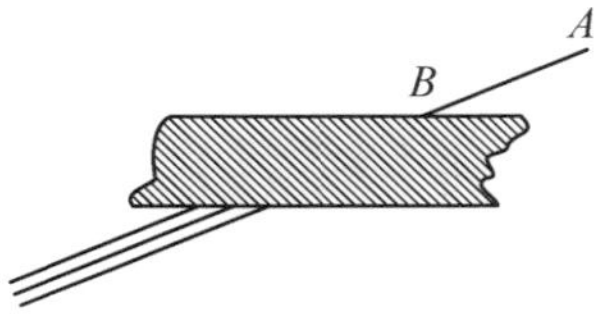

图 31-16　波根多夫错觉图形

该书附录以习题的形式介绍了 19 世纪盛行于欧洲的几何谬论：

● 任意三角形均为等腰三角形；

● 直角等于钝角；

● 线段部分等于整体；

● 线段上任意一点将线段平分；

● 过直线外一点可以向直线引两条垂线；

……

Wentworth, Smith & Brown(1917)根据历史材料编制了部分习题，例如：

● 根据图 31-3 中"塔高与海岛距离的测量"的上半部分示意图，试解释：如何运用四分仪测量塔高？

● 图 31-17 是中世纪意大利教堂的镂花窗图案，用尺规准确作出这个图案；

● 图 31-18 是 16 世纪意大利数学书中展示泰勒斯测量方法的插图，在图的上半部分，一个人按帽沿方向目测对岸；然后转身按帽沿方向在岸上目测。问：这个人是如何得出河宽的？

图 31 - 17 中世纪意大利教堂的镂花窗

图 31 - 18 河宽的测量

31.2.5 专题历史

数学专题的历史通常是以注解的形式出现，主要追溯某个主题（公式、定理）的起源、发现者或简史。

Beman & Smith(1899)开创了在教科书中补充历史注解的传统。编者在前言中指出，历史注解增加学生对教科书的兴趣，这已成了人们的共识。关于"在已知线段上作一个正三角形"这一推论（已知三边长，作三角形），历史注解称这是"欧几里得《几何原本》的第一个命题，欧几里得……发现该推论是开启他的逻辑体系的最佳命题"；关于三角形内角和定理，注解称"其发现者是毕达哥拉斯学派"；关于勾股定理，注解称"据说毕达哥拉斯给出了该定理的第一个证明，尽管定理本身很久以前已为人所知"；关于命题"三角形三条高线交于一点"，注解称"该定理归功于阿基米德"；关于定理"四边形四边的平方和等于对角线的平方和加上对角线中点连线平方的四倍"，注解称"其发现者是欧拉"；关于定理"若弓形小于、等于、大于半圆，则弓形内的圆周角大于、等于、小于直角"，注解称"半圆内的圆周角为直角，这一发现归功于泰勒斯"。此外，书中还介绍一些主题的历史，如 π 的历史、化圆为方的历史、圆内接正多边形作图的历史、柏拉图立体的历史等。

此后，不少教科书沿用了 Beman & Smith(1899)的做法。Failor(1906)在毕达哥拉斯定理、圆内接正多边形的尺规作图和圆周率等主题作了历史注解。

Hart & Feldman(1912)的众多历史注解中，除了表 31 - 1 所呈现的数学家生平外，还有一些专题的历史。例如，毕达哥拉斯不可公度量，芝诺悖论（阿喀琉斯追龟问题），古埃及人利用边长为 3、4、5 的三角形来构造直角，几何学在古埃及的起源，圆内接正多边形尺规作图的历史，圆周率的历史，正多面体的历史，莱因德纸草书上的体积计算公式等。

Betz & Webb(1912)对勾股定理、海伦公式、正多边形的尺规作图、三等分角问题、圆周率等作了历史注解。

Betz & Webb(1916)对立体几何的若干主题作了历史注解，如阿基米德在球表面积和球体积方面的工作以及阿基米德墓碑、梅涅劳斯与球面三角形的性质，等等。

Wells & Hart(1916)对全等的符号“≌”、命题“等腰三角形底角相等”、过直线外一点作直线的垂线、尺规作图的工具限制、平行线性质、三角形内角和定理、多边形内角和与外角和定理、三角形重心、分析法、勾股定理、圆内接正十边形的尺规作图、圆周率等主题加了历史注解。

Palmer & Taylor(1918)分别对勾股定理及其推广形式、海伦公式、圆周率、平行四边形四边平方和定理、圆内接正多边形的尺规作图、球体积公式等主题作了历史注解。

31.2.6 思想方法

这里所说的“思想方法”，指的是教科书中推导公式或证明定理所用的方法。尽管20世纪初的美国几何教科书已经摆脱了《几何原本》的束缚，但仍然深深地刻上了《几何原本》的烙印。大量的几何命题源于《几何原本》，欧几里得的证明方法仍然被奉为圭臬。以勾股定理为例，Beman & Smith(1899)、Failor(1906)、Gore(1908)、Durell(1911)、Betz & Webb(1912)、Hart & Feldman(1912)、Wentworth & Smith(1913)、Wells & Hart(1916)、Palmer & Taylor(1918)无一例外都首选了欧几里得的面积证法。有4种教科书给出了弦图证法、学术界所推测的毕达哥拉斯的证法以及阿拉伯数学家伊本·库拉的证法，有2种教科书给出加菲尔德的方法，其他证法只出现于某一种教科书。详见本书第16章。

也有一些教科书在证明某些定理时抛弃了欧几里得的方法，而采用欧几里得之后的数学家的方法。例如，Wentworth & Smith(1913)采用了公元1世纪拜占庭时期数学家菲罗(Philo)的方法来证明SSS定理，即让两个三角形的其中一条边重合，所对顶点位于该边的两侧，连结顶点，利用等腰三角形性质和SAS定理即可完成证明。详见本书第13章。

31.2.7 几何学史

不少教科书在开篇或在全书的最后介绍几何学的历史。例如，Betz & Webb (1912)在开篇即介绍几何学在古埃及(图 31-19)的起源：

"几何学是所有艺术与科学中最古老的。它产生于巴比伦和埃及，源于建筑、测量、航海等实践活动。事实上，'几何'一词的意思就是'土地测量'。古希腊历史学家希罗多德曾游历于埃及。他说，每年尼罗河的泛滥改变了土地的许多边界，因此每年都需要对每一位纳税人的土地进行测量，以便能够合理地调整税额。他断言，正是在这种情况下，几何学起源于埃及。所有的古典作者都赞同他的观点，将埃及称为几何之乡。"

图 31-19 Betz & Webb(1912)开篇插图：埃及金字塔与狮身人面像

关于古希腊(图 31-20)几何学，编者写道：

"尽管早期的几何学就实用目的而言具有巨大的价值，但它却是有缺陷的，因为它仅仅由一组经过数百年实验得到的规则所组成。如何得出结果，似乎是其最重要的问题。有了希腊的天才，这种状况并未无限期地延续下去。他们是一个思想家和诗人的民族。他们希望知道，在一组给定的条件下，为什么某个结果一定会成立。他们的智者在埃及学习多年，回国后，他们激发了追随者对于几何学研究的浓厚兴趣。他们发现了许多新的事实，这些事实逐渐被编排成一个体系。这样，几何学就变成了一门科学。经过约三百年的不懈研究，希腊人编撰成一部巨著，最终以欧几里得的《几何原本》(约公元前 300 年)的形式面世。"

关于几何学的目的，编者写道：

"按照希腊人所赋予的形式，几何学主要关注的不再是测量这样的实践活动，而是

图 31－20 Betz & Webb(1912)开篇插图：帕特农神殿

点、线、面、体最重要性质以及它们之间的关系的发现与分类。”

接下来，编者又讨论了几何学的价值和方法等。

Durell(1911)在附录中专门介绍几何学的历史，包括几何学的起源、几何学的历史分期、几何方法的历史、几何定理的历史等。其中，几何方法被分成三类——修辞方法、逻辑方法和机械方法。

所谓修辞方法，指的是使用了定义、公理、定理、几何图形来呈现几何事实，用字母表示几何量，将材料编辑成卷，等等。关于该方法，本书介绍了以下数学家。

- 泰勒斯：第一个表述几何图形抽象性质，有了初步的几何定理的思想；
- 毕达哥拉斯：第一个将定义引入几何学，按逻辑顺序将所知的重要命题加以编排；
- 希波克拉底：第一个用大写字母表示一点，用两个大写字母表示一条线段；
- 柏拉图：第一个将定义、公理和公设作为几何学的起点和基础；
- 欧几里得：第一个将几何学分成不同卷，按照“形式地给出定理”“具体表述”“形式的作图”“证明”“结论”的顺序来呈现一个命题，最早使用了推论和注释。

所谓逻辑方法，指的是演绎证明的方法。关于该方法，本书介绍了以下数学家。

- 毕达哥拉斯：第一个通过系统的演绎建立几何事实，但他的方法有时是错误的，如，他认为一个命题的逆命题一定成立；
- 希波克拉底：在几何证明中使用了正确的、严密的演绎，还运用了化归方法和归谬法；
- 柏拉图：最早采用了分析法，即假定命题成立，从结论出发，推出已知事实；

- 欧多克斯：最早采用穷竭法；
- 阿波罗尼奥斯：最早使用了投影、截线等。

所谓机械方法，指的是利用特定工具作图。古希腊人发明了许多作图工具，但受柏拉图的影响，最终限定只用尺规两种工具来作图。

Wells & Hart(1916)、Palmer & Taylor(1918)开篇也介绍了几何学的历史。

31.3 讨论

31.3.1 数学史的运用方式

数学教科书运用数学史的方式可分为点缀式、附加式、复制式、顺应式和重构式五种(汪晓勤，2012)。

点缀式是以“装饰”“美化”“人性化”为目的的运用方式。数学家的画像、古代数学书籍、测量或作图工具的图片、反映数学主题的艺术作品等都属于点缀式素材。在我们所考察的13种几何教科书中，点缀式素材主要有两类，即数学家画像和图片资料。但点缀式素材并非仅仅为点缀而点缀，而是以图辅文、图文相配。例如，Hart & Feldman(1912)在介绍某位数学家的生平事迹时，配上了相应的人物画像；Slaught & Lennes(1919)在数学家画像的下方给出了简短的生平介绍。

附加式是以“追溯历史起源、补充历史知识、提供辅助材料”为目的的运用方式，附加式素材通常以附录、注解的形式出现，可与正文内容相分离。13种几何教科书中，术语词源、人物生平、专题历史均属于附加式素材。

复制式是指原原本本采用历史上的数学问题、问题解法、命题证明等，或直接在正文中介绍有关主题的历史。复制式素材是教科书正文不可分割的一部分，其功能是提供数学问题、再现古人智慧、促进数学学习。13种教科书中，数学史上的问题、方法和正文中的几何学历史概述都属于复制式素材，而附录中的有关历史介绍，则属于附加式。Betz & Webb(1912)中的“引葭赴岸”问题、正方形作图问题分别选自中国的《九章算术》和古希腊的《几何原本》，因此属于复制式问题。Robbins(1907)的希波克拉底弓月形定理和阿基米德鞋匠刀形命题的证明、Hart & Feldman(1912)的等腰三角形性质证明问题也属于复制式问题。

所谓顺应式，是指根据历史材料来编制问题，或将历史上的数学问题进行改编，使之具有更适合于今日教学，或将历史上的思想方法进行改进、简化使之顺应时代。顺应式数学史素材也是教科书不可分割的一部分,其功能是提供数学问题、增加探究机会、展示数学思想、激发学习兴趣。与代数教科书大多采用复制式数学问题不同,13 种几何教科书主要采用自由式,根据历史材料来编制新的数学问题,见表 31－3。

表 31－3 根据历史材料编制的部分数学问题

类别	历史材料	国家/地区	问题类别	编题策略	几何教科书
命题	圆面积近似公式	古埃及	计算题	自由式	Gore(1899)
	圆面积公式	古希腊	作图题	自由式	Betz & Webb(1912)
	欧拉公式	瑞士	验证题	自由式	Betz & Webb(1916)
谬论	64=65	欧洲	证明题	自由式	Hart & Feldman(1912)
	任意三角形均为等腰三角形	英国	证明题	自由式	Wentworth & Smith(1913)
	直角等于钝角	英国	证明题	自由式	Wentworth & Smith(1913)
建筑	拱券	欧洲	作图题	自由式	Betz & Webb(1912)
	马蹄拱	欧洲	计算题	自由式	Betz & Webb(1912)
	胡夫金字塔	埃及	计算题	自由式	Betz & Webb(1916)
	教堂花窗	意大利	作图题	自由式	Wentworth, Smith & Brown (1917)
测量	轮船的距离	古希腊	解释题	自由式	Betz & Webb(1912)
	河宽	古罗马	解释题	自由式	Betz & Webb(1912)
	海岛面积	古希腊	解释题	自由式	Betz & Webb(1912)
	塔高	欧洲	解释题	自由式	Wentworth, Smith & Brown (1917)
	河宽	意大利	解释题	自由式	Wentworth, Smith & Brown (1917)
作图	圆周长	波兰	证明题	自由式	Betz & Webb(1912)
	弓月形求积	古希腊	证明题	自由式	Betz & Webb(1912)
图形	视错觉图形	德国	判断题	自由式	Wentworth & Smith(1913)

在 13 种几何教科书中,我们几乎没有发现重构式。图 31－21 给出了 13 种教科书中的数学史素材类别与四种运用方式之间的对应关系。

31.3.2 数学史素材的若干特点

早期几何教科书对数学史素材的运用,呈现出以下特点。

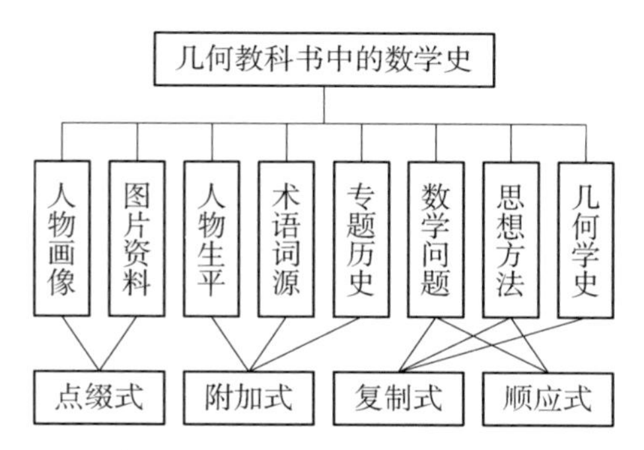

图 31－21　各类数学史素材在几何教科书中的不同运用方式

其一，教科书是否运用数学史与编写者息息相关。

本文所考察的13种几何教科书或多或少都运用了数学史，但运用数学史料的数量和方式互有不同。Beman & Smith(1899)、Hart & Feldman(1912)以及 Wells & Hart(1916)中的历史注解较为丰富，Wentworth, Smith & Brown(1917)中的图片资料较为丰富，Betz & Webb(1912)中的基于历史材料的数学问题较为丰富。贝曼是密歇根大学数学教授，曾与史密斯合作翻译德国学者芬克(K. Fink, 1851—1898)的《初等数学史》(1899)和《数学简史》(1900)，对数学史有着浓厚的兴趣；在与史密斯合作以前，温特沃斯在其单独编写的教科书中极少使用数学史材料，但在与史密斯合作之后，其教科书开始较多地使用数学史材料，这显然与史密斯的旨趣息息相关；哈特(C. A. Hart, 1863—?)等受贝曼和史密斯的影响，在《平面与立体几何》前言中称"众多的历史注解将给本书增加活力和趣味性"。总之，19世纪末20世纪初使用数学史料的几何教科书编写者或多或少都受到数学史家史密斯的影响。

其二，几何教科书运用数学史的情况与同时代数学史学术研究状况密切相关。

19世纪末20世纪初，几何教科书编写者所掌握的数学史知识明显有着时代的局限性。在13种几何教科书中，我们只看到"引葭赴岸"这一中国古代数学问题，关于勾股定理、圆周率、球体积、棱锥体积等主题，只字未提中国古代数学家的贡献。实际上，在英国著名科学史家李约瑟(J. Needham, 1900—1995)出版《中国的科学与文明》之前，西方学者对于中国古代数学成就知之甚少；甚至连M·克莱因(M. Kline, 1908—1992)这样学问宏博的数学史家也完全忽略中国古代数学的成就。

其三，数学课程改革对数学教科书产生重要影响。

20世纪初，培利运动如火如荼，科学人文主义运动方兴未艾，数学课程处在变革之中。几何大纲"十五人委员会"在其报告中强调了数学史的教育价值：

“无疑，教师或教科书给出零星的历史信息，具有激发兴趣的效果。在该学科的初等历史中可以找到丰富的素材；一些特定命题的发现者已为人所知；在学生学习几何的过程中，非正式地告诉他们几何学的一般历史，将增加可贵的人文兴趣。建议在教室中悬挂著名数学家的画像。”(National Committee of Fifteen on Geometry Syllabus, 1912)

本文所考察教科书的编写者中，斯劳特(H. E. Slaught, 1861—1937)、史密斯、贝茨、哈特(W. W. Hart)都同为几何大纲“十五人委员会”成员。在该委员会报告发表后出版的教科书都深受该报告的影响，数学史料的运用，也就成为很自然的事了。

31.4 结论与启示

19世纪末到20世纪初的13种美国几何教科书使用了较为丰富的数学史素材，涉及数学人物、数学名词、图片资料、数学问题、思想方法、专题历史等，其中使用最多的是数学问题和专题历史；运用数学史的方式有点缀式、附加式、复制式和顺应式；教科书运用数学史的情况与同时代数学史研究、编者的数学史素养以及当时的数学课程改革大背景息息相关。

数学史融入数学教科书，在今天仍是一个颇受关注的主题，早期几何教科书所用数学史素材的类别较为丰富，为我们带来了很多思想启迪。

其一，让数学人性化、富有趣味性和吸引力，是教科书运用数学史材料的重要目的之一，教师或教科书在介绍数学家生平时，可以按照“一个人物、一个故事、一个主题和一种思想”来展开。

其二，数学术语的词源、专题的历史等附加式素材在今日教科书中并不多见，而这些素材都有助于学生对相关主题的学习，完全可用于今日教科书或课堂教学之中。

其三，历史上的数学问题或基于数学史料编制的数学问题是最重要的复制式或顺应式素材，尽管近年来中考或高考试卷上出现了一些数学文化问题，但问题来源相对单一，基于数学史的问题编制是未来数学教师重要的研究课题。

将数学史融入数学教科书是一项系统工程。教科书编者不仅需要对数学学科的育人价值以及数学史独特的教育价值有深刻的认识，而且需要掌握丰富的数学史素材和对数学史料进行裁剪和加工的策略。在20世纪之初浩如烟海的西方几何教科书中，只有极少数运用数学史，这一事实充分证明：对于教科书编者而言，数学史的运用并非易事。我们有理由相信，教科书如何运用数学史素材、用什么数学史素材，是一个需要长期研究的课题。

参考文献

汪晓勤(2012). 法国初中教科书中的数学史. 数学通报,51(3): 16－20＋23.

Beman, W. W. & Smith, D. E. (1899). *New Plane and Solid Geometry*. Boston: Ginn & Company.

Betz, W. & Webb, H. E. (1912). *Plane Geometry*. Boston: Ginn & Company.

Betz, W. & Webb, H. E. (1916). *Solid Geometry*. Boston: Ginn & Company.

Durell, F. (1911). *Plane and Solid Geometry*. New York: Charles E. Merrills Company.

Failor, I. N. (1906). *Plane and Solid Geometry*. New York: The Century Company.

Gore, J. H. (1899). *Plane and Solid Geometry*. New York: Longmans, Green, and Company.

Hart, C. A. & Feldman D. D. (1912). *Plane and Solid Geometry*. New York: American Book Company.

Palmer, C. I. & Taylor, D. P. (1918). *Plane and Solid Geometry*. Chicago: Scott, Foresman & Company.

Robbins, E. R. (1907). *Plane and Solid Geometry*. New York: American Book Company.

Slaught, H. E. & Lennes, N. J. (1919). *Solid Geometry*. Boston: Allyn & Bacon.

Wells, W. & Hart, W. W. (1916). *Plane and Solid Geometry*. Boston: D. C. Heath & Company.

Wentworth, G. A. & Smith, D. E. (1913). *Plane and Solid Geometry*. Boston: Ginn & Company.

Wentworth, G. A., Smith, D. E. & Brown, J. C. (1917). *Junior High School Mathematics*. Boston: Ginn & Company.

National Committee of Fifteen on Geometry Syllabus (1912). Final report of the National Committee of Fifteen on Geometry Syllabus. *The Mathematics Teacher*, 5(2): 46－131.